高等学校计算机应用规划教材

网站设计与Web应用开发技术

(第三版)

吴伟敏　编著

清华大学出版社

北　京

内 容 简 介

本书从Web基本概念和网站的规划设计及建设方法入手，着重介绍HTML、CSS、JavaScript和服务器端开发技术的基本原理和开发方法，并对将来网站开发领域的方向进行了描述。全书内容在编排上由浅入深，并辅以大量的实例进行说明。全书共分为7章，内容包括WWW简介、网站设计与网站运行环境配置、HTTP协议与HTML语言、层叠样式表(CSS)、JavaScript语言与客户端开发、服务器端开发——动态网页技术基础和Web的未来。

本书内容丰富，结构清晰，具有很强的实用性，既可作为高等院校学习网站设计及Web开发技术的教材，也可作为Web开发人员及自学者的参考用书。

本书配套的电子课件、习题答案和实例源文件可以通过http://www.tupwk.com.cn/downpage网站下载，也可以扫描前言中的二维码进行下载。

图书在版编目(CIP)数据

网站设计与Web应用开发技术 / 吴伟敏 编著. —3版. —北京：清华大学出版社，2020.2
(2022.6重印)
高等学校计算机应用规划教材
ISBN 978-7-302-54924-6

Ⅰ. ①网… Ⅱ. ①吴… Ⅲ. ①网站－设计－高等学校－教材②网页制作工具－程序设计－高等学校－教材 Ⅳ. ①TP393.092

中国版本图书馆CIP数据核字(2020)第025221号

责任编辑：胡辰浩
装帧设计：孔祥峰
责任校对：成凤进
责任印制：沈　露

出版发行：清华大学出版社
网　　址：http://www.tup.com.cn，http://www.wqbook.com
地　　址：北京清华大学学研大厦A座　　邮　　编：100084
社 总 机：010-83470000　　邮　　购：010-62786544
投稿与读者服务：010-62776969，c-service@tup.tsinghua.edu.cn
质 量 反 馈：010-62772015，zhiliang@tup.tsinghua.edu.cn

印 装 者：三河市龙大印装有限公司
经　　销：全国新华书店
开　　本：185mm×260mm　　**印　　张**：25　　**字　　数**：640千字
版　　次：2009年1月第1版　　2020年4月第3版　　**印　　次**：2022年6月第3次印刷
定　　价：76.00元

产品编号：079726-01

前　言

没有哪一项技术能和今天的互联网技术一样发展迅速，它对人们工作和生活的影响面之广、影响程度之深，使得人们不能不重视它。在长期关于网站开发的教学生涯中，笔者注意到虽然很多人希望通过学习掌握开发技术，但由于没有建立正确的见解和思考的方法，部分人出现了事倍功半的学习结果，乃至无法胜任或完成开发任务而最终不得不放弃。笔者通过观察和分析，得出以下几个观点，希望读者能够了解和思考。

1. 对于计算机及其相关技术发展的思考

由于技术的发展基于功能越来越完善的平台，因此其发展水平体现了提升速度呈指数级增加的特征。在这个新思想、新技术以小时为单位而迅速更新的年代，对希望学习信息技术，特别是网站开发技术的开发者提出了极高的要求。因为学习者所面临的是今天所学的技术，可能今后不再使用，而真正需要学习的技术今天还没有出现的现状，对此问题的深入思考一定有助于读者更好地理解该学什么和该怎么学。如果能透过纷乱的现象看清开发工作中所存在的问题，从更深的层次把握开发技术的本质，就一定能更好地掌握技术的实质，能更好地适应将来的变化并能满足不断提升的要求。

2. 对于学习方法的思考

网上有大量关于 Web 应用开发的文档，如 HTML、CSS、JavaScript、服务器端开发语言等，这些知识非常容易获取和查询，但是否获得了这些文档就能成为优秀的网站开发者呢？答案是：不一定。虽然在有关文档中所列出的用法是固定的，但据此而进行的拓展往往是无穷的，有经验的开发者可以灵活实现，充分发挥其功能。所谓的“经验”是从哪里获取的呢？其实有经验的人也经历过没有经验的阶段，因而如何快速跨越获取和累积“经验”的鸿沟，是一个非常值得思考的问题。

基于上面的思考，在本书中将介绍 Web 的发展历史、工作原理、开发框架、网站策划设计、网站运行环境构建、HTTP 协议、HTML 语言、层叠样式表(CSS)、CSS 滤镜应用、CSS3 开发、JavaScript 开发、服务器端开发技术基础、XML 技术、WebAssembly、移动开发和混合开发模式等内容。希望这样的内容安排能为大多数希望学习和掌握 Web 技术的读者有所帮助，使他们能够更好地了解网站及其相关技术的走向和本质。对于一个初学者，本书能引导其快速入门并迅速成为合格的开发者；对于初级开发人员，本书可以答疑解惑，提供开发的总体框架和思路，拓展问题的实现手段和方法。

由于本书旨在为读者今后学习和开发高级网站打下良好的基础，因此为了更好地掌握本书所介绍的知识，读者最好已熟练掌握了至少一门编程语言。

完整地学习 Web 技术需要具备 3 个层面的知识。本书据此设计了 3 个层次：Web 基本概念及网站基础、Web 开发基础和 Web 高级应用。本书的知识体系结构如图 1 所示，将按照循序渐进的原则，逐步引领读者从基础到各个知识点进行学习，为今后的深入学习奠定基础。

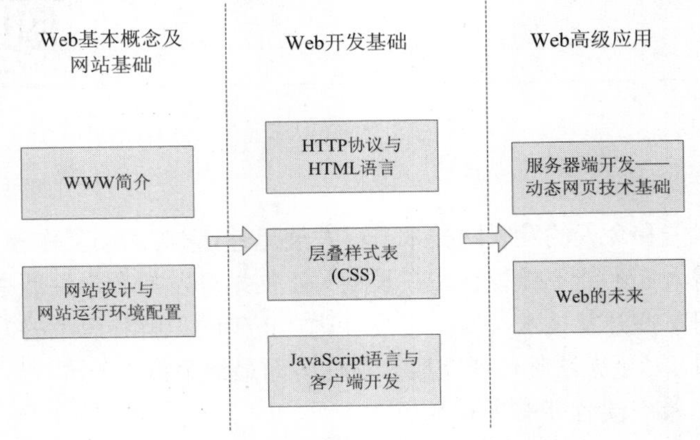

图 1　本书的知识体系结构

概括起来，本书具有以下主要特点。

- 结构清晰、内容详实。在每一章的开头都概要说明了本章所介绍的内容，使读者能快速了解本章的要点；介绍每一个知识点时，会辅以实例，并说明此实例的功能、运行的方式，然后给出执行的结果；在各章的最后都有对应的小结，总结本章介绍的内容，前后呼应，系统性较强。
- 强调实用性，突出基本原理和方法。为了让读者打下坚实的基础，学会掌握不断涌现的新技术，本书采用了将网站设计思想与网页制作技术相结合的理念，让读者学会从全局的角度出发来考虑和解决当前问题，并通过所掌握的学习方法能解决未来实际工作中遇到的问题。全书按照 Web 开发的方法与顺序，从基本概念和策划设计入手，循序渐进地介绍了进行 Web 开发的步骤、技巧，并在各章配有精心选择的应用实例。这些实例既有较强的代表性和实用性，又能够综合应用所介绍的知识，使读者能够全面、准确地掌握 Web 开发的全过程，并启发读者达到举一反三的目的。
- 每一章最后都附有思考和练习。这些习题紧扣该章介绍的内容。通过思考和练习能使读者更好地掌握本章所讲解的基本概念，提高读者的学习效果和开发技能。

本书共分为 7 章，内容包括 WWW 简介、网站设计与网站运行环境配置、HTTP 协议与 HTML 语言、层叠样式表(CSS)、JavaScript 语言与客户端开发、服务器端开发——动态网页技术基础和 Web 的未来。

第 1 章“WWW 简介”，介绍 Internet 与 WWW 的发展历程、网站相关的基本概念及其开发技术以及 Web 的基本框架。第 2 章“网站设计与网站运行环境配置”，说明在网站建立之前做好策划工作的必要性，并给出了一些基本原则；为了让网站正常运行，需要在正式开发前做好详细的设计工作；本章还介绍建立网站开发和运行基本环境的方法。第 3 章“HTTP 协议与 HTML 语言”，介绍 HTTP 的基本概念及运行原理、HTML 文档的构成和常用元素的基本用法，网站交互的设计和实现思路，HTML 高级特性和使用方法。第 4 章“层叠样式表(CSS)”，介绍 CSS 的基本用法、滤镜的使用以及 CSS3 的基本用法。第 5 章“JavaScript 语言与客户端开发”，介绍 JavaScript 脚本语言的基本概念、基本语法、常用对象和网页特效的制作方法。第 6 章“服务器端开发——动态网页技术基础”，介绍服务器端开发的几种典型方法、动态网页的基本原理以及不同实现技术的特点分析。第 7 章“Web 的未来”，简单介绍 XML、WebAssembly、移动开发和混合开发的基本特征。

有一定网络和网站基础知识的读者可跳过第 1 章的学习，具备网站设计、架设和管理经验的读者可跳过第 2 章的学习。

本书内容由浅入深，并注重读者学习和开发能力的培养，通过辅以大量的实例分析和说明，深入、详细地讲解网站设计与 Web 应用开发技术，因此本书既可作为各类高等院校学习网站设计及 Web 技术的教材，也可作为 Web 开发人员及自学者的参考用书。

本书除封面署名的作者外，南京邮电大学的潘慧、查飞琴和薛涛等参与了本书第 7 章的编写，在此深表感谢。此外，还要感谢负责全书校稿及编辑工作的江苏产业技术研究院的徐欣。

感谢笔者的好友夏兰、徐汝鉴，他们为本书的编写提出了许多指导性的意见；借此还要感谢吴革新、刘迪庐，他们也为本书的出版提供了很多宝贵的建议；另外，为本书编写提供帮助的还有吴殊同、吴晓谦等。正是因为这么多人的大力支持和倾情奉献，本书才得以顺利出版。

由于本书涉及的内容非常广泛，在深度和广度上很难做到完美，加之笔者水平有限，书中肯定存在错误和不足，敬请读者批评指正，我们的信箱是 huchenhao@263.net，电话是 010-62796045。

本书配套的电子课件、实例源文件和习题答案可以通过 http://www.tupwk.com.cn/downpage 网站下载，也可以扫描下面的二维码下载。

作　者

2019 年 10 月

目　录

第 1 章

WWW简介

互联网在世界范围内的迅速崛起使得它已经成为一种应用最为广泛的大众媒体，其应用范围和参与人群都在急剧增长。日益增加的网上购物、各种网络系统和形形色色的网站已经改变了人们的日常工作、生活、娱乐等行为方式，这一切改变中最为重要的支撑技术就是 Web 技术。

本章旨在引导读者了解 Internet 与 WWW 的发展历程，熟悉 Web 的基本概念及其相关技术，了解开发、运行、调试本书示例程序的软硬件环境。本章还将简要介绍各种不同的 Web 开发方法。

本章要点：

- 理解 Internet 与网站技术的发展历程
- Web 的基本概念
- Web 技术基础及高级技术介绍
- Web 应用开发基础

1.1 Internet 与 WWW

1.1.1 Internet 的发展

诞生于 1946 年的世界上第一台计算机“埃尼阿克”(ENIAC)是一场计算技术的革命，数字信息时代也由此拉开了序幕。在之后的若干年中，计算机的处理能力基本按照每 18 个月就翻一番的规律发展，由于这个定律首先是由美国英特尔公司的戈登•摩尔提出并应用的，因此这个定律被称为“摩尔定律”。

早期的计算机是独立的，之后为了能在计算机之间方便地进行通信和共享资源，诞生了网络，由此宣告了网络时代的到来。Internet 最早来源于美国国防部高级研究计划署 DARPA(Defense Advanced Research Projects Agency)的前身 ARPA 建立的 ARPAnet，而 ARPAnet 则源于当时美国国防部为了保证美国国防力量在受到第一次核打击后仍能具有生存和反击能力而设计的分散指挥系统。该网于 1969 年投入使用，最初由加州大学、犹他大学和斯坦福研究院的 4 台计算机以分组交换的原理构成。从 20 世纪 60 年代开始，ARPA 就开始向美国国内大学的计算机系和一些私人有限公司提供经费，以促进基于分组交换技术的计算机网络的研究。1968 年，ARPA 为 ARPAnet 网络项目立项，这个项目基于这样一种主导思想：网络必须能够经受住故障的考验并维持正常工作，一旦发生战争，当网络的某一部分因遭受攻击而失去工作能力时，网络的其他部分应当能够维持正常通信。最初，ARPAnet 主要用于军事研究目的，它具有以下五大特点：

- 支持资源共享；
- 采用分布式控制技术；
- 采用分组交换技术；
- 使用通信控制处理机；
- 采用分层的网络通信协议。

1972 年，ARPAnet 在首届计算机后台通信国际会议上首次与公众见面，并验证了分组交换技术的可行性，由此，ARPAnet 成为现代计算机网络诞生的标志。

ARPAnet 在技术上的另一个重大贡献是 TCP/IP 协议簇的开发和使用。1980 年，ARPA 投资把 TCP/IP 加进 UNIX(BSD 4.1 版本)的内核中，在 BSD 4.2 版本以后，TCP/IP 协议即成为 UNIX 操作系统的标准通信模块。1982 年，Internet 由 ARPAnet、MILNET 等几个计算机网络合并而成。作为 Internet 的早期骨干网，ARPAnet 奠定了 Internet 存在和发展的基础，较好地解决了异构环境下网络互联的一系列理论和技术问题。

1983 年，ARPAnet 分裂为两部分：ARPAnet 和纯军事用的 MILNET。同年 1 月，ARPA 把 TCP/IP 协议作为 ARPAnet 的标准协议，其后，人们称呼这个以 ARPAnet 为主干网的网际互联网为 Internet。TCP/IP 协议簇在 Internet 中不断被研究、试验，并改进成为使用方便、效率极好的协议簇。

与此同时，局域网和其他广域网的产生和蓬勃发展对 Internet 的进一步发展起到了重要的作用。其中，最引人注目的就是美国国家科学基金会(National Science Foundation，NSF)建立的美国国家科学基金网 NSFnet。1986 年，NSF 建立了六大超级计算机中心，为了使全国的科学家、工程师能够共享这些超级计算机设施，NSF 建立了自己的基于 TCP/IP 协议簇的计算机网络 NSFnet。NSF 在全国建立了按地区划分的计算机广域网，并将这些地区网络和超级计算中心相连，最后将各超级计算中心互联起来。地区网的构成一般是由一批在地理上局限于某一地域，在管理上隶属某一机构或在经济上有共同利益的用户的计算机互联而成，连接各地区网上主通信节点计算机的高速数据专线构成了 NSFnet 的主干网。这样，当一个用户的计算机与某一地区相连以后，它除了可以使用任一超级计算中心的设施，可以同网上任一用户通信，还可以获得网络提供的大量信息和数据。这一成功使得 NSFnet 于 1990 年 6 月彻底取代了 ARPAnet 而成为 Internet 的主干网。

NSFnet 对 Internet 的最大贡献是使 Internet 向全社会开放，而不再像以前那样仅仅为计算机研究人员、政府职员和政府承包商所使用。然而，随着网上通信量的迅猛增长，NSF 不得不采用更新的网络技术来适应发展的需要。1990 年 9 月，由 Merit、IBM 和 MCI 公司联合建立了一个非营利性的组织—— ANS。ANS 的目的是建立一个全美范围的 T3 级主干网，它能以 45Mb/s 的速率传送数据，相当于每秒传送 1400 页的文本信息。到 1991 年底，NSFnet 的全部主干网都已同 ANS 提供的 T3 级主干网相通。

1969 年 12 月，当 ARPAnet 最初建成时只有 4 个节点，到 1972 年 3 月也仅增加到 23 个节点，直到 1977 年 3 月总共也只有 111 个节点。但是近几十年来，随着社会科技、文化和经济的发展，特别是计算机网络技术和通信技术的大发展，以及人类社会从工业社会向信息社会过渡的趋势越来越明显，人们对信息的认识，对开发和使用信息资源的重视越来越强烈，这些都强烈刺激了 ARPAnet 和后来的 NSFnet 的发展，使连入这两个网络的主机和用户数目急剧增加。1988 年，由 NSFnet 连接的计算机数就猛增到 56 000 台，此后每年以 2~3 倍的惊人速度向前发展；1994 年，Internet 上的主机数目达到了 320 万台，连接了世界上的 35 000 个计算机网络；2000 年，全球已有超过一亿名用户，而这个数字此后以每年 15%~20%的速度递增。中国互联网络信息中心的数据显示，截至 2014 年 6 月，中国的互联网用户数已达 6.86 亿，中国是全球最大的互联网市场，而且未来这个数量还将以更快的速度增加。Internet 发展过程中的重要阶段如表 1-1 所示。

表 1-1 Internet 发展过程中的重要阶段

	1969 年	1982 年	1986 年	20 世纪 80 年代后期
网络名称	ARPAnet(美国国防部高级研究计划署网)	ARPAnet 与 MILNET 合并形成 Internet 雏形	NSFnet(国家科学基金网)取代 ARPAnet 成为 Internet 基础	Internet 形成并迅速发展

在 Internet 蓬勃发展的同时，其本身随着用户需求的转移也在不断发生着产品结构上的变化，现已成为全球重要的信息传播工具。我国于 1994 年 5 月正式接入 Internet，发展至今已 25 年多的时间。据 2019 年中国互联网络信息中心(CNNIC)在北京发布的《第 43 次中国互联网络发展状况统计调查》显示，截至 2018 年 12 月底，我国网民规模达 8.29 亿，全年共计新增网民 5653 万人，网络普及率达到 59.6%，增长率为 3.8%，如图 1-1 所示。

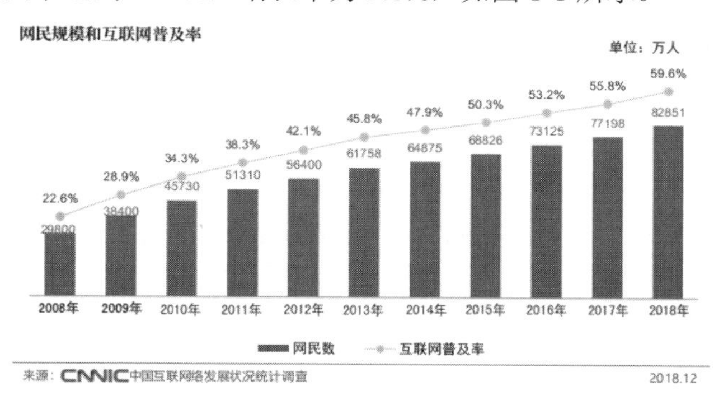

图 1-1 中国网民规模和互联网普及率

另外，值得注意的现象是：移动互联网接入流量自 2015 年以来连续三年实现翻番增长，2018 年移动互联网的接入流量消费累计达到 711.1 亿 GB，比上年同期累计增长 189.1%。我国手机网民规模达 8.17 亿，网民中使用手机上网人群的占比由 2016 年的 97.5%提升至 98.6%；与此同时，使用电视上网的网民比例也提高了 2.9 个百分点，达 31.1%；台式电脑和笔记本电脑的使用率均出现下降，如图 1-2 所示。

图 1-2 移动上网流量及上网所使用的设备统计数据

截至2018年12月，我国手机网络支付用户规模达5.83亿，年增长率为10.7%，手机网民使用率达71.4%。线下网络支付使用习惯持续巩固，网民在线下消费时使用手机网络支付的比例由2017年底的65.5%提升至67.2%。在跨境支付方面，支付宝和微信支付已分别在40个以上国家和地区合规接入。我国在基础资源、5G、量子信息、人工智能、云计算、大数据、区块链、虚拟现实、物联网标识、超级计算等领域发展势头向好。在5G领域，核心技术研发取得了突破性进展，政企合力推动产业稳步发展；在人工智能领域，科技创新能力得到加强，各地规划及政策相继颁布，有效地推动了人工智能与经济社会发展的深度融合；在云计算领域，我国政府高度重视以其为代表的新一代信息产业的发展，企业积极推动战略布局，云计算服务已逐渐被国内市场认可和接受。

在Internet上，按从事的业务分类包括了广告公司、航空公司、农业生产公司、艺术、导航设备、书店、化工、通信、计算机、咨询、娱乐、财贸、各类商店、旅馆等100多类，覆盖了社会生活的方方面面，构成了一个信息社会的缩影。由于越来越多计算机的加入，Internet上的资源变得越来越丰富。从2018年的统计数据可以看出，Internet已超出一般计算机网络的概念，它不仅是传输信息的媒体，而且已成为一个全球规模的信息服务系统。它是人类有史以来第一个真正的世界性的“信息仓库”，是一个全球范围的交流场所。人们的生活越来越离不开网络，其中起到核心作用的正是Web技术。

1.1.2 Internet技术基础

1. TCP/IP

1972年出现了网际互联的核心技术TCP/IP协议，该协议包括近100个协议，而其中最主要的是TCP协议和IP协议，其中TCP(Transmission Control Protocol)是传输控制协议，它的作用是保证信息在网络间可靠地传送，保证接收到的信息在传输途中不被损坏；而IP(Internet Protocol)是网际协议，保证信息从一个地方传送到另一个地方，不管中间要经过多少节点和不同的网络。TCP/IP模型的网络协议如图1-3所示。

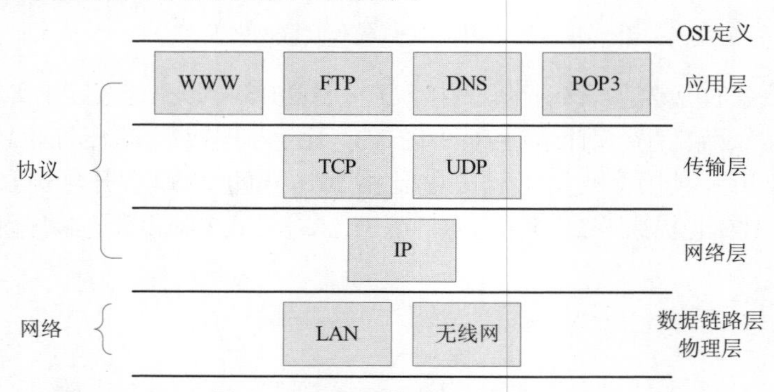

图1-3　TCP/IP模型的网络协议

IP是TCP/IP体系结构中非常重要的协议，它是为计算机网络相互连接进行通信而设计的协议，该协议基于分组交换技术，包含如下规则：

- 目前Internet上采用IPv4协议的计算机都配置了一个由4个数字组成的Internet地址，每个数字不超过256，如202.96.101.201。

- 一个信息被划分成若干个分组。
- 每个分组被填入一个 IP 信封。
- IP 信封外包含一个发送地址和一个收信地址，再加一个顺序号。

在 Internet 上每台主机都有专门的地址，称为 IP 地址，只有有了地址，信息才可以正确送达。因此为了访问互联网中的计算机，必须有一种寻址方法来定位，IP 地址就成为互联网上的主机和路由器的标识方法，正如日常生活中发送纸质邮件需要地址一样。IP 地址是从左到右表示的，最左边部分识别网络中的最大部分，IP 是由管理 IP 地址的专门机构分配的，它包括网络号和主机号。这一编码组合是唯一的，没有两台有同一 IP 地址的计算机。

在互联网中，IP 协议是能使连接到网上的所有计算机网络实现相互通信的一套规则，它规定了计算机在互联网上进行通信时应当遵守的规则。任何厂家生产的计算机系统，只要遵守 IP 协议就可以与互联网互联互通。

2. IPv6

IPv6(Internet Protocol Version 6)是 IETF(Internet Engineering Task Force，互联网工程任务组)设计的用于替代现行版本 IP 协议(IPv4)的下一代 IP 协议。

当前所使用的第二代互联网 IPv4 技术，其核心技术属于美国。它的最大问题是网络地址资源有限。从理论上讲，IPv4 可以实现为 1600 万个网络和共计 40 亿台主机编址。但采用 A、B、C 三类编址方式后，可用的网络地址和主机地址的数目大打折扣。实际上，IPv4 的地址已于 2011 年 2 月 3 日分配完毕，其中北美占有 3/4，约 30 亿个，而人口最多的亚洲只有不到 4 亿个。

一方面是地址资源数量的限制，另一方面是随着电子技术及网络技术的发展，“万物互联”时代的到来将可能使人们身边的每一样东西都连入互联网。在这种需求的推动下，IPv6 应运而生。单从数量级上来说，IPv6 所拥有的地址容量约是 IPv4 的 8×10^{28} 倍，达到 2^{128}(包括地址为全零的和全 1 的)个。这不但解决了网络地址资源数量的问题，同时也为物联网的推进在 IP 地址不足的问题上扫清了障碍。

由于 Internet 的规模以及网络中数量庞大的 IPv4 用户和设备，IPv4 到 IPv6 的过渡不可能一次性实现。而且，许多企业和用户的日常工作越来越依赖于 Internet，它们无法容忍在协议过渡过程中出现的问题。所以 IPv4 到 IPv6 的过渡必须是一个循序渐进的过程，在体验 IPv6 带来的好处的同时仍能兼容网络中原先使用 IPv4 的设备。实际上，IPv6 在设计的过程中就已经考虑到了 IPv4 到 IPv6 的过渡问题。中国 IPv6 地址数量如图 1-4 所示，在 2018 年呈现了加速发展的趋势。

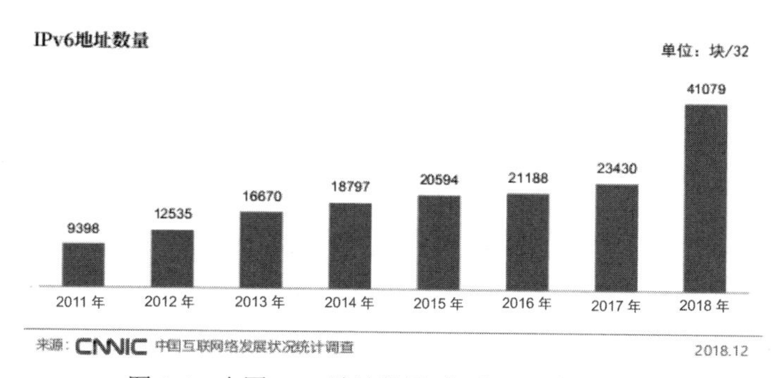

图 1-4　中国 IPv6 地址数量(截至 2018 年底)

3. 域名系统

如果上网就必须使用IP地址，这将是非常痛苦的。值得庆幸的是，作为一个World Wide Web用户，实际上并不需要对IP地址有很深的了解，也不需要记住很多枯燥的IP地址，这归因于一种Internet上的计算机的命名方案，我们称之为域名系统(Domain Name System，DNS)。它可以将形如www.njupt.edu.cn的域名与其所对应的IP地址进行对应和转换。因此，用户就可以使用域名来取代IP地址了。在语法上，每台计算机的域名由一系列字母和数字构成的段组成。例如，某个服务器的域名为www.njupt.edu.cn，其中，cn代表中国，edu代表教育部门，njupt代表南京邮电大学，www代表WWW服务。

DNS是一个分布式的数据库，利用它能进行域名的解析，一般存放于DNS服务器上，为了定义Internet上的主机而提供的一个层次性的命名系统，如图1-5所示。

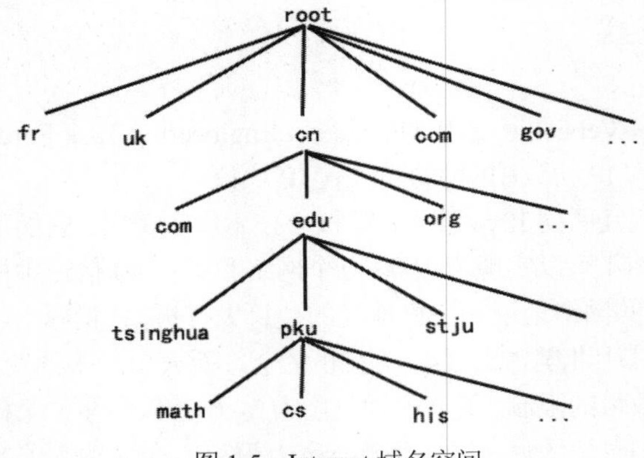

图1-5　Internet域名空间

域名的解析过程如下。

- DNS客户向本地的DNS服务器发出查询请求。
- 如果该DNS本身具有客户想要查询的数据，则直接返回给客户；如果没有，则该服务器和其他命名服务器联系，从其他服务器上获取信息，然后返回给用户。

各种域名扩展名是有意义的，DNS常见的扩展名及其含义如表1-2所示。

表1-2　常见域名系统的含义

域名扩展名	含　义
edu	教育及学术单位
com	公司或商业组织
gov	政府单位
mil	军事单位
org	基金会等非官方单位
net	网络管理服务机构
int	国际性组织
apra	APRAnet Internet的起源
国别名(国家/及地区代码)	依据ISO标准定义，例如，cn代表中国

1.1.3　Internet 提供的服务

Internet 的飞速发展和广泛应用得益于它所提供的多种服务，这些服务为人们的信息交流带来了极大的便利，下面介绍 Internet 所提供的几种主要服务。

1. WWW 服务

WWW 是环球信息网的缩写(亦作“Web”“WWW”或“W3”，英文全称为“World Wide Web”)，中文名为“万维网”“环球网”等，常被简称为 Web。它是一种基于超文本的信息查询方式，由欧洲粒子物理研究中心(CERN)研制。可将 Internet 上不同来源的信息有机地组织在一起，使用这项服务时可利用已开发的具有友好用户界面的浏览器，方便信息的浏览；利用 WWW 服务还可以提供更多的功能，如 Telnet、FTP、Gopher、News、E-mail 等；WWW 还可以实现诸如搜索引擎、网络新闻、博客、网络视频、网络游戏、微博、社交网站、网络购物、网上银行、论坛、Web 邮件、网上支付、网上炒股等多项延伸服务。

2. 文件传输服务(FTP)

FTP 服务解决了远程传输文件的问题，无论两台计算机相距多远，只要它们都连入 Internet 并且都支持 FTP 协议，则这两台计算机之间就可以进行文件的传送。FTP 实质上是一种实时的联机服务，用户首先要登录到目标服务器上，之后可以在服务器目录下寻找所需的文件，FTP 几乎可以传送任何类型的文件，如文本文件、二进制文件、图像文件、声音文件等。一般的 FTP 服务器都支持匿名登录，用户在登录到这些服务器时无须事先注册用户名和口令，只要以 anonymous 为用户名和合法的 E-mail 地址作为口令就可以访问 FTP 服务。

3. 电子邮件服务(E-mail)

E-mail 是 Internet 上使用最广泛和最受欢迎的服务，它是网络用户之间进行快速、简便、可靠且低成本联络的现代通信手段。电子邮件使网络用户能够发送和接收文字、图像和语音等多种形式的信息。使用电子邮件的前提是拥有自己的电子信箱，即 E-mail 地址，实际上是在邮件服务器上建立一个用于存储邮件的磁盘空间。电子邮件地址的典型格式为 username@mailserver.com，其中 mailserver.com 部分代表邮件服务器的域名，username 代表用户名，符号@读作“at”，意为“在”。例如某 E-mail 地址为 master@njupt.edu.cn，其含义表示为在计算机 njupt.edu.cn 上用户名为 master 的电子邮件地址。利用电子邮件可以获得其他各种服务(如 FTP、Gopher、Archie、WAIS 等)。当用户希望从这些信息中心查询资料时，只需要向其指定的电子信箱发一封含有一系列信息查询命令的电子邮件，该邮件服务器程序将自动读取、分析该邮件中的命令，若无错误则将检索结果通过邮件方式发给用户。

4. 视音频业务

基于 Internet 的语音传输是利用基于 IP 数据网进行的语音传输。语音(模拟信号)首先由数字信号处理器(DSP)将其转换为数字信号，然后，数字信号被压缩成更便于网络传输的数据包，之后，通过 Internet 将数据包传送到目的地，在目的地以相反的过程解压缩、解包、数/模转换，送达对方话筒。由于 Internet 中采用“存储-转发”的方式传递数据包，并不独占电路，并且对语音信号进行了大比例的压缩处理，因此，IP 电话占用带宽仅为 8~10kb/s，还不到模拟电话所需带宽的 1/8，再加上 Internet 上数据传输的计费方式与距离的远近无关，这大大降低了语音通信的费用。

基于数字视频通信的会议电视已经发展了多年，在视频点播、远程教育、视频监控、视频会议、视频直播方面有了广泛的应用。由于 Internet 的无连接数据包转发机制主要为突发性的数据传输而设计，不适用于对连续媒体流的传输，因此为了在 Internet 上有效、高质量地传输视频流，需要多种技术的支持，主要包括视频的压缩、编码技术，应用层质量控制技术，连续媒体分布服务技术，媒体同步技术和数字版权管理技术、组播等。

近年流行的视频直播业务，一般采用组播的网络方式来实现。所谓组播就是利用一种协议将 IP 数据包从一个信息源传送到多个目的地，将信息的拷贝发送到一组地址，送达所有想要接收它的接收者。IP 组播是将 IP 数据包“尽最大努力”传输到一个构成组播群组的主机集合，群组的各个成员可以分布于各个独立的物理网络上。IP 组播群组中成员的关系是动态的，主机可以随时加入和退出群组，群组的成员关系决定了主机是否接收送给该群组的组播数据包，不是某群组的成员主机也能向该群组发送组播数据包。同单播或广播相比，组播效率非常高，因为任何给定的链路至多用一次，可以节省网络带宽和资源。其技术实现过程为：首先用户发出直播请求，服务器根据直播信息，将该直播频道的播放地址(一般是一个组播 URL，而非组播文件)传送给用户，然后用户根据该地址加入对应的组播组，即可接收视频直播内容。

5. 电子商务

电子商务是指利用计算机网络进行的商务活动，它将顾客、销售商、供货商和雇员联系在一起，实现商务活动的电子化、网络化、自动化。在互联网开放的网络环境下，买卖双方在任何可连接网络的地点间进行各种商务活动，实现两个或多个交易者间的生产资料交换及所衍生出来的交易过程、金融活动和相关的综合服务活动的一种商业运营模式。

在 Internet 开放的网络环境下，基于浏览器/服务器应用方式，买卖双方可以不谋面地进行各种商贸活动，实现消费者的网上购物、商户之间的网上交易、在线电子支付以及各种商务活动、交易活动、金融活动和相关的综合服务活动。各国政府、学者、企业界人士根据自己所处的地位和对电子商务参与的角度和程度的不同，给出了许多不同的定义。电子商务分为 ABC、B2B、B2C、C2C、B2M、M2C、B2A(即 B2G)、C2A(即 C2G)、O2O 等。

6. 对等网服务(P2P)

P2P 是英文 Peer-to-Peer(对等)的简称，有时也被称为“点对点”。“对等”技术是一种网络新技术，它依赖于网络服务使用者的计算能力和带宽，而不是依赖于有限的几台服务器。目前该方法在加强网络交流、文件交换、分布式计算等方面大有前途。

简单而言，P2P 在网络客户之间直接建立联系，使得网络上的沟通变得容易，共享和交互变得更直接，真正地消除或减少了中间商。其另一个重要特点是改变互联网现在以服务器为中心的状态，实现“非中心化”，并把控制权交还给用户。P2P 看起来似乎很新，但是正如 B2C、B2B 是将现实世界中很平常的东西移植到互联网上一样，P2P 并不是什么新东西。在现实生活中存在大量 P2P 模式的面对面或者通过其他方式的交流和沟通。

即使从网络的角度来看，P2P 也不是新概念，P2P 是互联网整体架构的基础。互联网最基本的协议 TCP/IP 中并没有客户机和服务器的概念，所有的设备在通信中都是平等的。在十年之前，互联网上的所有系统都同时具有服务器和客户机的功能。当然，后来发展的那些架构在 TCP/IP 之上的服务的确采用了客户机/服务器的结构，如浏览器和 Web 服务器、邮件客户端和邮件服务器等。但对于服务器来说，它们之间仍然是对等联网的。以 E-mail 为例，互联网上并没有一个巨大的、唯一的邮件服务器来处理所有的 E-mail，而是对等联网的邮件服务器相互协作把 E-mail 传送到相应的服务器上去。

事实上，网络上现有的许多服务都可以归入 P2P 的行列。即时讯息系统，如 ICQ、AOL Instant Messenger、Yahoo Pager、微软的 MSN Messenger 以及国内的 QQ 和微信等；下载工具，如 BitTorrent、BitSpirit、eMule(电驴)、PP 点点通、卡盟、迅雷等；大量的视频传输工具等都是流行的 P2P 应用。它们允许用户互相沟通和交换信息、交换文件，甚至于实现远程协助等复杂应用。

P2P 网络的一个重要的目标就是让所有的客户机都能提供资源，包括带宽、存储空间和计算能力。因此，当有大量节点接入时，很容易超出系统的设计容量，这是服务容量固定的客户机/服务器结构所不能承受的，此时客户机数量的增加就意味着服务质量的下降。 而 P2P 网络的分布特性通过在多节点上复制数据，也增加了服务的健壮性。而且在纯 P2P 网络中，节点不需要依靠一个中心服务器来提供服务，此时系统也不容易出现单点崩溃。

在具有上述优点的同时，P2P 技术也有流量大、占用大量网络带宽的缺点，但以下技术可以使这个问题在一定程度上得到缓解。

- P4P(Proactive network Provider Participation for P2P)技术，这是 P2P 技术的升级版，目的是为了加强 ISP 与客户端程序的通信，降低骨干网的数据传输压力，并提高文件传输的性能。P4P 与 P2P 最大的不同在于它可以有针对性地选择传输节点，而不是像 P2P 那样，随机选择。这样就可以把 P2P 节点的传输区域控制在某个范围，可以最大限度地解决大型节点和网络出口负载，从而缓解骨干网的拥堵。
- PCDN 技术。这项技术在 CDN 节点的边缘构建了基于用户的 P2P 自治域，通过集中的分布式架构将 P2P 的流量严格限制在同一边缘节点的区域内。这项技术的原理与 P4P 技术非常相似，即通过控制 P2P 流量传输的范围来降低其对骨干网的压力。
- P2P 服务器模式。即把服务器而不是客户机当成 CDN 网络的节点，达到 CDN 网络优化和加速的目的。服务器之间实现 P2P 连接后，就不用再到中心节点的存储上寻找内容，从而提高了网络传输的效率。

1.2 WWW 概述

1.2.1 WWW 的起源

Web 源于欧洲粒子物理研究所(CERN)的 Tim Berners-Lee 于 1989 年提出的链接文档构想，由日内瓦粒子物理实验室研发。后来它在 TCP/IP、MIME、Hypertext 等技术之上进一步发展，并形成了 HTTP(HyperText Transfer Protocal)、HTML(HyperText Markup Language)、URL(Uniform Resource Location)等多项新技术。

什么是 Web？它是 World Wide Web 的简称，Web 的本意是蜘蛛网，有时被称为网页，中文译为“万维网”，现广泛译为“网络”和“互联网”等。实际上，Web 是运行在 Internet 上的所有 HTTP 服务器软件和它们所管理的对象的集合，包括 Web 页面/Web 文档和程序。由于 Web 技术涉及的面很广，因此为了能有一个比较清楚的认识，在此首先对 Web 的历史进行简单介绍。

Web 现在变得越来越复杂，但刚开始时一切却非常简单。最初为了连接几个顶尖研究机构，美国设计了最早的“Internet”，以便共同开展科学研究。不论是图书馆管理员、原子能物理学家，还是计算机科学家，都必须学习相当复杂的系统。1962 年，麻省理工学院(MIT)的 J. C. R. Licklider 首先提出了他的“Galactic Network”(超大网络)思想——设想了全球计算机互联的一系列概念，其中的资源和信息能够在任何站点上被处理。这个简单的设想经过多年的发展和努力，最终形成了现在的 Web。

最初，研究人员认为传输控制协议(Transmission Control Protocol，TCP)只适用于大型系统，因为 TCP 就是为大型系统设计的。不过，麻省理工学院 David Clark 的研究小组却发现，这个协议也可以在工作站之间实现大面积的互联。Clark 的这项研究为 Web 的发展解决了底层网络通信的问题，为 Web 的流行奠定了基础。

如前所述，随着主机数量的快速增加，去记忆数量众多且毫无意义的数字地址编号就非常困难了，人们开始设想为主机指定有意义的名字来改善上述问题，这就是域名系统(Domain Name System，DNS)。另外，ARPAnet 决定从使用网络控制协议(Network Control Protocol，NCP)变为使用 TCP/IP(Transmission Control Protocol/Internet Protocol，传输控制协议/ Internet 协议)，而 TCP/IP 是军方使用的标准协议。

到了 20 世纪 80 年代中期，Internet 已经实际成为一个连接不同研究人员的平台，并且其他网络也开始出现：如美国国家航空航天局(National Aeronautics and Space Administration)创建了 SPAN、美国能源部(U.S. Department of Energy)建立了 MFENet 等。1980 年欧洲粒子物理研究所(European Organization for Nuclear Research，CERN)的 Tim Berners-Lee 负责了 Enquire(Enquire Within Upon Everything)项目。1989 年，Tim Berners-Lee 提出了一个很有意思的概念：他认为，与其简单地引用其他人的工作，为什么不干脆直接链接过去呢?例如在读一篇文章时，读者可以直接单击打开所引用的文章。

超文本当时相当流行，它利用了之前在文档和文本处理方面的研究成果。Berners-Lee 发明了标准通用标记语言(Standard Generalized Markup Language，SGML)的一个子集，它被称为超文本标记语言(HyperText Markup Language，HTML)。HTML 的妙处在于，它能把应该如何展现文本与具体实现显示的方法相分离。Berners-Lee 不仅创建一个称为超文本传输协议(HyperText Transfer Protocol，HTTP)的简单协议，还同时开发了第一个 Web 浏览器，该浏览器名为 World Wide Web。1990 年 11 月，第一台 Web 服务器 nxoc01.cern.ch 开始运行，Tim Berners-Lee 在自己编写的图形化 Web 浏览器“World Wide Web”上看到了最早的 Web 页面。1991 年，CERN 正式发布了 Web 技术标准。目前，与 Web 相关的各种技术标准都是由著名的 W3C 组织(World Wide Web Consortium)管理和维护的。

注意：

W3C 是英文 World Wide Web Consortium 的缩写，中文意思是 W3C 理事会或万维网联盟。

W3C 于 1994 年 10 月在麻省理工学院计算机科学实验室成立。创建者是万维网的发明者 Tim Berners-Lee。该组织是对网络标准进行制定的一个非营利性组织，像本书后面章节中将要介绍的 HTML、XHTML、CSS、XML 等的标准都是由 W3C 制定的。W3C 会员(大约 500 名会员)包括生产技术产品及服务的厂商、内容供应商、团体用户、研究实验室、标准制定机构和政府部门，他们共同协作，致力于在万维网发展方向上达成共识。

1.2.2　Web 的实质

自 Web 诞生之日起，人们就没有给它下过一个精确的定义，但是我们可以通过以下方式来理解它。首先，Internet 是一个网络的网络，也可以说是一个全球范围的网中网。它由成千上万的计算机共同组成，它们各自扮演不同的角色，但总的来看可以分为客户机和服务器。客户机就是我们通常所使用的计算机；而服务器是一种高性能计算机，作为网络的节点，用于存储、处理网络上大量的数据和信息，因此也被称为网络的灵魂。此外，现在流行的所谓云，实际上可以认为是服务器的集合，其所提供的服务，则包括邮件服务、文件服务、DNS 服务、Web 服务和计算资源服务等。

Web 应用是 Internet 所提供的众多应用中的一种，其作用是将本地的信息以超文本的方式组织起来，方便用户在 Internet 上搜索和浏览，并能提供一定的交互。因此 Web 或者是 WWW 服务，实际上是由 Internet 中被称为 Web 服务器的计算机所提供的，从这个意义上来看，可以将 Web 应用看成是 Internet 应用的一个子集，如图 1-6 所示。

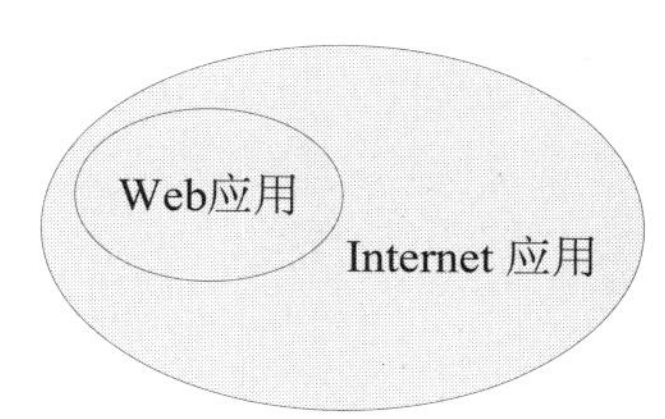

图 1-6　Internet 和 Web 的包含关系

注意：

Internet 是 Web 的基础平台，Web 是 Internet 平台上的一种应用或服务，它使人们能方便、快捷地发布和获取信息。至于这些信息是如何在 Internet 的网络层上进行传输的，对于一般的 Web 用户而言是透明的。

在 Web 出现初期，人们各自建立网页、互相建立链接，用户是沿着链接浏览的，这是真正的“网”。但是当 Yahoo 和 Lycos 等网站建立了搜索引擎和门户站点后，用户上网的方式就被改变了，在一个节点上可以获取几乎所有的信息。由此出现了所谓的“目标站点”模式，当人们逐条阅读内容时，还存在一个“网”的概念吗？而这些站点在起到积极作用的同时，也控制了信息的流动并包含了过时的信息，有时还包含一些广告。

而基于 P2P 应用的出现，则把控制权重新交还给用户。人们共享硬盘上的文件、目录甚至整个硬盘。所有人都共享了他们认为最有价值的东西，这将使互联网上信息的价值得到极大的提升。

而博客乃至于微博以及社交媒体等的流行并与移动终端相结合的现实，则最大限度地将网络的应用大幅度延伸到人们日常生活的每个角落，并通过为所有用户提供这种控制权，使得内容发布的方式得到了极大的改变。

1.2.3 Web 的技术基础

从技术层面上来看，Web 架构的精华主要有 3 点：用统一资源定位技术(URL)实现全球资源的精确定位；用应用层协议(HTTP)实现分布式的信息传送；以超文本技术(HTML)实现信息的表示。这 3 个特点无一不与信息的分发、获取和利用有关。其实，Tim Berners-Lee 早就明确无误地告诉我们："Web 是一个抽象的(假想的)信息空间。"也就是说，作为 Internet 上的一种应用架构，Web 的首要任务就是向人们提供信息和信息服务。

很可惜，在 Web 应用日新月异的今天，许多技术开发人员似乎已经忘记了 Web 架构的设计初衷。他们在自己开发的网站或 Web 应用中大肆堆砌各种所谓的"先进"技术，但最终用户能够在这些网站或应用中获得的有价值的信息却寥寥无几。这个问题绝不像评论者常说的"有路无车"或"信息匮乏"那么简单。一个 Web 开发人员倘若忘记了 Web 技术的最终目标是提供信息和信息服务，他的愚蠢程度就丝毫不亚于一个在足球场上只知道卖弄技巧，却忘记了射门得分的大牌球星。从这个角度来说，评价一种 Web 开发技术优劣的标准只有一个，那就是看这种技术能否在最恰当的时间和最恰当的地点，以最恰当的方式，为最需要信息的人提供最恰当的信息服务。

Web 技术利用了一种称为超文本的技术，即它使用了文件中突出显示的词句或图形生成链接来指向其他文件、图形、声音等资源。它可以从一个文件中的任何一点指向另一个信息资源，从而可以实现快速的信息浏览。同时超文本技术具有良好的图形用户界面，使得用户能很容易地浏览互联网中的信息。

注意：

Web 正是通过各种技术来实现其功能的，这些技术无论是现在已有的还是将来即将出现的，它们都共同构成了 Web 的技术基础。无论这些技术多么复杂、功能多么强大，都可以将之囊括到资源的定位、传输和表示方面。

Web 技术中其实还包括其他更多的技术，这里介绍其中最主要的 3 个。

1. 统一资源定位技术

统一资源定位符(Uniform Resource Locator, URL)通过定义资源位置的抽象标识来定位网络资源。资源被定位后，便可对其进行各种操作，例如，访问、更新、替换、查找属性等。

总体来说，URL 可按下列格式进行书写：

```
<scheme>:<scheme-specific-part>
```

其中，<scheme>指所用的 URL 方案名。<scheme-specific-part>意义的解释与所用方案有关。方案名由字符组成，可包括字母(a～z)、数字(0～9)、加号(+)、句点(.)和连词符(-)，字母大小写是不分的。

对于 Internet，<scheme>指的是 Internet 协议名，可包括 http、ftp、gopher、mailto、new、nntp、telnet、wais、file 等，这个列表以后还会不断扩充。

HTTP URL 方案用于表示可通过 HTTP 协议进行访问的 Internet 资源。HTTP URL 的格式如下：

```
http://<host>:<port>/<path>?<searchpart>
```

其中，<host>和<port>为标准格式，:<port>如果省略，则默认端口值为 80。<path>为 HTTP

选择器，而<searchpart>为查询字符串，它们都是可选的，如果这两项不存在，则主机或端口后的斜杠也应该省略。例如：http://www.edu.cn:80/index.aspx，http 是协议，www.edu.cn 是主机名，80 是端口号，index.aspx 是要访问的资源名(此处是一个文件的形式)。

2. 超文本标记语言

超文本标记语言(HyperText Markup Language，HTML)是一种用来制作超文本文档的简单标记语言。HTML 在诞生之初，其目的非常简单。当时 Tim Berners-Lee 将他设计的初级浏览器和编辑系统在网上合二为一，创建了一种快速小型超文本语言来为他的这个想法服务。他也设计了数十种乃至数百种未来使用的超文本格式，并想象智能客户代理通过服务器在网上进行轻松谈判并翻译文件。这同 Macintosh 的 Claris XTND 系统极为相似，不同的是它可以在任何平台和浏览器上运行。

Berners-Lee 当时所设计的语言极其简易，它以纯文本为基础，因此任何编辑器和文字处理器都可以编辑，并且它仅有不多的标签(Tag)组成，任何人都可以轻松掌握。网络从此迅猛发展，开启了大众在网上浏览和发布信息的时代。

超文本传输协议规定了浏览器在运行 HTML 文档时所遵循的规则和进行的操作。HTTP 协议的制定使浏览器在运行超文本时有了统一的规则和标准。用 HTML 编写的超文本文档称为 HTML 文档，它能独立于各种操作系统平台，自 1990 年以来 HTML 就一直被用作 WWW/Web/万维网(World Wide Web)的信息表示语言，是全球广域网上描述网页内容和外观的标准。使用 HTML 语言描述的文件，需要通过 Web 浏览器显示出效果。HTML 包含了一对打开和关闭的标记，在其中包含有属性和值。标记描述了每个在网页上的组件，例如文本段落、文字、图形、动画、声音、表格、链接等对象。HTML 必须使用特定的程序，即 Web 浏览器来完成翻译和执行的功能，通常编写者可以使用任何编辑器对 HTML 文件进行编辑，一些浏览器(如 Chrome、Firefox 和 Internet Explorer 等)则提供了交互式的 HTML 编辑器。

HTML 是一种用于创建文档的标记语言，通过在文档中包含相关信息的链接来实现通过单击这个链接来访问其他文档、图像或多媒体对象，并获得关于链接项的附加信息。有关 HTML 语言更详细的介绍，将放在后面专门的章节中进行。

3. 超文本传输协议

超文本传输协议(HyperText Transfer Protocol，HTTP)是一种通信协议，它允许将超文本标记语言(HTML)文档从 Web 服务器传送到 Web 浏览器。其中设计了一套相当简单的规则，用来支持超媒体系统在网络上的分布，它的出现使 Web 成为可能。如果希望真正理解 Web，那么理解 HTTP 是基础。

HTTP 采用的是客户机/服务器(C/S)结构，定义了客户机/服务器之间进行“对话”的简单请求-应答规则，客户端的请求程序与运行在服务器端的接收程序建立连接，如图 1-7 所示。客户端发送请求给服务器，HTTP 规则定义了如何正确解析请求信息，服务器用应答信息回复该请求，应答信息中包含了客户端所希望得到的信息，HTTP 规则当然也定义了如何正确解

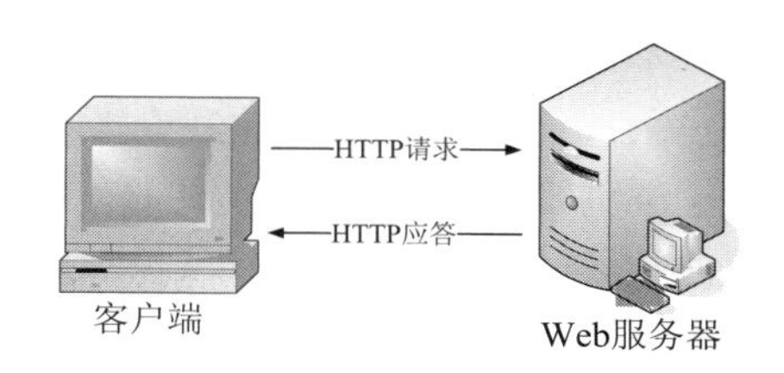

图 1-7　HTTP 的基本原理

析应答信息，但并没有定义网络如何建立连接、管理及信息如何在网络上发送，这些事情交给底层协议 TCP/IP 来完成。这也就是我们经常说“Web 是站在巨人的肩膀上”的原因，它的真实含义是“HTTP 是建立在 TCP/IP 之上的”，HTTP 属于应用层的协议，是 TCP/IP 的一个应用，从 TCP/IP 来看，Web(HTTP)和 Telnet、FTP、Gopher、WAIS 等没有什么区别。

注意：

HTTP 规则实际上定义了客户机和服务器之间请求与应答的格式，使用这种规范，传输过程能够得以顺利完成。

4. 浏览器

除了上面提到的三大技术外，浏览器在 Web 领域也起到了重要的作用。提到 Web 浏览器，大多数人会想到无处不在的 Microsoft Internet Explorer，直到像 Firefox、Safari 和 Opera 之类的浏览器日益兴起，这种情况才稍有变化。尽管许多新手可能认为 Internet Explorer 是市面上的第一个浏览器，但事实并非如此。实际上，第一个 Web 浏览器出自 Berners-Lee 之手，这是他为 NeXT 计算机创建的(这个 Web 浏览器原来名为 WorldWideWeb，后来改名为 Nexus)，并在 1990 年发布给 CERN 的人员。Berners-Lee 和 Jean-Francois Groff 将 WorldWideWeb 移植到 C，并把这个浏览器改名为 libwww。20 世纪 90 年代初出现了许多浏览器，包括 Nicola Pellow 编写的一个行模式浏览器(这个浏览器允许任何系统的用户都能访问 Internet，从 UNIX 到 Microsoft DOS 都涵盖在内)，还有 Samba，这是第一个面向 Macintosh 的浏览器。

1993 年 2 月，Illinois–Urbana-Champaign 大学超计算应用国家中心的 Marc Andreessen 和 Eric Bina 为 UNIX 发布了 Mosaic。几个月之后，Aleks Totic 为 Macintosh 发布了 Mosaic 的一个版本，这使得 Mosaic 成为第一个跨平台浏览器，它很快得到普及，并成为最流行的 Web 浏览器。后来这个技术卖给了 Spyglass，之后又归入 Microsoft 门下，最后成为现在的 Internet Explorer。

1993 年，堪萨斯大学的开发人员编写了一个基于文本的浏览器，叫作 Lynx，它成为字符终端的标准。1994 年，挪威奥斯陆的一个小组开发了 Opera。1996 年，这个浏览器得到了广泛使用。1994 年 12 月，Netscape 发布了 Mozilla 的 1.0 版，这标识着第一个营利性质的浏览器诞生。2002 年又发布了一个开源的版本，其发展为现在流行的 Firefox 浏览器，于 2004 年 11 月发布。

Microsoft 发布 Windows 95 时，把 Internet Explorer 1.0 作为 Microsoft Plus!包的一部分同时发布。尽管这个浏览器与操作系统集成在一起，但大多数人还是坚持使用 Netscape、Lynx 或 Opera。之后的 IE 2.0 有了很大起色，增加了对 cookie、安全套接字层(Secure Socket Layer，SSL)和其他新兴标准的支持。该版本还可以用于 Macintosh，使之成为 Microsoft 的第一个跨平台浏览器。不过，大多数用户还是很执着，仍然使用他们用惯了的浏览器。

不过到了 1996 年夏天，Microsoft 发布了 3.0 版本。几乎一夜之间，人们纷纷拥向 Internet Explorer。当时 Netscape 的浏览器还是要收费的，而 Microsoft 却免费提供了 Internet Explorer。关于浏览器领域谁主沉浮的问题，Internet 群体发生了两极分化，很多人担心 Microsoft 会像在桌面领域一样，在 Web 领域也一统天下。有些人则考虑到安全问题，而且不出所料， IE 3.0 版发布 9 天之后，就报告了第一个安全问题。但是到 1999 年发布 Internet Explorer 5 时，它已经逐步成为使用最广的浏览器。但根据 market share 的统计，2018—2019 年全世界网民所使用的六大浏览器和占比以及从逐月各大浏览器占比的变化情况如图 1-8 所示，其中目前使用数量最多的是 Google 的 Chrome，占比达 66.46%，而 IE 占比为 7.35%。

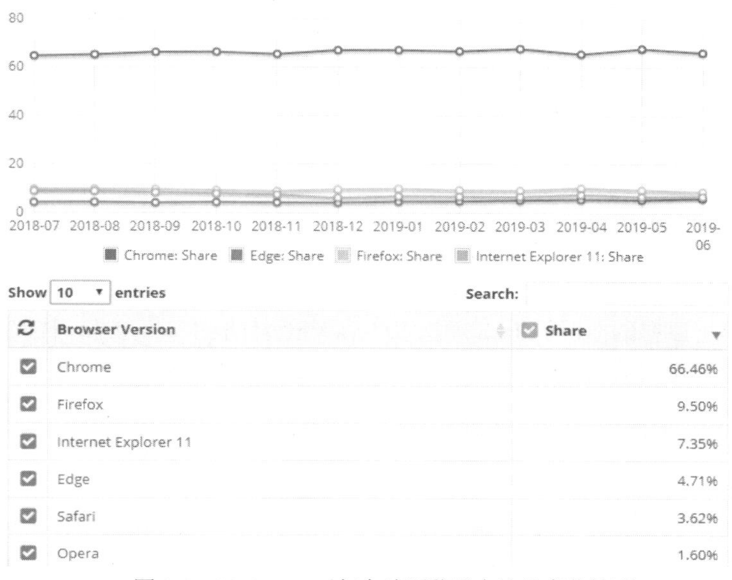

Browser Version	Share
Chrome	66.46%
Firefox	9.50%
Internet Explorer 11	7.35%
Edge	4.71%
Safari	3.62%
Opera	1.60%

图 1-8　2018—2019 年全球浏览器占比及变化情况

1.2.4　Web 的高级技术

最初，所有 Web 页面都是静态的。用户请求一个资源，服务再返回这个资源。什么都不动，也不会出现屏幕的闪动。坦率地讲，对于部分 Web 网站来说就是这样实现的，这些网站的 Web 页面只是数字化的文本，一旦生成，就内容固定，再发布到多处。在浏览器发展的最初阶段，Web 页面的这种静态特性是可以满足需要的。当时网站的作用主要是交换研究论文和学术资料，教学机构也只是通过 Internet 在线发布课程信息。最初企业界还没有发现这个新“渠道”能提供巨大的商机。

从开发技术的角度来看，刚开始时，大量网站主页显示的信息较少，无非是一些联系信息或者只是一些文档等。不过不久之后，Web 用户就开始产生了新的需求，同时个人计算机的普及也推动了 Web 的快速发展，用户越来越希望得到更方便、具有动态性和交互性的网站体验。

1. CGI

要让 Web 更为动态，早期所采用的方法是通用网关接口(Common Gateway Interface，CGI)。与静态 Web 内容获取的方式不同，使用 CGI 可以创建一个具有响应用户请求的程序。假设需要在网站中显示所销售的商品，此时 CGI 脚本的功能主要是访问商品数据库，并以网页的方式将结果呈现给用户。通过使用简单的 HTML 表单和 CGI 脚本，就可以创建动态的应用，客户可以通过浏览器来浏览或购买商品。编写 CGI 脚本可以使用多种语言，从 Perl 到 Visual Basic 等都可以，这使得掌握不同语言的人都能直接编写 CGI 程序。

不过，要创建动态的 Web 页面，CGI 并不是最安全的方法。CGI 使得在系统中可以执行具有较高运行权限的应用程序。倘若某个用户有恶意企图，就可以利用这一点让系统运行恶意程序，从而带来安全问题。尽管存在这个缺陷，但如今CGI仍在一定场合下被使用。

2. Applet

很显然，CGI有待改进。1995年5月，Sun公司(后被合并到Oracle公司)的John Gage和Andreessen发布了一种新的编程语言——Java。Netscape Navigator为这种新语言提供了支持，最初是为了支持机顶盒(读者可能认为，为了抢占在居室电子化方面的发展先机，最早涉足的公司是Microsoft和Sony)。就像所有革命一样，Java和Internet的出现恰到好处，在适当的时间、适当的地点推出，Java在Web上发布仅几个月，就已经有数以千计的人下载Java。由于Netscape的Navigator支持Java，因此动态Web页面掀开了新的一页——Applet时代到来。

Applet允许开发人员编写小应用，这些小应用可以嵌入在Web页面上。只要用户使用支持Java的浏览器，就可以在浏览器的Java虚拟机(Java Virtual Machine，JVM)中运行Applet。尽管Applet可以做很多事情，但它们也存在一些限制，即通常不允许读/写文件系统，不能加载本地库，而且可能无法启动客户端上的程序。不过，Applet可以在一个沙箱安全模型中运行，这有助于防止用户运行恶意代码。

对许多人来说，最初接触Java编程语言就是从Applet开始的，当时这是创建动态Web应用的一种绝好的办法。Applet允许在浏览器中创建一个“胖”客户端应用，不过必须在平台的安全限制范围内。当时，在很多领域都广泛使用了Applet；但是，Web群体并没有完全被Applet“征服”。“胖”客户端的开发人员都很熟悉一个问题：必须在客户端上部署适当的Java版本。因为Applet在浏览器的虚拟机中运行，所以开发人员必须确保客户端安装了适当版本的Java。尽管这个问题并非无法解决，但确实妨碍了Applet技术的进一步推广。而且如果Applet写得较糟糕，很可能对客户主机造成影响，这使许多客户对于是否采用基于Applet的解决方案犹豫不决。

3. JavaScript

Netscape创建了一种脚本语言，并最终称之为JavaScript(建立原型时本来叫作Mocha，正式发布之前曾经改名为LiveWire和LiveScript，不过最后终于确定为JavaScript)。设计JavaScript旨在让不太熟悉Java的网页设计人员和程序员能够更轻松地开发Applet(当然，Microsoft也推出了与JavaScript相对应的脚本语言，称为VBScript)。Netscape邀请Brendan Eich来设计和实现这种新语言，Brendan Eich认为在这种情况下需要的是一种动态类型的脚本语言。由于缺乏开发工具，缺少有用的错误消息和调试工具，JavaScript备受非议。尽管如此，JavaScript也仍然不失为一种创建动态Web应用的强大方法。

JavaScript是一种基于对象和事件驱动并具有安全性能的脚本语言，有了JavaScript，可使网页变得生动。使用它的目的是与HTML、Java脚本语言一起实现在一个网页中链接多个对象，与网络客户交互作用，从而可以开发客户端的应用。它是通过嵌入方式在标准的HTML语言中实现的。

最初，创建JavaScript是为了帮助开发人员动态地修改页面上的标记，以便为客户提供更丰富的体验。人们越来越认识到，页面也可以当作对象，因此文档对象模型(Document Object Model，DOM)应运而生。刚开始，JavaScript和DOM紧密地交织在一起，但最后它们还是“分道扬镳”，并各自发展。DOM是页面的一个面向对象模型，可以用某种脚本语言(如JavaScript

或 VBScript)进行修改。关于这部分内容的详细介绍读者可以查阅后面章节的内容。

最后，万维网协会(World Wide Web Consortium，W3C)介入，完成了 DOM 的标准化，而欧洲计算机制造商协会(European Computer Manufacturers Association，ECMA)则批准了将 JavaScript 作为 ECMAScript 规范。根据这些标准编写的页面和脚本在遵循相应原则的任何浏览器上都应该有相同的外观和表现。

在最初的几年中，JavaScript 的发展比较坎坷，这是许多因素造成的。首先，浏览器支持很不一致(即使是今天，同样的脚本在不同浏览器上也可能有不同的表现)，而且客户可以自由地把 JavaScript 关闭(由于存在一些已知的安全漏洞，因此往往鼓励用户把 JavaScript 关掉)。由于开发 JavaScript 有一定难度，且使用 JavaScript 完成的代码是对用户公开的，这使得许多开发人员退避三舍，很少使用这种语言，有些开发人员干脆不考虑 JavaScript，认为这是图形设计人员使用的一种“玩具”语言。许多人曾试图使用、测试和调试复杂的 JavaScript，并为此身心俱疲，所以大多数人在经历了这种痛苦之后，最终还是满足于创建简单的基于表单的应用。

4. Servlet、JSP、ASP 和 PHP 等

尽管 Applet 是基于 Web 的，但“胖”客户端应用存在的许多问题在 Applet 身上也有所体现。在当时的网速条件下，要下载一个复杂 Applet 的完整代码，可能要花较长的时间，这往往是用户所不能忍受的。开发人员还要考虑客户端上的 Java 版本，有些虚拟机还有更多的要求。理想情况下只需提供静态的 Web 页面，毕竟这正是 Internet 的本来目标。当然，尽管静态页面是静态的，但是如果能在服务器上动态地生成内容，再将所生成的内容返回，这就更好了。

在 Java 问世一年左右，Sun 引入了 Servlet。Java 代码不用像 Applet 那样在客户端浏览器中运行；它在一个应用服务器上运行。这样，开发人员就能充分利用现有的业务应用，而且，如果需要升级为最新的 Java 版本，只需要考虑服务器端的升级就行了。正如 Java 所推崇的“一次编写，到处运行”，这一点使得开发人员可以选择最先进的应用服务器和服务器环境，这也是这种新技术的另一个优点。如此，Servlet 就可以取代 CGI 脚本了。

Servlet 向前迈出了很大一步，它提供了对整个 Java 应用编程接口(API)的完全访问，而且提供了一个完备的库可以处理 HTTP。不过，Servlet 并不是十全十美的，使用 Servlet 来设计界面可能很困难。在一个典型的 Servlet 交互中，先要从用户得到一些信息，完成某种业务逻辑，然后使用一些“打印行”创建 HTML，为用户显示结果。以下是一个简单的 Servlet 代码片段。

```
response.setContentType("text/html;charset=UTF-8");
PrintWriter out = response.getWriter();
out.println("<!DOCTYPE html>");
out.println("<head>");
out.println("<title>Servlet SimpleServlet</title>");
out.println("</head>");
out.println("<body>");
out.println("<h1>Hello World</h1>");
out.println("<p>Imagine if this were more complex.</p>");
out.println("</body>");
out.println("</html>");
out.close();
```

Servlet不仅容易出错，很难生成可视化显示，而且还无法做到人尽其才。一般来说，服务器端代码的编写者往往是软件开发人员，由于只是对算法和编译器很精通，他们并不能设计出精美网站的图形和页面布局。使用这种模式进行开发，业务开发人员不仅要编写业务逻辑，还必须考虑怎样创建一致的设计。因此，很有必要将表示与业务逻辑分离，其实这里需要的就是Java Server Pages(JSP)。

在某种程度上，JSP是对 Microsoft的 Active Server Pages(ASP)做出的一个回应。Microsoft从 Sun 在 Servlet 规范上所犯的错误中吸取了教训，并创建了 ASP 来简化动态页面的开发。Microsoft增加了一些支持工具，并与其Web服务器紧密集成。JSP和ASP都具有将业务处理与表示布局相分离的特征，从这个意义上讲，二者是相似的。虽然存在一些技术上的差别(Sun也从Microsoft那里吸取了教训)，但它们有一个最大的共同点，即都允许Web设计人员能够把重点放在布局上，而软件开发人员可以集中开发业务逻辑。以下代码展示了一段简单的 JSP源码。

```
<%@page contentType="text/html"%>
<%@page pageEncoding="UTF-8"%>
<!doctype html>
<html>
<head>
<meta http-equiv="Content-Type" content="text/html; charset=UTF-8">
<title>Hello World</title>
</head>
<body>
<h1>Hello World</h1>
<p>This code is more familiar for Web developers.</p>
</body>
</html>
```

当然，Microsoft和Sun并没有垄断服务器端解决方案。除了JSP和ASP以外还有许多其他的方案，如 PHP、ColdFusion等。有些开发人员喜欢独特的工具，而有一些开发人员则倾向于更简单的语言。从目前来看，所有这些解决方案完成的目标都是一样的，它们都是要动态生成HTML。

5. Flash

并不是只有 Microsoft 和 Sun 在努力寻找办法来解决动态 Web 页面问题。1996 年夏天，FutureWave发布了一个名叫FutureSplash Animator的产品。这个产品起源于一个基于Java的动画播放器，FutureWave很快被Macromedia兼并，Macromedia则将这个产品改名为Flash。

Flash是交互式矢量图和Web动画的标准。网页设计者使用Flash可以创作出既漂亮又可改变尺寸的导航界面以及其他奇特的效果。Flash通常也指Macromedia Flash Player(现称为Adobe Flash Player)。2012年8月15日，Flash退出Android平台，正式告别移动端。Adobe Flash最新版本也宣布支持3D，这将会是Flash未来发展的趋势，也会是网页游戏的主流技术。2015年12月1日，Adobe将动画制作软件Flash Professional CC 2015升级并更名为Animate CC 2015.5，从此与Flash技术划清了界限。

利用Flash，设计人员可以创建令人惊叹的动态应用，可以在Web上发布高度交互性的应用，几乎与“胖”客户端应用相差无几。但是不同于 Applet、Servlet 和 CGI 脚本，Flash 可以不需要编程技巧，很容易上手。不过，这种易用性也是有代价的(有关胖客户端应用在本章的后面将有较为详细的介绍)。

像许多解决方案一样，Flash 需要客户端软件支持。尽管许多流行的操作系统和浏览器上都内置有其所需的播放器插件，但并非所有的浏览器都有。虽然能免费下载，但由于担心同时携带病毒，许多用户会拒绝安装这个软件，这一点限制了此解决方案的通用性。在某些情况下，Flash 应用可能还需要较大的网络带宽才能很好地工作，这也限制了 Flash 的推广(因此产生了某些网页上出现的所谓“跳过动画”的链接)。尽管有些网站选择建立多个版本的 Web 应用，分别适应于不同的连接速度，但是许多公司都无法承受支持两个或更多网站所增加的开发开销。

注意：

创建 Flash 应用需要专用的软件和浏览器插件。而 Applet 可以用文本编辑器编写，而且有一个免费的 Java 开发包(Java Development Kit，JDK)；Flash 则不同，使用完整的 Flash 工具包需要支付较高的费用。尽管这些因素不是难以逾越的障碍，但它们确实减慢了 Flash 在动态 Web 应用道路上的前进脚步。

此外，由于 Flash 具有：存在一定的安全漏洞；其中所包含的文字无法被搜索引擎识别；需要专业人员制作、修改；占用 CPU 资源比较大，会影响页面响应速度；更新时需要手动安装等问题，因此出现了 HTML5 逐步取代 Flash 的趋势。使用 HTML5 的优势在于：符合 W3C 的标准；跨平台、多设备支持；方便搜索引擎抓取和搜索；便于游戏开发；具有更好的互动性；能直接支持音视频；标签代码更加简洁、清晰；更新及时、方便等。

6. Silverlight

Microsoft Silverlight 中文名称为“微软银光”，是微软所发展的 Web 前端应用开发解决方案，亦是微软丰富型互联网应用(Rich Internet Application)策略的主要应用开发平台之一。其以浏览器的外挂组件方式，提供 Web 应用中多媒体(含影音流与音效流)与高度交互性前端应用的解决方案，同时它也是微软 UX(用户经验)策略中的一环，更是微软试图将美术设计和程序开发人员的工作明确区分与协同合作发展应用的尝试之一。

对于互联网用户来说，Silverlight 是一个安装简单的插件程序。用户只要安装了这个插件程序，就可以在 Windows 和 Macintosh 等操作系统的多种浏览器中运行相应版本的 Silverlight 应用，享受视频分享、在线游戏、广告动画、交互丰富的网络服务等。

对于开发设计人员而言，Silverlight 是一种融合了微软的多种技术的 Web 呈现技术。它提供了一套开发框架，并通过使用基于向量的图像、图层技术，支持任何尺寸图像的无缝整合，对基于 ASP.NET、Ajax 在内的 Web 开发环境实现了无缝连接。Silverlight 使开发设计人员能够更好地协作，有效地创建能在 Windows 和 Macintosh 上的多种浏览器中运行的内容丰富、界面绚丽的 Web 应用——Silverlight 应用。

简而言之，Silverlight 是一个跨浏览器、跨平台的插件，为网络带来下一代基于.NET 媒体体验的交互式应用。对运行在 Macintosh 和 Windows 上的主流浏览器，Silverlight 提供了统一而丰富的用户体验。通过 Silverlight 这个小小的浏览器插件，视频、交互性内容，以及其他应用能很好地融合在一起。

1.2.5 WWW 的发展

WWW 发展迅猛，将来许多新的技术会带来革命性的进步，以下是一些变化的方向。

1. DHTML 革命

Microsoft 和 Netscape 发布其各自浏览器的第 4 版时，Web 开发人员有了一个新的选择，开发了动态 HTML(Dynamic HTML，DHTML)技术。有些人可能认为 DHTML 不是一个 W3C 标准，它更像是一种销售手段。实际上，DHTML 结合了 HTML、层叠样式表(Cascading Style Sheets，CSS)、JavaScript 和 DOM。这些技术的结合使得开发人员可以动态地修改 Web 页面的内容和结构。

最初开发人员对 DHTML 的反响很好。不过，它需要的浏览器版本还没有得到广泛应用。尽管主流浏览器都支持 DHTML，但是它们的实现却存在差异，因此开发人员必须知道用户使用的是什么浏览器；否则就意味着，需要大量代码来检查浏览器的类型和版本，这进一步增加了开发的开销。有些人对于尝试这种方法很是迟疑，因为 DHTML 还没有一个官方的标准。不过，应该相信将来一定会更好。

2. XML 技术

20 世纪 90 年代中期，基于 SGML，衍生出了 W3C 的可扩展标记语言(eXtensible Markup Language，XML)，自此，XML 变得极为流行。许多人把 XML 视为解决所有计算机开发问题的灵丹妙药，以至于 XML 几乎无处不在。实际上，Microsoft 早已经宣布，将来的 Office 将支持 XML 文件格式。

如今，我们至少有 4 种 XML 衍生语言可以创建 Web 应用(W3C 的 XHTML 不包括在内)，分别是：Mozilla 的 XUL；XAMJ，这是结合 Java 的一种开源语言；Macromedia 的 MXML；以及 Microsoft 的 XAML。下面分别对这 4 种语言进行详细介绍。

- XUL：XUL(拼作“zool”)代表 XML 用户接口语言(XML User Interface Language)，由 Mozilla Foundation 推出。流行的 Firefox 浏览器和 Thunderbird 邮件客户都是用 XUL 编写的。利用 XUL，开发人员能构建功能很丰富的应用，可以与 Internet 连接，也可以不连接。为了让熟悉 DHTML 的开发人员尽快地学会，XUL 设计为可以为诸如窗口和按钮等标准界面部件提供跨平台支持。虽然它本身不是一个标准，但它基于标准，如 HTML 4.0、CSS、 DOM、XML 和 ECMAScript 等。XUL 应用可以在浏览器上运行，也可以安装在一个客户主机上。当然，XUL 也不是没有缺点。XUL 需要 Gecko 引擎，而且目前 Internet Explorer 还没有相应的插件。尽管 Firefox 在浏览器市场已经有了一定的份额，但少了 Internet Explorer 的支持还是会受到很大影响，这使得大多数应用都无法使用 XUL。目前开展的很多项目都是力图在多个平台上使用 XUL，包括 Eclipse。
- XAML：XAML (拼作“zammel”)是 Microsoft 推出的 Vista 操作系统的一个组件。XAML 是可扩展应用标记语言(eXtensible Application Markup Language)的缩写，它为使用 Vista 创建用户界面定义了一个标准。与 HTML 类似，XAML 使用标签来创建标准元素，如按钮和文本框等。XAML 建立在 Microsoft 的 .NET 平台之上，而且可以编译为.NET 类。开发人员应当很清楚 XAML 的局限所在，其作为一个 Microsoft 产品，要求必须使用 Microsoft 的操作系统。在许多情况下，这可能不成问题，但是有些公司使用的不是 Microsoft 的操作系统，总不能削足适履吧。在 Vista 交付的日期不断推迟的过程中，XAML 也有了很大变化，它不再只是一个播放器。据说，在未来，我们可能会看到一个全新的 XAML。

- MXML：Macromedia 创建了 MXML，作为与其 Flex 技术一同使用的一种标记语言，MXML 与 HTML 很相似，可以以一种声明的方式来设计界面。与 XUL 和 XAML 类似，MXML 提供了更丰富的界面组件，如 DataGrid 和 TabNavigator，利用这些组件可以创建功能丰富的 Internet 应用。不过，MXML 不能独立使用，它依赖于 Flex 和 ActionScript 编程语言来编写业务逻辑。MXML 与 Flash 有同样的一些限制，表现为，它是专用的，而且依赖于价格昂贵的开发和部署环境。尽管将来.NET 可能会对 MXML 提供支持，但现在 Flex 只能在 Java 2 企业版(Java 2 Enterprise Edition，J2EE)应用服务器上运行，如 Tomcat 和 IBM 的 WebSphere，这就进一步限制了 MXML 的广泛采用。
- XAMJ：让人欣喜的是，开源群体又向有关界面设计的 XML 衍生语言世界增加了新的成员。XAMJ 作为另一种跨平台的语言，为 Web 应用开发人员又提供了一个工具。这种衍生语言基于 Java，由于 Java 是当前最流行的面向对象语言之一，XAMJ 也因此获得了面向对象语言的强大功能。XAMJ 实际上想要替代基于 XAML 或 HTML 的应用，力图寻找一种更为安全的方法，既不依赖于某种特定的框架，也不需要高速的 Internet 连接。XAMJ 是一种编译型语言，建立在“Clientlet”体系结构之上，尽管基于 XAMJ 的程序也可以是独立的应用，但一般来讲都是基于 Web 的应用。

谈到“以 X 开头的东西”时，是一定要涉及 W3C XForms 规范的。XForms 支持一种更丰富的用户界面，而且能够将数据与表示解耦合。毋庸置疑，XForms 数据是 XML，这样就能使用现有的 XML 技术，如 XPath 和 XML Schema。标准 HTML 能实现的功能，XForms 都能实现，而且 XForms 还有更多功能，包括动态检查阈值、与 Web 服务集成等。不同于其他的许多 W3C 规范，XForms 不需要新的浏览器，可以使用已有的许多浏览器实现。与大多数 XML 衍生语言一样，XForms 是一种全新的方法，所以对于这种方法何时得以采纳，目前还不能确定。

注意：

XML 技术正在快速进步中，目前，很多应用只是将 XML 作为一种数据交换或数据存储的手段，其实 XML 的功能远不止这些。

3. XHTML 技术

2000 年底， W3C 公布了 XHTML(Extensible HyperText Markup Language，可扩展超文本标记语言) 1.0 版本。XHTML 1.0 是一种在 HTML 4.0 基础上优化和改进的新语言，目的是基于 XML 应用。这是一种增强型的 HTML，是更严谨、更纯净的 HTML 版本。其所具有的可扩展性和灵活性可以适应未来网络应用的更多需求。XML 虽然数据转换能力强大，甚至完全可以替代 HTML，但面对成千上万已有的基于 HTML 语言设计的网站，直接采用 XML 还为时过早。因此，在 HTML 4.0 的基础上，用 XML 的规则对其进行扩展，就得到了 XHTML，它的表现方式和 HTML 类似，但在语法上更加严格。所以，建立 XHTML 的目的在某种程度上是实现 HTML 向 XML 的过渡，它结合了部分 XML 的强大功能及大多数 HTML 的简单特性。在网站设计中推崇的 Web 标准就是基于 XHTML 的应用(即通常所说的 CSS+DIV)。在与 CSS(层叠样式表)结合后，XHTML 能发挥真正的威力。在实现样式与内容分离的同时，又能有机地组合网页代码，还可以混合各种 XML 应用，比如 MathML、SVG 等。

XHTML 比 HTML 的语法更加严格，体现在：

- 所有的标签必须要闭合，也就是说开始标签要有相应的结束标签；
- 所有标签必须小写；
- 所有的参数值，包括数字，都必须放在双引号中；
- 图片必须使用 ALT 属性来提供说明文字。

4. HTML5

HTML 标准自 1999 年 12 月发布了 HTML 4.01 后，后继的 HTML5 和其他标准就被束之高阁。为了推动 Web 标准化运动的发展，一些公司联合起来，成立了一个叫作 Web Hypertext Application Technology Working Group(Web 超文本应用技术工作组，WHATWG)的组织。WHATWG 致力于 Web 表单和应用，而 W3C 专注于 XHTML 2.0。在 2006 年，双方决定进行合作，创建 HTML 的下一个版本。2014 年 10 月 29 日，该标准规范最终完成。HTML5 会逐步取代 HTML 4.01 和 XHTML 1.0 标准，以期能在互联网应用迅速发展的时候，使网络标准达到符合当代的网络需求，为桌面和移动平台带来无缝衔接的丰富内容。HTML5 还有望成为梦想中的“开放 Web 平台”的基石，进一步推动更深入的跨平台 Web 应用。当前 W3C 正致力于开发用于实时通信、电子支付、应用开发等方面的标准规范，还会创建一系列的隐私、安全防护措施。

相比之前的标准，HTML5 的变化主要在于：

- 取消了一些过时的 HTML 4.0 标签：其中包括纯粹显示效果的标签，如<font>和<center>，它们已经被 CSS 取代；HTML5 吸取了 XHTML 2.0 的一些用法，包括一些用来改善文档结构的功能，如新的 HTML 标签 header、footer、dialog、aside、figure 等的使用，将使内容创作者更加语义化地创建文档，之前的开发人员在实现这些功能时一般都是使用 div。
- 将内容和展示相分离：b 和 i 标签依然保留，但它们的意义已经和之前有所不同，这些标签的意义只是为了将一段文字标识出来，而不是为了设置粗体或斜体样式；u、font、center、strike 这些标签则被完全去掉了。
- 一些全新的表单输入对象：包括日期、URL、E-mail 地址，其他对象则增加了对非拉丁字符的支持。HTML5 还引入了微数据，这一使用机器可以识别的标签标注内容的方法，使语义 Web 的处理更为简单。总的来说，这些与结构有关的改进使内容创建者可以创建更干净、更容易管理的网页，这样的网页对搜索引擎，对读屏软件等更为友好。
- 全新的、更合理的 Tag：多媒体对象将不再全部绑定在 object 或 embed Tag 中，而是视频有视频的 Tag，音频有音频的 Tag。
- 本地数据库：这个功能将内嵌一个本地的 SQL 数据库，以加速交互式搜索、缓存以及索引功能。同时，那些离线 Web 程序也将因此获益匪浅。
- Canvas 对象：将给浏览器带来直接在上面绘制矢量图的能力，这意味着用户可以脱离 Flash 和 Silverlight，直接在浏览器中显示图形或动画。
- 浏览器中的真正程序：将提供 API 实现浏览器内的编辑、拖放，以及各种图形用户界面的能力。内容修饰 Tag 将被剔除，而使用 CSS。

- 移动端开发方面：在移动应用中取代 Flash，开发过程友好、跨平台、可适配多种终端。
- 其突出的特点就是强化了 Web 页面的表现性，追加了本地数据库。
- 搜索引擎方面：新增了页面语义化元素，让搜索引擎更容易抓取网页信息。
- 多媒体应用方面：新增了专门的多媒体元素，可以很方便地在网上插入音频、视频等元素，网页加载时也不容易产生较大的延迟。

HTML5 是一项非常有前途的技术，本书将在第 3 章和第 4 章介绍这项技术。

5. Ajax 技术

Ajax(异步 JavaScript 和 XML)是个新产生的术语，它从两方面提供强大的性能。这两个特性在多年来一直被网络开发人员所忽略，直到 Gmail、Google suggest 和 Google Maps 的横空出世才使人们开始意识到其重要性。这两个特性是：

- 无须重新加载整个页面便能向服务器发送请求；
- 对 XML 文档的解析和处理。

Ajax 描述了一组技术，它使浏览器可以为用户提供更为自然的浏览体验。在 Ajax 之前，Web 站点强制用户采用“提交/等待/重新显示”的操作流程，用户的动作总是与服务器的“思考时间”同步。Ajax 提供与服务器异步通信的能力，从而使用户从请求/响应的循环中解脱出来。借助于 Ajax，可以在用户单击按钮时，使用 JavaScript 和 DHTML 立即更新 UI，并向服务器发出异步请求，以更新或查询数据库。当请求返回时，就可以使用 JavaScript 和 CSS 来相应地更新 UI，而不是刷新整个页面。最重要的是，用户甚至不知道浏览器正在与服务器通信，Web 站点看起来是即时响应的。

1.3 Web 应用开发的架构

最初，Web 应用技术与应用的开发技术是独立发展的。在各种日益复杂的应用需求的推动下，两者日益融合，但又各具特色。目前基于 Web 的应用已经成为一种主流的解决方案。下面就从 Web 应用架构的角度，来分析 Web 应用开发的架构方法。

1.3.1 Web 应用的需求

自从 Web 诞生以来，经过十几年的发展，Web 应用的架构经历了静态页面、活动页面以及动态页面的转变等。

1. 静态页面

静态页面是存储于服务器的文件，其内容在生成该文档时就已定义好，并且始终不变。Web 上最早的内容就是这种形式的，这些页面中可以包含多种媒体元素，信息资源的表现形式也是多样化的，而且页面间可以通过超链接进行关联，便于用户浏览和检索。典型的静态页面在访问时可以看到其 URL 中的资源的扩展名通常为 html，如图 1-9 所示。

静态页面的内容是编著者创作页面时确定好的，一旦将所有内容保存在服务器中并发布，任何人访问时都可以看到相同的内容。虽然静态页面已经可以为用户提供通过远程来访问信息资源的良好途径，但这种架构方式实际上存在很大的局限性。对于信息资源的用户而言，是不能和页面进行交互的，页面的内容也不会因为用户所做的操作而发生变化。对于信息资源的提供者而言，静态页面必须手工制作，手工更新和发布，其开发难度不大。

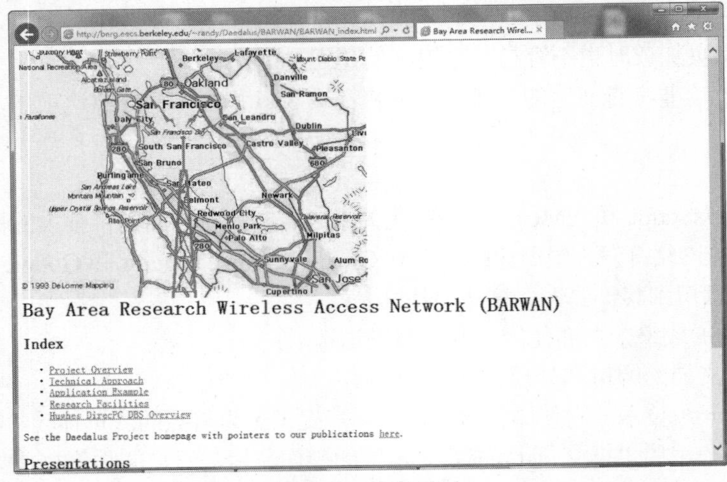

图 1-9　静态页面

2. 动态页面

对于类似网上购物、股市行情等需要实时更新的信息而言，静态页面是难以胜任的。同时静态页面也无法实现显示形式、内容等的个性化定制。动态页面就是针对这些问题应运而生的。

动态页面是在浏览器访问 Web 服务器时，由 Web 服务器创建的。当浏览器向服务器发出请求时，Web 服务器运行一个应用，创建动态文档，并返回给浏览器作为应答。因此，不同用户在不同时刻访问同一个动态页面时，可能会得到不同的结果，从这个角度来看，动态页面的内容是变化的，如图 1-10 所示。Web 服务器还可以将数据库中的最新数据返回给用户。但是动态页面需要由服务器实时生成，服务器的负荷较前面提到的静态方式要大；同时，其开发难度也较大，这对开发人员提出了更高的要求。

图 1-10　动态页面

3. 活动页面

提出活动页面是为了在保持动态页面优点的基础上，又能避免服务器负担过重的问题。即在传统 HTML 文档的基础上，加入诸如 Java Applet、VBScript 脚本、ActiveX 控件、Flash 插件等活动元素。首先，由服务器提供 HTML 文档和相关的活动元素，它们经客户端下载后在客户端运行，浏览器执行这些活动程序后再获得所需的信息，因此所显示的内容并不完全由服务器产生。用户通过这些元素可以和 Web 服务器进行交互，只要用户程序在运行，该页面就可不断变化保持最新，如图 1-11 所示。

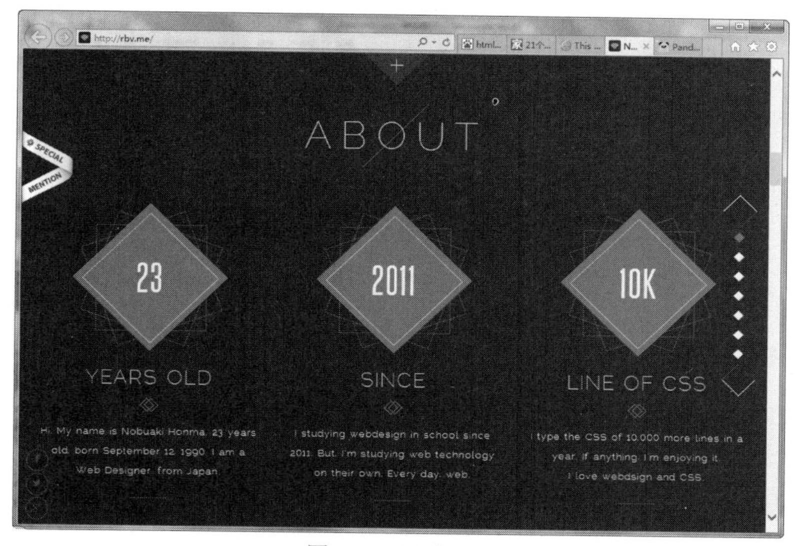

图 1-11　活动页面

由于这些元素在客户端运行，因此可以实现快速的响应和显示，但它们对客户端计算机的硬件配置和浏览器软件提出了一定的要求。此外，实现活动页面也需要一系列新技术的支持，可包括 ActiveX、Java Applet 和 Flash 插件等。

从目前的情况来看，Internet 市场仍具有巨大的发展潜力，未来其应用将涵盖从办公室共享信息到市场营销、服务等广泛领域。另外，Internet 带来的电子贸易正改变着现今商业活动的传统模式。

1.3.2　应用发展的需求

从应用开发模式发展的角度来看，从最早的单机应用，到后来的 C/S 模式(客户机/服务器模式)，再到当前流行的 B/S 模式(Browser/Server)、SOA、云计算等，是由简单的两层结构逐步演变为三层甚至是多层的。此外，RIA、分布式应用、设计模式和各种高级的架构模式等也在需求的推动下得到日益广泛的应用。

1. 两层结构

所谓的两层结构(Two-Tier)指的是客户机、服务器，即 C/S 结构，其结构如图 1-12 所示。通常来说，数据库位于服务器端，而客户端应用提供了与用户接口的界面，同时还包含了对服务器上的数据进行操作的一系列规则(商业逻辑)。在这种模式下，服务器仅仅需要承担数据访问的任务，而客户端程序不仅需要完成业务逻辑，即数据处理的任务，还需要负责数据的显示形式，即展示问题。

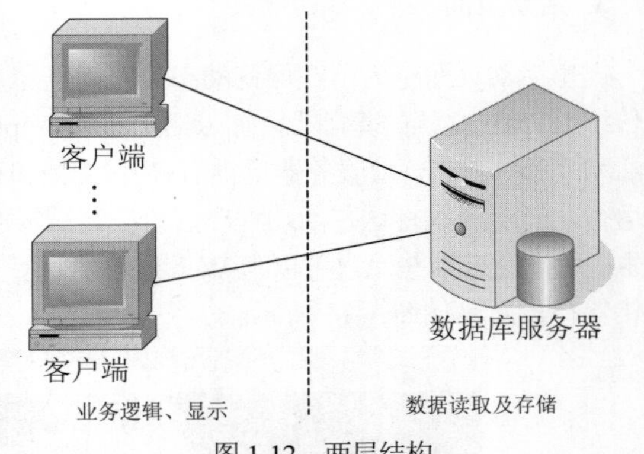

图 1-12　两层结构

注意：

通常将C/S这种模式的部署方式形象地称为“胖客户端/瘦服务器”(Fat Client/Thin Server)。

C/S 模式使得多个客户可以同时访问服务器上的数据库。但是，两层结构也有不足之处。在这种结构中，所有的数据处理规则都与某个应用相关联。一旦业务逻辑发生变化，必须重新修改和发布客户端的应用。如果客户机的数量巨大，这个工作将变得十分繁重和费时。因此，两层模式难以适应大规模分布式的应用需求。

2. 三层结构

三层结构(Three-Tier)旨在解决两层结构所存在的问题。从功能的角度将整个应用的功能分成表示层、功能层和数据层三部分，其结构如图 1-13 所示。其解决方案是，对这三层进行明确分割，并在逻辑上使其独立。原来的数据层作为 DBMS 已经独立出来，所以关键是要将表示层和功能层分离成各自独立的程序，并且还要使这两层间的接口简洁明了。

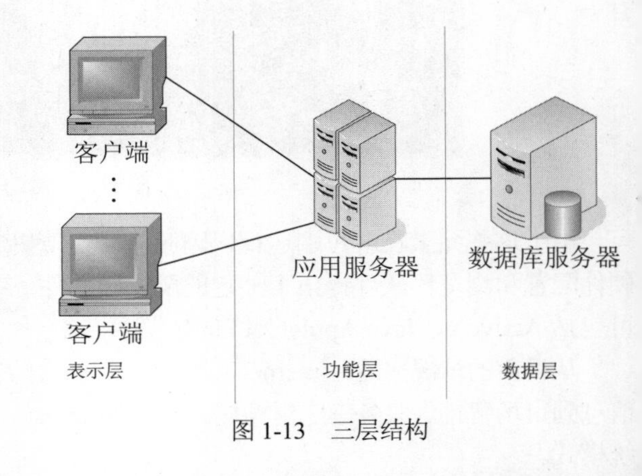

图 1-13　三层结构

一般情况是只将表示层配置在客户机中，与两层 C/S 结构相比，其程序的可维护性要好得多，但是其他问题并未得到解决。客户机的负荷较重，其业务处理所需的数据要从服务器传给客户机，所以系统的性能容易变差。如果将功能层和数据层分别放在不同的服务器中，则服务器和服务器之间也要进行数据传送。但是，由于在这种形态中三层是分别放在各自不同的硬件系统上的，因此灵活性很高，能够适应客户机数量的增加和负荷的变动。例如，在追加新业务处理时，可以相应增加功能层服务器的数量。因此，系统规模越大，这种形态的优点就越显著。

注意：

由于服务器承担了大部分的处理工作，因此常常将这种模式称为“瘦客户端/胖服务器”(Thin Client/ Fat Server)。

3. 基于 Web 的 B/S 模式

随着 Web 的广泛运用，人们发现在某些情况下可以使用 Web 来取代以往的应用。此时，将 Web 浏览器作为表示层；Web 服务器上的各种服务器端应用充当功能层；而数据层使用数据库服务器。为了与传统的三层结构相区别，将它称为 B/S 模式。以下对该模式进行分析。

(1) 静态模式

它的服务器端基本上只由 Web 服务器构成，它要发布的内容以文件的形式保存在 Web 服务器上，只能通过 HTML 文件提供静态的 Web 内容，所有的服务内容必须预先定义并编辑好，其结构如图 1-14 所示。用户可以通过 URL 直接定位到这些定制好的 HTML 文件进行存取，这一模式比较简单，并且可靠性比较高，实现起来也比较容易，但是提供的内容比较单调，且时效性及可维护性均较差，现在较大型的网站已很少采用。

(2) 一般动态模式

一般动态模式是当前使用得比较多的一种结构模式。这种模式在服务器端增加了一台数据库服务器，其结构如图 1-15 所示。它可以为用户提供动态的信息服务，通过定制页面模板，添加到后台数据库的信息可即时发布给发起请求的客户机，保证了信息的时效性。但由于它增加了 Web 服务器的负担，因此降低了 Web 服务器的稳定性。具体的实现方式大致上可通过 ASP.NET、JSP、PHP 等脚本语言、普通的 CGI 程序或 ISAPI 或 NSAPI 等来实现。例如，利用 Linux+PHP+MySQL+Apache 来构成整个服务体系。

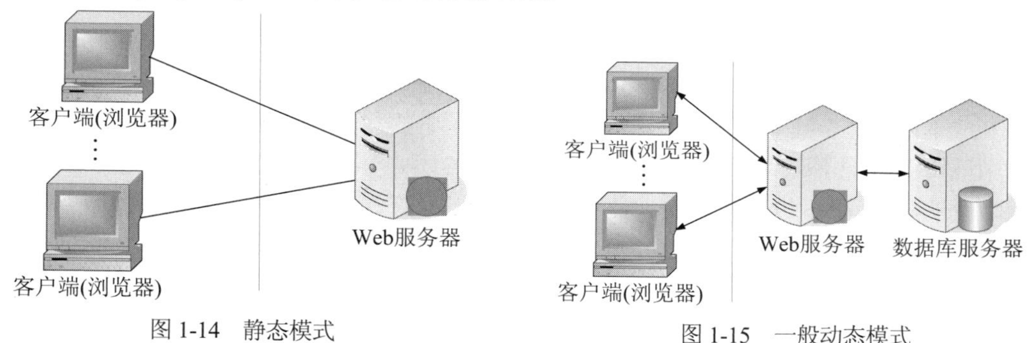

图 1-14　静态模式

图 1-15　一般动态模式

(3) 多层动态模式

多层动态模式是在 Web 服务器和后台数据库服务器之间增加了一层应用服务器，其结构如图 1-16 所示。这是一种先进的结构模式，在国外的一些大型知名网站上有所应用，像 Microsoft 的站点以及国外的一些大型电子商务站点均采用了这种结构模式。由于将一些复杂的企业逻辑及数据库的连接服务等封装到中间层中，因此减轻了 Web 服务器

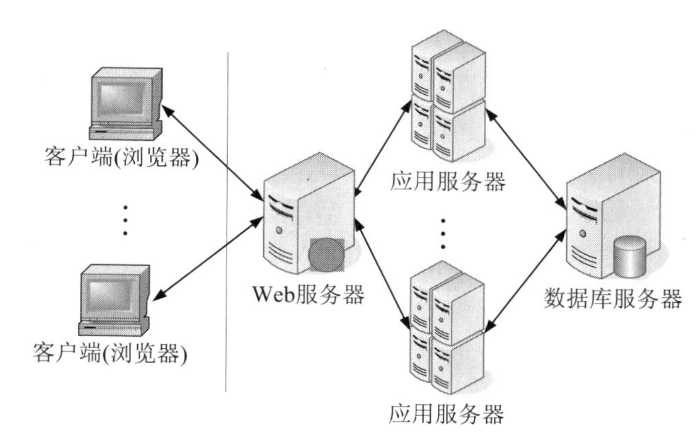

图 1-16　多层动态模式

的负担。

多层动态模式具有负载平衡与容错的功能，这可以通过各种技术来实现，比如，通过 ASP 脚本结合 COM/COM+、CGI 或 ISAPI 结合 COM / COM+、PHP 脚本结合 CORBA 构件技术来实现。大多数构件均是已编译的可执行代码，在执行速度上要比单纯的脚本语言快得多。这种结构属于典型的分布式 Web 应用系统。

B/S 模式的最大优势在于将应用部署到 Web 上，能创建跨平台的应用，避免多次创建和分发同一个软件的多个版本。服务器端的应用使用 Web 服务器上生成的 HTML 文档，这样几乎可以被所有平台上的用户浏览。

对于不同角色的服务器，由于作用不同，其要求也不尽相同：

- 对于应用服务器而言，由于需要处理大量的业务逻辑，因此需要更好、更快、更强大的 CPU 来支持；
- 数据库服务器由于需要快速地进行磁盘检索和数据缓存，因此需要更快的硬盘和更大的内存；
- 文件服务器由于需要存储用户上传的文件资源，因此需要更大的硬盘存储空间；
- 分布式缓存服务器则可以使用集群的方式，部署大内存的服务器作为专门的缓存服务器，可以在理论上实现不受内存容量限制的缓存服务。

此外，还可以进一步采用数据库读写分离、反向代理和 CDN、分布式文件系统和分布式数据库系统、NoSQL 和非数据库查询技术、业务拆分等方式来进行优化。

(4) RIA

富互联网应用(RIA)是下一代的将桌面应用的交互式用户体验与传统的 Web 应用的部署灵活性和成本分析结合起来的网络应用。富互联网应用中的富客户端技术通过提供可承载已编译客户端应用(以文件形式，用 HTTP 传递)的运行环境，客户端应用使用异步客户机/服务器架构连接现有的后端应用服务器，这是一种安全、可升级、具有良好适应性的新的面向服务的模型，这种模型由采用的 Web 服务所驱动。结合了声音、视频和实时对话的综合通信技术，使富互联网应用具有前所未有的网上用户体验。

RIA 具有的桌面应用的特点包括：在消息确认和格式编排方面提供互动用户界面；在无刷新页面的情况下提供快捷的界面响应时间；提供通用的用户界面特性如拖放式(drag and drop)以及在线和离线操作能力。RIA 具有的 Web 应用的特点包括如立即部署、跨平台、采用逐步下载来检索内容和数据以及可以充分利用被广泛采纳的互联网标准等。RIA 具有通信的特点则包括实时互动的声音和图像。客户机在 RIA 中的作用不仅是展示页面，还可以在幕后与用户请求异步地进行计算、传送和检索数据、显示集成的用户界面和综合使用声音及图像，这一切都可以在不依赖于客户机连接的服务器或后端的情况下进行。

可实现这类应用的技术包括 Adobe 的 Flex、微软的 Silverlight、Oracle 的 JavaFX 和 Java SWT、XUL、Bindows、Curl、Laszlo 以及 MUILIB 等。

4. Web 应用框架

Web 应用框架(Web Application Framework)是一种开发框架技术，用来支持动态网站、网络应用及网络服务的开发。框架技术有助于减轻网页开发时共通性活动的工作负载，例如许多框架提供数据库访问接口、标准样板以及会话管理等，可提升代码的可再用性。框架技术可分为基于请求的(request-based)和基于组件的(component-based)两大阵营。前者的代表有 Struts 和 Spring MVC 等，后者的代表则有 JSF、Tapestry 等。

基于请求的框架较早出现，它用于描述一个 Web 应用结构的概念，其和传统的静态 Internet 站点一样，是将其机制扩展到动态内容的延伸。对一个提供 HTML 和图片等静态内容的网站，网络另一端的浏览器发出以 URL 形式指定的资源的请求，Web 服务器解读请求，检查该资源是否存在于本地，如果是则返回该静态内容，否则通知浏览器没有找到。Web 应用升级到动态内容领域后，这个模型只需要做一点修改，即 Web 服务器收到一个 URL 请求(相较于静态情况下的资源，动态情况下更接近于对一种服务的请求和调用)后，判断该请求的类型，如果是静态资源，则按上面所述进行处理；如果是动态内容，则通过某种机制(CGI、调用常驻内存的模块、递送给另一个进程如 Java 容器等)运行该动态内容对应的程序，最后由程序给出响应，返回浏览器。在这样一个直接与 Web 底层机制交流的模型中，服务器端程序要收集客户端即 Get 或 Post 方式提交的数据、转换、校验，然后以这些数据作为输入运行业务逻辑后生成动态的内容(包括 HTML、JavaScript、CSS、图片等)。

基于组件的框架则采取了另一种思路，它把长久以来软件开发应用的组件思想引入到 Web 开发中。服务器返回的原本文档形式的网页被视为由一个个可独立工作、重复使用的组件构成。每个组件都能接受用户的输入，负责自己的显示。上面提到的服务器端程序所做的数据收集、转换、校验的工作都被下放给各个组件。现代 Web 框架基本上都采用了模型、视图、控制器相分离的 MVC 架构，基于请求和基于组件的两种类型的框架大都会有一个控制器将用户的请求分派给负责业务逻辑的模型，运算的结果再以某个视图表现出来。所以两大分类框架的区别主要在于视图部分，基于请求的框架仍然把视图也即网页看作一个文档整体，程序员要用 HTML、JavaScript 和 CSS 这些底层的代码来写“文档”，而基于组件的框架则把视图看作由积木一样的构件拼成，积木的显示不用程序员操心(当然它也是由另一些程序员开发出来的)，只要设置好它绑定的数据和调整好它的属性，就可以把它从编写 HTML、JavaScript 和 CSS 界面的工作中解放出来。

5. 实际应用中的选取原则

(1) 首先，确定是应该使用 C/S 模式还是 B/S 模式。对于某些应用场合，C/S 模式还是存在优势的。比如开发一个在 Windows 下运行的程序，或开发一个在局域网内并且只针对少量用户的程序，或者一个管理程序、后台运行程序，未必一定强求使用多层模式，因为在这种情况下 B/S 并不能带来什么突出的好处，反而会增加工作量与维护量。

(2) 选择了 B/S 模式进行 Web 应用开发时，要根据 Web 网站的规模、用户访问量以及要求的响应时间等几个指标来规划网站的结构模式。由于 Web 技术的发展，前面所说的静态模式现在已很少采用，它已不能满足当前的用户基本需求了。

(3) 对于一般动态模式，要分情况对待。对于访问量很低，信息量不大，或对系统稳定性要求不是很高的情况，可以采用这种模式。因为这种模式对编程人员的素质要求不是很高，并且开发周期快，比较适用于企业内部的 Intranet 或一些访问量不大的中小型网站。

(4) 对于一些大型的门户网站或大型的电子商务网站，由于用户访问量非常大，并且对系统的安全性以及稳定性要求都十分严格，在电子商务网站中，对数据的严谨性要求也非常严格，因此，在这几种情况下，多层动态模式就更加适合。

(5) RIA 能实现比 HTML 更加健壮、反应更加灵敏和更具有令人感兴趣的可视化。RIA 允许使用一种像 Web 一样简单的方式来部署富客户端程序。对于那些采用 C/S 架构的胖客户端技术运行复杂应用系统的机构和采用基于 B/S 架构的瘦客户端技术部署 Web 应用系统的机构来说，RIA 确实提供了一种廉价的选择。在应用时，需要结合客户端资源和客户端的交互需求进行设计，由于可以与前面几种模式结合应用，因而可以产生多种运用模式，但通常这种应用对客户端的运算能力有一定的要求。

(6) 针对较为复杂的应用，可以考虑在开发过程中运用框架，而基于请求的和基于组件的方法则各有优劣。不过后者看上去有很大的吸引力，普通的 Web 开发人员只要使用专门的公司或开源组织提供的组件就可以轻松开发出好用且漂亮的界面。要编写一个没有潜在问题的、跨浏览器的、显示美观、有足够灵活性并且可以调整的服务器端组件则需要高水平的技能、丰富的经验和较多的时间，即使付出这些成本，也不能完全避免使用者失望的情况。综合来看，基于请求的框架要求程序员自己动手的地方比较多，但也因此可以更精细地控制 HTML、CSS 和 JavaScript 这些最终决定应用界面的代码，特别是如果要在界面上有创新，尝试新的视觉效果和用户操作，必然应选择基于请求的框架。基于组件的框架可以提高开发界面的效率，前提是选用的组件质量要优秀。

总而言之，技术只有与实际应用的需求紧密结合才能具有持续不断发展的生命力。针对特定应用而言，任何超前或落后的技术都将产生负面效应乃至于失败。

1.4 本章小结

Web 应用开发是目前计算机应用的热点之一。本章首先讲解了有关 Internet 和 Web 的一些基础知识。为了让读者对 Web 技术有一个较为全面的认识，分别从 Web 需求的发展、Web 应用发展的层面讨论了 Web 技术的本质。本章的内容为读者深入掌握 Web 技术奠定了基础。

1.5 思考和练习

1. Internet 与 WWW 有什么关系？
2. 统一资源定位符(URL)——https://www.alipay.com/aip/index.html 中，既包含了 HTTP，又包含了 WWW，它们之间是什么关系？
3. 本章提到的开发技术中哪项技术更好？我们应该学习哪项技术呢？
4. 简述 DNS 应用系统的主要作用、系统组成以及其基本工作原理。
5. HTML、DHTML、XHTML、XML、HTML5 之间存在什么异同？
6. 简述 URL 访问网站时的网络传输全过程。
7. 对于某一特定的网站建设需求，应该如何选择合适的架构方式？

第2章

网站设计与网站运行环境配置

如同在建设一栋摩天大楼前必须要做好完整的建筑设计图一样，在网站建立之前必须做好策划和较为详细的设计工作，本章给出了该设计工作的指导原则。本章还介绍了如何组织一个完整网站的开发过程及运行环境的架设，以此作为后面章节开发、运行和调试 Web 应用的基础。本章最后分别讨论了 Microsoft 的 IIS Web 服务器的配置、管理及安全措施。

本章要点：

- 理解网站建设的基本流程
- 网站策划的总体方法
- 网站设计的步骤和策略
- 网站运行环境的建立与配置
- 网站的安全与防范策略
- 网站开发模型及网站评估

2.1 网站设计的总体流程

一般而言，大多数网站旨在介绍某个特定方面的内容，具有定向性。比如大众所熟知的“百度”是搜索引擎站点，“淘宝”“京东”和“亚马逊”是购物站点，“优酷”是视频网站等。当然，除了这些专业性的站点以外，还有像“腾讯”“网易”和“新浪”之类的门户站点，具有大而全、综合性较高的特点。这类似于专卖店和百货商店的区别。对于大部分个人而言，通过学习和运用 Web 技术在网上建立一个展示自己的网站，就形成了个人网站。此外，企业网站主要用于宣传某个企业的产品、形象和企业文化，游戏网站提供玩家娱乐等。总之，网站只有具有一定的特色，才能得到大众的认可。

一般而言，大中型网站的建设通常需要经历以下步骤。

(1) 初始会商：收集待建设网站的关键信息，包括站点的目标受众，要发布的主要内容等。

(2) 概念开发：设计人员根据已收集的信息，开始构思。通常，网站设计师以草图的形式呈现，其中包含整个网站的结构、不同的布局设计及导航等。

(3) 内容综合：当设计人员的构思得到确认后，就可以开始制作一些初始图样，之后再配合文字加以说明。

(4) HTML 布局和导航：若前面的设计获得了确认，则进入编制 Web 页面样例阶段，加入导航器，并进行初次的尝试和体验。

(5) 媒体制作：经反复修改后，站点的外观和感受最终得到了认可，此时再制作所需的各种媒体素材，并进行优化。

(6) 内容整合：利用各种技术将不同的媒体素材(HTML、CSS、JavaScript、Java、Python、.NET、Flash 等)，按照网站的目标有机地整合在一起。

(7) 网站测试：在站点被正式发布之前，测试人员要完整地测试整个网站，尽量减少站点中包含的错误，并在修改后进行必要的回归测试。

(8) 交付：一旦测试完成，就可以正式启用该网站。这标志着网站正式进入运行阶段。当然，网站的完善工作还需要持续做下去。

当站点启用后，还要进行持续的跟踪调查，以重新确定新的目标受众、使用该站点的方式、习惯等，根据收集到的数据开始新一轮的重新设计，如此周而复始，不断改进，总体流程如图 2-1 所示。

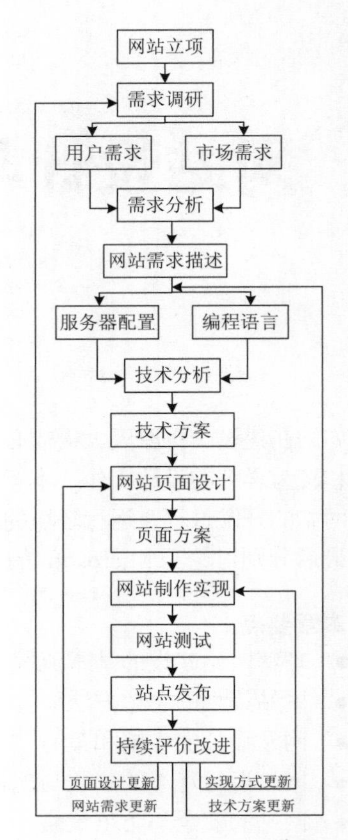

图 2-1　网站建设总体流程

2.2 网站建立的前期工作——网站策划

策划是针对未来，在当前做出的决策。网站策划指的是在网站建设前根据网站建设的目的，通过市场分析，确定网站的功能，并根据需要对网站建设中的技术、内容、费用、测试、维护等做出规定。网站策划对网站的建设起到计划和指导的作用，对网站的内容和日后的改进提供方向，是成功网站平台建设成败的关键内容之一。一个网站如果想要获得成功，那么建站前的策划就起着极为重要的作用，这包括必要的市场分析、明确网站建设的目的、网站的功能、规模、投入费用等。只有这样，才能解决在网站建设中的诸多问题并避免网站建设的失败。

网站策划活动的结束以形成完整的《网站策划书》为标志。具体而言，它包括以下几项工作。

1. 建立网站前的市场分析

- 相关行业或主题的市场是怎样的，有什么特点，该网站的总体目标在互联网上实现是否可行。
- 主要竞争对手的分析、竞争对手的网站情况及其网站规划、功能及效果。

- 自身条件分析，自身的概况及优势，可以利用网站改善哪些条件，建设网站的能力(费用、技术、人力等)。

2. 建设网站的目的及功能定位

- 为什么要建设网站？对企业而言，是为了宣传产品、进行电子商务，还是建立行业性网站？是企业形象的需要还是市场开拓的延伸？这是网站规划中的核心问题，需要非常明确和具体。网站建设的其他后续工作都是为了实现这个预期目的，不同建设目标的网站，就算其内容相似，其表达方式和实现手段也是不一样的。
- 整合现有资源，确定网站功能。根据实际的需要和时间计划，确定网站的功能：宣传、营销、服务、商务、娱乐等。
- 根据当前网站发展的阶段和目标，确定网站应起到的作用和近期建设的目标。再根据未来一段时间可能的发展状况，初步确定网站的可扩展性目标。

3. 网站的技术解决方案

在确定了网站的基本市场需求及目标后，下一步需要根据这些结论来确定网站的技术解决方案。具体来说需要做好以下几项工作。

- 决定采用自建服务器，还是租用虚拟主机。
- 确定网站的域名和名称：一个好的域名对网站建设的成功具有重要意义，它可以帮助记忆并突出网站形象；网站名称同域名一样重要，网站域名和名称应在网站策划阶段进行考虑。有些网站发布一段时间之后才发现网站域名或名称中存在问题，此时再进行更改，不仅麻烦，而且让前期的网站推广工作付之东流，对网站的形象也造成一定的伤害。在早期的一些网站中这种现象较为普遍，例如：搜狐(sohu.com)曾用sohoo.com.cn 作为域名，网易(netease.com)的前身是 nease.net，而新浪网(sina.com.cn)早期的域名是 srsnet.com。虽然目前这些网站都已发展为国内著名的门户网站，但可以看出当初它们曾经走过的弯路，这一点值得读者认真思考。
- 选择操作系统，是选择使用 UNIX、Linux 还是 Windows。应逐一分析不同方案所需要的不同投入成本、功能、开发、稳定性和安全性等，并选择适合自己需求的方案。
- 采用系统性的解决方案，如是使用 IBM、HP 等公司提供的上网方案、电子商务的解决方案？还是自己开发的方案？
- 采取何种网站安全性措施？如何防止黑客攻击及计算机病毒的危害？
- 选择哪种技术方案来组织开发。确定 Web 服务器的种类，如 Apache、IIS 等；选择编程语言，如 JSP、PHP、CGI、ASP.NET 等；确定数据库产品，如 Oracle、DB2、SQL Server、Access、MySQL 等。

4. 网站内容规划

- 根据网站的目的和功能规划网站内容。如企业网站通常包括公司简介、产品介绍、服务内容、价格信息、联系方式和网上订单等基本内容。
- 是否需要提供会员注册、详细的商品服务信息、信息检索、订单确认、付款、个人信息保密措施、相关帮助等。
- 如果网站栏目比较多，则应考虑由专人负责某部分内容。

注意：

网站的内容才是网站吸引用户最重要的因素，无内容或不实用的信息只会吸引匆匆浏览的访客。需事先对受众所希望的信息进行调研，并调查访客对网站的满意度，最后根据结果调整网站内容。

5. 网页界面设计

- 网页美术设计一般要与网站整体形象保持一致，要符合一定的规范。注意网页色彩、图片的应用及版面规划，保持网页的整体一致性。
- 对新技术的采用要考虑网站目标、访问群体的分布地域、年龄阶层、网络速度、阅读习惯等。
- 制订网页更新计划，如规定半年或一年时间进行较大规模改版等。

6. 网站的测试

网站发布前要进行细致周密的测试，以保证正常的浏览和使用。测试的主要内容一般包括：

- 服务器运行的稳定性和安全性。
- 程序及数据库测试。
- 各种插件、数据库、图像、链接等是否正常工作。
- 网页对不同浏览器的兼容性，以及网页在不同显示器和不同显示模式下的表现等。

7. 网站的发布与推广

网站测试后进行发布的公关、广告活动，如搜索引擎登记等。网站推广活动一般发生在网站正式发布之后，当然有些网站在筹备期间就已经开始宣传。可以说，大部分的网络营销活动是为了网站推广，例如：发布新闻、搜索引擎登记、交换链接、网络广告等。因此，在网站策划阶段就应该对将来的推广有明确的认识和规划，而不是等网站建成之后才匆匆考虑。

8. 网站的维护

- 服务器及软硬件的维护。对可能出现的问题进行评估，制定合适的响应时间。
- 数据库维护。有效地利用数据是网站维护的重要内容，应重视对数据库的维护。
- 内容的更新和调整等。
- 较为详细地制定网站维护的规定，将网站维护制度化、规范化。

9. 网站建设日程表

制定各项工作任务的开始时间、结束时间、负责人等，使得网站的建设能有条不紊地进行。

10. 费用明细

除了上述的技术解决方案、内容、功能、推广、测试等内容外，在上述所有过程中所涉及的财务预算也是一项重要内容，网站建设和推广在很大程度上依赖于充足的财务预算。预算应按照网站的开发周期，尽可能细致地罗列费用的明细清单。

根据上述过程，整理出最终的《网站策划书》，其中应该尽可能涵盖上述各个方面。实际上，根据不同的需求和建站目的，可以灵活增减其具体内容。

注意：

这里给出的方法是针对大型网站的，一般的个人网站或小型网站实际上可以适当简化上述流程。

总之，在建设网站之初，需要进行细致的策划，这样才能在可控的时间、风险下利用一定的人手、资源按计划达到建站的目的。

2.3 网站的设计

确定了网站的总体目标及方案后，需要对实现的细节做出规定，设计过程应以用户的体验作为出发点。网站以网络为载体，把各种信息以快捷、方便的方式传达给受众。人们对美的追求是不断深入的，网页设计同样如此。人们要求网页在传达信息的同时也具有良好的视觉效果，达到形式和内容方面的统一。网页设计是网络通信技术、传播学、艺术和心理学等学科相结合的交叉学科，随着网络的日益普及而日益受到人们的重视。

网页不只是将各种信息罗列出来，能看到就行。从传播学的角度看，要考虑如何让受众更多地和更有效地接收网页上呈现的信息，给他们留下美好而深刻的印象，更好地促进网站的发展。这不仅需要从审美方面入手，制作出清晰、美观、整体性好的页面，还需要结合使用者的心理感受，让用户得到更好的体验，减少信息交互过程中的阻力，提升网站的形象。例如，将平面设计中的节奏与韵律和骨架的组织形式融入网页呈现中，使内容繁多的页面更有条理，浏览时主次分明。当然这种美首先建立在页面的内容充实且实用的基础上，一个内容空洞无物的网页即使做得再漂亮也是不会吸引人的。从这个意义上来看，内容是网站的生命线，其他方面是让网站更受欢迎的催化剂。

而网页的从无到有，从满足基本的功能需要到追求更高层次的需要，这是一个循序渐进的过程。这使人不由得想起工业革命前夕，很多现代的产品那时候都没有，没有现成的模式可以参照，产品的设计都是从满足基本的功能需要出发，所以做出来的产品比较粗糙，冷冰冰，毫无生气。但经过商业竞争和工业化大生产，在不断改进产品功能的同时，大幅度改进了产品的外观，使产品更符合审美的需要，使用起来更方便，从而造就了今天琳琅满目且美观实用的各种产品。其实，网站也是如此，在满足了基本的功能性需求之后，为了突出自己的特色，突出自己的优势，必须从审美入手。

注意：

设计网页并不是一个十分复杂的过程，但想要设计出合理而精美的网站，则需要经过严谨的理性分析、敏锐的观察，以及感性的审美和创意。

网站设计过程中需要首先了解用户的习惯，主要包括以下几个方面。

(1) 不同用户的阅读方式

首先，读者是随意的和被动的。网站需要面对不同类型的读者，且读者常常受到各种干扰。通常离线读者更加专注于内容，而在线读者往往关注某项具体任务，缺乏耐心。

(2) 用户的阅读习惯

Poynter Institute 新闻学院曾进行了一项研究，发现大约 50%的用户不会以逐个单词的方式来阅读 Web 文本，而是来回扫视。

(3) Web 内容的非线性

与印刷介质不同的是，Web 站点通过超链接将所有内容组织为非线性的结构。人们往往通过搜索引擎或者其他站点的链接进入网站中的某一页。因此对于导航和相关链接的组织，就需要做出全局的设计。

(4) 屏幕阅读方式

绝大多数 Web 用户采用的是直接读取屏幕内容的阅读方式，这对于眼睛而言通常容易疲劳。因此网页需要在视觉上设计为尽可能平和的方式。文本需要分解为更小的单元，以利于扫视。

(5) 考虑视觉障碍用户的使用

如果网站可能针对包括视觉障碍的用户，则需要考虑通过听觉和触觉来表现网站内容，以便这部分用户使用。

(6) 交互措施

与其他媒体不同的交互方式，使得 Web 非常容易开展用户互动工作，这些意见和建议对于网站的长远发展具有非常重要的意义。

网站的设计需要从不同角度分别进行，以下从网站设计的不同层面来介绍网站设计的基本方法。

2.3.1 网站的 CI 形象设计

所谓的 CI(Corporate Identity)借用了广告的术语，它是通过视觉来统一企业的形象。现实生活中的 CI 策划比比皆是，杰出的例子如：可口可乐公司，具有全球统一的标志，色彩和产品包装，给我们的印象极为深刻。类似的例子还有 SONY、三菱和麦当劳等。

一个杰出的网站和实体公司一样，也需要整体的形象包装和设计。准确、有创意的 CI 设计，对网站的宣传推广能起到事半功倍的效果。在网站主题和名称定下来之后，需要思考的就是网站的 CI 形象，以下是一些具体做法和步骤。

1. 设计网站的标志(logo)

首先需要设计制作一个网站的标志(logo)。如同商标一样，它是站点特色和内涵的集中体现，看见 logo 就能让大众联想到这个站点。注意，此处的 logo 不是指 88×31 的小图标，而是网站的标志。

标志可以是中文、英文字母、符号、图案，也可以是动物或人物等。例如：soim 用英文字符 soim 作为标志，新浪用字母 sina+眼睛作为标志。标志的设计创意来自网站的名称和内容。常用的设计思路有以下几种。

- 最常用和最简单的方式：用网站的英文名称作为标志。采用不同的字体、字母的变形、字母的组合等。
- 网站有代表性的人物、动物、花草，可以用它们作为设计的蓝本，在此基础上加以卡通化和艺术化，例如，迪士尼的米老鼠，搜狐的卡通狐狸等。

- 专业性的网站，可以采用本专业有代表性的物品作为标志，例如，中国银行的铜板标志、奔驰汽车的方向盘标志等。

注意：

很多人对网站标志的形状存在误区，认为网站标志不能做成竖长方形的，而必须为横长方形的；网站标志的位置必须在页面的左上角等。其实，在专家眼里，这些想法都太教条了，页面的设计是可以具有个性化的。

2. 设计网站的主色调

网站给人的第一印象来自视觉冲击，确定网站的主色调是相当重要的一步。不同的色彩搭配产生不同的效果，并可能影响访问者的情绪。

“标准色彩”是指能体现网站形象和延伸内涵的色彩。例如，IBM 的深蓝色、肯德基的红色条型、Windows 视窗标志上的红蓝黄绿色块，都使我们觉得很贴切，很和谐。如果将 IBM 改用绿色或金黄色，会产生什么感觉？

一般来说，一个网站的标准色彩不超过 3 种，太多则让人眼花缭乱。标准色彩主要用于网站的标志、标题、主菜单和主色块，给人以整体统一的感觉。至于其他色彩也可以使用，只是作为点缀和衬托，绝不能喧宾夺主。一般来讲，适合于网页标准色的颜色有蓝色，黄/橙色，黑/灰/白色三大系列色。

3. 设计网站的标准字体

和标准色彩一样，标准字体是指用于网站的标志、标题、主菜单的特有字体。一般而言，网页默认的字体是宋体。为了体现网站“与众不同”和其特有的风格，可根据需要选择一些特殊的字体。例如，为体现专业性可使用粗仿宋体，体现设计精美可以用广告体，体现亲切随意则可以用手写体等。当然，完全可以根据自己网站所要表达的内涵，选择更贴切的字体。目前常见的中文字体有二三十种，英文字体有近百种，网络上还有许多专用英文艺术字体下载，要寻找一款满意的字体并不算困难。

注意：

使用非默认字体通常只能采用图片的形式，因为用户的计算机中往往没有安装这种特殊字体，且大多数用户不会为了浏览个别网站而安装这些特殊字体，这样就会导致意想不到的显示效果。

4. 设计网站的宣传标语

宣传标语也可以说是网站的精神、网站的目标。用一句话甚至一个词来高度概括，类似实际生活中的广告金句，如雀巢的“味道好极了”，麦斯威尔的“好东西和好朋友一起分享”，Java 的“一次编写，到处运行”等。

以上的标志、色彩、字体和标语，是一个网站树立 CI 形象的关键，确切地说是网站的表面文章，设计并完成这几步后，网站将脱胎换骨，整体形象有一个提高。可以将这个过程形象地类比为：由一个实在而土气的农民转变为一位西装革履的职业人士。

2.3.2 网站的总体结构设计

网站需由多名设计人员协同工作，最后进行合成。如果毫无规范和约束，任由设计者按照自己的设想进行设计，就容易陷入结构上混乱、维护上困难的境地。因此，在网站的设计过程中统一和规范开发人员的设计行为是非常必要的。

1. 网站的目录结构

网站的目录结构是指网站所有文档在站内目录的组织和存放结构。大型网站的目录数量多、层次深、关系复杂，必须严格按照一定的规则来存放，而网站的目录结构又是一个容易被忽视的问题，许多网站设计者未经周密规划，随意创建目录，给日后的维护工作带来了极大的不便。目录结构的好坏，对用户来说并没有什么太大的影响，但对于站点本身的维护，如上传、内容的扩充和移植等有着重要的影响。因此，必须合理定义目录结构并组织好所有文档。以下是一些在设计工作中被证明是行之有效的做法。

- 不要将所有文件都存放在根目录下。一些网站设计人员为了方便，将所有文件都放在根目录下。这样就造成了文件管理混乱，当项目开发到一定阶段后，设计者不能分辨哪些文件需要编辑和更新，哪些无用的文件可以删除，哪些是相关联的文件，从而影响了工作效率。此外，也常常造成上传速度变慢，因为服务器通常会在根目录下建立一个文件索引。如果将所有文件都放在根目录下，造成单个目录下包含大量文件，那么即使只上传更新一个文件，服务器也需要将所有文件再检索一遍，建立新的索引。文件数量越大，则等待的时间就越长。此处切实可行的做法是尽可能减少根目录中文件的数目。
- 按栏目内容建立子目录。建立子目录的惯例是按主菜单的栏目来建立，例如，网页教程类站点可以根据技术类别，分别建立相应的子目录，像 Flash、DHTML 和 JavaScript 等；而企业站点就可以按公司简介、产品介绍、价格、在线订单、意见反馈等栏目建立相应的目录。对于其他的次要栏目，如新闻、行业动态等，由于内容较多，需要经常更新，因此可以建立独立的子目录。而一些相关性强，不需要经常更新的栏目，例如，关于本站、关于站长、站点成长经历等则可以合并放在某个统一的目录下。所有的程序一般都存放在特定目录下，以便于维护和管理。例如，CGI 程序放在 cgi-bin 目录下，ASP 网页放在 asp 目录下。所有供客户下载的内容都应该放在一个目录下，以方便系统设置文件目录的访问权限。
- 在每个主目录下都建立独立的 images 目录以存放相应的图片。在默认的设置中，每个站点根目录下都有一个 images 目录，可以将所有图片都存放在这个目录中。但是，这样做也有不方便的时候，当需要将某个主栏目打包供用户下载，或者将某个栏目删除时，对图片的管理就相当麻烦。经过实践发现，为每个主栏目建立一个独立的 images 目录是最方便管理的。而根目录下的 images 目录只是用来存放首页和一些次要栏目的图片。
- 目录的层次不要太深或太扁平。为了使维护和管理方便，建议目录的层次不超过 3 层，宽度最好不超过 15 个。
- 目录和文件不要使用中文来命名。使用中文目录可能对网址的正确显示造成困难，特别是某些 Web 服务器不支持中文目录和文件。
- 不要使用过长的目录，尽管服务器支持长文件名，但是太长的目录名既不便于记忆，也不便于管理。尽量使用意义明确的目录，如将 Flash、DHTML、JavaScript 作为名称来建立目录，以便于记忆和管理。

随着网页技术的不断发展，利用数据库或者其他后台程序自动生成网页的用法越来越普遍，而网站目录结构的设计也必将上升到一个新的层次。

2. 合理设计网页间的逻辑结构

有研究表明：当用户碰到陌生且内容较为繁杂的信息时，会不自觉地建立一个模型。这个模型表征用户对这些信息的理解，用户使用此方式来梳理这些复杂的信息，该模型可以评估哪些信息是新的，并据此给予重点关注。因此，一个成功的网站结构设计应尽量与大多数目标受众的预期相符合；在内容上组织良好的逻辑结构让用户能准确、快速地找到自己所要的信息。图 2-2 至图 2-4 分别表示了 3 种不同的逻辑结构。其中值得提倡的是图 2-4 的结构，它具有合理的深度和宽度分布，是一种比较均衡的结构。

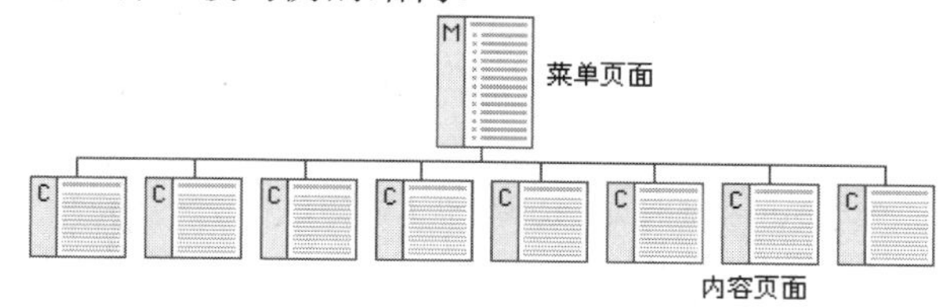

图 2-2　过于扁平的逻辑设计

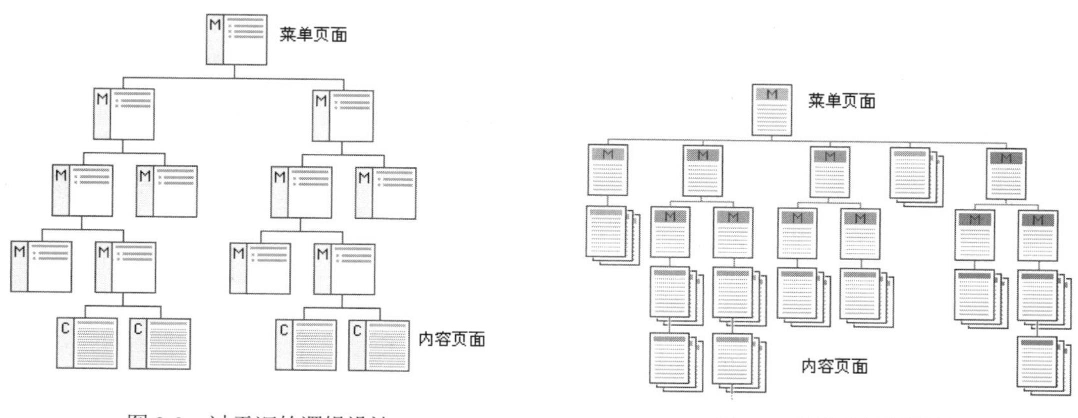

图 2-3　过于深的逻辑设计

图 2-4　均衡的逻辑设计

注意：

网站总体结构的设计不是孤立的，实际上它是与其他方面的设计，如导航、版面、色彩等方面结合起来的，而网站的内容和目标才是进行设计的依据。

2.3.3 网站的版面设计

版面指的是浏览器看到的完整的一个页面(可以包含框架和层)。因为每台计算机显示器的分辨率不同，所以同一个页面在用户浏览时可能出现1366像素×768像素、1024像素×768像素和1920像素×1280像素等不同尺寸。另外，使用手机浏览网站时会带来更多不同的屏幕大小。

1. 布局

布局是以最适合浏览的方式将图片和文字排放在页面的不同位置。这里的“最适合”是一个不确定的形容词，谁也不能给出一个绝对正确的答案，且每个人对于相同的版面布局也会有不同的看法。版面布局是一个具有创意性的问题，但要比站点整体的创意容易、有规律得多。

如同传统的报纸杂志编辑一样，也可以将网页看作一张报纸、一本杂志来进行排版布局。虽然动态网页技术的发展使设计人员开始趋向于高级的思维方式，但是固定的网页版面设计基础仍然是必须学习和掌握的。网页的排版与书籍杂志的排版存在很多差异。印刷品都有固定的规格尺寸，网页则不然，它的尺寸是由读者来控制的，这使网页设计者不能精确控制页面上每个元素的尺寸和位置。而且，网页的组织结构不像印刷品那样为线性组合，这给网页的版式设计带来了一定的难度。总之，它们的基本原理是共通的，在设计网页时还需要领会其中的要点并能举一反三。

有研究表明，中国用户更倾向以扫描、打圈的方式阅读网页。同时，中国用户更喜欢往返于各个内容区域，说明他们阅读时比较随意。相反地，美国用户比较关注细节，也很少这看一眼那看一眼。对于采用整体思维方式的中国用户来说，他们一般是以跳跃性的浏览方式，更倾向于整体阅读，针对该类用户，内容安排可以更为灵活。而对于美国用户来说，他们主要采用分析性思维方式，在页面的布局上要做到非常清晰，尤其导航非常重要，每个部分都要有各自的特点。了解人脑(视觉、听觉)如何接收信息，其目的是使设计适应人的自然特性，满足用户的需求。

对互联网产品用户界面的设计，既要满足用户感官认知特征，又要满足用户心理认知特征，这样的界面才是以用户为中心的界面，也是设计者所追求的界面。对于版面布局的总体要求建议如下：

- 增强视觉效果；
- 加强文案的可视度和可读性；
- 具有统一的视觉感；
- 新鲜和个性是布局的最高境界。

2. 布局设计的步骤

为了能做好这项工作，在此首先介绍版面布局的一般步骤。

- 草案：新建页面就像一张白纸，没有任何表格、框架和约定俗成的东西，可以尽可能地发挥创作者的想象力，将 “景象”画上去(在此建议使用纸和笔，用其他软件亦可)。在创造阶段可以不讲究细腻和工整，不必过多考虑细节功能，只用简单的线条勾画出创意的轮廓即可。尽可能多画几种，再从中选定一个满意的作为继续创作的脚本。
- 粗略布局：在草案的基础上，将需要放置的功能模块安排到页面上。尤其需要注意的是，功能模块主要包含网站标志、主菜单、新闻、搜索、友情链接、广告条、邮件列表、计数器、版权信息等。

注意：
这里必须遵循突出重点、平衡协调的原则，将网站标志、主菜单等最重要的功能模块放在最显眼、最突出的位置，然后再考虑次要模块的摆放。

- 定案：将粗略布局精细化、具体化。这一步骤需要凭借智慧和经验，旁敲侧击多方联想，才能创作出具有创意的布局。

在布局过程中，需要遵循的原则还有以下几项。

- 正常平衡：亦称“匀称”。多指左右、上下对照形式，主要强调秩序，能达到诚实、信赖的效果。
- 异常平衡：即非对照形式，突破一般的平衡和韵律，此布局能起到强调性、不安性和吸引眼球的效果。
- 对比：指不仅利用色彩、色调等技巧来表现，在内容上也可涉及古与今、新与旧和贫与富等的对比。
- 凝视：利用页面中人物的视线，使用户仿照跟随的心理，以达到注视页面的效果，一般多用明星凝视。
- 空白：空白有两种作用，一方面对比于其他网站以表示突出和卓越，另一方面也表示了网页的品位及优越感，这种表现方法对体现网页的格调十分有效。
- 尽量用图片解说：对不能用语言叙述或语言无法表达的情感，图片特别有效。图片解说的内容，可以传达给用户更多的心理因素，有时能带来震撼的效果。

以下几条设计原则属于设计的细节，虽然枯燥，但是如果能领会并活用到页面布局里，也能起到画龙点睛的效果。

- 如果网页的白色背景太虚，则可以加一些色块。
- 如果版面零散，可以用线条和符号串联。
- 如果左面文字过多，右面则可以插一张图片保持平衡。
- 如果表格太规矩，可以试试改用倒角。

3. 版面布局形式

经常被用到的版面布局形式如下。

- “T”形布局：就是指页面顶部为横条网站标志+广告条，下方左面为主菜单，右面显示内容的布局，因为菜单条背景较深，整体效果类似英文字母“T”，所以称之为“T”形布局，如图 2-5 所示。这是网页设计中用得最广泛的一种布局方式。这种布局的优点是页面结构清晰，主次分明，是初学者最容易上手的布局方法。其缺点是规矩呆板，如果细节色彩上不注意，很容易让人“看之无味”。
- “口”形布局：这是一个形象的说法，就是页面一般上下各有一个广告条，左面是主菜单，右面放友情链接等，中间是主要内容。这种布局的优点是可以充分利用版面，信息量大。缺点是页面拥挤，不够灵活。也有将四边空出，只用中间的窗口型设计，如图 2-6 所示的网页。

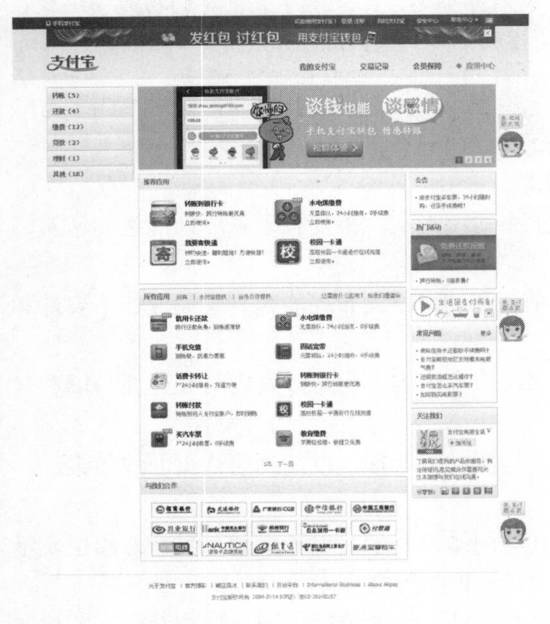

图 2-5　“T”形布局

图 2-6　“口”形布局

- “三”形布局：这种布局多用于国外站点，国内用得不多。特点是页面上横向两条色块，将页面整体分割为四部分，色块中大多放广告条，如图 2-7 所示。

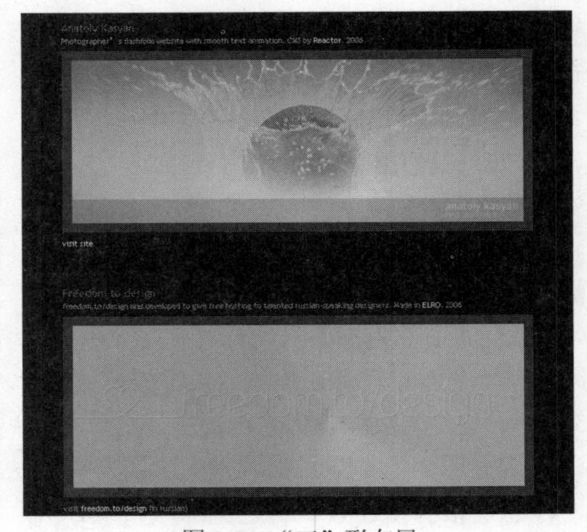

图 2-7　“三”形布局

- 对称对比布局：顾名思义，采取左右或者上下对称的布局，一半深色，一半浅色，一般用于设计型站点，如图 2-8 所示。优点是视觉冲击力强，自由活泼，风格独特，在有限的空间内可显示较多文字和图像；缺点是将两部分有机地结合起来比较困难。

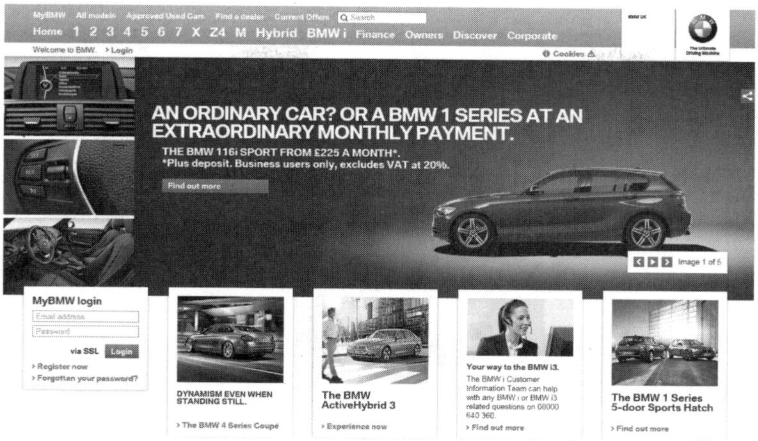

图 2-8　对称对比布局

- POP 布局：POP 引自广告术语，就是指页面布局类似一张宣传海报，以精美的图片作为页面设计的中心。使用多列在同一空间呈现更多内容，更多的网站在朝着多列布局、流动布局，以及适应多种终端的响应性设计方向发展。这种设计可以让网页的信息呈现更加美观、易读，更具可用性，界面设计上将更加灵活与规范。常用于时尚类等站点，如图 2-9 所示。其优点显而易见，如漂亮吸引人；缺点就是速度慢，但作为版面布局还是值得借鉴的。
- “同”字形布局：“同”字结构名副其实，采用这种结构的网页，往往将导航区置于页面顶端，一些如广告条、友情链接、搜索引擎、注册按钮、登录面板、栏目条等内容置于页面两侧，中间为主体内容。这种结构比左右对称结构要复杂一点，不但有条理，而且直观，有视觉上的平衡感。但是这种结构也比较僵化，如图 2-10 所示。该布局的优点是一目了然，结构清晰、对称、主次分明，目前得到了广泛的应用；缺点是太过于规矩、沉闷，没有个性，不能够很好地激发用户的兴趣，需要善于运用色彩的变化细节来调剂。

图 2-9　POP 布局

图 2-10　“同”字形布局

- “回”字形布局：“回”字形实际上是“同”字形布局的一种变形，即在“同”字形结构的下面增加了一个横向通栏，这种变形将“同”字形结构不是很重视的页脚利用了起来，这样增大了主体内容，合理地使用了页面有限的空间，但是这样往往使页面充斥着各种内容，显得拥挤不堪，如图 2-11 所示。

图 2-11　“回”字形布局

- “匡”字形布局：与“回”字形布局一样，“匡”字形布局其实也是“同”字形布局的一种变形，也可以认为是将“回”字形布局的右侧栏目条去掉得出的新布局，这种布局是“同”字形布局和“回”字形布局的一种折中，这种布局承载的信息量与“同”

字形相同，而且改善了“回”字形的封闭形布局，如图 2-12 所示。

- 其他布局：更多的网站并没有一定的规律，它们只是在排版布局中加入自己的各种想法，形成了各具特色的风格，这种布局的随意性特别大，颠覆了从前以图文为主的表现形式，将图像、Flash 动画或者视频作为主体内容，其他的文字说明及栏目条均被分布到不显眼的位置，起到装饰作用，这种布局在时尚类网站中使用的非常多，尤其是在时装、化妆用品类的网站中。这种布局富于美感，可以吸引大量的用户欣赏，但是却因为文字过少，而难以让用户长时间驻足。另外，起指引作用的导航条不明显，而不便于操作，如图 2-13 所示。采用这种布局时，对于网站中的各个位置该放什么，不该放什么，必须做到事先胸有成竹，否则可能变得混乱，使得整个网站风格不统一。

图 2-12　“匡”字形布局

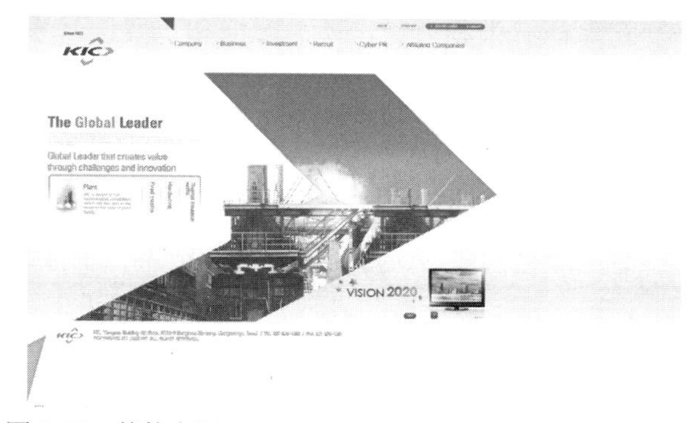

图 2-13　其他布局

以上总结了网页设计中常见的布局，其实还有许多别具一格的布局，关键在于需要针对内容的创意和设计而定。

2.3.4　网页的色彩设计

1. 216 种安全色彩

不同的平台(Mac、PC 等)有不同的调色板，不同的浏览器也有自己的调色板。这就意味着对于一幅图，在 Mac 上的浏览器中显示的图像有可能与它在 PC 浏览器中显示的效果差别很大。选择特定的颜色时，浏览器会尽量使用本身所用的调色板中最接近的颜色。如果浏览器中没有所选的颜色，就会通过抖动或者混合自身的颜色来尝试重新产生该颜色。

为了解决 Web 调色板的问题，人们一致通过了一组在所有浏览器中都类似的 Web 安全颜色。这些颜色使用了一种颜色模型，在该模型中，可以用相应的十六进制值 00、33、66、99、CC 和 FF 来表达三原色(RGB)中的每一种。这种基本的 Web 调色板将作为所有的 Web 浏览器和平台的标准，它包括了这些十六进制值的组合结果。这就意味着，我们潜在的输出结果包括 6 种红色调、6 种绿色调、6 种蓝色调。6×6×6 的结果就给出了 216 种特定的颜色，这些颜色可以安全地应用于所有的 Web 中，而不需要担心颜色在不同应用程序之间的变化。

2. 色彩的意义

所选择的颜色要适合目标受众、能表达客户希望网站制作者所要传达的信息，能符合用户在网站所获得的整体感受的期望。暖色能带来阳光明媚的情绪，用在希望带来幸福快乐感的网站上是明智的。例如，在 2009 年全球经济不太景气，黄色变成了网页设计中非常流行的色彩，因为公司希望客户在他们网站上能有阳光和舒适的感受。冷色最好是用在想要表达出专业或整洁感觉的网站上，以呈现出一个冷静的企业形象。冷色表达出权威、明确和信任的感觉。例如，冷静的蓝色用在许多银行的网站上，比如交通银行等。冷色运用在以乐观为主题的网站上是不明智的，因为会给用户带来错误的印象。

设计师在决定一个网站风格的同时，也决定了网站的情感，而情感的表达很大程度上取决于颜色的选择。颜色是很有力的工具，几种常用的颜色所表达的含义分别如下。

- 红色：是一种激奋的色彩。刺激效果，能使人产生冲动、愤怒、热情和活力的感觉。它象征着火和力量，还与激情和重要性联系在一起，还有助于激发能量和兴趣。红色的负面内涵是危急和生气，紧急情况下，还表示愤怒，这也源于红色本身的热情和进取。
- 绿色：介于冷暖两种色彩之间，显得和睦、宁静、健康和安全。它和金黄、淡白搭配，可以营造优雅、舒适的气氛。绿色象征着自然，并且有一种治愈性的特质。可以用来象征成长与和谐。绿色让人感到安全，因此医院经常使用绿色。另外，绿色是金钱的象征，可以表达贪婪或嫉妒。它也可以被用来象征缺乏经验或初学者需要成长(“没有经验的绿色”)。
- 橙色：这是一种欢快的色彩，具有轻快、欢欣、热烈、温馨和时尚的效果，象征着幸福、快乐和阳光，能唤起孩子般的生机。它虽然没有红色那么积极，但是也有一部分这样的特质，刺激着人们的心理活动。有时候它也象征着愚昧和欺骗。
- 黄色：黄色是一种幸福的颜色，它的明度最高，代表着积极、喜悦、智慧、光明、能量、乐观和幸福。而一个昏暗的黄色则带来负面的感受：警告、批评、懒惰和嫉妒。
- 蓝色：这是最具凉爽、清新和专业的色彩，它和白色混合，能体现柔顺、淡雅、浪漫的气氛，也象征着信任和可靠。因此，蓝色是一种和平、平静的颜色，散发着稳定和专业性，它普遍运用于企业网站。
- 白色：白色不是色轮的一部分，象征洁白、明快、纯真和天真，它还传达着干净和安全。另外，白色还可以被认为是寒冷和遥远的象征，代表着冬天的严酷和痛苦的特质。
- 黑色：虽然黑色不是色轮的一部分，但它仍然可以被用来暗示感觉和意义。它往往是与权力、优雅、精致和深度联系在一起。据说在面试时穿黑色服装可以表现出应聘者是一个有力量的个体，网站上应用黑色也是同样的道理。黑色具有深沉、神秘、寂静、悲哀和压抑的感受，也常被看作是负面的，因为它与死亡、神秘和未知联系在一起，这是悲伤、悼念和悲哀的颜色，因此在运用时必须谨慎选择。

- 灰色：具有中庸、平凡、温和、谦让、中立和高雅的感觉。

有调查表明：随着网页制作经验的积累，设计者用色呈现了这样的趋势：单色→五彩缤纷→标准色→单色。一开始因为技术和知识缺乏，只能制作出简单的网页，色彩单一；在有一定基础和材料后，希望制作一个漂亮的网页，将自己收集的最好的图片、最满意的色彩堆砌在页面上；但是时间一长，却发现色彩杂乱，没有个性和风格；第三次重新定位网站时，会选择切合自己的色彩，推出的站点往往比较成功；当最后设计理念和技术达到顶峰时，则又返璞归真，用单一色彩甚至非彩色就可以设计出简洁精美的站点。

3. 色彩搭配

色彩搭配的基本原则如下。

- 色彩的鲜明性：鲜艳的网页色彩容易引人注目，吸引用户的注意力。
- 色彩的独特性：与众不同的色彩，可加强对网站的印象。
- 色彩的合适性：色彩和所表达的内容相适合。如用粉色体现女性站点的柔性。
- 色彩的联想性：不同色彩会产生不同的联想，蓝色想到天空，黑色想到黑夜，红色想到喜事等，选择色彩要和网页的内在主题相适应。
- 如果用一种色彩，即先选定某一种色彩，然后调整其透明度或者饱和度(通俗地说，就是将色彩变淡或者加深)，产生新的色彩再用于网页。这样的页面看起来色彩统一，有层次感。
- 如果打算用两种色彩，则先选定第一种色彩，然后再选择它的对比色作为第二种颜色。这样做可以使整个页面色彩丰富且不花哨。
- 即使打算采用多种颜色，也不要将所有颜色都用到，尽量控制在 3 种色彩以内，否则会很乱。
- 尽量使用一个色系。即使用相关的色彩，如淡蓝、淡黄和淡绿，或者土黄、土灰和土蓝。
- 背景和前文的对比尽量要明显(绝不要采用花纹繁复的图案作为背景)，以便突出主要文字内容及重点。

注意：

配色就是需要处理好色彩的统一与变化、秩序与多样性的关系。色彩只有在与周围的环境相搭配的情况下才能产生美感。

4. 不同色彩在网页设计中的应用

- 确定网页的主色调，选择衬托色彩，凸显网站内容和主题。一般网站都是以浅色调为主的居多，如人人网以较浅的蓝色为基调，豆瓣网以浅绿色为基调，沪江网以浅灰色为基调等。以浅色为底，会给人柔和素淡的感觉，配合深色的文字，让人视觉上得到舒适的感觉。浅色的基调有利于整体页面的搭配，便于突出网页的重点内容，方便阅读。其他的如背景图片等次要内容，不能喧宾夺主，要采用不十分抢眼的颜色。而需要突出表现的内容，就适宜采用明亮的色彩，或者与背景色对比度明显的色彩，这样就可以对网页的用户产生强烈的视觉冲击，但不宜过多使用，否则会让页面变得繁杂混乱。

- 在网页中运用同色系的色彩。同种色彩搭配是指首先选定一种色彩，然后调整其透明度和饱和度，将色彩变淡或加深，而产生新的色彩，这样的页面看起来色彩统一，具有层次感。邻近色是指在色环上相邻的颜色，如绿色和蓝色、红色和黄色互为邻近色。采用邻近色搭配可以使网页避免色彩杂乱，易于达到页面和谐统一的效果。使用同色系的色彩，会让人觉得页面赏心悦目，留下好印象。同色系的色彩易于搭配，不会使页面显得杂乱，也不会让人视觉疲惫，可以大面积使用。但同色系的色彩搭配也存在弊端，它容易使网页色彩单调，令人觉得乏味，为了解决这个问题，网页设计者可以采取邻近色或者局部使用对比色的图片来增加页面整体变化，给页面带来一种轻松活泼的感觉。
- 页面中对比或互补色的运用。一般来说，色彩的三原色(红、黄、蓝)最能体现色彩间的差异。色彩的强烈对比具有视觉诱惑力，可以突出重点，产生强烈的视觉效果。合理使用对比色，能够使网站特色鲜明、重点突出。合理使用对比互补的色彩，能够塑造轻松活泼，以及运动感强的网页效果，它适宜体现轻松主题的网站，既色彩丰富，又协调悦目。虽然对比色具有如此的优点，但它同样也存在着缺陷。过于丰富的色彩会造成视觉的疲惫和重点不清晰，譬如，过于丰富的背景色彩会影响前景图片和文字的取色，严重时会使文字融于背景中不易辨识。所以，在设计网页时，设计者只用一到两种色彩占据主导地位，其他的对比色作为陪衬或点缀来调节整体效果，大面积的色彩填充宜用低对比度色彩，所以背景色用单一的色彩为佳。

总而言之，色彩的运用方式多种多样，目的是要让网页设计达到实用和审美的统一与和谐。要解决设计中的色彩运用的具体问题，就需要在长期的实践中不断积累经验和学习前人总结的解决方法。

2.3.5 网站的导航设计

网站导航就是帮助人们找到他们在网页浏览时的路标，它是网站设计不可缺少的基础元素之一。导航不仅仅是对整个网站信息结构的分类和组合，也是浏览网站的路标。进入网站后，人们通常会寻找导航条，并由此直观地了解网站的主要内容和信息分类的方式。事实上，许多用户都是以一种跳跃的方式来访问网站的内容。为了使用户不在网站中迷失方向，最好的办法是为网站设计科学有效的导航系统，以下是设计导航的一些基本原则。

(1) 将它放置在重要的位置上。导航是页面中重要的视觉元素，因此应该将它放置在明显、易找、易读的区域，以便用户在进入网站的第一时间就可以看到。

(2) 注意超链接颜色与一般文字的区分。WWW 语言——HTML 允许网页设计者区分一般文字与超链接的颜色，以便突出和区分不同网页元素的功能。

(3) 测试所有的超链接与导航按钮的有效性。导航在增加了用户使用网站的便利的同时，也带来了发生错误的可能。网站发布之后，第一件该做的事，是测试每一页的每一个超链接与每一个导航按钮的有效性。彻底检验有没有失败的导航和无法连接到该链接的网页，避免出现“File Not Found”的错误信息。

注意：

并非每个网站都必须采用导航。如果网站没有那么多的超链接项，不妨采用列表的方式，将它们清楚地列在某个选单页或目录页上，这样既不妨碍内容的顺畅，又呈现一目了然的导航。相关内容在 3.3.3 节超链接中进行了介绍，请读者参阅第 3 章“HTTP 协议与 HTML 语言”。

(4) 让超链接的字串长短适中。抓住能传达主要信息的字眼为超链接的锚点(anchor)，可有效地控制超链接字串的长度，避免过长(如整行、整句都是锚点字串)或过短(如仅一个字作为锚点)，而妨碍用户阅读或点击。

(5) 对较长的文本提供必要的链接。将篇幅过长的文件分隔成数篇较小的网页可大大增加界面的亲和力，但在导航按钮与超链接的配置上，网页设计者则要更细心周全地安排，使得用户不论身处网站的哪个层次，依然能够快速便捷地通往其他任何一个页面。对此，网页设计者应特别注意以下情况。

- 提供“上一页”“下一页”“回子目录页”与“回首页”的导航按钮或超链接。在一系列具有前后关系的顺序文件里，各网页都至少应提供“上一页”“下一页”“回子目录页”与“回首页”的导航按钮或超链接，这样可使用户能够立即得知自己所在的页面，是属于一份较大文件内的一小部分(考虑、体贴用户不是从主页顺序链接至此页，而是通过别的网站的某个链接跳跃至此)。并且可以借由这些链接随时参考连接“上一页”“下一页”与本页的连贯内容；直接点击“回子目录页”查寻其他相关的标题，或直接跳跃至主页，浏览其他不同项目的信息。
- 简明扼要地标明此页、上一页与下一页文件的标题或内容梗概。在一系列具有前后连续顺序的文件里，各网页都应加上一个具有说明性的标题，使用户一目了然，马上抓住这一页的重点。而完善的导航系统除了提供“上一页”“下一页”的导航按钮或超链接外，还应该添加简洁的上一页与下一页标题、内容提要等，使用户在尚未浏览这些网页时，也能先大概地了解自己将链接到一个什么样的网页。
- 提醒用户某一系列文件已到尽头。当用户已达某一系列文件的最后一页时，网页设计者应提供一小段告示进行提醒，同时不再提供“下一页”的导航按钮或超链接。但基于网页界面设计的一致性，或许有些网页设计者并不希望在同一系列的最后一篇网页里忽然少了一个先前每页都有的“下一页”导航按钮(尤其是精心设计过的图形化导航按钮)。为此，可以将最后一页的“下一页”导航按钮的颜色变暗些，且该超链接不可点击，并提供一小段文字来提醒用户，该文件已到尽头，不再有“下一页”的内容。
- 明确表示出用户当前所在的位置。由于一些设计者的疏忽，往往会将“所在位置”忘记，而使用户不知道他们自己在站点中所处的位置。虽然 URL 提供了一个精确的位置，但大多数用户并不能理解。一个高级的网页标签形式加入了关于位置的许多信息，它直接显示了用户在站点中的位置，其一般形式为“首页>作品展示>网站设计>作品 1”。

(6) 在较长的网页内提供目录与标题。理想的网页长度一般不超过三四个屏幕。但是有时网页必须要做得很长，那么此时可以在此网页的最上方提供目录，在相关内容处标上大小标题，以便阅读。尤其重要的是，按照设计惯例可以在这些标题和目录上设置锚点，在目录处可以直接链接到这些锚点。

(7) 暂时不提供到尚未完成网页的超链接。超链接或导航按钮应能引导用户到正确的目标。

那种事先描述得很精彩的链接，点击后除了能看到提示信息“正在建设中”外看不到任何内容的体验，是任何用户所不希望的。如果急欲发布站点，但仍有少数几个网页尚未完成，建议不生成链接，等完成后再开放。

(8) 不要在一篇短文里提供太多的超链接。适当、有效率地使用超链接，是一个优良的导航系统不可或缺的条件之一。但滥用超链接会造成短短的一篇文章里处处是链接，损害了网页的流畅性与可读性。一般而言，文章里提供的文字超链接最好不超过 10 个。连续地出现两三个文字式的超链接，很容易被误认为只是一个长度较长的超链接，用户很容易忽略掉，这样的导航便失去了意义。

注意：

有效的导航是让内容有效凝聚的方式，导航设计体现的是网站内容的分类。为了便于建设和管理，通常可以和网站的物理结构——目录相一致。

2.3.6　网站信息的可用性设计

一个以信息为主要内容的网站，页面中的信息组织形式、版式和分类等直接关系到用户的浏览体验。目前常用的信息呈现方式有以下几种。

(1) 文字列表形式。此形式在网站中使用率最高，优点是可以在“寸土寸金”的有限空间内尽可能地放置更多内容。缺点是文字列表的简单重复方式比较单调，重点不突出，阅读比较困难，浏览体验大大下降，尤其在中文的显示方式下这些缺点则更加突出。

目前的解决办法一般是在每一行文字前加一个修饰点，用于引导用户的浏览；或者加分割线将每一行都分割开来，控制行间距等，如图 2-14 所示。

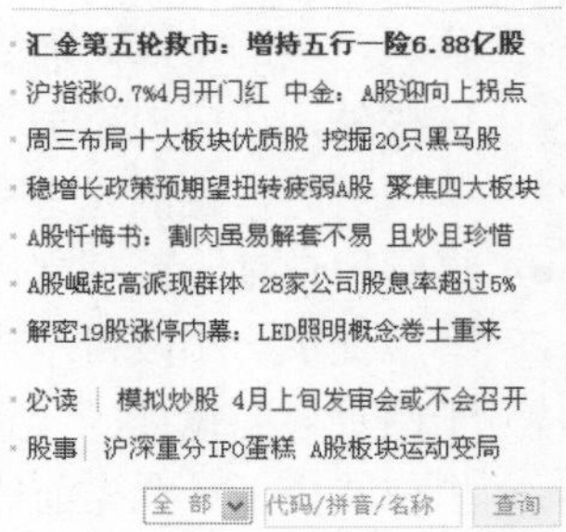

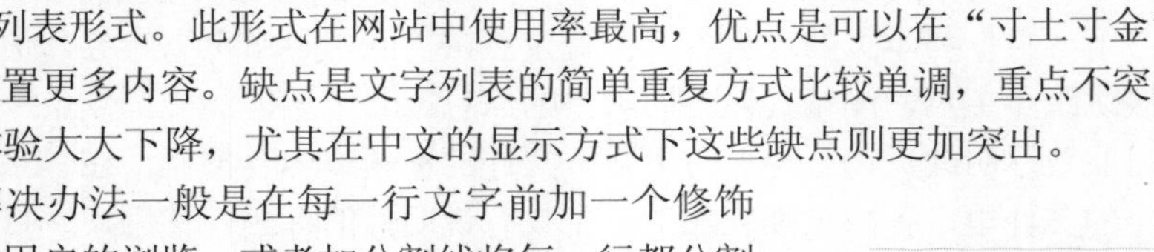

汇金第五轮救市：增持五行一险6.88亿股
沪指涨0.7%4月开门红 中金：A股迎向上拐点
周三布局十大板块优质股 挖掘20只黑马股
稳增长政策预期望扭转疲弱A股 聚焦四大板块
A股忏悔书：割肉虽易解套不易 且炒且珍惜
A股崛起高派现群体 28家公司股息率超过5%
解密19股涨停内幕：LED照明概念卷土重来
必读 | 模拟炒股 4月上旬发审会或不会召开
股事 | 沪深重分IPO蛋糕 A股板块运动变局
全 部
代码/拼音/名称
查询

图 2-14　文字列表形式

当然，在某一个区域内进行这样的补偿设计是很有效果的。但如果整个页面大量地采用这种方式，则还是会影响用户的阅读体验。

(2) 图片形式。经研究发现，网站上的图片被关注的程度高于文字信息。图片传达给用户的是感官的直接刺激，用户不需要动脑筋就可以通晓，用户在大脑里可以迅速地提取相关的信息，采用图片形式来展现信息的网页，如图 2-15 所示。

懂生活
看客
我们单身
发现好音乐
我从新疆来
中法孤岛之盟
议会攻防指南
双面幼儿园
被调包的克里米亚
朝鲜正选举

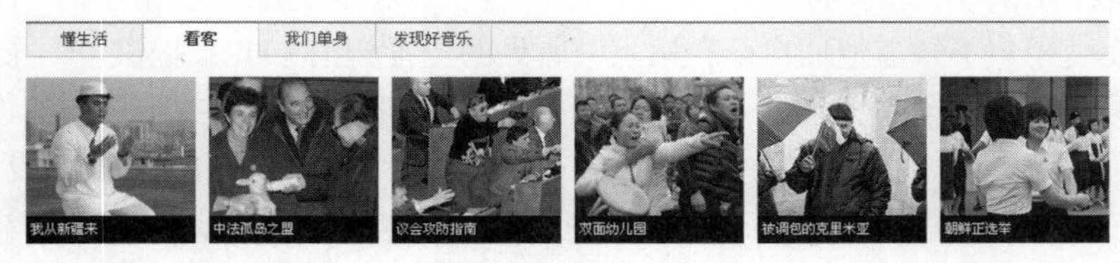

图 2-15　图片形式

用图片显示不失为一个好的方式，但是图片占用的空间大，网络传输速度较慢，而且部分图片可能会存在令人费解的问题。

(3) 图片加文字内容形式。单从用户体验的角度上讲，这种形式算是最佳的浏览方式。图片在用户的脑中形成的是具象的信息，文字、语言在用户的脑中形成的则是抽象的信息。而这种形式对用户在“行”和“意”上都做了考虑。也就是说，用户看图片和文字时，大脑的工作区域是不同的，最终会达到一种“图文并茂”的效果，如图 2-16 所示。

这种方式的优点是能给用户提供良好的浏览体验，让用户不必进行抽象的思考，大大减少了用户思考的时间，提高了网站的可用性。缺点是这样做需要太大的空间(一般一条文字加图片的信息可以放 10 条左右的纯文字信息)，导致无法放入更多的信息资源，不能在一个页面大量地使用这种方式，一般用于需要突出的重要信息。

(4) 迷你块。上面的几种方式都存在一定的缺陷，那到底有没有一种两全其美的方法呢？答案是肯定的，这就是“迷你块”。这种方式将一条信息的图片和文字以列表的形式展现出来，每一条信息都由一张很小的图片和文字标题组成，达到了图文并茂的效果。再利用其本身所占区域较小的特点，组成一个列表，这样以上所说的问题就都迎刃而解了，如图 2-17 中的下部区域所示。

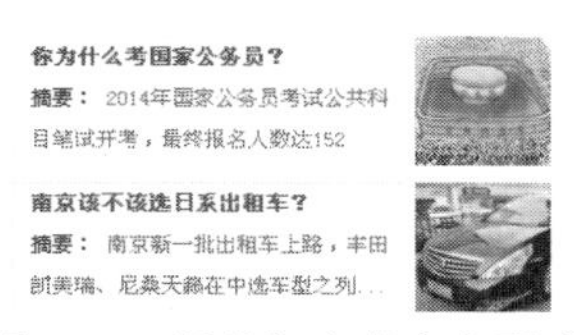

图 2-16　图片加文字内容形式

图 2-17　迷你块

不过，迷你块这种折中的做法，其效果也是折中的：单位空间内的文字信息不会比只有文字列表更丰富；图片因大小的受限，不会特别清晰明了等。

总之，如何让用户在获取网站信息时减少思考的负担，是广大界面设计者的设计宗旨。而方法的选取也视用户群体、网站类型等各方面因素而定。

2.3.7　网站的交互设计

交互设计，又称互动设计(Interaction Design, 缩写为 IxD 或者 IaD)，是定义、设计人造系统行为的领域。人造物，即人工制品，例如，软件、移动设备、人造环境、服务、可佩带装置以及系统的组织结构。

交互设计在于定义与人造物的行为方式(即人工制品在特定场景下的反应方式)相关的界面。交互设计作为一门关注交互体验的新学科，在 20 世纪 80 年代就已产生，当时 IDEO 的创始人——Bill Moggridge 在 1984 年的一次设计会议上提出，他一开始将它命名为“软面”(Soft Face)，由于这个名字容易让人想起当时流行的玩具“椰菜娃娃”(Cabbage Patch doll)，所以他后来又将它更名为“Interaction Design”，即交互设计。

网站是众多人造系统中的一种，在网站与用户之间的交互越来越复杂的今天，网站的交互设计也越发变得不可或缺。需要进行交互设计的前提来自：一个网站本身是没有生命力的，它需要被赋予对于各种行为的反馈机制；将用户所期望的反馈赋给它，让它给出合理的反馈行为。简单来说，网站的交互设计就是以满足用户的需求为目标，通过对用户期望和需求的理解，在一定的技术和业务框架下，所创造的形式、内容、行为、反馈方式等，它们能满足有用性和易用性。

随着网络的成熟和发展，以追求技术的新颖性和技巧性的网站设计思想被演变为以用户为中心的设计思想，网站的可用性和易用性逐渐成为网站能否吸引访客的要点。实际上，设计一个网站并不难，但是要设计一个让目标用户能够乐在其中，并且能从网站上方便地找到自己想要的内容的网站则是一门学问。网站如何去提供一个友好的交互界面，并让网站的目标用户能够很好地认同网站的价值，才是网站设计的最终目标。

显然，交互设计不仅仅是美工设计，良好的视觉效果并不是网站交互设计的全部。网站的交互设计大致有以下几个层次，如图 2-18 所示。

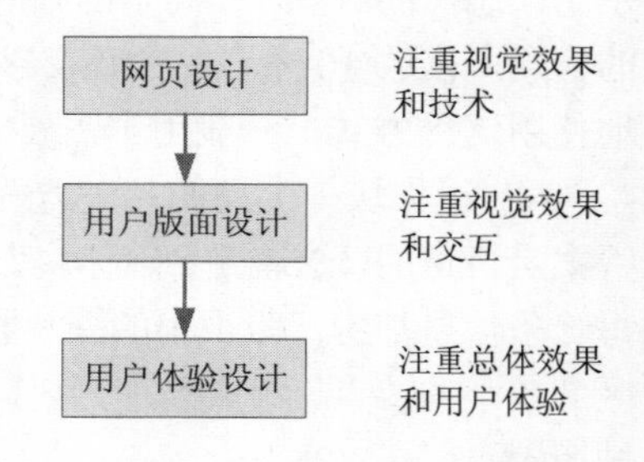

图 2-18　交互设计的不同层次

在设计时需要首先考虑目前的技术和方法能达到什么层次，最终的要求是什么，两者之间是否存在差距等。交互设计的工作实际上从战略层的布局开始，一直到后期围绕结构、框架以及表现层的所有工作，是贯穿全局的。为了达到这个目的，通常有两种理念，其中一种基于用户行为体验，而另一种则基于用户情感体验。

1. 基于用户行为体验的交互设计

用户的行为体验建立在用户的交互需求的基础上，交互需求是人与产品或者系统交互过程中的需求，包括完成任务的时间、效率，是否顺利，是否出错，是否有帮助等。可用性研究关注的是用户的交互需求包括一件产品在操作时的学习性、效率性、记忆性、容错率和满意度等。交互需求关注的是交互过程是否顺畅、用户是否可以简单地完成他们的任务。

Jokela 在 Kano 的质量模型基础上，提出了产品的三种可用性：必须有的、更多即更好的以及具有吸引力的，这三种可能性都会影响用户的满意度。

- "必须有的"可用性代表用户期望从一件产品中获得的可用性，也就是产品应该具有的最基本的可用性。如果该产品中没有出现"必须有"的要素就会导致用户不满意。
- "更多即更好的"可用性对用户满意度具有线性影响，即这种可用性越高，用户就越满意。
- "具有吸引力的"可用性测试会让一件产品从其他产品中脱颖而出，提供较高的用户满意度，如 iPhone 的交互模式。

一个网站要想获得成功，至少要获得"必须有的"可用性。这意味着可用性虽然不是竞争力的决定因素，但却是提高用户满意度的必要条件。"更多即更好的"可用性则意味着网站在新的特征方面能与竞争保持一致。"具有吸引力的"可用性是为了实现从竞争对手中脱颖而出的目的。现在很多的新产品都很注重走市场差异化路线，而这种差异化是"具有吸引力的"可用性所产生的结果。

有人认为，友好的交互界面应当是这样的，用户能集中精力完成任务而不被界面中无关紧要的设计所打扰，即让用户感觉不到交互的存在，感受到的只是流程交互的通畅、自然。多通道用户交互界面并不需要显式地说明每个交互成分，反之是在自然的交互过程中隐含地进行说明。隐喻给人以可预测性，用户能够轻易地理解所设计的软件应用。它可以带给用户一种掌握及控制一切的感觉。当用户操作时，他们知道下一步即将出现什么、怎么回去——即使是第一次进行操作，具体的实例如图 2-19 所示。

图 2-19　Filpboard 的交互

用户只需用鼠标或触摸板单击网页即可左右翻页，单击底部的导航栏可以实现快速浏览翻页。

综上所述，对网站用户交互的设计，既要满足隐喻性，又要满足技术性，这样的交互才是以用户为中心的交互，也是设计者所追求的。

2. 基于用户情感体验的交互设计

用户的情感体验是建立在用户的情感需求基础上的。情感需求是人在操作产品或者系统过程中所产生的情感。如从网站本身或使用过程中感受到的关爱、互动和乐趣。情感强调的是设计感、故事感、交互感、娱乐感和意义感，对于网站而言就是需要有吸引力和趣味性。

在技术发展不成熟的年代，功能是交互设计的核心，而在技术日趋成熟的今天，人性化已经发展为设计的主题。随着技术的不断加速发展，新技术已经从各方面以更快的方式渗透到人们的日常生活中，人们对产品或者交互系统有了更多的要求。用户在考虑其感官体验、行为体验之外，更加注重使用过程中所产生的情感共鸣，更加关心系统是否具备其他一些品质，如令人满意、令人愉悦、有趣、引人入胜、富有启发性、可激发创造性和让人有成就感等情感上的满足。尤其是青少年消费者，时代给他们烙上了叛逆、自我、自恋等标签，对产品的要求不仅仅是能用的功能，更重要的是新奇、刺激、个性、潮流。反映在设计上就需要个人的表现风格和审美。他们所要求的交互越来越丰富，能体现出人情味和与众不同，而非冷冰冰的功能组合。不仅仅要求新奇的功能，还要求满足人的审美和认知。

交互的布局、色彩、互动过程等，都需要充分考虑人的需求，不能给人一种冰冷、生硬的感觉，而是在使用一个似曾相识的现实生活中的物件，让人有亲切感，这就是人性化的表现。把感情通过交互传递给人，取得与人的共鸣。这种感情的传达是确定性与不确定性的统一。在设计的过程中，设计者很容易因为太富个性而加入自己的情感因素，而忽略了用户的情感需求，这样很容易设计成一幅艺术创作，违背了产品设计的初衷。主观操作复杂性越低，即系统越容易被使用，则说明系统的用户友好性越强。

趣味性和幽默感也是人的本性之一，而具有趣味性和幽默感的事物同样能够直接激发人的本能情感。交互设计中所讲的“趣味性和幽默感”是指图标、图形、字体等的形态、色彩、形式等方面看起来很有趣、有意思、有味道、能引人注意，或者呈现出圆润、憨厚、笨拙可爱、亲和力等特别使交互具备趣味性和幽默感的特征，它追求的是不同寻常或出乎意料的情景，能激发人们的好奇心，并能在转眼间带给人一种惊喜、快乐的心理感受，这也属本能情感。趣味性可以简单地理解为某事物的内容能使人感到愉快，并且能引起人们产生兴趣的特性，从而达到增强用户注意力、兴趣度和记忆力的目的，使产品更有新意、更有吸引力和亲和力。因此，对网站的交互设计，既要满足趣味性，又要满足幽默感。

3. 设计原则和方法

几年前，IBM 发现其网站运作得并不理想，经初步分析表明，搜索功能用得最多，而帮助功能却成为第二有用的功能。但 IBM 的网站却让用户很难找到搜索功能；且由于搜索功能难以找到，很多访问者便使用帮助页面寻求帮助。此后 IBM 重新设计了网站，使其导航更为清晰。在重新设计的网站上线一周以后，依赖于帮助页面和搜索功能的用户数量明显下降，而在线购物量提高了400%，这个实例从一个侧面说明了交互设计的重要作用。以下给出了网站交互设计的基本原则：

- 如果可能，网站可以为每个用户提供个性化的内容。
- 提供“为什么要成为网站用户”的提示并提供一定的奖励。
- 让用户尽可能多地接触到网站推送的产品或内容。
- 不要让用户感到有些产品/服务正在强迫他们购买或使用。
- 在适当的时候可轻松地访问重要的部分或内容。
- 在任何时候让顾客有良好的使用体验并对使用过程可控。
- 电子商务等类型网站应将焦点放在产品搜索和在线购买上。

比如苹果网站的网上商城，在订购的时候，看起来是和大多数网站一样的搜索框，但是输入查找的内容时，搜索框的右侧会出现一个橘黄色的按钮，单击之后搜索框里刚刚输入的内容便被清空了，可是大多数其他类似网站却需要反复按 Backspace 键，这些设计细节往往成为提高用户体验度的亮点。

交互设计是一个过程，它不仅仅是画线框图。交互设计最关键的两个环节是页面流程和页面布局，前者建立清晰的架构和严密的逻辑，后者整合零散的信息并确定分明的主次关系。这一切都是为了我们的终极目标——让界面符合用户的预期，不带给他们任何的意外。一切都在用户的意料之中。

一提到交互设计，就会使人联想到画线框图或原型图。实际上，交互设计是一个过程，从开始到结束有一套系统的流程，而原型图只是其中的一个环节。

交互设计流程中主要的步骤包括：任务分析(列出界面所要完成的所有任务)、按各任务确定页面流程(建立信息架构)、创建统一的页面布局、在页面布局的基础上进行原型设计、编写设计说明等。

(1) 任务分析

第一步是任务分析。这里要做的是对于将要设计的这个新界面的所有任务进行分析，也就是分析用户在界面上能进行的所有操作。这个分析在功能需求的基础上进行，需求方一般会提供一个功能点的列表。

任务分析最常见的是任务列表，另外还有任务流程和任务场景等。下面以任务列表为例。

列出所有主要任务，以及每个主要任务的子任务。再把子任务细分到各个步骤。形成下面这个列表。

```
主要任务 1
    子任务 1
        步骤 1
        步骤 2
    子任务 2
        步骤 1
        步骤 2
主要任务 2  …
```

以个人相册为例，经任务分析后形成的列表如下：

```
相册列表
浏览相册
    浏览相册列表
    选择相册
    浏览照片
创建新相册
    添加照片
        选择已有相册
        选择照片
        排列顺序
        添加字幕文字
        选择动画效果
    添加模板
        浏览模板
        选择模板
    添加音乐
        浏览音乐列表
            试听音乐
            选择音乐
        增加新音乐
            打开本地文件
            选择音乐
    相册预览(略)…
    相册命名(略)…
    保存相册(略)…
    修改相册(略)…
```

任务列表包括所有功能点，并对每一个功能点的逻辑关系进行整合，有时会对各任务的使用频率和其他影响设计的重要因素做进一步的分析。

(2) 页面流程设计

任务分析完成后，进入设计的第一步，即设计页面流程。页面流程是设计的开始，也是重要的一环。它决定整个界面的信息架构和操作逻辑。

页面流程是上一步任务分析的自然转化。一般来说，一个主要任务就是一个页面，其他子任务也可以转化为页面。

以个人相册为例，页面流程示意图如图 2-20 所示。

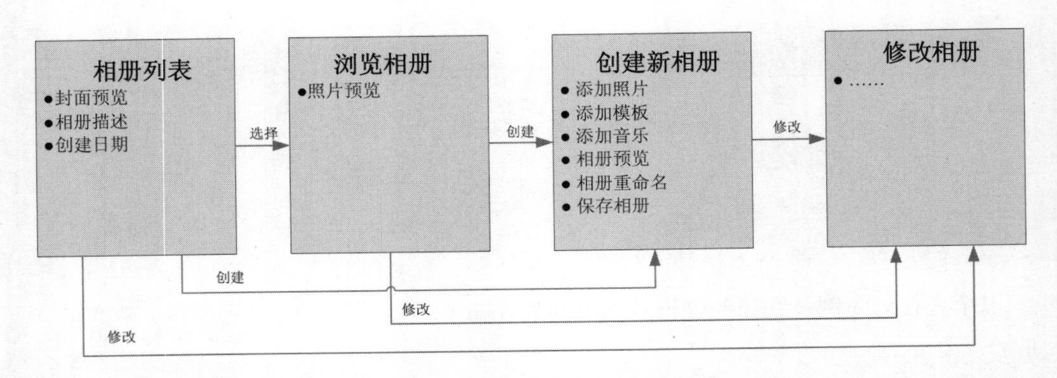

图 2-20　个人相册的设计流程示意图

页面流程表达了任务分析的结果，注意这个流程图应包括所有的页面，通过这个图可以看清页面的数量、页面的主要内容以及各页面间的关系。

(3) 页面布局设计

这是具体页面设计的开始，在第 2 步知道有哪些页面需要进行设计后，这里就要对页面进行划分，对内容进行组织，其中最重要的一点是确定页面分区。

以个人相册为例，首先需要确定总布局，即通用布局，适合所有页面，个人相册的总布局如图 2-21 所示。

具体页面布局，在不与总布局冲突的情况下，有更细节的布局，如图 2-22 所示。

页面布局赋予零碎的内容以逻辑性，以分区的形式把页面各区域所对应的功能区确定下来，减少具体设计时的随意性。这是设计严谨与否的表现所在。把类似的操作放在一起，对于用户来说是可以预见的，用户能够判断哪个操作应发生在哪个区域，减少盲目寻找而带来的困难和疑惑。

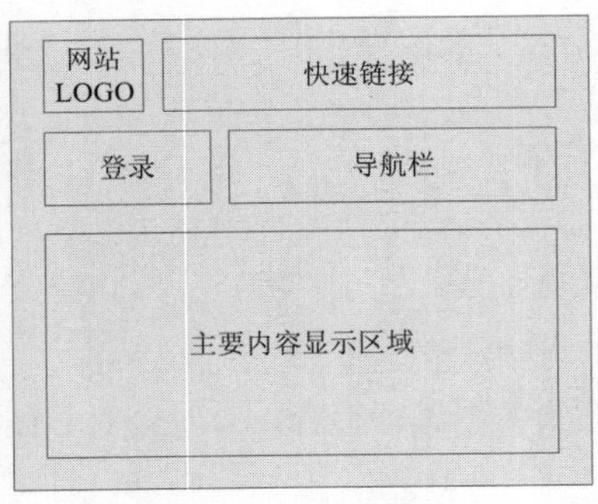

图 2-21　个人相册的总布局

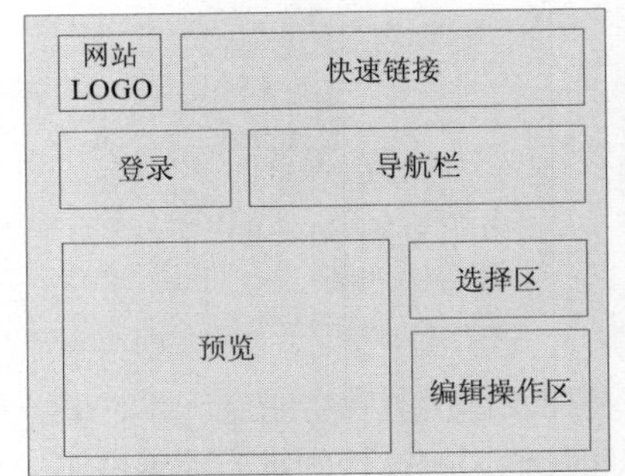

图 2-22　个人相册的具体页面布局

(4) 原型设计

这一步是大家熟知的，即具体页面的设计。这一步设计把所有的界面元素都表现出来，可以有低保真和高保真原型图。低保真原型图即线框图，高保真原型图接近最终效果图。个人相册的原型图如图 2-23 所示。

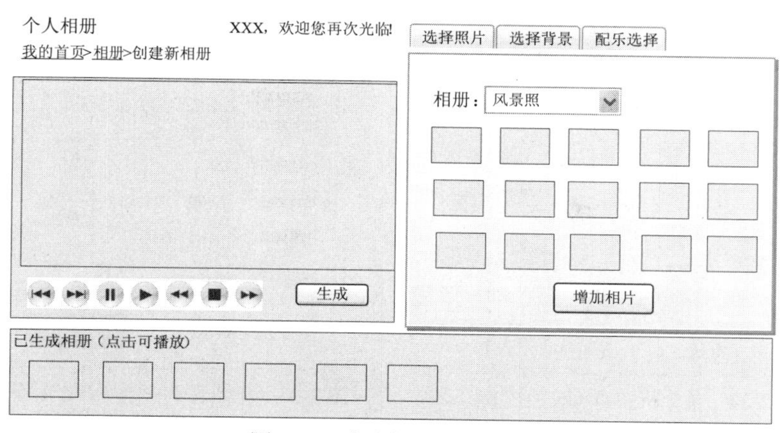

图 2-23　个人相册的原型图

(5) 设计说明

最后一步需要做的是对所有页面进行详细的描述，包括对页面上所有元素进行说明，比如默认状态、跳转页面、字号字体、尺寸等。这是将要交给开发人员的文档，以及测试人员后期进行测试的依据。

4. 一个交互设计的实例

实现同一个目的，有多种不同的方案，每个方案都可能在这个方面强一些，而在另一个方面弱一些；在实际使用上，它们的效果通常并没有非常明显的区别。

交互设计在实现细节方面既要易用流畅，又要屏蔽干扰项，还能方便用户随时切换，且充实又简洁等。当然，完全符合这些特征的设计方案可能并不存在，但为了网站的总体目标，需要尽可能多地满足这些特征。这时区分不同方案之间的差异，了解各自间有什么优劣之处，往往可以帮助决策者快速地在不同的方案间进行取舍。下面以一个机票查询的例子来进行说明。

大多数机票查询的交互方式类似于图 2-24 所示。其中单程/往返使用两个单选按钮，放在最前面；选择单程时禁用往返，或者隐藏返程时间输入框。

其设计逻辑是这样的：用户最先决定自己是单程还是往返，然后再选择起降地点及时间……这显然是产品逻辑，实际上绝大多数用户都不是一去不回，而是必须回来的。用户随时可能从买单程票变成想买往返票，而这时候再把注意力返回到页面最上方，又因为离得很远而成为负担。而不禁用返程，又担心用户被这个框干扰，影响任务的继续。

于是改进后的版本如图 2-25 所示。其中返程时间不禁用，只是视觉相对弱化；返程时间输入框获得焦点时，上方的单选按钮自动切换到往返；如果要回到单程状态，仍然只能手动通过选中单选按钮进行切换。

这个界面需要达到功能上二选一的效果，两个功能有部分不同的内容展示。二选一的设计方案可以是：两个单选按钮控件/下拉列表控件/选项卡控件等；但如果使用下拉列表控件则会造成鼠标操作次数太多，仅适用于选项较多的情况；选项卡控件一般会用于两者平行且无交集的界面，所以在这种情况下也不是很适用。

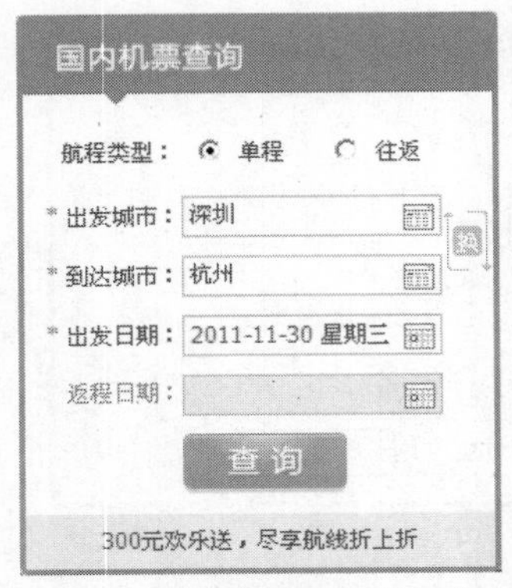

图 2-24　某个机票查询交互实例

图 2-25　机票查询交互顺序的重新整合

对此问题进行进一步的思考，会发现这是一种特殊的二选一问题，也就是是否需要返程，于是可以将设计方案改进为采用复选框，设计结果如图 2-26 所示。这时，用户在往返与否之间切换的成本最低。当然这并不是说最开始使用单选按钮的方案存在错误，只是在仅有这两种情况时，使用复选框能更好地实现设计的总目标。当然，如果存在更多的选项，此时采用单选按钮会更好一些，如图 2-27 所示。

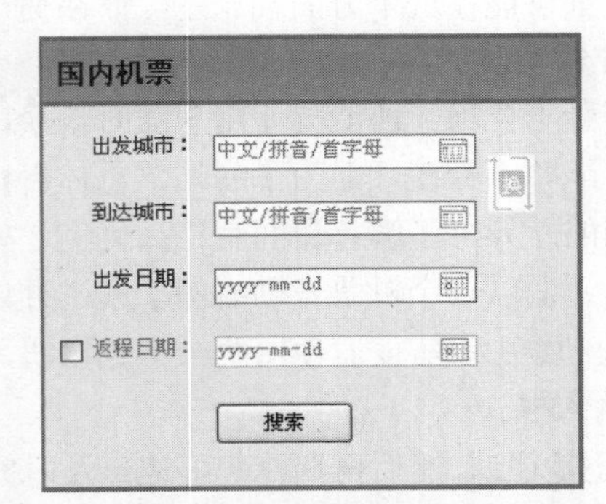

图 2-26　采用复选框的机票查询交互实例

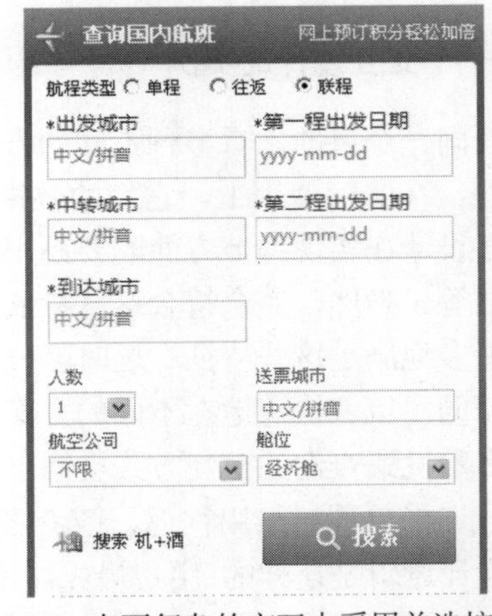

图 2-27　在更复杂的交互中采用单选按钮的方案

总之，交互设计的目的就是“以人为本”，一个良好的交互设计不仅能让网站变得有个性、有品味，还能让操作过程变得舒适、简单、自由，充分体现软件的定位和特点。只要达到了这些目标的交互设计都是优秀的设计。

2.4　网站的建立——IIS 的安装与配置

Web 服务器是通过软件实现的，常用的软件包括 IIS 和 Apache。下面主要讨论 IIS 软件的安装和配置。如果用户使用非 Windows 操作系统来建设网站，请参考相关的说明文档和书籍进行配置。通常，IIS 只在 Windows 平台上运行，而其他常用 Web 服务器可能会提供不同平台的安装包。

2.4.1 IIS 的安装

IIS(Internet Information Services，互联网信息服务)是一种 Web(网页)服务组件，其中包括 Web 服务器、FTP 服务器、NNTP 服务器和 SMTP 服务器，分别用于网页浏览、文件传输、新闻服务和邮件发送等方面，它使得在网络(包括互联网和局域网)上发布信息成为一件很容易的事。目前运行 IIS 比较理想的平台是 Windows Server 2008。Windows Server 2008 服务器中集成了 IIS 7.0 版。但是在安装上述部分操作系统时，除了专门用于网站服务的 Web 版外，IIS 可能是不被默认安装的。因此对于其他版本，用户必须要手动安装 IIS，只有当计算机上安装了 IIS 之后，这台计算机才能成为一台 Web 服务器。

注意：

由于 IIS 属于 Windows 操作系统附带的软件，因此在 Windows XP 安装光盘中也附带有 IIS 软件，但在 Windows XP 中只能支持 10 个并发用户，其他管理功能方面也受到了不少限制。

在 Windows Server 中，安装 IIS 有 3 种途径：利用“管理您的服务器”向导，利用控制面板下“添加或删除程序”的“添加/删除 Windows 组件”功能，或者执行无人值守安装。下面以控制面板下“添加或删除程序”为例，其操作步骤如下。

(1) 打开 Windows“控制面板”中的“添加和删除程序”，然后选择“添加/删除 Windows 组件”，此时会弹出一个“Windows 组件向导”对话框，如图 2-28 所示。

(2) 在此对话框中单击“详细信息”按钮，打开“应用程序服务器”对话框，在其中可以对该组件进行详细配置，如图 2-29 所示。

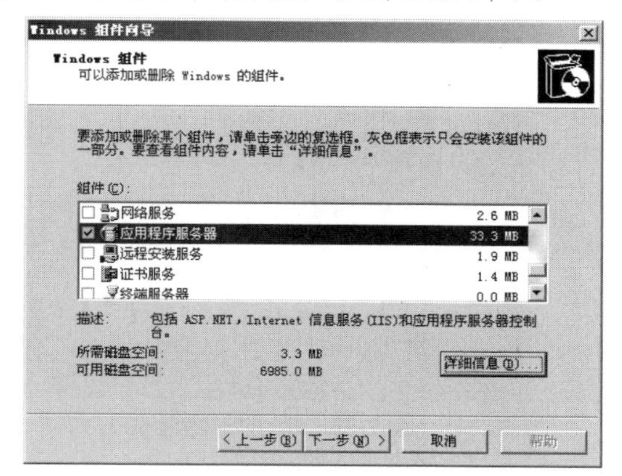

图 2-28 “Windows 组件向导”对话框

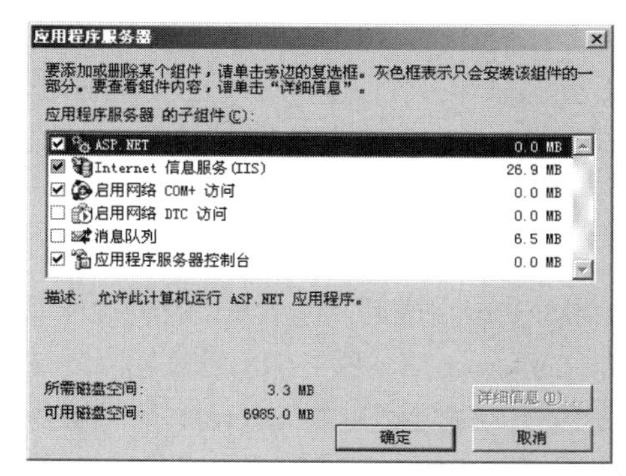

图 2-29 “应用程序服务器”对话框

(3) 单击“确定”按钮，再在图 2-28 的对话框中单击“下一步”按钮即可完成安装，如果安装成功，可以看到如图 2-30 所示的对话框。

上述的安装过程正常结束后，系统会自动在系统盘新建网站目录，默认的发布目录为 C:\Inetpub\wwwroot。

注意：

如果用户使用的是其他版本的 Windows 系统，也可以先在控制面板中检查该系统是否已经安装了 IIS。

鉴于目前仍有不少用户在使用 Windows 7 或 Windows 8 等类型的操作系统，下面以 Windows 7 系统为例简单说明在这类系统上安装 IIS 的方法。首先在“控制面板”中单击“程序与功能”图标，在弹出的窗口中单击左侧的“打开或关闭 Windows 功能”，此时会看到如图 2-31 所示的组件显示。

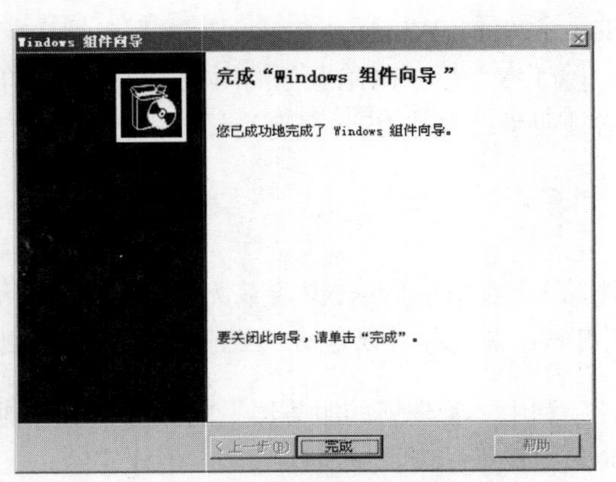

图 2-30　IIS 安装顺利完成

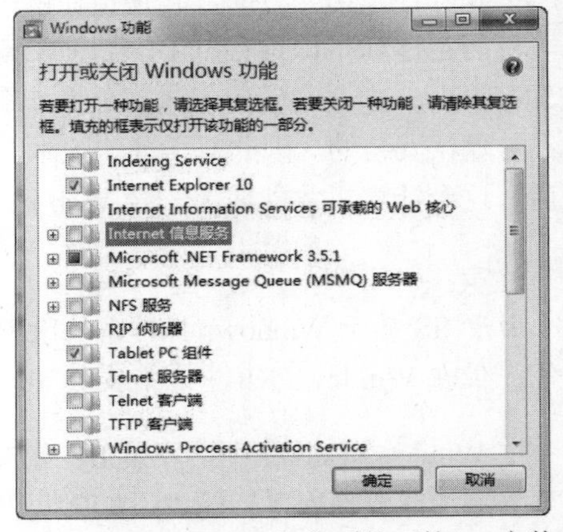

图 2-31　Windows 7 操作系统下的 IIS 安装

单击 Internet 信息服务前面的复选框，可以看到一个灰色背景的选中状态，这表示默认安装不是全部安装。如果想变更所安装的功能，可以单击单选框前面的“+”号，这样可以看到如图 2-32 所示的安装选项，其中有支持 ASP 及.NET 开发的选项。单击其中的“确定”按钮，等待安装过程完毕后即可实现所选功能的安装。

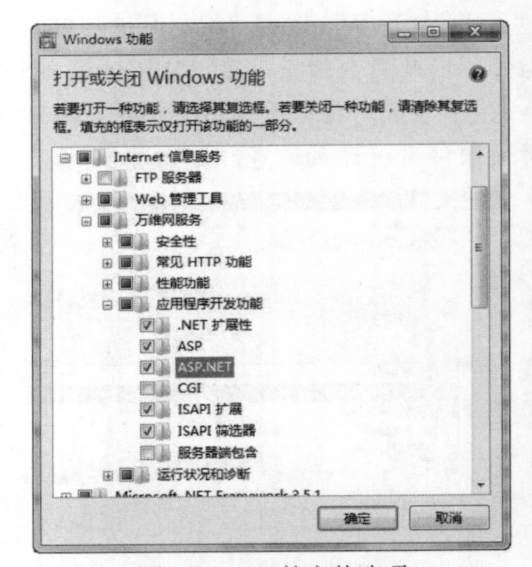

图 2-32　IIS 的安装选项

2.4.2　使用 IIS 建立站点

IIS 安装完成后，在系统的“管理工具”下会增加“Internet 信息服务(IIS)管理器”的选项，它用于监视、配置和控制 Internet 信息服务、创建 Web 站点、FTP 站点等，首先需要打开并连接到欲管理的目标服务器。

一旦连接成功，就可以进行相应的站点建立和配置等操作，下面介绍如何利用 IIS 在本机上创建 Web 站点，同时介绍关于站点的基本配置。

(1) 打开“开始”菜单→“管理工具”下的“Internet 信息服务(IIS)管理器”(有些版本的 Windows 中可以在“控制面板”中找到“管理工具”)，可以对 IIS 服务进行管理。打开“Internet 信息服务(IIS)管理器”后出现的控制台主窗口如图 2-33 所示。

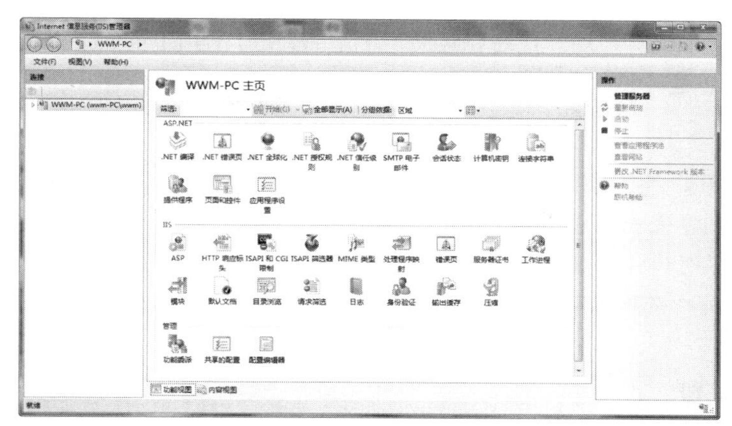

图 2-33　“Internet 信息服务(IIS)管理器”控制台主窗口

(2) 在图 2-33 所示的控制台左侧列表中的本机名称或弹出的“网站”上右击，在弹出的快捷菜单中选择“添加网站”选项，此时弹出“添加网站”对话框，在其中填写必要信息后即可创建新网站，如图 2-34 所示。

图 2-34　“添加网站”对话框

(3) 必须填写的是“网站名称”和“物理路径”，另外必须保证 IP 地址和端口号不和已有网站的重复。在“绑定”部分，既可以填写 IP 地址，也可以从下拉列表中选择某个 IP 地址。其中类型通常选择“http”选项，另外每个 Web 站点都具有唯一的、由三个部分组成的标识，用来接收和响应请求的分别是端口号、IP 地址和主机名。因此，一台服务器上的各个站点间不允许出现三者完全相同的情况。默认的 IP 地址为“全部未分配”，默认的端口号是 80，默认的主机名为空，三者都可以修改。

注意：

IP地址一栏可以指定Web站点的IP，但如没有特殊要求，则选择“全部未分配”选项；如指定了多个主机头，则IP一定要选为“全部未分配”选项，否则访问者无法访问网站。

(4) 在“内容目录”部分，输入新站点的主目录，或者利用边上的“浏览”按钮进行选择。

注意：

网站主目录必须是包含站点首页，如 index.html 或 default.html 等首页文件的目录。同时注意该目录的权限，必须具备一定的权限，否则该站点不可用。“连接为”按钮用于设置权限，默认的是“应用程序用户”，当然也可以选择某个用户，但如果设置不合适也可能带来潜在的安全隐患。“测试设置”可以运行一个诊断过程，来发现可能存在的问题。如果该站点的配置正确且选中了“立即启动网站”复选框，单击“确定”按钮后则站点将自动启动。

使用上面提到的向导，用户已可以建立一个站点并进行基本的配置，但如果希望对网站进行深入的配置，则需要进行更多的设置。

注意：

浏览器访问 IIS 时是按照如下顺序进行的：IP→端口→主机头→该站点主目录→该站点的默认首文档。正确安装和配置 IIS 之后，就已经有一个默认的站点了，该站点处于启动状态。因此，在新建网站时请注意如果全部使用默认值就可能与默认网站产生冲突，导致新站点不能正常启动。对此用户必须正确配置，且不能出现冲突。

2.4.3 IIS 的配置

站点建立以后，如果希望修改有关网站的配置，或者进行更多配置，可以在“Internet 信息服务(IIS)管理器”窗口左侧“网站”处右击所希望修改的站点进行配置。

可以进行配置的选项较多，总的来说有以下 3 个方面。

(1) 网站基本配置。可以为网站设置一个标识，配置 IP 地址和端口等；修改网站的主目录，设置 IIS 默认启动的文档。如果这些基本配置正确无误，网站启动后就可以在浏览器中进行验证。

(2) 网站性能配置。对网站访问的带宽和连接数进行限定，以更好地控制站点的吞吐量。如果是多站点服务器，通过对某个站点的带宽和连接数进行限制，可以放宽其他站点的访问量并提供更多的系统资源。在实际环境中，应该根据网络通信量和使用过程中的变化对性能参数做动态调整。

(3) 网站的安全性配置。为了保证 Web 网站和服务器的运行安全，可以进行“身份验证”“IP 地址”“域名”和“SSL”等方面的设置。

提示：

如果读者只是希望先建立一个简单的测试环境，进行简单的(静态)网页发布，则只需要修改主目录中的文件夹选项，将其指向所制作的网站根目录即可。

以下就 Windows 7 系统进行说明。

(1) 首先，在“控制面板”中打开“管理工具”，会看到如图 2-35 所示的显示界面，其中包含了“Internet 信息服务(IIS)管理器”的图标。

提示：

如果经常需要使用 IIS，建议将鼠标指到“Internet 信息服务(IIS)管理器”上，右击，在弹出的快捷菜单中选择“发送到”中的“桌面快捷方式”选项，这样就能从桌面直接进入 IIS，而不必每次都要先进入控制面板。

(2) 双击上述的“Internet 信息服务(IIS)管理器”图标，即可打开 IIS 的管理器，如图 2-36 所示。

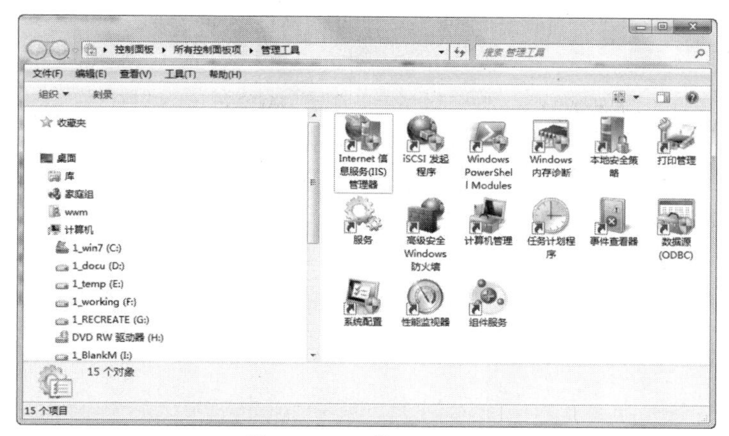

图 2-35　IIS 的配置界面

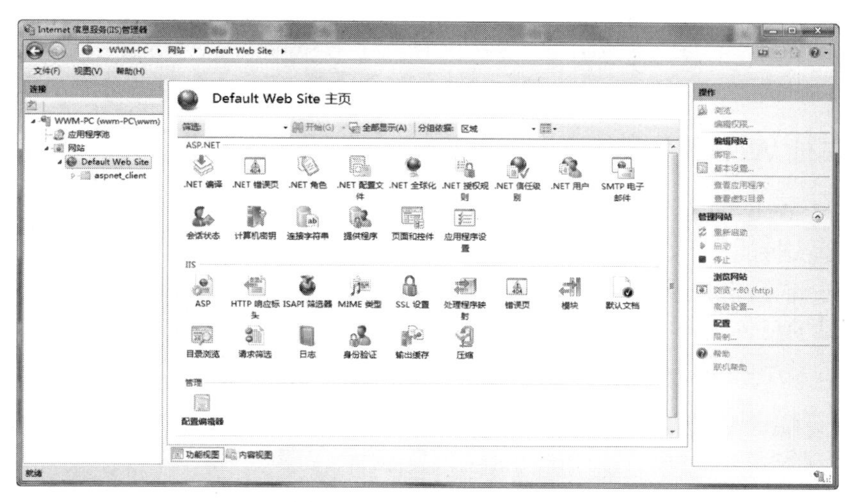

图 2-36　IIS 的管理器

(3) 单击图 2-36 界面右侧的“高级设置”功能，即可打开如图 2-37 所示的配置界面，其中的“物理路径”需要设置为网站的根目录所在位置。

(4) 单击图 2-36 界面右侧的“绑定...”功能，即可打开如图 2-38 所示的配置界面，可以实现对主机名、端口、IP 地址进行添加等编辑操作。

(5) 如果已添加网站，则此时可以进入网站编辑状态，编辑界面如图 2-39 所示。

(6) 如果网站设置正确，则此时在浏览器地址栏中输入“http://localhost/”或者输入本机的 IP 地址就可以浏览该网站了。若用户没有修改网站的物理路径，则此时会出现 IIS 默认的测试网站，如图 2-40 所示。

图 2-37　网站的高级设置功能

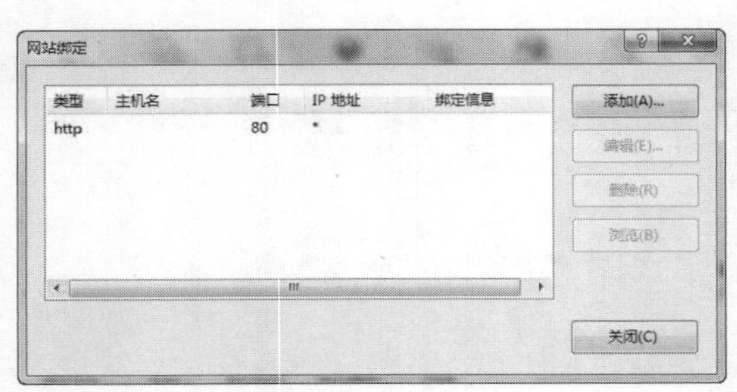

图 2-38　网站绑定设置功能

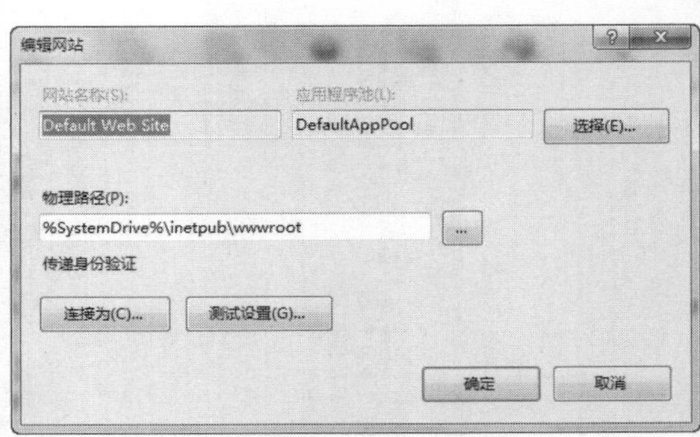

图 2-39　网站编辑功能设置

注意：

IIS 有更多的配置选项，因为篇幅限制，在此就不一一列举了，读者可以参考微软的有关文档进行进一步的配置。

图 2-40　默认的测试网站

2.4.4　其他 Web 服务器

不同的 Web 服务器具有不同的服务特性，包括支持的技术、性能、效率和支持的操作系统等，选择合适的 Web 服务器能提高网站的总体性能和服务品质。以下是一些其他常用的 Web 服务器。

1. Apache

除了 IIS 以外，Apache 是世界使用排名第一的 Web 服务器软件，超过 50%的网站都在使用 Apache，它是以高效、稳定、安全、免费而著称的最受欢迎的服务器软件，并且可以运行在几乎所有广泛使用的计算机平台上。Apache 源于 NCSAhttpd 服务器，经过多次修改，已成为世界上最流行的 Web 服务器软件之一。Apache 取自“a patchy server”的读音，意思是充满补丁的服务器，因为它是免费软件，所以不断有人为它开发新的功能、新的特性和修改原来的缺陷。

它属于开源的 Web 服务器软件，但是 Apache 对 ASP 或.NET 的支持并不是很好，如果网站采用了这些技术方案，建议使用 Windows Server + IIS 来构建 Web 服务器。

2. GFE/GWS

GFE/GWS 是 Google 的 Web 服务器，目前用户数量正在不断增加。

3. Nginx

Nginx 不仅是一个小巧且高效的 HTTP 服务器，也可以用作高效的负载均衡反向代理，通过它接受用户的请求并分发到多个 Mongrel 进程可以极大地提高 Rails 应用的并发能力。

4. Lighttpd

Lighttpd 由德国人 Jan Kneschke 领导开发，是基于 BSD 许可的开源 Web 服务器软件，其根本的目的是提供一个专门针对高性能网站，安全、快速、兼容性好并且灵活的 Web 服务器环境。具有非常低的内存开销，CPU 占用率低，效能好，以及模块丰富等特点。Lighttpd 是众多 OpenSource 轻量级的 Web 服务器中较为优秀的一个，它支持 FastCGI、CGI、Auth、输出压缩(output compress)、URL 重写、Alias 等重要功能。

5. Zeus

Zeus 是一个运行于 UNIX 下的非常优秀的 Web 服务器，据说性能超过 Apache，是效率最高的 Web 服务器之一。

6. BEA WebLogic

BEA WebLogic 是用于开发、集成、部署和管理大型分布式 Web 应用、网络应用和数据库应用的 Java 应用服务器。它将 Java 的动态功能和 Java Enterprise 标准的安全性引入大型网络应用的开发、集成、部署和管理之中。 BEA WebLogic 服务器拥有处理关键 Web 应用系统问题所需的性能、可扩展性和高可用性。

7. Tomcat

Tomcat 是 Apache 软件基金会(Apache Software Foundation)的 Jakarta 项目中的一个核心项目，由 Apache、Sun 和其他一些公司及个人共同开发而成。由于有了 Sun 的参与和支持，最新的 Servlet 和 JSP 规范总是能在 Tomcat 中得到体现。因为 Tomcat 技术先进、性能稳定，而且免费，所以深受 Java 爱好者的喜爱并得到了部分软件开发商的认可，目前已成为比较流行的 Web 应用服务器。

2.5　网站运行的基础——安全

国际上计算机犯罪正以每年 100%的速度增长，网上的黑客攻击事件也大约以每年 10 倍的速度增长。自 1999 年计算机病毒首次被发现以来，其发展速度呈几何级数增长。据美国审计总署的资料，世界上 120 余个国家已经或正在研究进入计算机网络的手段。1995 年，入侵美国国防部计算机网络的事件多达 25 万次，其中 62.5%获得了成功，欧美等国金融机构的计算机网络被入侵的比例高达 77%。例如，2018 年 1 月 25 日，日本最大的比特币交易所 Coincheck 遭到黑客攻击，丢失了市值多达 5.3 亿美元的数字货币。黑客的作案手法是将交易所里属于客户的数字货币转移至另一个账户。据统计仅 2015 年网络犯罪对全球经济造成的损失就已经达到了 3 万亿美元，这种损失呈现逐年递增的态势，预计到 2021 年这一数字将达 6 万亿美元。

近几年来我国计算机犯罪也以 30%的速度在增长。据有关部门统计，国内 90%以上的电子商务网站存在比较严重的安全漏洞，网络的安全问题正面临着日益严重的威胁，因此提高网站的安全性刻不容缓。黑客攻击是对网站安全的最大挑战。虽然网站服务器管理人员都采取了多种防范措施，试图让自己的网站更安全，但黑客依然可以突破这些安全措施，攻入 Web 网站的内部窃取、篡改网站信息甚至造成服务中止。这往往要归因于管理人员没有正确认识到各种安全防范措施的作用，对网站的安全性做出了错误的评估。

2.5.1 网站安全威胁

首先网站是建立在操作系统上的，而操作系统是基于计算机硬件的，这样一个系统要对外提供服务还必须接入网络。网站也是使用程序员编写的各种软件构成的，客观地说，程序员编写的软件都是有可能存在漏洞的，有些漏洞也许要经过许多年后才被发现。所有这些环节中的任何一个部分如果不能保证安全，就破坏了整体的安全性。

网站安全面临的主要威胁有信息截取、内部窃密和破坏、黑客、技术缺陷、计算机病毒和拒绝服务攻击等。

(1) 信息截取。信息截取指的是通过传输通道进行信息的截取，获取机密信息，或通过信息的流量分析、通信频度、长度分析等导出有用信息。这种方式不破坏信息的内容，不易被发现，在军事对抗、政治对抗和当今经济对抗中是最常用也是最有效的方式。问题在于计算机网络是建立在通信网络的基础上的，而多数专用通信网是以公网为基础的。虽然网络上有一些防止非授权用户进入网络的安全措施，但对熟悉网络软件和操作的攻击者来说这些措施是很脆弱的。

(2) 内部窃密和破坏。内部窃密和破坏是指内部或系统内部人员通过网络窃取机密，泄露、更改信息或破坏信息系统。美国 FBI 进行的一项调查表明，所有攻击中的 70%是从内部发动的，只有 30%来自外部。

(3) 黑客。黑客(hacker)指技术上的行家或热衷于解决问题、克服限制的人。骇客(cracker)是那些喜欢进入他人系统的人。两者之间最主要的区别在于：黑客们创造新东西，骇客们破坏东西，现在人们倾向于统一使用“黑客”指代这两种人。据统计，目前在互联网上至少有 4 万多个黑客网站，它们介绍的基本攻击手段超过 800 种，而且手法也在不断翻新，其中银行、金融和证券机构等成为攻击的重点。

(4) 技术缺陷。首先，由于认识能力和技术发展的局限性，在硬件和软件设计过程中，难免留下技术缺陷，由此形成了网络的安全隐患。其次，网络硬件、软件产品多数依靠进口，为数不少的服务器都安装了微软的 Windows 操作系统，其中或多或少包含漏洞和后门。除了充分利用操作系统的漏洞外，各种主流应用软件的漏洞也开始被利用，由美国国家标准与技术局(NIST)管理的国家漏洞数据库(NVD)，2017 年记录了超过 1.34 万个漏洞，比 2016 年全年的漏洞记录数的 2 倍还多。另外，Macromedia Flash、Microsoft Word、Apple QuickTime、iTune 等知名软件也不断被发现存在可被黑客利用的漏洞，如 2017 年 12 月 谷歌 AI 学习系统现重大安全漏洞，2017 年 2 月 WordPress 现重大漏洞，影响了 150 万网站等。

(5) 计算机病毒。自从 1988 年第一例病毒(蠕虫病毒)成功侵入美国军方网络，导致 8500 台计算机染毒和 6500 台计算机停机，造成直接经济损失近 1 亿美元之后，这类事件此起彼伏。据美国计算机安全协会(NCSA)最近的一项调查发现，几乎 100%的美国大公司都曾在他们的网络或台式机上遭受过计算机病毒的危害。另据《腾讯安全 2017 年度互联网安全报告》显示，2017 年新发现计算机病毒的数量达 1.36 亿种，且木马和勒索病毒占比较大。而移动端的安全问题正在持续上升。从 2001 年的红色代码、2003 年的 SQL 蠕虫与冲击波、2006 年的“灰鸽子”及“熊猫烧香”等病毒传播和发作的情况看，计算机恶意软件感染方式已与黑客攻击手段紧密结合，利用网络、网站、操作系统的漏洞以及 U 盘进行传播，病毒“偷、骗、抢”等行为愈演愈烈，勒索木马开始流行。2017 年曾造成巨大影响的勒索病毒的作者仅赚到了 35 万美元；而之前的 1.0 版本，病毒作者赚了几千万美元，受此影响美国某警察局被迫交了赎金，美国某医院被该病毒锁死，所有的检验单报告单等一律恢复手写模式，病人在医院排起长龙。

(6) 拒绝服务攻击。拒绝服务攻击(Denial of Service，DoS)是一种简单而有效的攻击方式，它利用大量非正常的请求并拒绝服务器所提供的服务来破坏网站的正常运行，最终使部分 Internet 连接和网络通信中断。这种攻击所衍生的方式有很多种，其中最基本的是利用合理的服务请求来占用过多的服务资源，从而使合法用户无法得到服务。DoS 可分为 SYN 洪水、SYN-ACK 洪水、UDP 洪水等。一种基本攻击过程为：首先攻击者向服务器发送众多的带有虚假地址的请求，服务器发送回复信息后等待回传信息，由于地址是伪造的，因此服务器一直等不到回传的消息，分配给这次请求的资源就始终没有被释放。当服务器等待一定的时间后，连接会因超时而被切断，此时攻击者会再度传送新的一批请求，在这种反复发送伪地址请求的情况下，服务器资源最终会被耗尽。另外一种分布式的拒绝服务攻击(Distributed Denial of Service，DDoS)，是一种分布、协作的大规模攻击方式，主要瞄准比较大的站点，如商业公司、搜索引擎和政府部门的站点等。发动 DoS 攻击只要有一台联网的单机就可实现，与之不同的是 DDoS 攻击是利用一批受控制的计算机向一台计算机发起攻击，这种来势迅猛的攻击令人难以防备，因而往往具有更大的破坏性。如 2018 年 2 月，知名代码托管网站 GitHub 遭遇史上大规模的 Memcached DDoS 攻击，流量峰值高达 1.35 Tbps。另外，网络安全公司 Cloudflare 的研究人员发现，截至 2018 年 2 月底，中国有 2.5 万 Memcached 服务器暴露在网上。

2.5.2　防范策略

网站的建设是需要大量投入的，但若忽视安全因素，将可能使全部的努力付之东流，因此对网站的安全防护问题也应受到重视。网络安全技术包括：操作系统安全、加密、Web 服务器安全、防火墙、安全认证、反病毒、入侵检测、安全扫描工具等。

(1) 操作系统安全。操作系统是介于计算机和网络之间的工作平台，从终端用户的程序到服务器应用服务以及网络安全的软件都运行在操作系统之上。因此，保证操作系统的安全是整体安全的基础，除了不断安装安全补丁外，还需要建立一套系统的监控机制，建立和实施有效的用户口令和访问控制等方面的制度。

(2) 加密。为了减少网站传输过程中的信息被截取后的危害，网站管理人员一般都采取 SSL 或其他加密的方法。当网站启用加密后，该网站发送和接收的信息都经过加密处理，在信息的传送过程中为信息提供加密保护。但是单靠加密还是无法保障网站的安全，通过 SQL 注入、跨站脚本攻击等各种其他手段仍然可以对 Web 站点进行攻击。这就是为什么许多网站虽然采用了 SSL 加密，但还是被黑客攻破的原因。

(3) Web 服务器安全。Web 服务器本身多是安全的。但是在编写网页代码时，不安全的脚本漏洞往往会成为黑客攻击的对象。通过使用网页对设计中的各种漏洞进行攻击，最终可以达到控制网站或修改网站内容等目的。因此，在设计网页时，对于涉及 Web 服务器及相关服务的命令要特别注意。

(4) 防火墙。在网站服务器上安装防火墙是保护自己的好办法，它能有效地防范多种攻击，对于网站安全来说是必需的。防火墙建立在通信技术和信息安全技术之上，用于在内外网之间建立一个安全屏障，根据指定的策略对网络进行访问并对数据进行过滤、分析和审计。它主要用于 Internet 接入和专用网与公用网之间的安全连接。防火墙主要有病毒防火墙、包过滤防火墙、应用网关防火墙和代理服务器。

- 病毒防火墙能阻止部分外来病毒的侵袭，它主要通过检测外来数据来对付病毒的入侵。但由于病毒的种类繁多，加之可以进行拆包传输(即将病毒数据拆成多个小包)。因此，很难做到完全防范。
- 包过滤防火墙是在网络层中对数据包实施有选择性的通过，根据系统内事先设定的过滤逻辑，检查数据流中的每个数据包，通过数据包的源地址、目的地址、所用的端口及 TCP 链路状态等来确定是否允许该数据包通过。
- 应用网关防火墙是建立在网络应用层上的一种协议过滤器。针对特殊网络应用服务协议和数据进行过滤，它能够对数据包进行分析并形成报告。应用网关防火墙能对某些易于登录和控制所有输出/输入的通信环境给予严格的控制，以防有价值的程序和数据被窃取。
- 代理服务器是设置在 Internet 防火墙网关的专用应用级代理。这种代理服务器允许网管准许或拒绝特定的应用或应用的特定功能。包过滤防火墙和应用网关防火墙都是通过特定的逻辑判断来决定是否允许特定的数据包通过，一旦判断条件满足，防火墙内部网络的结构便暴露在外来用户面前；而代理服务器可使防火墙内外计算机系统应用层的“链接”由两个终止于代理服务器的“链接”来实现，从而成功实现防火墙内外计算机系统的隔离。除此之外，代理服务器还可用于实施较强的数据流监控、过滤、记录和报告等。代理服务器可由计算机硬件(如工作站)来承担。

防火墙有访问过滤机制，通过设置防火墙的“访客名单”，通过记录所有善意的访问者，把恶意访问排除在外，只允许善意的访问者进来，但这样还是无法应对许多恶意行为。因为一个伪装成善意访问者的黑客的访问一旦被允许，后续的安全问题防火墙就难以应对了。如何鉴别善意访问和恶意访问就成了一个问题。而且，用来架构服务器的操作系统、服务器软件都可能存在现在还未发现的漏洞，对此，一般防火墙是毫无办法的。

(5) 安全认证。安全系统的建立依赖于系统用户之间存在的各种信任关系。可靠的信息确认技术应具有：合法身份的用户可以校验所接收的信息是否真实可靠，并且能确认发送方是谁；发送信息者必须是合法身份的用户，任何人不能冒名顶替伪造信息；出现异常时，可由认证系统进行处理。目前，信息确认技术已较为成熟，如信息认证、用户认证和密钥认证、数字签名等，这为信息安全提供了可靠的保障。

(6) 反病毒、防木马。计算机病毒实际上就是一种在计算机系统运行过程中能够实现传染和侵害计算机系统的功能程序。在非法进入系统或违反授权的攻击成功后，攻击者通常要在系统中植入后门，为以后的攻击提供方便，如向系统中侵入病毒、蠕虫、木马或通过窃听、冒充等方式来破坏系统的正常工作。对此，要提高防范意识，应做到对所有软件必须严格审查，经过查毒、杀毒后再使用；采用病毒实时防护软件和网络防火墙，定时地对系统中的所有工具软件及应用软件进行检测。

(7) 入侵检测。入侵检测系统是近年来出现的网络安全技术，它不仅能提供实时的入侵检测，并且能使用跟踪、恢复或者断开网络连接等方式及时有效地对网络进行保护，它不仅能用于阻止外部黑客的入侵，也能有效地防范来自内部的攻击。

(8) 安全扫描工具。安全扫描工具主要扫描网络服务器，它可以主动寻找系统的安全漏洞和薄弱环节，分析安全隐患并利用模拟攻击来测试系统的安全程度和防御能力，主要用于测试和评估系统的安全性，防患于未然。

(9) 勤于备份。如果以上的种种策略均告失败，且网站的重要数据和文件已经被破坏，在这种情况下，一个之前的备份就能发挥重要的作用，这是系统得以快速恢复的必要前提。在查明安全问题并解决后，恢复所备份的网站资料可以将损失降至最低。

(10) 用户审计。服务器应对用户和系统中的使用行为和事件进行详细的日志记录和审计，通过这些日志记录，做阶段性的审计(时间间隔应该设定为较小，如每天)，从而发现用户账号的盗用、恶意使用等问题，并尽早进行处理。

(11) 建立良好、可操作的安全制度。网站的安全管理就是通过保证维护网站的机密性、完整性和可用性来管理和保护组织的所有信息安全的一项体制。通过安全管理，把具有信息安全保障功能的软硬件设施和管理以及使用信息的人整合在一起，以此确保整个网站达到预定程度的安全等级。建立网站安全管理体系可以强化员工的网站安全意识，规范组织安全行为。对组织的关键资源进行全面系统的保护，维持竞争优势。在网站受到侵袭时，确保业务持续开展并将损失降到最低。常见的网络信息安全管理体系一般有 4 个组成部分，第一是总体方针，第二是安全管理组织体系，第三是涵盖物理、网络、系统、应用、数据等方面的统一安全策略，第四是可操作的安全管理制度、操作规范和流程。

总的来说，为了更好地保护 Web 网站的安全，首先需正确认识各种安全措施的功能特点，然后将它们整合为一个整体，形成立体、多重的防御体系。

2.6　网站开发过程

网站属于软件的一种，可以基本遵循软件开发的过程管理。就网站而言，通常可以采用瀑布模型或敏捷模型等。

2.6.1　瀑布模型

瀑布模型源自制造业。通常认为，是温斯顿・罗伊斯(Winston Royce)于 1970 年提出的。其基本观点是：这是一种有缺陷、有问题的工作方法。

瀑布模型的基本流程是：对于所要交付的产品，先形成一份技术文档，列出在现有资源(人员)下的完成难度(时间)，并且详细描述所要采取的解决方案。一旦商定规格，程序员就要严格完成规格定义的内容，直到交付时才将产品提交给企业客户。企业客户或者退回修改，或者签收通过。瀑布模型开发的各个阶段见图 2-41 所示。

瀑布这个词所表达的概念就是：按部就班完成所有工作，一旦到达了某个阶段，就不能再改变前一个阶段的输出，也不可能返回，这是带有一定理想主义特点的模型。也就是说，只能朝一个方向流动。其优点是：对于预期成本和时间方面能有一个明确的把握；对于目标网站有一个确切的定义。其缺点是：若策划方案带有缺陷和错误，而在实现开始前很难发现，就会导致一定的冲突和风险产生。由于在过程中没有修改空间，即使提出了必要的新需求，也得等到瀑布过程完成，各环节走到最后，在下一个瀑布过程开始时才能加以考虑。

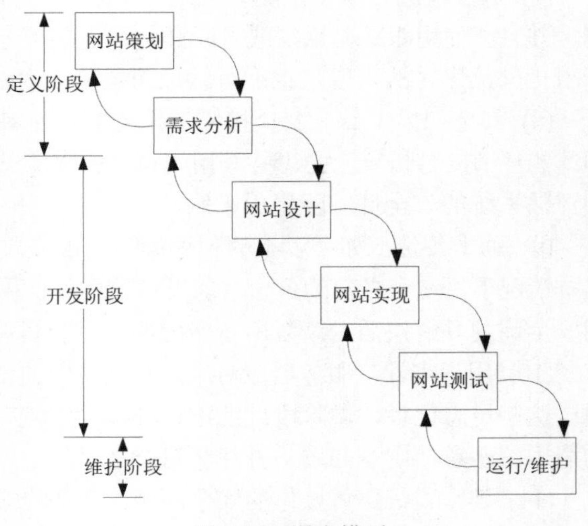

图 2-41　瀑布模型

2.6.2　敏捷开发模型

敏捷开发概念离最初提出已经有十几年了，它的核心概念是：团队应该是敏捷的，即团队的流程概念、任务都可以灵活进行切换和调整。在敏捷方法中，开发基于迭代，允许团队反思每个迭代时间段的成败，并对流程进行调整，快速响应需求的变化。在 2001 年敏捷宣言发布后，许多早期的敏捷流程，例如 Scrum 和极限编程，现在统称为敏捷方法。

敏捷宣言可参见 http://agilemanifesto.org/iso/zhchs/manifesto.html，其基本价值观为：个体和互动高于流程和工具；工作的软件高于详尽的文档；客户合作高于合同谈判；响应变化高于遵循计划。

其主要优点为：团队是快速变化的，能应对新的或变化中的需求；流程总是在不断改进，在改进过程中每一位团队成员都有发言权和能动性。主要缺点为：一般很难确定固定期限，或根本无法承诺；规格定义可能过于松散，等到发现缺失的功能为时已晚。

敏捷开发的具体方法多种多样，但都提倡团队协作、因地制宜，下面是敏捷实践的一些例子。

1. 测试驱动开发

在测试驱动开发(Test-Driven Development，TDD)流程中，首先针对客户需求和验收标准写出测试程序，然后再编写代码，而且写代码只是为了通过测试程序。这样可以将新增需求导致的“范围蔓延”以及不必要的代码精简到最少。每当发现软件中新的错误时，可以快速重现错误。在测试套件中一直包括该测试的情况下，可以避免在今后的开发中有意无意犯同样的错误。对于网站的测试也可以遵循相同的理念。

2. 代码重构

代码重构意味着重新审视它，确保它尽可能地高效、快速、整洁，尽可能减少代码的坏味道。任何标着“待办：这里要改！”的注释，应该在代码重构期间解决。在很多项目中，代码重构只是一种奢望，所以一旦有机会进行代码重构，一定要充分加以利用，这也是在偿还技术债务。设法消除任何遗留代码，并考虑是否有其他方法来对代码进行格式化，以最小的时间和空间成本获得更好的浏览性能。

3. 持续集成

持续集成(Continuous Integration，CI)服务器的作用是：每当向版本控制仓库提交新代码，或者到达了预定的时间段，就自动进行代码的编译、测试和其他预设任务。

4. 结对编程

许多团队现在提倡结对编程流程：两名以上的程序员机位相邻、共同工作，通过团队成员互助来避免知识囤积，并且减少成品错误的机会。也有些团队认为，把两名程序员放在同一项工作上，效率太低。这里的建议是，对于高度复杂的工作内容，结对编程有其价值，但通常情况下，进行代码审查就足够了。在不同岗位间轮换程序员也是另一种避免知识囤积的有效方法。

5. 计划扑克

计划扑克(也叫计划游戏)是一种针对任务收集预估的方法。之所以称为计划扑克，是因为要使用卡片或令牌来投票。首先对某项任务做出合理的详细说明，并进行预估。然后，参加游戏的每一位成员(可能来自不同的领域，例如服务器端程序员、客户端程序员、测试人员、设计人员等)，每个人都亮出一手牌，显示他认为一个人完成该任务总共需要多长时间。分值最高和最低的人，要说明自己打分的理由，然后再亮一次牌，如此重复下去，直到达成共识。

计划扑克可能是一项非常费时的活动，在某些项目中难以实施。但它的好处是，能够让团队中的每个人更好地理解所要交付的产品。另外，人们也得以关注可能会进入实现阶段的错误。

6. 代码审查

代码审查类似于结对编程，可以让程序员评论别人写好的代码。通常审查者和被审查者都能在该过程中有所收获，审查者可以问为什么这样实现，同时提供评价和建议。比起结对编程，代码审查花费的时间较少，这也是在小团队中保证代码质量更有效的方法。

7. 每日站会

只要团队全体成员能安排时间，这类会议每天都要开。在每日站会中有鸡和猪两种角色，这两个绰号来自一个经典故事。

故事一：有一只鸡和一头猪合伙开饭店，双方各占 50%的股份。鸡对猪说：“我每天下一个蛋用来炒菜，你每天割一块肉下来炒菜”，猪认为合理便“同意”了。饭店后来开大了，这个饭店的股权最后会归谁所有呢？毫无疑问会归鸡，因为猪最后一定会被割死！

故事二：一天，一头猪和一只鸡在路上散步。鸡对猪说：“嗨，我们合伙开一家餐馆怎么样？”猪回头看了一下鸡说：“好主意，那你准备给餐馆起什么名字呢？”鸡想了想说：“叫‘火腿和鸡蛋’怎么样？”“那可不行”，猪说：“我把自己全搭进去了，而你只是参与而已。”

前面一个故事往往被用作在管理和营销上来说明一些道理，而后面这则故事应用在敏捷开发中，用来说明不同角色的职责。在敏捷过程中，“猪”是在敏捷过程中全身投入项目的各种角色，他们在项目中承担实际工作。他们有些像上边那个笑话里的猪，要把自己身上的肉贡献出来。而“鸡”并不是实际敏捷过程的一部分，但是必须考虑他们。

采取敏捷模式最大的优势在于以口头的面对面沟通取代了文档沟通，从而保持沟通的高效与快捷，但如果参加迭代会议的人员过多，则会使沟通效率打折扣，这时候就要求参与站会的人员明白各自的职责，关注各自的焦点，以避免限于冗长的会议泥潭中。从这个故事引申出来这样的结论：猪类才是团队的核心，拥有较大的话语权；而鸡类仅仅为部分参与者或者关联者，拥有较少的话语权，应明确规定在类似于站立会议中鸡类人员不得讲话、评论等。每日站会通常应该是非常快的，每人发言不超过一两分钟。

8. 回顾

在流程的特定阶段进行回顾，有很多优点。这样有机会对此前的流程进行审查，进行必要的改进或调整。回顾的形式多种多样，每个团队可以自己选择。任何关心项目的人都可以参加回顾会议，但和每日站会一样，只有猪能发言。回顾会议包含下列要素：

- 项目经理或敏捷教练应该主持回顾会议；
- 每只猪应该做回顾发言；
- 团队应该对个人和流程取得的成绩进行认可；
- 团队应当发现流程可改进的地方，或之前流程存在的问题；
- 对于提出的每一个消极问题，主持人必须定义一个行动来加以解决，并指定某人或自己来执行该行动；
- 回顾会不是批斗会！必须让团队中的每个人都乐于接受和参与进来。

其典型过程通常是：

- 给每只猪一叠纸条；
- 在一分钟内，每只猪写出上一个迭代周期中的积极因素，每张纸条上写一项；
- 主持人在墙上排列这些纸条，将类似的项目合并。如果针对某件事的类似纸条越多，则说明这件事对整个团队的积极影响就越大；
- 在一分钟内，每只猪写出上一个迭代周期中的消极因素，每张纸条上写一项；
- 对于每一项负面因素，主持人要求讨论如何解决、如何行动；
- 行动明确后，主持人指定有关人员来执行。

在任何流程中，回顾都是最重要的一环。它可以解决上个迭代中有哪些事情做得好希望继续，哪些事情做得不好希望改进，有何改进计划等，让程序员反馈他们的想法。

条件允许的话，作为一个有经验的团队应该能够自由选择适合自身的方法，并随着时间的推移不断完善。除了上面介绍的两种典型流程以外，还有更多的流程方法适用于不同的开发领域，尤其适用于网站的开发，过程控制是开发工作中特别重要的环节之一。

2.7 网站评估

一个网站的整体价值应该是从多方位、多角度来判定的，毕竟网站不仅是域名、服务器等固定抽象的东西，甚至可以说网站是个动态的、鲜活的存在。

2.7.1　准备工作

在判断一个网站的价值前，首先要深入地理解目标网站的行业定位、内容质量、用户类型等。

- 行业定位越细分，则该网站的潜力就越大，就有很高的可挖掘潜力；
- 内容质量决定着用户的关注度，能够为用户提供有价值的内容才是用户最欢迎的网站；
- 用户类型决定着用户的购买力和开发潜力。

上述这三点，只需要细心和耐心就可以实现，不同类型的网站在内容上存在着较大的区别。根据行业的不同，内容质量也一定会有差别。

2.7.2　数据分析

要判断一个网站的价值，解读网站的各种数据是必不可少的，也是最主要的甚至是很多人判断一个网站价值唯一的参考，例如，网站的日独立 IP、PV(Page View，访问量)及 UV(Unique Visitor，独立访客) 等数据。绝大多数情况下，首先要参考这些数据，当然严谨一些的还会了解一下该网站投放的联盟广告收入及网站整体月收入这些数据。当然，仅仅利用这些数据还是不够的。首先需要确定数据是否完全是真实的，如日 IP 和 PV 这些统计数据在 N 年前是完全可以作为“真实数据”的，但现在却可以通过人为的方式“刷”出来，甚至依靠“刷”出来的这些流量还能赚取谷歌 AdSense 的广告费。其实这些网站数据说明的仅仅是网站当前的表现而已，并不能算是网站真实价值的体现。实际进行评估时，还需要查看以下更多依托于第三方平台且都是公开透明的网站数据。

(1) 网站的 SEO 数据。SEO 数据一般借助各种第三方平台的“SEO 综合查询”可以获取，例如，站长之家——站长工具、5118 站长大数据等，需要关注的指标为 Alexa 排名趋势、百度收录量变化趋势等。从这些数据可以看出网站整体的 SEO 是否良性，以避免碰到被搜索引擎降权、封禁的网站。还可以通过这些数据了解到网站在行业内的专业程度等(关键词、网站品牌词)。

(2) 网站在搜索引擎里的分析。对此的分析主要可参考 Google 网站站长(Search Console)和百度站长平台(搜索资源平台)两个搜索引擎的数据。通过解读 Google 网站站长的“搜索分析”和“Google 索引”，以及百度站长平台的“流量和关键词”与“索引”，可以较好地判断出网站运营的态势。搜索引擎的青睐度是较为权威的数据，但这需要网站拥有者来提供，一般通过后台截图的方式提供。

(3) 社交平台数据。这应是近几年的网络社交发展给独立网站带来的影响，可以理解为是网站对应或者说是“绑定”的微博、微信、自媒体、邮件服务等社交平台上的数据，甚至很多时候一个正常的网站在转让时这些第三方的社交平台账号是一起打包转让的，因为这些账号跟网站都是有很强的关联性的，对该网站品牌有一定的影响，同时对网站用户的聚合也起到了不小的推动作用。正规并且稳健发展的网站一般是绑定了第三方社交账号的，通过这些数据可以看到网站的影响力。如果一个网站没有这些第三方平台的关联和绑定，基本就会成为一个“信息孤岛”，这在十几年前是有可能的，但现在这样的网站几乎很难存活下去的，就算存在基本上也是一个“僵尸站”，没有多大的发展潜力。

(4) 网站自身的社交内容数据。通俗而言，就是网站与用户互动的数据，也就是网站上有多少用户评论，据此可以判断出网站内容质量的高低，通常只有对用户有价值的内容才能吸引用户参与互动。这些数据也表明了用户对网站的关注程度，并且现在很多的搜索引擎也会根据网站的“社交内容”来判断网站受欢迎的程度。

(5) 网站外链数据分析。通过网站外链的多寡和分布可以分析出网站的 SEO 质量，这是很多人都知道的。其实，从外链数据的分析还可以看出网站用户的忠诚度、关注度。如果一个网站的内容长期被用户自发地分享到各个第三方平台，那么该网站的潜力是巨大的，有很强的专业性和可发展性的。

(6) 网站用户聚合。这是一个网站盈利能力的重要指标，可根据网站当前的运营状态来具体对待。一般不错的网站都拥有专属的 QQ 群、微信群等，也就是说拥有精准的用户群体，至于如何开发和利用这些精准用户，就需要后期再制定相应的策略了。

2.7.3 小结

数据分析工作需要的是更多的耐心和细心，这样才能得出准确的结果，对真实数据的解读才能获得真实有效的判断。其中最大的忌讳就是想当然和片面性，IP、PV 和 UV 很多时候并不能真正体现网站的实际价值。有时候一个日 IP 几千的站点却价值巨大，可能因为该站点精确的定位和精准用户聚合做得较好；而几万 IP 的站点有时候却只能靠投放联盟广告维持生存。往往那些“小而强”、细分定位准确的网站反而能具有非凡的价值。

2.8 本章小结

本章首先介绍了网站规划和设计，它是网站获得成功的前提，前期规划中较小的偏差往往会导致在实现阶段出现的错误得到放大的效果，因此必须仔细抉择，而这一环节却往往被没有经验的网站建设者所忽视。本章还介绍了后继章节中需要的 Web 服务器软件的安装与配置方法，之后介绍了能保证网站稳定运行的安全策略，最后对于网站开发过程模型和网站评估的基本原则进行了介绍。

2.9 思考和练习

1. 网站策划的主要步骤以及每个步骤的要求是什么？
2. 如何判断本机是否已安装或运行了 Web 服务器？如果没有，需要如何进行安装？如何根据实际情况选择合适的 Web 服务器软件？
3. 使用 IIS 安装并设置了新网站后，再将网站的有关文件导入，之后该网站是否就可以立即投入使用？
4. 网站安全的基本原则及设置方法有哪些？
5. 一旦网站遭到攻击，该如何应对？
6. 如何管理网站开发和评估过程？

第 3 章

HTTP协议与HTML语言

HTTP 协议(HyperText Transfer Protocol，超文本传输协议)提供了从 WWW 服务器到本地浏览器的超文本传输协议，它规定了 Web 交互的通信协议；而 HTML 以一种非线性的网状逻辑结构来组织文档，它具体规定了传输消息中资源实体的格式和类型等。本章旨在让读者了解 HTTP 的基本原理，了解 HTTP 消息的类型和一般格式，熟练掌握 HTML 的标签、文档结构和基本语法，并掌握网页的制作方法。

本章要点：

- 理解 HTTP 的基本原理及运行机制
- 了解 HTTP 应用开发的基本方法
- 掌握 HTML 的标签、文档结构和基本语法

3.1 HTTP 协议

3.1.1 HTTP 概述

当用户想浏览一个网站时，首先需要在浏览器的地址栏里输入网站地址，如 www.njupt.edu.cn，但按 Enter 键后浏览器地址栏里出现的却是 http://www.njupt.edu.cn/，其中的“http://”是浏览器自动添加的，它代表了什么呢？

我们将用户在浏览器的地址栏里输入的地址称为 URL(Uniform Resource Locator，统一资源定位符)。就如同每家每户都有一个门牌一样，每个网页也都有一个 Internet 地址。当在浏览器的地址栏中输入一个 URL 或是单击一个超链接时，URL 就确定了要浏览的地址。浏览器通过超文本传输协议(HTTP)，将 Web 服务器上站点的网页代码提取出来，并翻译成网页。

1. 网络协议

Internet 的基本协议是 TCP/IP 协议，在 TCP/IP 上层的是应用层(Application Layer)，它包含所有高层的协议。这些高层协议包括文件传输协议(FTP)、电子邮件传输协议(SMTP)、域名系统服务(DNS)、网络新闻传输协议(NNTP)和 HTTP 协议等。

自 WWW 诞生以来，一个丰富多彩的虚拟世界便呈现在我们眼前，用户如何才能在这个浩瀚的信息海洋中快速获取所需要的信息呢？自从采用超文本作为 WWW 文档的标准格式后，

1990年有关专家就制定了能够快速定位并传输这些超文本文档的协议，即HTTP协议。经过若干年的使用与发展，它得到了不断的完善和扩展，目前最新的版本是HTTP 2.0。

2. HTTP协议

HTTP协议是用于从WWW服务器传输超文本到本地浏览器的传送协议，它是分布式Web应用的核心技术协议，在TCP/IP协议栈中属于应用层。有关该协议更详细的内容可以参考RFC2616，其中定义了Web浏览器向Web服务器发送索取Web页面请求的格式，以及Web页面在Internet上的传输方式。它不仅能保证计算机正确快速地传输超文本，还能确定先传输文档中的哪一部分，以及哪部分内容优先显示(如文本优先于图形)等。这就是所有用户在浏览器中所看到的网页地址以"http://"开头的原因。

(1) HTTP 0.9

HTTP首次出现在1991年，即HTTP 0.9版本。它适用于各种数据信息的简洁快速协议，但是远不能满足日益发展的各种应用的需要，目前已过时。它只允许客户端发送GET这一种请求，且不支持请求头。由于没有协议头，造成了HTTP 0.9协议只支持一种内容，即纯文本。不过网页仍然支持用HTML语言格式化，但无法插入图片。HTTP 0.9作为HTTP协议具有典型的无状态性：每个事务都是独立进行处理的，一次HTTP 0.9的传输首先要建立一个由客户端到Web服务器的TCP连接，由客户端发起一个请求，然后由Web服务器返回页面内容，之后连接会关闭。如果请求的页面不存在，就不会返回任何错误码。HTTP 0.9协议文档的相关内容可参考http://www.w3.org/Protocols/HTTP/AsImplemented.html。

(2) HTTP 1.0

随后，出现了HTTP 1.0版本。其基本协议也是无状态的，说明客户机和服务器在会话期间不存储关于对方的信息。客户机和服务器相连接，服务器传输请求的信息，然后连接关闭。服务器不必知道关于客户机的任何信息，它只提供请求的信息。这样就使得该版本成为最重要的面向事务的应用层协议。在该版本中，Web页面上的每个对象(如图像)均要求建立一个新的连接以传输该对象。该版本的特点是：请求与响应支持头域、响应对象以一个响应状态行开始、响应对象不只限于超文本、开始支持客户端通过POST方法向Web服务器提交数据、支持GET+HEAD+POST方法、支持长连接(默认使用短连接)、具有缓存机制、支持身份验证，因而显得简单且易于管理。由于它符合大多数用户的需要，因此得到了广泛的应用。其缺点在于对用户请求响应较慢、网络拥塞严重、安全性较低等。

(3) HTTP 1.1

该版本主要是针对简单性和可访问性方面的优化。在HTTP 1.1版本中增加了连续性，连续性允许客户机和服务器保持连接，直到将一个Web页面上的所有对象传输完毕，最后才关闭连接，这使客户机/服务器之间的连接更为高效。该版本支持浏览器的高速缓冲存储器管理。通常一个服务器页对应于一个浏览器高速缓冲存储器中的一页，请求时只需发送需要更新的项。这样既可以减少时间延迟，又节省了带宽。测试表明，HTTP 1.1使下载次数减少了大约50%，且减少了超过50%的数据分组的数量。HTTP 1.1支持HTTP标题中的一个字段将多个域名分配给单个IP地址，这样就有效缓解了IP地址即将被耗尽的问题。此外，HTTP 1.1服务器处理请求时按接收到的顺序来进行，这保证了传输的正确性。当然，服务器在发生连接中断时，会自动重传请求，确保数据的完整性，目前大多数Web服务器和Web浏览器仍在使用HTTP 1.1。总的来说，HTTP 1.1 具有如下几个特点：

- 能够识别主机名，允许多个虚拟主机名共存于一个 IP 上。
- 具有内容协商的能力，允许服务器以多种格式存取资源，供 Web 服务器和 Web 浏览器选择最佳版本。
- 通过持续性连接，加速 Web 服务器的响应速度。允许 HTTP 设备在事务处理结束之后将 TCP 连接保持在打开的状态，以便未来的 HTTP 请求重用现在的连接，直到客户端或服务器决定将其关闭为止。在 HTTP 1.0 中使用长连接需要添加请求头 Connection: Keep-Alive，而在 HTTP 1.1 中所有的连接默认都是长连接，除非特殊声明不支持(在 HTTP 请求报文首部加上 Connection: Close)。
- 允许 Web 浏览器请求文件的某部分，支持断点续传功能。例如，当客户端已有一部分内容时，为了节省带宽就可以只向服务器请求一部分内容。该功能通过在请求消息中引入 Range 头域来实现。如果服务器相应地返回了对象所请求范围的内容，则响应码为 206(Partial Content)。
- 支持分块传输编码。该编码将实体分块传送并逐块标明长度，直到长度为 0，表示传输结束，这在实体长度未知时特别有用(比如由数据库动态产生的数据)。
- 支持请求流水线。客户端可以在没有得到响应的情况下并发请求，而 Web 服务器则必须按照客户端请求的顺序依次响应。
- 请求消息和响应消息都应支持 Host 头域。在 HTTP 1.0 中认为每台服务器都绑定一个唯一的 IP 地址，因此，请求消息中的 URL 并没有传递主机名。但随着虚拟主机技术的发展，在一台物理服务器上可以存在多个虚拟主机，并且它们共享一个 IP 地址。因此，Host 头域的引入就很有必要了。
- 新增更多的请求方法，主要包括 OPTIONS、PUT、DELETE、TRACE 和 CONNECT 方法。
- 缓存处理。增加了缓存的新特性，引入了实体标签，一般称为 e-tags，新增了更为强大的 Cache-Control 头域。

(4) HTTP 1.2

HTTP 1.2 版本在资源分级上得到了更强有力的支持，同时对文本菜单界面的支持也更完善，适合于移动客户端等计算环境。作为设计目标的一部分，其在功能上更像是一个只读的全球网络文件系统。其系统包含一系列层次性、可链接的菜单，菜单项与标题的选择是由服务器管理员控制的。其中一些新特性已经成为 Gopher 协议的一部分，该协议主要面向菜单——文档设计，并且是 WWW 的先驱。相比于 HTTP 1.1 版本，其主要的改进是：使用了 SRV records 以更好地支持负载均衡，并且对于 Web 和 E-mail 来说只使用域名；改进了 Basic 和 Digest 访问认证，相比于之前的基于表单的认证，提供了更好的具有本地观感的浏览器体验；增加了一套新的 accepted headers——与过去的方式完全不同，不处于 accepted headers 中的任何头都会被兼容的服务器拒绝；可以通过互联网工程任务组(IETF)站点增加新的 accepted headers，它会象征性地收取一定的费用来补偿管理上的花费。

(5) HTTP 2.0

HTTP 2.0 是下一代 HTTP 协议，由 IETF 的 HyperText Transfer Protocol Bis (httpbis)工作小组进行开发，它提供的是经 HTTP 语义优化的运输。HTTP 2.0 在 2013 年 8 月进行首次合作共

事性测试。在开放互联网上，HTTP 2.0将只用于https://网址，而 http://网址将继续使用HTTP 1.0，目的是在开放互联网上使用加密技术，以提供强有力的保护去遏制主动攻击。DANE RFC6698允许域名管理员不通过第三方CA自行发行证书。HTTP 2.0的设计目标包括异步连接复用、头部压缩和请求反馈管线化并保留与 HTTP 1.1 的完全语义兼容。httpbis 工作小组最初考虑了Google的SPDY协议、Microsoft的SM协议和Network-Friendly HTTP更新。Facebook对各方案进行了评估并最终推荐了SPDY协议。HTTP 2.0的首个草稿于2012年11月发布，其内容基本和SPDY协议相同。

- 多路复用(二进制分帧)。这一特性是HTTP 2.0最大的特点，它不会改变HTTP 的语义，HTTP 方法、状态码、URI 及首部字段等核心特性，致力于改善上一代标准的性能限制，改进传输性能，实现低延迟和高吞吐量。在二进制分帧层上， HTTP 2.0 会将所有传输的信息分割为更小的消息和帧，并对它们采用二进制格式的帧编码，其中HTTP 1.x的首部信息会被封装到帧首部，而HTTP 2.0的请求主体部分则封装到数据帧中了，如图3-1所示。HTTP 2.0 通信都在一个连接上完成，这种连接方式可以承载任意数量的双向数据流。相应地，每个数据流以消息的形式发送，而消息由一个或多个帧组成，可以乱序发送这些帧，然后再根据每个帧首部的流标识符重新组装。

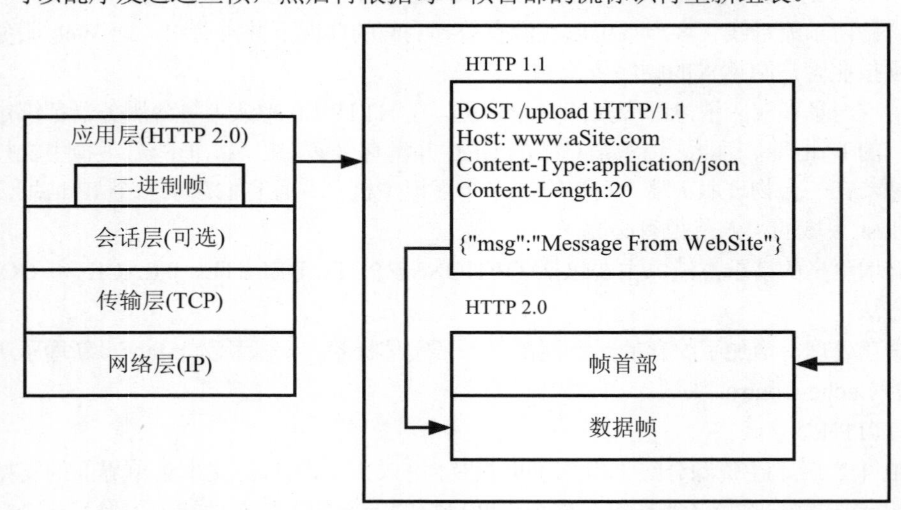

图3-1 HTTP 1.1与HTTP 2.0的首部信息对比

- 头部压缩。当一个客户端向同一个服务器请求许多资源时，如来自同一个网页的多个图像，此时将会有大量的类似请求，采用压缩技术可以更好地处理这些信息。
- 随时复位。HTTP 1.1的一个缺点是，当HTTP信息有一定长度大小时在传输过程中是不能随时停止的，反之中断TCP连接的代价特别昂贵。而HTTP 2.0的RST_STREAM却能方便地停止信息的传输进程，启动新的信息，在不中断连接的情况下提高网络带宽的利用效率。
- 服务器端推送。客户端请求一个资源A，服务器端判断也许客户端还需要资源B，在无须事先询问客户端的情况下自动将资源 B 推送到客户端，客户端接收到后，可以进行缓存以备后用。
- 优先权和依赖。每个流都有自己的优先级别，客户端会指定流的优先级别。另外，还可以指定依赖参数，定义流之间的依赖性。优先级别可以在运行时动态改变。当用户滚动页面时，浏览器可以确定哪个图像更重要，也可以在一组流中进行优先筛选，给予重点流更高的优先级。

3.1.2　HTTP 的宏观工作原理

HTTP 协议是基于请求/响应范式的。客户机与服务器建立连接后，就可以向服务器发送请求，请求的格式依次为：统一资源标识符、协议版本号、 MIME 信息(包括请求修饰符、客户机信息和可能的内容)。服务器收到请求后，响应信息的格式为：一个状态行(包括信息的协议版本号、一个成功或错误的代码)、MIME 信息(包括服务器信息、实体信息和其他可能的内容)。

大多数的 HTTP 通信是由用户初始化的，且通常包含至少一个请求服务器资源的申请。HTTP 通信建立在 TCP/IP 连接之上，其默认端口为 TCP 80，这个端口用户是可以变更的。这意味着 HTTP 使用了一个可靠的传输。最简单的情况发生于用户代理(UA)和目标服务器(O)之间通过一个独占的连接来进行，如图 3-2 所示。整个过程类似于电话订货，客户首先打电话给商家，提出购货请求，然后商家回应是否有货，最后才进行交易。

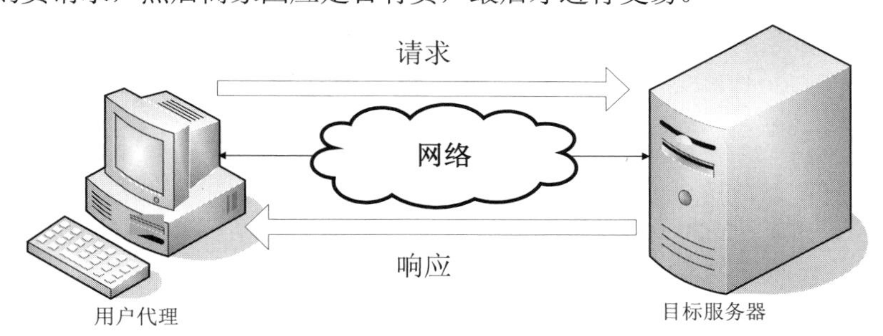

图 3-2　简单的 HTTP 通信

当一个或多个中介出现在请求/响应链中时，情况就变得复杂一些。中介有三种：代理(Proxy)、网关(Gateway)和隧道(Tunnel)。一个代理根据绝对格式来接收请求，重写全部或部分消息，通过请求的标识把已格式化过的请求发送到服务器。网关是一个接收代理，它作为一些其他服务器的上层可以把请求翻译给下层的服务器协议。隧道是不改变消息的两个连接之间的中继点。当通信需要通过一个中介(如防火墙等)或者是中介不能识别消息的内容时，隧道就可以发挥作用，这种通过中介的 HTTP 通信如图 3-3 所示。

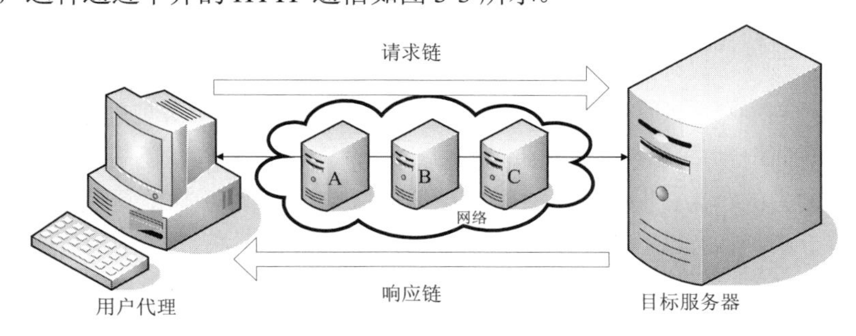

图 3-3　通过中介的 HTTP 通信

图 3-2 表明了在用户代理和目标服务器之间有三个中介(A、B 和 C)。一个请求或响应消息

必须经过4个连接段，相比之下有一些HTTP通信可能选择最近的连接、没有通道的邻居节点、应用于链的终点或应用于沿链的所有连接。尽管图3-2中所显示的是线性的HTTP通信，但实际上每个参与者都可能是多重的、并发的通信，例如：B可能从许多客户机接收请求而不通过A，并且/或者不通过C把请求发送到A，同时它还可能处理A的请求。

上述环节中的任何一个节点都可以为提高处理效率而启用内部缓存。使用缓存的必要条件是沿链的参与者之一具有针对特定请求的缓存，其最终效果是请求/响应链被缩短为从用户代理到该节点为止。图3-4说明了这种通过带缓存功能中介的HTTP通信过程，在此通信过程中，A没有请求缓存或启用缓存，而B有一个经过C来自目标服务器的前期响应的缓存副本，因此实际的通信过程到B就终止。

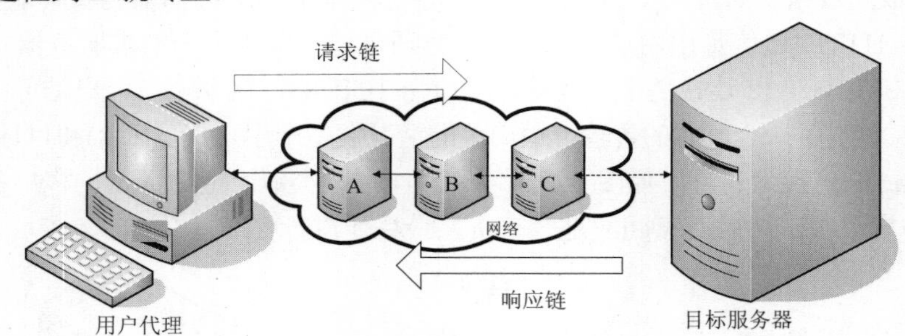

图3-4 通过带有缓存功能中介的HTTP通信

HTTP协议具有无连接/有连接、无状态的特点。

- 无连接/有连接：早期的HTTP是一个无连接的协议，其中无连接指的是限制每次连接只处理一个请求。客户机和服务器连接后提交一个请求，在客户机收到应答后立即断开连接。采用这种“无连接”协议，在没有请求提出时，服务器就不会在那里空闲等待。完成一个请求之后，服务器不会继续再为这个请求负责，从而不用为了保留请求历史而耗费宝贵的资源。因此采用这种方式可以节省传输时间。但作为改进，后期版本的HTTP采用了一种可持续连接的方式。

注意：

如上文所述，HTTP 0.9和HTTP 1.0使用非持续连接：限制每次连接只处理一个请求，服务器处理完客户机的请求，并收到客户机的应答后，即断开连接。采用这种方式可以节省传输时间。为了提高通信的效率，HTTP 1.1及之后的版本则使用了持续连接：不必为每个Web对象创建一个新的连接，一个连接可以传送多个对象。

- 无状态：HTTP协议是无状态协议。无状态是指协议对于事务处理没有记忆能力，客户端只需要简单地向服务器请求下载某些文件，无论是客户端还是服务器都没有必要记录彼此过去的行为，每一次请求之间都是独立的。当然，这既是优点也是缺点。一方面，由于缺少状态使得HTTP的累赘少，系统运行效率高，服务器应答快；另一方面，由于没有状态，协议对事务处理没有记忆能力，若后续事务处理需要有关前面处理的信息，那么这些信息必须在协议外面保存。另外，缺少状态意味着所需的前面信息必须重现，导致每次连接需要传送较多的信息。为弥补该缺陷，可采用cookie技术和session技术作为在客户端与服务器之间保持状态的技术解决方案。

3.1.3　HTTP 协议基础

在 WWW 中，“客户机”与“服务器”是相对的概念，它们仅存在于一个特定的连接期间，有时在某个连接中的客户机在另一个连接中可能作为服务器。基于 HTTP 协议的客户机/服务器模式的信息交换过程，可分为 4 个步骤：建立连接、发送请求信息、发送响应信息和关闭连接。

简单地说，任何服务器上除了存储有 HTML 文件以外，还有一个 HTTP 驻留程序，用于响应用户请求。用户的浏览器充当 HTTP 客户机，向服务器发送请求，当用户在浏览器中输入了一个开始文件或单击了一个超链接时，浏览器就会向服务器发送 HTTP 请求，此请求将被送往该 URL 所指定 IP 地址的服务器。服务器端的驻留程序接收到该请求，在进行必要的操作后会将所要求的文件送回。在这一过程中，在网络上发送和接收的数据已经被分成一个或多个数据包，每个数据包包括要传送的数据及控制信息(告诉网络如何处理数据包)。而 TCP/IP 则决定了每个数据包的格式，实际上为了传输和处理的需要，信息会被分成许多小块，之后再重新组合起来。可以将服务器形象地类比为商家，商家除了拥有商品外，还有一个职员在接听客户的电话，当客户打电话时，客户的声音转换成各种复杂的数据，通过电话线传输到商家的电话机，客户的电话机也负责将各种复杂的数据转换成声音，使得商家的职员能够明白客户的请求。在这个过程中，客户是不需要明白声音是如何转换成复杂数据的。

基于 HTTP 协议的信息交换过程，可以用图 3-5 来表示。该过程一共分为 4 个步骤：建立连接、发送请求信息、发送响应信息和关闭连接。

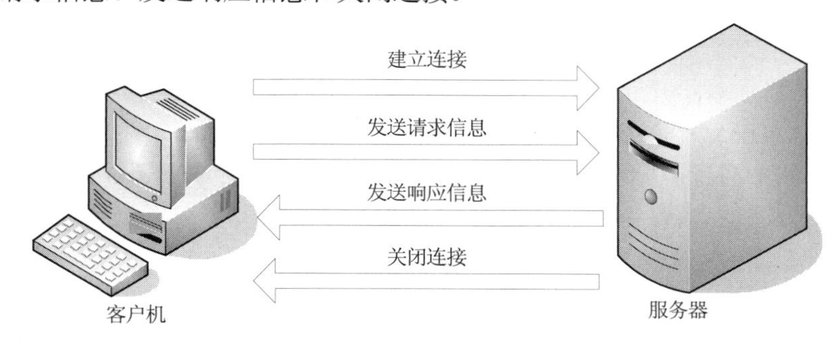

图 3-5　基于 HTTP 协议的信息交换过程

- 建立连接：连接的建立是通过申请套接字(Socket)来实现的。客户打开一个套接字并将它绑定在一个端口上，如果成功，就相当于建立了一个虚拟文件，以后就可以在该虚拟文件上写数据并通过网络向外传送。
- 发送请求信息：打开一个连接后，客户机把请求消息发送到服务器的特定端口上，完成提出请求的动作。
- 发送响应信息：服务器处理完客户机的请求后，要向客户机发送响应消息。
- 关闭连接：客户机和服务器双方中的任何一方都可以通过关闭套接字来结束 TCP/IP 对话。

1. HTTP 请求消息

通常的 HTTP 消息包括两类：客户机向服务器发送的请求消息和服务器返回的响应消息。这两种类型的消息由一个起始行、一个或者多个头域、一个指示头域结束的空行和可选的消息体组成。其中请求消息的格式为：

```
请求消息=请求行(通用头|请求头|实体头)CRLF[实体内容]
请求行=方法　请求 URI　HTTP 版本号　CRLF
方法=GET|HEAD|POST|扩展方法
URI=协议名称+宿主名+目录与文件名
```

某个 HTTP 1.1 的实际请求消息实例如下：

```
GET / HTTP/1.1
Host: www.njupt.edu.cn
Connection: keep-alive
Cache-Control: max-age=0
Upgrade-Insecure-Requests: 1
User-Agent: Mozilla/5.0 (iPad; CPU OS 11_0 like Mac OS X) AppleWebKit/604.1.34 (KHTML, like Gecko) Version/11.0 Mobile/15A5341f Safari/604.1
Accept: text/html,application/xhtml+xml,application/xml;q=0.9,image/webp,image/apng,*/*;q=0.8,application/signed-exchange;v=b3
Accept-Encoding: gzip, deflate
Accept-Language: zh-CN,zh;q=0.9
```

上例第一行为请求行，它表示 HTTP 客户端(可能是浏览器、下载程序)通过 GET 方法获得所指定的 URI(此处为 http://www.njupt.edu.cn)，之后的几行使用了不同的通用头对本次请求进行了更详细的说明。

其中的方法表示对于“请求 URL”执行的方法，这个字段是大小写敏感的，可包括 OPTIONS、GET、HEAD、POST、PUT、DELETE、TRACE。方法 GET 和 HEAD 应该被所有的通用 Web 服务器支持，其他所有方法的实现是可选的。GET 方法取回由“请求 URI”标识的信息。HEAD 方法也是取回由“请求 URI”标识的信息，只是可以在响应时，不返回消息体。POST 方法可以请求服务器接收包含在请求中的实体信息，可以用于提交表单，向新闻组、BBS、邮件群组和数据库发送消息。

注意：

本文此处主要以目前使用最为广泛的 HTTP 1.1 版本进行了协议内容的分析，如果实际的服务器采用的是更高的版本，如 HTTP 2.0，则实际的请求及响应数据格式会有相应的变化。

“请求 URI”遵循 URI 格式，此字段为星号(*)时，说明请求并不用于某个特定的资源地址，而是用于服务器本身。HTTP-Version 表示支持的 HTTP 版本，如为 HTTP/1.1。CRLF 表示换行回车符。以下对请求中的附加头信息进行简要说明。

(1) 通用头信息

通用头信息包含请求和响应消息都支持的头信息，通用头信息包含 Cache-Control、Connection、Date、Pragma、Transfer-Encoding、Upgrade 和 Via。对通用头信息的扩展要求通信双方都支持此扩展，如果存在不支持的通用头信息，一般将会作为实体头处理。常用的通用头信息如下。

① Cache-Control 头域。Cache-Control 指定请求和响应遵循的缓存机制。在请求消息或响应消息中设置 Cache-Control 并不会修改另一个消息处理过程中的缓存处理过程。请求时的缓存

指令包括 no-cache、no-store、max-age、max-stale、min-fresh、only-if-cached，响应消息中的指令包括 public、private、no-cache、no-store、no-transform、must-revalidate、proxy-revalidate、max-age。各个消息中指令的含义如下。

- public：指示响应可被任何缓存区缓存。
- private：指示对于单个用户的整个或部分响应消息，不能被共享缓存处理。这允许服务器仅描述当前用户的部分响应消息，此响应消息对于其他用户的请求无效。
- no-cache：指示请求或响应消息不能被缓存。
- no-store：用于防止重要的信息被无意地发布。若在请求消息中发送，则将使请求和响应消息都不使用缓存。
- max-age：指示客户机可以接收生存期不大于指定时间(以秒为单位)的响应。
- min-fresh：指示客户机可以接收响应时间小于当前时间加上指定时间的响应。
- max-stale：指示客户机可以接收超出超时期的响应消息。如果指定 max-stale 消息的值，那么客户机可以接收超出超时期指定值之内的响应消息。

② Date 头域。Date 头域表示消息发送的时间，时间的描述格式由 RFC822 定义。例如，Date:Mon,31Dec200104:25:57GMT。Date 描述的时间表示世界标准时，如果希望换算为本地时间，需要知道当前用户所在的时区。

③ Pragma 头域。Pragma 头域后面可以声明多个不同的指令，最常用的是 Pragma:no-cache。在 HTTP 1.1 协议中，它的含义和 Cache-Control:no-cache 相同。

(2) 请求消息

请求头域允许客户端向服务器传递关于请求或者客户机的附加信息。请求头域可能包含字段 Accept、Accept-Charset、Accept-Encoding、Accept-Language、Authorization、From、Host、If-Modified-Since、If-Match、If-None-Match、If-Range、If-Unmodified-Since、Max-Forwards、Proxy-Authorization、Range、Referer、User-Agent。对请求头域的扩展要求通信双方都支持，如果存在不支持的请求头域，一般将会作为实体头域处理。

① Host 头域。Host 头域指定请求资源的 Internet 主机和端口号，表示请求 URL 的原始服务器或网关的位置。HTTP 1.1 请求必须包含主机头域，否则系统会以 400 状态码返回。

② Referer 头域。Referer 头域允许客户端指定请求 URI 的资源地址，这可以允许服务器生成回退链表，用以登录、优化缓存等。它也允许废除的或错误的连接由于维护的目的被追踪。如果请求的 URI 没有自己的 URI 地址，Referer 就不能被发送。如果指定的是部分 URI 地址，则此地址应该是一个相对地址。

③ Range 头域。Range 头域可以请求实体的一个或者多个子范围，正是有了这个选项才能实现断点续传功能。其使用方式如下。

表示头 500 字节：bytes=0-499

表示第二个 500 字节：bytes=500-999

表示最后 500 字节：bytes=-500

表示 500 字节以后的范围：bytes=500-

表示第一个和最后一个字节：bytes=0-0, -1

同时指定几个范围：bytes=500-600, 601-999

不过，服务器可以忽略此请求头。如果无条件 GET 包含 Range 请求头，响应会以状态码

206 而不是 200 返回。

④ User-Agent 头域。User-Agent 头域的内容包含发出请求的用户信息。

(3) 实体信息

实体信息一般由实体头域和实体组成。实体头域包含关于实体的原信息，实体头包括 Allow、Content-Base、Content-Encoding、Content-Language、Content-Length、Content-Location、Content-MD5、Content-Range、Content-Type、Etag、Expires、Last-Modified、extension-header。其中 extension-header 允许客户端定义新的实体头，但是这些域可能无法被接收方识别。实体可以是一个经过编码的字节流，它的编码方式由 Content-Encoding 或 Content-Type 定义，其长度由 Content-Length 或 Content-Range 定义。限于篇幅，此处仅介绍 Content-Type 实体头和 Last-Modified 实体头。

① Content-Type 实体头。Content-Type 实体头用于向接收方指示实体的介质类型，指定 HEAD 方法发送到接收方的实体介质类型，或 GET 方法发送的请求介质类型。

Content-Range 实体头用于指定整个实体中的一部分内容的插入位置，也指示了整个实体的长度。在服务器向客户机返回一个部分响应时，它必须描述响应覆盖的范围和整个实体长度。一般格式如下。

```
Content-Range:bytes-unitSPfirst-byte-pos-last-byte-pos/entity-legth
```

例如，“Content-Range:bytes0-499/1234”表示对于总长度为 1234 字节的内容，传送前为 500 字节。Content-Range 表示传送的范围，Content-Length 表示实际传送的字节数。

② Last-Modified 实体头。Last-Modified 实体头指定服务器上保存内容的最后修订时间。

2. HTTP 响应消息

通常，HTTP 的响应消息格式如下：

```
响应消息=状态行(通用信息头|响应头|实体头)  CRLF  〔实体内容〕
状态行=HTTP 版本号  状态码  原因叙述
```

此外，响应头信息中包括：服务程序名、URL 是否需要认证、请求的资源何时能使用等。

某个典型的 HTTP 1.1 版本的响应消息如下：

```
HTTP/1.1 200 OK
Date: Wed, 21 Aug 2019 15:44:11 GMT
Server: Apache/2.2.31 (Unix) DAV/2 mod_jk/1.2.23
X-Frame-Options: SAMEORIGIN
Accept-Ranges: bytes
Keep-Alive: timeout=5, max=100
Connection: Keep-Alive
Transfer-Encoding: chunked
Content-Type: text/html
(数据…)
```

这个响应消息分为 3 部分：1 个起始的状态行、8 个头域、1 个包含所请求对象本身的附属体。上面消息格式中的“HTTP 版本号”表示支持的 HTTP 版本，此处为“HTTP/1.1”；“状态码”是一个由三个数字组成的结果代码，主要用于机器自动识别，此处为“200”；“原因叙述”提供了一个简单的文本描述，用于帮助用户理解，此处为“OK”。此外的信息包括了通用信息头、响应头和实体头。本例的状态行表明，服务器使用的是 HTTP 1.1 版本，响应过程完全正常(也就是说，服务器找到了所请求的对象并正在发送)。

现在看一下本例中的各个头域。Date 头域指出服务器创建并发送本响应消息的日期和时间，但这并不是对象本身的创建时间或最后修改时间，而是服务器把该对象从其文件系统中取出，插入响应消息中发送出去的时间。Server 头域指出本消息是由 UNIX 服务器上的 Apache 软件所生成的，它与 HTTP 请求消息中的 User-Agent 头域类似。头域 X-Frame-Options 表示该页面可以在相同域名页面的 frame 中展示。Accept-Ranges 头域的值为 bytes，表示该服务器可以接收范围请求，这样就可以使用断点下载功能。服务器使用 Connection: Keep-Alive 头域告知客户机自己将在发送完本消息后保持 TCP 连接。头域 Transfer-Encoding 的值为 chunked，表示这个报文采用了分块编码，也就是说，报文中的实体需要改为用一系列分块来传输；每个分块包含十六进制的长度值和数据，长度值独占一行，长度不包括结尾的 CRLF(\r\n)，也不包括分块数据结尾的 CRLF；而最后一个分块长度值必须为 0，对应的分块数据没有内容，说明实体结束。Content-Type 头域指出包含在附属体中的对象是 HTML 文本，值得注意的是，对象的类型是由 Content-Type 头域而不是由文件扩展名正式指出的。

在大多数情况下，除了通用信息头中 Content-Type 外的所有应答头都是可选的，即 Content-Type 是必需的，它描述的是后面文档的 MIME 类型。虽然大多数应答都包含一个文档，但也有一些不包含，例如，对 HEAD 请求的应答永远不会附带文档。有许多状态码实际上用来标识一次失败的请求，这些应答也不包含文档(或只包含一个简短的错误信息说明)。当用户试图通过 HTTP 来访问一台正在运行的 Web 服务器上的内容时，服务器会返回一个表示该请求的状态的数字代码。该状态码可以指明具体请求是否已成功，还可以说明请求失败的确切原因。可能出现的状态码及含义如下。

- 1xx：信息响应类，表示接收到请求并且继续处理。
- 2xx：处理成功响应类，表示动作被成功接收、理解和接受。
- 3xx：重定向响应类，为了完成指定的动作，必须接受进一步处理。
- 4xx：客户端错误，客户端请求中包含语法错误或者是请求不能正确执行。
- 5xx：服务器端错误，服务器不能正确执行一个正确的请求。

响应头域允许服务器传递不能放在状态行的额外信息，这些域主要描述服务器的信息和“请求 URI”进一步的信息。响应头域包括 Accept-Ranges、Age、Location、Proxy-Authenticate、Public、Retry-After、Server、Vary、Warning 和 WWW-Authenticate 等。

对响应头域的扩展要求通信双方都支持，如果存在不支持的响应头域，一般将会作为实体头域处理。下面对响应头中的一些常用头域进行介绍。

(1) Accept-Ranges 头域

表明服务器是否允许客户机使用带有 Range 头域的 GET 方法来取得部分资源。如果服务器支持此功能，则返回“Accept-Ranges:bytes”消息；否则就会返回“Accept-Ranges:none”。

(2) Location 头域

Location 头域用于将接收者重定向到一个新的 URI 地址。利用这个功能，可以实现网站的重定向功能，通常用于网站改变了其域名后，在原域名下设置这种重定向功能，以使用户仍然能看到网站而不至于出现错误提示。

(3) Server 头域

Server 头域包含处理请求的原始服务器的软件信息。此域能包含多个产品标识和注释，产品标识一般按照重要性排序，如早期的 IIS 服务器通常会返回“Microsoft-IIS/5.0”，但为了安全，更高版本的服务器软件则不返回某些敏感信息。

(4) WWW-Authenticate 头域

当服务器上设定了对特定资源的访问权限后，用户必须通过认证才能访问这些资源。当用户访问这些资源时，服务器返回状态码“401”(Unauthorized)，同时在消息中包含这个头域。客户端浏览器在收到这种响应信息后会弹出一个要求用户输入用户名和密码的对话框，当用户提供的身份被确认后才可以访问这些特定资源。

(5) Proxy-Authenticate 头域

它与 WWW-Authenticate 头域类似，是为代理服务器对用户的身份进行认证而设置的。

注意：

HTTP 规范(尤其是 HTTP 1.1)定义了更多可以由浏览器、Web 服务器和网络缓存服务器插入的头域。此处讨论的 HTTP 请求消息和响应消息中的头域仅是其中很少的一部分，HTTP 规范中定义了更多可用的头部，读者可以查阅相关的 RFC 文档进行更详细的了解。

如何才能查看真实的 HTTP 应答消息呢？其实这非常简单，只需要使用终端工具连接到任何一台 Web 服务器，然后输入一行请求消息，请求位于该服务器上的某个对象即可。例如，Linux 中的 nc/netcat 是一个常用的网络工具，它可以方便地在主机之间建立 TCP 连接并发送命令，可以输入以下指令进行测试：

```
nc www.njupt.edu.cn 80
GET /index.html HTTP/1.1
```

在输入第二行命令后，连续按两次 Enter 键，就开启了一个到该主机的端口 80 的 TCP 连接，第二条命令就发送了一个 HTTP GET 命令。这样就可以看到服务器的响应消息并附带了该主页的基本 HTML 文件。如果只希望看到 HTTP 消息行而不接收 HTML 文件对象，则可以将上面的 GET 换成 HEAD。

注意：

HTTP 的不同版本在上述交互过程中可能会使用不同的命令格式，读者可以查阅相关版本的说明文档进行更详细的了解。另外，对于 HTTPS 方式，则终端命令不可用。

当然，更简单的方式是使用浏览器自带的调试功能(以 Chrome 浏览器为例，按下 F12 键即可打开)，借助浏览器所提供的这一功能强大的工具，可以方便地查看任何在此浏览器中浏览网站的所有信息，甚至于可以进行编辑和修改。读者可以参考相关的浏览器调试功能的说明文档进行学习和测试。

3.1.4 HTTP 应用开发方法

HTTP 协议作为 Web 技术的一个重要组成部分，为 Web 的发展和成功奠定了重要的基础。

HTTP 提供了客户机和服务器进行交互的机制，并对交互过程中所采用的语法和语义进行了规范。从这个意义上说，Web 开发和 HTTP 协议有着密切的关系。HTTP 协议从通信的角度贯穿了应用开发的多个层次，包括 HTTP 客户程序、HTTP 服务器程序和服务器端应用程序，如图 3-6 所示。

图 3-6　HTTP 应用开发

1. HTTP 客户程序

HTTP 客户程序实际上就是一种用户代理，可以实现用户和服务器之间的交互，如从服务器下载信息、向服务器提交信息等。典型的 HTTP 客户程序包括以下几种。

- Web 浏览器：实现 HTML 文档的浏览和下载等功能。常用的 Web 浏览器有 Chrome、Firefox、IE、Opera 等。
- 文件下载程序：采用断点续传、多线程等技术为用户提供从服务器上高速下载的功能。常用的下载软件包括迅雷、IDM、BitTorrent 等。
- Web 机器人：出于信息检索、资源发现等目的，对 Web 进行遍历的程序。常用的搜索引擎就使用了这种 HTTP 客户程序。

为了说明 HTTP 客户程序的基本结构，这里以某种 Web 浏览器为例，图 3-7 显示了该 Web 浏览器的内部结构。

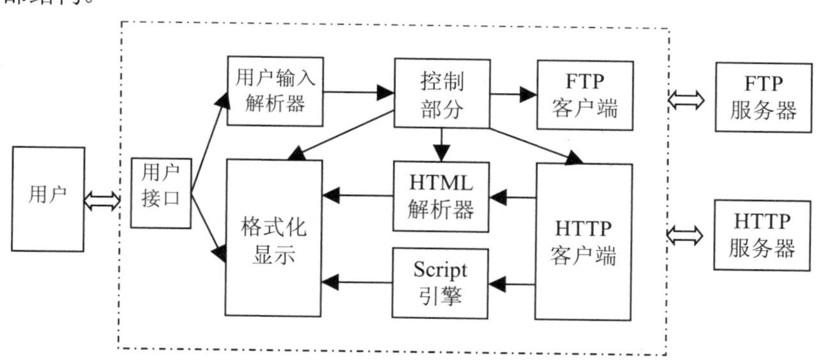

图 3-7　Web 浏览器的基本结构

图 3-7 中主要包括了用户接口、用户输入解析器、控制部分、HTML 解析器、Script 引擎、格式化显示、HTTP 客户端、FTP 客户端等，以下对其进行简要说明。

- 用户接口：负责接收用户的输入，并将格式化显示后生成的结果显示给用户。
- 用户输入解析器：解析用户的输入，将解析结果传送给 Web 浏览器的控制部分。
- 控制部分：Web 浏览器的核心，协调和控制各组成部分之间的协调运行。
- HTML 解析器：如果待显示的内容为 HTML 格式，那么控制器将文档送至 HTML 解析器，解析器按 HTML 语言的规范进行解析，解析后将结果送到格式化显示模块。本章稍后将对 HTML 规范进行详细讨论。

- Script 引擎：接收到的文档如果包含脚本，则由 Script 引擎按照相关标准执行，本书将在后继的相关章节中进行详细讨论。
- 格式化显示：将待显示的内容以所要求的显示格式输出到界面上，供用户查看。
- HTTP 客户端：所有用户使用浏览器发出的 HTTP 请求将通过本模块提交至相应的服务器，并等待 HTTP 服务器的返回信息以便进行接收和解析。
- FTP 客户端：通过浏览器软件也可以使用其他协议所提供的非 Web 服务，因此需要相关的客户模块。除了这里表示的 FTP 客户外，浏览器往往还支持其他一些协议，如新闻组、电子邮件等。

2. HTTP 服务器程序

即 HTTP 服务器或 HTTP 代理，它们可以接收 HTTP 请求，并提供相关的服务。

HTTP 服务器程序的作用是为 HTTP 客户端提供服务。其中起关键作用的是 HTTP 协议，HTTP 服务器程序和 HTTP 客户端都按照这个协议来完成交互的过程，包括客户端与服务器之间的连接、客户端请求消息的解析、客户端所要求的处理、响应消息的语法格式等。因此一个 HTTP 服务器必须实现 HTTP 协议的内容，如果要开发 HTTP 服务器程序，必须较为透彻地理解 HTTP 协议中关于客户端和服务器交互的机制。此外，还需要掌握各种消息的语法和语义规范。在这个功能的基础上，HTTP 服务器程序还需要具备传递功能，将客户端所提交的诸如 CGI 或 JSP 等格式的请求传递给 CGI 程序或 JSP 脚本服务器端应用程序，接收这些服务器端应用程序处理后所返回的结果。这些扩展功能依赖于服务器与服务器端应用程序的接口规范，如 CGI、Tomcat 等。该功能的实现过程如图 3-8 所示。

图 3-8　HTTP 服务器的功能扩展

HTTP 代理服务器可以比作客户端与 Web 服务器之间的一个信息中转站。首先 HTTP 代理服务程序充当 Web 服务器，接收客户端的请求；然后经过必要的中间处理过程，如身份验证、日志、安全、过滤、缓存等；最后将请求发送给目标 Web 服务器；反之也是一样，其工作原理如图 3-9 所示。

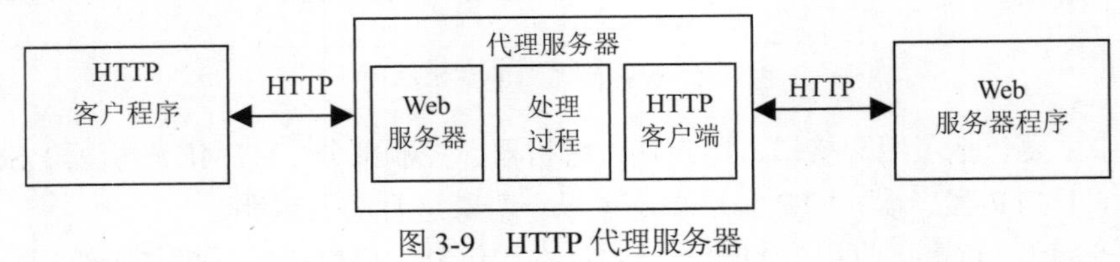

图 3-9　HTTP 代理服务器

3. 服务器端应用程序

服务器端应用程序的作用是根据用户提交的信息实时生成响应。它必须符合特定的接口规范，如 CGI、ISAPI/NSAPI、Servlet 或 JSP 等，以便接收 Web 服务器传递过来的参数，将处理好的结果返回给 Web 服务器，最后由 Web 服务器将信息利用 HTTP 协议返回客户端。服务器端应用程序与 Web 服务器之间的交互过程如图 3-10 所示。

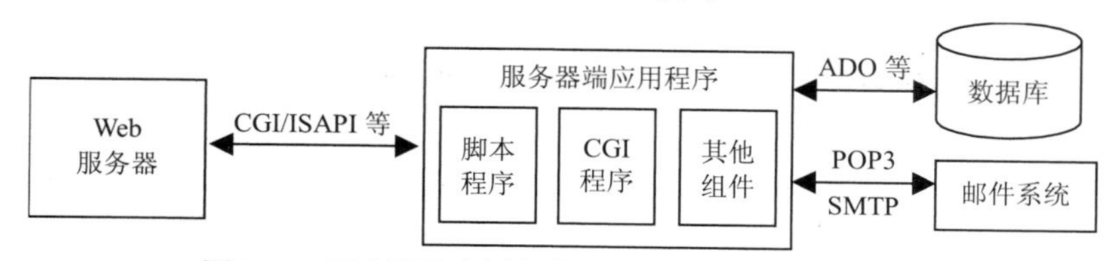

图 3-10　服务器端应用程序与 Web 服务器之间的交互

这里需要说明的是：除了实现基本的功能外，HTTP 服务器还需要具备其他一些功能，如根据需要访问数据库、访问 Web Service、与邮件系统交互等。这些功能使用了其他的规范或协议，如 ADO、WSDL、UDDI、SOAP、POP3 以及 SMTP 等。对于部分不属于本书的内容，请读者参考其他有关书籍。

3.1.5　HTTP 应用的开发

前面介绍的 HTTP 客户程序、HTTP 服务器程序、服务器端应用程序三类应用中的前两类是与 HTTP 协议密切相关的。应用程序通常建立在系统的应用编程接口(API)之上，HTTP 应用的开发也不例外。根据不同的 API 抽象层次，可将 HTTP 应用的开发分为两种：一种使用了网络层的编程接口，如 Socket API 等；另一种使用了应用层的 API，如 Internet Transfer 控件等。

1. Socket 应用编程接口

Socket 接口是基于 TCP/IP 的通信编程接口，它最先是在 UNIX 系统上提出的，且最初只能用于 UNIX 系统。随着计算机的应用越来越广泛，Socket 在 UNIX 的成功应用使得将 Socket 移植到 DOS 和 Windows 平台成为一件有意义的工作。20 世纪 90 年代初，连同微软在内的多家公司共同制定了一套标准，即 Windows Socket 规范，将 Socket 机制引入了 Windows，先后推出了 WINSOCK 1.0、WINSOCK 1.1、WINSOCK 2.0。由于 Windows 操作系统与 UNIX 系统任务调度方式的区别，WINSOCK 除了可以兼容 UNIX 和 Socket 编程接口外，还对它进行了扩展以适合 Windows 文件驱动特性。由于 Windows 编程方法相对复杂，因此现在提供的编程语言中，都将相关功能封装到一些类中，通过这些类来编写基于 Windows 系统下的网络通信程序。

利用基于 TCP/IP 的 Socket API 编写程序，其目的是在 TCP/IP 所组建网络的不同计算机之间建立通信连接。为建立连接，开发人员只需提供一些基本的连接信息，其余工作由操作系统内核来完成。下面讨论建立一个完整通信连接开发人员需要提供的信息。以机器 A 通过 TCP/IP 与计算机 B 进行网络通信为例，对于计算机 A 来说需要知道如下信息：

- 计算机 B 的 TCP/IP 地址；
- 与计算机 B 中哪一个进程(或软件系统)联系。

这里所需要的两个参数，第 1 个很难理解，但对于第 2 个也许有人存在疑问，因为电子邮件收发、Telnet 等基本的 TCP/IP 网络应用程序，在建立连接时都只需提供 TCP/IP 地址(或者对应域名地址)，根本没有必要提供第 2 个参数，这是为什么呢?其实原因很简单，就是它们使用的是一些标准接口，第 2 个参数是事先确定好的，如 HTTP 为 80。这些应用系统在发出呼叫请求前，自己已经知道该与对方怎样联系，在发送请求前，程序已经自动将第 2 个参数加入请求中。如果开发人员也要开发这样的系统，就需要知道这些标准接口；对于那些需要建立专用系统网络连接的，却需要双方协商。

这两个参数在 Socket 套接字中分别表示为计算机 B 的地址和计算机 B 的通信端口。通过在同一计算机的不同通信软件中定义不同的端口地址，来表示计算机 A 是与计算机 B 中的哪个应用进行通信。不管利用何种协议，完全建立一个网络连接需要的基本信息是双方的地址、约定的通信端口和协议类型。Socket 通信编程接口并不是专门为 TCP/IP 通信提供的，因此套接字通信编程需要在参数中指明通信协议的类型。套接字是利用客户机/服务器模式来实现通信的，因此客户端软件和服务器端软件的具体实现也有所不同。

注意：

读者可以在 Windows 系统目录下的“\system32\drivers\etc”子目录下找到一个名为 services 的文件，这个文件中给出了常用端口和对应的协议。由于没有扩展名，因此双击该文件并不能直接打开它，读者可以使用任何文本编辑器打开这个文件后进行查看。

具体来说，在客户端利用基于 TCP/IP 和 Socket 通信编程的基本步骤如下。

(1) 声明一个套接字类型的变量，需要在该变量的定义中提供本机 IP 地址和通信端口并指明协议类型。由于在此介绍的是基于 TCP/IP 的套接字通信，因此协议类型应该是 TCP/IP，在编程接口中该类型用 AF-INET 来表示。

(2) 向对方发出连接请求，连接时编程者需要提供对方的 TCP/IP 地址和通信端口，同时 Socket 实现程序自动向对方提供本机 TCP/IP 地址和通信端口。

(3) 如果连接成功，会收到对方的应答信号，这样以后的通信就可以通过套接字的相关操作来实现。

利用 Socket 实现服务器端通信软件的步骤如下：

(1) 同客户端程序的第(1)个步骤。

(2) 服务器端通信软件进入等待客户端连接的状态，如果收到连接，则从对方连接请求中获取对方的 IP 地址和通信端口，并向对方发送连接成功的应答信号。

客户端与服务器端通过 Socket 通信都需要知道 5 种基本信息，不同的是客户端软件开发人员需要向编程接口提供全部 5 个参数，而服务器端软件开发人员只需要提供 3 个。

需要注意的是：在一般的通信过程中，客户端和服务器端所提供的本地端口地址可以相同，也可以不同，但客户端的端口地址可以动态分配，而服务器端的端口地址必须固定，否则连接就不能建立(P2P 的通信过程是个例外，此处暂不讨论)。

2. 应用层的 API

为了快速开发网络应用程序，实际上也可以使用一些现成的函数库或者控件。某些函数库或控件已经封装了 HTTP 客户端的功能，通过所定义的接口供开发人员使用。这种开发不需要涉及 HTTP 协议本身以及网络层上的实现细节，因此提高了开发的效率。

例如，上面提到的 Internet Transfer 控件，就同时支持超文本传输协议(HTTP)和文件传输协议(FTP)，它具有如下属性：AccessType、Document、hInternet、Index、Name、Object、Parent、Password、Protocol、Proxy、RemoteHost、RemotePort、RequestTimeout、ResponseCode、ResponseInfo、StillExecuting、Tag、URL 和 UserName，并可以调用如表 3-1 中所示的方法。

表 3-1　Internet Transfer 控件的方法

方 法 名	用　　途
OpenURL	下载指定网址的 HTTP 网页
Execute	执行对远程服务器的请求，只能发送对特定协议有效的请求
GetChunk	检索缓冲区中的内容
GetHeader	检索 HTTP 文件的头信息
Cancel	取消当前请求，并关闭当前创建的所有连接

由表 3-1 可以看出，该控件将常用功能进行了封装，通过属性、事件和函数的参数来调用。严格而言，这种开发是一种面向组件的编程，较为方便；但因为受到接口的限制，某些特殊功能无法实现。详细的开发方法请参考相关的手册和说明，这里不再赘述。

3.1.6　安全超文本传输协议、安全套接层及传输层协议

1. 安全超文本传输协议(S-HTTP)

安全超文本传输协议(Secure Hypertext Transfer Protocol，S-HTTP)是一种结合 HTTP 而设计的消息的安全通信协议。S-HTTP 协议为 HTTP 客户机和服务器提供了多种安全机制，这些安全服务选项适用于 Web 上的各类用户。还为客户机和服务器提供了对称能力(对于处理请求和恢复，以及客户机和服务器相关的参数选择)，同时维持 HTTP 的通信模型和实施特征。

S-HTTP 不需要客户方的公用密钥证明，但它支持对称密钥的操作模式。这意味着在没有要求用户个人建立公用密钥的情况下，会自发地发生私人交易。它支持端对端的安全传输，客户机可以首先启动安全传输机制(使用报头的信息)，支持加密技术。

在语法上，S-HTTP 报文与 HTTP 相同，由请求行或状态行组成，后面是信息头和主体。请求报文的格式由请求行、通用信息头、请求头、实体头、信息体组成。响应报文由响应行、通用信息头、响应头、实体头、信息体组成。

可以通过两种方法建立连接：HTTPS URI 方案(RFC2818)和 HTTP 1.1 请求头(由 RFC2817 引入)。由于浏览器对后者几乎没有任何支持，因此 HTTPS URI 方案仍是建立安全超文本传输协议的主要手段。安全超文本传输协议使用 https://代替 http://。

2. 安全套接层(SSL)

安全套接层(Secure Sockets Layer，SSL)，及其继任者传输层安全(Transport Layer Security，TLS)是为网络通信提供安全及数据完整性的一种安全协议。TLS 与 SSL 在传输层对网络连接进行加密。

安全套接层协议能使用户/服务器应用之间的通信不被攻击者窃听，并且始终对服务器进行认证，还可选择对用户进行认证。SSL 协议要求建立在可靠的传输层协议(TCP)之上。SSL 协议的优势在于它是与应用层协议独立无关的，高层的应用层协议(如 HTTP、FTP、Telnet 等)能透明地建立于 SSL 协议之上。SSL 协议在应用层协议通信之前就已经完成了加密算法、通信密钥的协商及服务器认证工作。在此之后应用层协议所传送的数据都会被加密，从而保证通信的私

密性。

SSL 协议可分为两层：SSL 记录协议(SSL Record Protocol)与 SSL 握手协议(SSL Handshake Protocol)。前者建立在可靠的传输协议(如 TCP)之上，为高层协议提供数据封装、压缩、加密等基本功能的支持。后者建立在 SSL 记录协议之上，用于在实际的数据传输开始前，对通信双方进行身份认证、协商加密算法、交换加密密钥等。如果要启用 SSL 通道，那么需要使用 SSL 证书来启用 HTTPS 协议。

SSL 为 Netscape 所研发，目前通用规格为 40 bit 安全标准，美国则已推出 128 bit 更高安全标准，但限制出境，当前版本为 3.0。目前几乎所有浏览器都能支持 SSL。

3. 传输层协议(TLS)

传输层协议(TLS)用于在两个通信应用程序之间提供保密性和数据完整性。该协议由两层组成：TLS 记录协议和 TLS 握手协议。较低的层为 TLS 记录协议，位于某个可靠的传输协议(如 TCP)之上。TLS 记录协议提供的连接安全性具有以下两个基本特性。

- 私有：对称加密用于数据加密(DES、RC4 等)。对称加密所产生的密钥对每个连接都是唯一的，且此密钥基于另一个协议(如握手协议)。记录协议也可以不加密使用。
- 可靠：信息传输包括使用密钥的 MAC 进行信息完整性检查。安全哈希功能(SHA、MD5 等)用于 MAC 计算。记录协议在没有 MAC 的情况下也能起作用，但一般只能用于这种模式，即有另一个协议正在使用记录协议传输协商安全参数。

TLS 记录协议用于封装各种高层协议。作为这种封装协议之一的握手协议允许服务器与客户机在应用程序协议传输和接收其第一个数据字节前彼此之间相互认证，协商加密算法和加密密钥。TLS 握手协议提供的连接安全具有以下三个基本属性。

- 可以使用非对称的，或公有密钥的密码术来认证对等方的身份。该认证是可选的，但至少需要一个节点方。
- 共享加密密钥的协商是安全的。对偷窃者来说协商加密密钥是难以获得的。此外，未经认证的连接也不能获得加密，即使是侵入连接的攻击者也很难。
- 协商是可靠的。没有经过通信方成员的检测，任何攻击者都不能修改通信协商。

TLS 的最大优势就在于，TLS 独立于应用协议。高层协议可以透明地分布在 TLS 协议之上。然而，TLS 标准并没有规定应用程序如何在 TLS 上增加安全性；它把如何启动 TLS 握手协议以及如何解释交换的认证证书的决定权留给协议的设计者和实施者。

TLS 协议包括两个协议组——TLS 记录协议和 TLS 握手协议——每组协议都具有很多不同格式的信息。在此我们只列出了协议摘要并不进行具体解析。具体内容可参考相关文档。

TLS 记录协议是一种分层协议。每一层中的信息都可能包含长度、描述和内容等字段。记录协议支持信息传输、将数据分段为可处理的块、压缩数据、应用 MAC、加密以及传输结果等。对接收到的数据进行解密、校验、解压缩、重组等，然后将它们传送到高层客户机。

TLS 连接状态指的是 TLS 记录协议的操作环境。它规定了压缩算法、加密算法和 MAC 算法。

TLS 记录层从高层接收任意大小的、无空块的连续数据，记录协议通过算法从握手协议提供的安全参数中产生密钥、 IV 和 MAC 密钥。

TLS 握手协议由三个子协议组构成，允许对等双方在记录层的安全参数上达成一致、自我认证、示例协商安全参数、互相报告出错条件。

最新版本的 TLS 是 IETF(Internet Engineering Task Force，Internet 工程任务组)制定的一种新协议，它建立在 SSL 3.0 协议规范之上，是 SSL 3.0 的后续版本。TLS 与 SSL 3.0 之间存在着显著的差别，主要是它们所支持的加密算法不同，所以彼此不能互操作。

3.2　HTML 基础

HTTP 协议规定了 Web 客户端和服务器之间进行交互的通信协议，它解决的是通过请求和响应来传递信息资源的问题，但对于消息中资源实体的格式、类型等并没有做出规定。这个任务是由 HTML 语言来完成的。

本节将介绍 HTML，包括其基本语法和语义。

3.2.1　HTML 简介

1. 超文本

传统的知识资源如图书、文章、文件等，所采用的多是线性的顺序结构，而真实世界中的知识资源实际上是以非线性网状结构来组织的，如人脑中存储的知识。

早在 15 世纪 30 年代，美国著名科学家 V. Bush 就担心信息量的增长会使专家无法跟踪学科的发展，他还指出了现有的表现信息的共享方法太少，不能弥补传统顺序检索方法的缺点，并提出了一种叫作 Memex 的设想，其检索方法试图采用联想机制，这便是超文本的雏形。

超文本这个术语是美国的 Ted Nelson 于 20 世纪 60 年代提出来的，他还设想了一个名为 Xanadu 的系统。Nelson 认为“任何事物都有很深的联系”，超文本作为一种文字媒介能以非线性的方式存储任何内容。

Nelson 提出超文本后，对超文本的研究得到了许多人的重视，也取得了可喜的成果。一些基于超文本概念和技术的系统相继研究成功并投入使用。到 20 世纪 80 年代，超文本研究发生了质的飞跃，超文本技术得到越来越广泛的应用。

超文本是一种信息管理方式，它的本质含义是一种非线性的文档组织形式，是采用了符合人脑思维模式的联想机制对庞大的信息资源进行索引的一种非线性结构。实际上，超文本文档都是静态的文件，这类文件中包含了某些指令代码，这些指令代码并非通常的程序语言，而只是一种页面的排版规则，定义资源显示位置的结构标记语言。超文本文档由节点(Node)和链(Link)组成，允许用户从一个主题跳转到另一个主题，从一个页面跳转到另一个页面。超文本可以被理解为“超链接＋文本”的文本组织形式，图 3-10 展示了以超文本方式组织的内容所构成的网状关系。超文本具有网状的逻辑结构，它符合人类思维的联想型方式，也许这才是 Web 得以流行的深层原因。

2. 超媒体

20 世纪 80 年代以后，超文本得到了进一步的发展。由于超文本技术对信息的管理是基于信息块的，因此超文本就不仅可以处理文本信息，还可以处理图形、图像、声音、动画、视频乃至它们的组合，这样自然而然地就形成了超媒体的概念。即超媒体＝超文本＋多媒体。

Apple 公司在 Macintosh 平台上推出的 Hypercard 软件支持层次化的网状结构并开始使用图形用户界面(GUI)，它使得超媒体不再停留在概念和实验的阶段。其后微软的 Windows 系统亦采用了超文本式的帮助功能，可以让使用者在寻求帮助时更为便捷。微软在推出 Windows 3.0 时，曾附带有另一个超文本系统 Toolbook，但不及 Hypercard 应用广泛。

但也有人认为没有必要为一个特殊的超文本保留一个专门的术语，多媒体超文本也是超文本。但无论如何，多媒体的引入，使超文本界面更加生动，信息的表达和交互方式更加丰富，从而使超媒体技术具有了更广阔的潜力和魅力。

Internet 的迅速发展及 Web 的出现，使超文本的应用更加广泛。超文本正在朝网络型、智能化、超媒体方向发展，超文本和超媒体的应用也越来越广泛。虽然传统超文本的功能已经非常强大，但它具有一个重大的缺陷：仅能将同一台计算机上的文件以超文本的方式进行链接。

3. HTML

为了理解 HTML，我们首先给出 W3C 对于 HTML 的定义：HTML is the lingua franca for publishing hypertext on the World Wide Web. It is a non-proprietary format based upon SGML, and can be created and processed by a wide range of tools, from simple plain text editors – you type it in from scratch – to sophisticated WYSISYG authoring tools. HTML uses tags such as <h1> and </h1> to structure text into headings paragraphs, lists, hypertext links etc.

上面的英文告诉我们：HTML 是一种国际化标准语言，它用于在 Web 上发布超文本信息，是一种基于 SGML 且公开的资源描述格式。创作者可以使用任意的工具来创建和处理 HTML 文档，包括简单的文本编辑器(一个个字符从零开始录入)，以及复杂的具有所见即所得功能的编辑工具。HTML 使用诸如<h1>和</h1>的标签将文本组织成结构化的形式，例如，标题、段落、列表、超链接等。

上面提到的 W3C(World Wide Web Consortium，万维网联盟，其网址是http://www.w3.org)是 1994 年 10 月成立的一个国际化组织，负责万维网的标准制定和技术开发。W3C 通过公开发布(非商业性的)万维网语言和协议标准，致力于维护万维网的统一和良性发展。

根据上面的定义，可以发现 HTML 的以下几个重要特征。

- 它是 Web 发布信息的方式：HTML 是在 Web 上发布信息所使用的语言，它能将信息有效地组织起来，方便用户浏览。
- 这种规范是非私有的：属于一种公有的国际规范，它不属于任何个人或者组织。这种开放性的特点使得 Web 能真正做到国际化，全球范围的信息共享得以实现。具体来说，标准化的工作是由 W3C 的 HTML 工作组负责的。
- 它是描述文档的标记语言：HTML 语言作为一种标记性的语言，是由一些特定符号和语法组成的，用标签来说明文档的内容与格式。HTML 的文档都是 ASCII 文本文件，普通的字符编辑器即可创建。采用专用的 HTML 编辑工具，还能够实现自动检查 HTML 文档中的语法错误并协助改正。
- 支持超链接：可以在文档中建立与其他文档的联系，构成网状的结构。

- 具有平台无关性：由于 HTML 语言是标记性语言，它在浏览器中无须编译，是解释执行的，因此使用 HTML 语言编写的文档可以在各种浏览器中进行浏览。这决定了 HTML 文档是独立于平台的，具有跨平台性。
- 具有可扩展性：HTML 语言的广泛应用导致了更多的需求，对此可以采用增加标签等方式来满足。HTML 采取子类元素的方式，使系统在一定范围内可进行扩展。
- 基于 SGML：SGML(Standard Generalized Markup Language，标准通用标记语言)是 ISO 于 1986 年制定的，主要用于生成独立于平台的应用和文档，在文档中定义了格式、索引、链接等信息。但由于过于复杂，1996 年经删减和简化推出了可扩展标记语言(eXtensible Markup Language，XML)。HTML 也遵循了类似的思路，但由于目标不同，它与 XML 存在差异，图 3-11 显示了 HTML 与相关语言标准的关系。

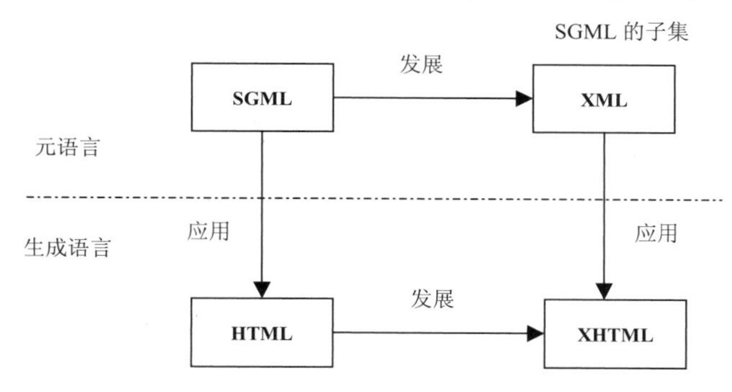

图 3-11 HTML 与相关语言标准的关系

4. HTML 的发展历史

万维网之父蒂姆 • 伯纳斯 • 李(Tim Berners-Lee)是英国计算机科学家，1976 年毕业于牛津大学的皇后学院。为了弥补自己健忘的缺陷，1980 年他编写了一个可以把易忘的东西联系在一起的软件 Enqiure。后来在 CERN(European Organizations for Nuclear Reserch，欧洲粒子物理研究所)工作期间，他在 Enqiure 的基础上，于 1989 年提出全球超文本计划，后来取名为万维网(WWW 的全称为 World Wide Web，又称环球网)。

1990 年 Berners-Lee 推出了第一个万维网服务器(HTTP)和第一个客户机软件(HTML 浏览器)。1990 年 12 月，万维网开始在 CERN 内部推出，1991 年夏天开始在互联网上流行。1994 年 Berners-Lee 加入麻省理工学院(MIT)计算机科学系的人工智能实验室，并牵头成立了万维网联盟(World Wide Web Consortium，W3C)，任该联盟的总监至今。

网景(Netscape)公司的创始人马克•安德森(Marc Anderressen)是美国人，他在伊利诺伊大学读研期间，在该校的 NCSA(National Center for Supercomputing Applications，美国超级计算应用中心)工作。1993 年 3 月，他与好友埃里克 • 比纳(Eric Bina)合作开发出了支持内嵌图像的浏览器 Mosaic(马赛克)0.9 版，1993 年 11 月又推出 Mosaic 1.0 版，并在网上迅速扩散。

1994 年 4 月，安德森与 SGI 公司的创始人吉姆•克拉克(Jim Clark)共同创办了网景公司，Anderressen 等人又重写了 Mosaic 的代码，并于 1994 年 10 月推出了 Navigator 浏览器，后来改名为 Netscape 浏览器。1995 年网景公司的 Brendan Eich 发明了 JavaScript，为 HTML 浏览器提供了脚本功能和动态网页能力。

1995 年微软公司从伊利诺伊大学购得 Mosaic 技术，并在此基础上开发出了 IE(Internet Explorer，互联网探索者)浏览器，并推出了与 JavaScript 功能类似的 JScript 和 VBScript。

网景公司后来被微软公司随 Windows 操作系统免费赠送的 IE 浏览器挤垮，于 1998 年 11 月被 AOL 公司收购，Anderressen 当时是该公司的 CTO。1999 年 9 月他离开了 AOL，并创立了一家基于服务的 Web 主机公司 Loudcloud，2002 年该公司更名为 Opsware。

目前的几大浏览器，如微软的 IE、Mozilla 的 Firefox 等都是基于 Mosaic 的。其中，Mozilla 是2005年8月3日成立的一家非营利公司，由AOL的Netscape分部于2003年7月成立的Mozilla 基金资助。

总之，Tim Berners-Lee 发明了具有超文本能力的万维网(HTML/HTTP)，Marc Anderressen 等人将图像、多媒体、交互动态等功能带入万维网，促进了互联网的发展和普及，成就了今天万维网的繁荣与兴旺。

从 1990 年 HTML 的应用期开始，HTML 就得到了广泛的应用。为了满足在实际应用中出现的新需求，HTML 规范得到了扩充，增加了不少的新特性和新功能。这些新的扩展一旦得到广泛的认同，就被融入新版本的 HTML 规范中。以下就是 HTML 发展的重要里程碑。

(1) 开创期(1932—1965 年)

- 1932 年美国总统罗斯福的科学顾问 V. Bush 提出了一种非线性的文本结构——Memex，1945 年才得以公开发表，当时曾引起广泛注意。Bush 是超文本的先驱，被公认为是超文本的创始人。
- 1965 年美国的 Ted Nelson 使用“hypertext”(超文本)一词来表示信息以复杂形式相连，1974 年他出版了有影响的书籍 *Computer Lib / Dream Machine*，20 世纪 70 年代末开始开发联机全球图书馆——Xanadu 数字图书馆/数字地球，但至今未成功。

(2) 研究期(1965—1985 年)

- 1967 年美国布朗(Braun)大学的 A. Van Dam 开发了首个超文本系统——The Hypertext Editing System(超文本编辑系统)，1968 年又推出文件检索与编辑系统 FRESS。
- 1975 年美国卡内基梅隆大学(CMU)推出了知识库管理系统 KMS(Knowledge Management System)(原称为 ZOG)。
- 1978 年美国麻省理工学院(MIT)的 A. Lippman 开发了首个超媒体视频盘片系统——Aspen Movie Map。

(3) 成熟期(1985—1990 年)

- 1985 年苹果公司的 Janet Walker 推出了首个商品化超文本系统——Symbolics Document Examiner，它运行于 Macintosh 机上。
- 1985 年美国布朗大学的 N. Meyrow 推出了交互媒体，它也运行在 Macintosh 机上。
- 1986 年办公工作站有限公司(OWL)推出了第一个广泛应用的超文本系统——Guide。
- 1987 年施乐(Xerox)公司的 Halasz 推出了 Notecards 系统。
- 1987 年苹果公司的 Bill Atkinson 在 Macintosh 机中引入 HyperCard 系统。
- 1987 年 11 月召开了 ACM(Association for Computing Machinery，[美国]计算机协会)超文本专题讨论会。
- 1989 年 6 月召开了首届超文本大会，出版了第一本超媒体专业杂志 *Hypermedia*。

(4) 应用期(1990 年至今)

- 1990 年英国科学家 Tim Berners-Lee 发明了万维网，设计出 HTTP 和 HTML。
- 1991 年美国的 Asymtrix 公司推出了基于超文本的多媒体著作工具——ToolBook。
- 1993 年美国人 Marc Anderressen 和 Eric Bina 合作开发出了支持内嵌图像的浏览器 Mosaic。
- 1998 年 W3C 发布了 XML 1.0。
- 2000 年 W3C 推出了基于 XML 的 XHTML 1.0。

5. HTML 的版本

HTML 的版本有：

- 0.9——1990。基本超文本(Berners-Lee & Connolly)。
- 1.0——1992.1。内嵌图、文字格式(CERN)。
- 2.0——1995.11。表单(IETF：RFC1866)。
- 3.0——1996。数字、表格、控件，未公开、未标准化(W3C)。
- 3.2——REC: 1997.1.14。规范对 Applet、脚本和颜色的支持(W3C：REC 标准)。
- 4.0——REC: 1997.12.18(1998.4.24 推出修订版)。提倡结构与外观的分离，支持 CSS (Cascading Style Sheets，层叠样式表)，提高了对(动态)页面的控制能力、改进了外观和功能、支持多语言文档(W3C：REC 标准)。
- 4.01——REC: 1999.12.24。对 4.0 的修正与补充，如更新样式表、添加内容短表、修正文档脚本等(W3C：REC 标准)。
- 5——自 1999 年 12 月发布的 HTML 4.01 后，后继的 HTML5 和其他标准则被束之高阁。为了推动 Web 标准化运动的发展，一些公司联合起来，成立了一个叫作 Web Hypertext Application Technology Working Group (Web 超文本应用技术工作组，WHATWG) 的组织。WHATWG 致力于 Web 表单和应用程序，而 W3C 专注于 XHTML 2.0。在 2006 年，双方决定进行合作，创建一个新版本的 HTML。HTML5 的第一份正式草案于 2008 年 1 月 22 日公布；2013 年 5 月 6 日， HTML 5.1 正式草案公布。

因为 W3C 想用 XHTML 来代替 HTML，因此不断推出了这个系列的不同版本，主要版本有：

- 1.0——可扩展超文本标记语言，基于 XML 的 HTML，HTML 4.0 的 XML 重写。
- 1.0 (第二版)——REC: 2002.8.1。
- 1.1——基于模块的 XHTML。
- 2.0——针对丰富、移动的基于 Web 的应用，不向后兼容。

从 HTML 到 XHTML 的版本演化，可参见图 3-12。

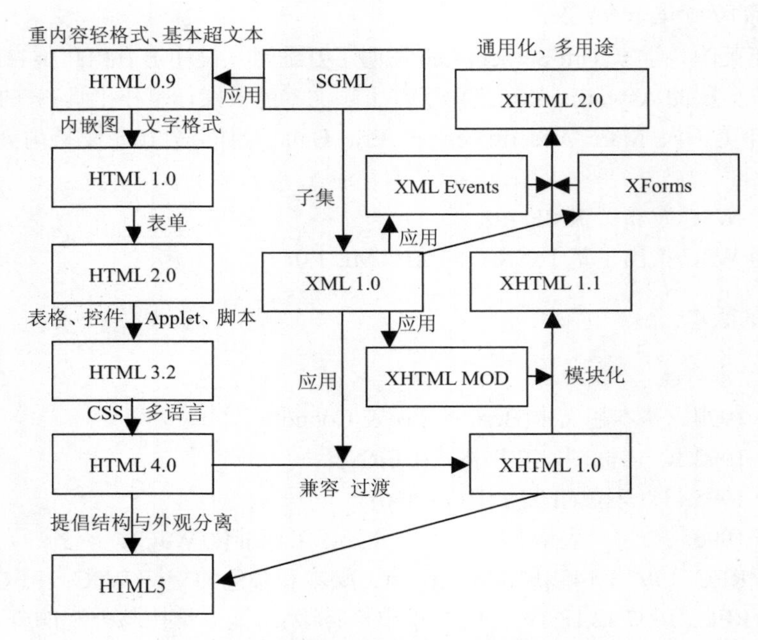

图 3-12　从 HTML 到 XHTML 的版本演化

6. HTML5 的特点

HTML5 草案的前身名为 Web Applications 1.0，于 2004 年由 WHATWG 组织提出，于 2007 年被 W3C 接纳，并成立了新的 HTML 工作团队。HTML5 的第一份正式草案于 2008 年 1 月 22 日公布。目前，HTML5 仍处于完善之中。然而，大部分现代浏览器已经具备了对 HTML5 的支持。

支持或部分支持 HTML5 的浏览器包括 Firefox、IE9、Chrome、Safari 等。HTML5 的主要特性包括：

(1) 语义特性(Class：SEMANTIC)

HTML5 赋予网页更好的意义和结构。更加丰富的标签将随着对 RDFa 的微数据与微格式等方面的支持，可以构建对程序、对用户都更有价值的数据驱动的 Web 应用。

(2) 本地存储特性(Class：OFFLINE & STORAGE)

基于 HTML5 开发的网页应用拥有更短的启动时间，更快的联网速度，这些全得益于 HTML5 APP Cache，以及本地存储功能，Indexed DB(HTML5 本地存储最重要的技术之一)和 API 说明文档。

(3) 设备兼容特性(Class：DEVICE ACCESS)

从 Geolocation 功能的 API 文档公开以来，HTML5 为网页应用开发人员提供了更多功能上的优化选择，带来了更多体验功能的优势。HTML5 提供了前所未有的数据与应用接入开放接口。使外部应用可以直接与浏览器内部的数据相连，例如视频影音可直接与麦克风及摄像头相连。

(4) 连接特性(Class：CONNECTIVITY)

更有效的连接效率使得基于页面的实时聊天、更快速的网页游戏体验、更优化的在线交流得以实现。HTML5 拥有更有效的服务器推送技术，Server-Sent Event 和 WebSockets 就是其中的两个特性，这两个特性能够帮助我们实现服务器将数据“推送”到客户端的功能。

(5) 网页多媒体特性(Class：MULTIMEDIA)

支持网页端的 Audio、Video 等多媒体功能，与网站自带的 APPS、摄像头、影音功能相得益彰。

(6) 三维、图形及特效特性(Class：3D、Graphics & Effects)

基于 SVG、Canvas、WebGL 及 CSS3 的 3D 功能，用户会惊叹于浏览器所呈现的惊人视觉效果。

(7) 性能与集成特性(Class：Performance & Integration)

没有用户会永远等待——HTML5 会通过 XMLHttpRequest 2 等技术，帮助用户的 Web 应用和网站在多样化的环境中更快速地工作。

(8) CSS3 特性(Class：CSS3)

在不牺牲性能和语义结构的前提下，CSS3 中提供了更多的格式和更强的效果。此外，较以前的 Web 排版，Web 的开放字体格式(WOFF)也提供了更大的灵活性和控制性。

HTML5 提供了一些新的元素和属性，例如<nav>和<footer>。这种标签将有利于搜索引擎的索引整理，同时能更好地帮助视障人士使用。除此之外，还为其他浏览要素提供了新的功能，如<audio>和<video>标签。HTML5 的好处包括：

- 使搜索引擎更加容易抓取和索引。对于一些网站，特别是那些严重依赖于 Flash 的网站来说，HTML5 是一大福音。首先，搜索引擎的蜘蛛将能够抓取该站点并索引其中的内容。其次，所有嵌入动画中的内容将全部可以被搜索引擎读取。在搜索引擎优化的基本理论中，这一方面将会驱动网站获得更多的流量。
- 提供更多的功能，为用户提供更友好的体验。使用 HTML5 的另一个好处就是它可以增加更多的功能，这一点从全球几个主流站点对它的青睐就可以看出。社交网络大亨 Facebook 已经推出了它们期待已久的基于 HTML5 的 iPad 应用平台，潘多拉也推出了它们基于 HTML5 的音乐播放器的新版本，游戏平台 Zynga 也推出了三款新的在移动设备浏览器上运行的基于 HTML5 的游戏等。每天都有基于 HTML5 的网站和 HTML5 特性的网站被推出。保持站点处于新技术的前沿，也可以很好地提高用户的体验。
- 提高可用性，提高用户的体验。从可用性的角度来看，HTML5 可以更好地促进用户与网站间的互动。多媒体网站可以获得更多的改进，特别是在移动平台上的应用，使用 HTML5 可以提供更多高质量的视频和音频流。到目前为止，事实就是 iPhone 和 iPad 将不会支持 Flash，同时 Adobe 公司也在近期公开声明将停止 Flash 基于移动平台的开发。现在我们已经可以这么说，移动平台日后的多媒体应用将是 HTML5 的天下。

3.2.2 HTML 标记语法及文档结构

创建一个 HTML 文件，只需要两个工具，一个是 HTML 编辑器，另一个是 Web 浏览器。HTML 编辑器用于生成、修改和保存 HTML 文档；Web 浏览器用于打开并显示网页，所看到的网页是由浏览器解释 HTML 标签而形成的可视化图像、文字的集合。

HTML 只是一个纯文本文件，由“显示内容”及“控制语句”两部分组成。其中的控制语句描述了显示内容以何种形式在浏览器中显示，为了与显示内容相区分，控制语句是以标签的形式出现的。

1. HTML 的标签与标签的属性

HTML 的标签根据其书写形式可分为单标签和双标签。

(1) 单标签

某些标签称为“单标签”，这种标签只需单独使用就能完整地表达其含义，其语法为：

```
<标签名称>
```

最常用的单标签有：
表示换行，<HR>表示一条水平线等。

(2) 双标签

另一类标签称为“双标签”，由“首标签”和“尾标签”两部分构成，必须成对使用。首标签告诉浏览器从此处开始执行该标签所表示的功能，而尾标签通知浏览器在这里结束此项功能。首标签前加一个斜杠(/)即成为尾标签。这类标签的语法是：

```
<标签>受标签影响的内容</标签>
```

如果希望对某段文字进行加粗显示，则将此段文字放在<B>..</B>标签中即可，其语法是：

```
<B>你要加粗的文字</B>
```

(3) 标签的属性

许多单标签和双标签的始标签内可以包含一些属性，标签要通过属性来定义所希望的设置参数，其语法是：

```
<标签 属性1=属性值 属性2=属性值 …>受影响内容</标签>
```

注意：

并不是所有的标签都一定需要具有属性。根据需要可以定义该标签的所有属性，也可以只定义需要的几个属性，属性之间没有前后顺序上的差别。

作为一般性原则，大多数属性值不必加双引号。但如果参数中包括了空格、“%”和“#”等特殊字符的属性值，则必须加双引号。为了形成良好的习惯，提倡对全部属性值均加双引号，例如：

```
<a href="http://www.njupt.edu.cn">njupt</a>
```

在输入首标签时，一定不要在“<”与标签名之间输入多余的空格，也不能在中文输入法状态下输入这些标签及属性，否则浏览器将不能正确地识别括号中的命令，从而无法正确地显示信息。

(4) 字符引用

浏览器解释 HTML 文件时，是根据“<”与“>”来识别标签的，然后再确定这两个符号中的内容是否为 HTML 文件标签，若是则按其规则解读。因此，网页中的“<”或“>”会被浏览器作为标签解析，不能直接显示出来。如果希望在网页中显示“<”或“>”，则需要将它们作为特殊字符，这种用法被称为字符引用。字符引用以“&”开始，以“;”结束。它有两种形式：数值字符引用和字符实体引用。

① 数值字符引用。字符的数值表示通常为“数值字符引用”。它通过给出字符在字符集中的代码(十进制或十六进制)来表示字符。例如，十进制字符引用“<”、十六进制字符引用“<”和“<”均表示了字符“<”。

② 字符实体引用。字符的符号表示通常为“字符实体引用”。这种引用方式是通过字符的名称(助记符，大小写敏感)来表示字符的。例如，“>”表示字符“>”，其中的 gt 是大于符号的助记符。这种方式为 HTML 文档的作者提供了一种直观的表示字符的方法，相比于上面介绍的数值字符引用更加方便和容易记忆。其他常用的字符实体引用如表 3-2 所示。

表 3-2　常用的字符实体引用

字符实体引用	显 示 结 果	描　　述
&		特殊字符的开始
;		特殊字符的结束
<	<	小于号或显示标识
>	>	大于号或显示标识
&	&	可用于显示其他特殊字符
"	"	引号
®	®	已注册
©	©	版权
™	™	商标
		不断行的空白

(5) 注释

像很多计算机语言一样，HTML 文件也提供了注释功能。浏览器会忽略此标签中的文字(可以是很多行)而不做任何处理，也不进行显示。一般来说，其使用目的是为文中不同部分加上说明，以方便作者和 HTML 源文件的阅读者日后理解和修改，注释标签的格式为：

```
<!--  注释内容  -->
```

需要注意的是：注释并不局限于一行，长度不受限制，且结束置标符“<!--”不必与开始置标符“-->”在同一行上。

2. HTML 文件的总体结构

一个完整的 HTML 文件包括标题、段落、列表、表格以及各种嵌入对象，这些对象统称为 HTML 元素。在 HTML 中使用标签来分隔并描述这些元素。实际上可以说，HTML 文件就是由各种 HTML 元素和标签组成的。一个 HTML 文件的总体结构如下：

```
<!DOCTYPE html>
<html>    文件开始标签
    <head>    文件头开始的标签
        <title>Title of the document</title>
    </head>文件头结束的标签
    <body>文件主体开始的标签
        The content of the document......
    </body>    文件主体结束的标签
</html>    文件结束标签
```

从上面的代码结构可以看出，在HTML文件中，所有的标签都是相对应的，开始标签为< >，结束标签为</ >，在这两个标签中间添加内容。

有了标签作为文件的主干后，在HTML文件中便可添加属性、数值、嵌套结构等各种类型的内容了。

其中<!DOCTYPE>声明位于文档中最前面的位置，处于<html>标签之前。此标签可通知浏览器文档使用了什么HTML或XHTML规范。因此，为了获得正确的DOCTYPE声明，关键就是让DTD与文档所遵循的标准对应。

在DOCTYPE标签中可声明三种DTD类型，分别表示严格版本、过渡版本以及基于框架的HTML版本。如果文档中的标记不遵循DOCTYPE声明所指定的DTD，这个文档除了不能通过代码校验外，还有可能无法在浏览器中正确显示。

另外，如果DOCTYPE声明指定的是XHTML DTD，但文档包含的是旧式风格的HTML标签，就是不恰当的；类似地，如果DOCTYPE声明指定的是HTML DTD，但文档包含的是XHTML 1.0 strict标签，同样也是不恰当的。

<!DOCTYPE>的典型用法为：

```
<!DOCTYPE html PUBLIC "-//W3C//DTD XHTML 1.0 Strict//EN" "http://www.w3.org/TR/xhtml1/DTD/xhtml1-strict.dtd">
```

在上面的声明中，声明了文档的根元素是html，它在公共标识符由"-//W3C//DTD XHTML 1.0 Strict//EN" 的DTD进行了定义。浏览器可以据此找到匹配此公共标识符的DTD。如果找不到，浏览器将使用公共标识符后面的URL寻找DTD。对此定义中的各部分的说明如下。

- -：表示组织名称未注册。IETF和W3C并非注册的 ISO 组织。
- +：为默认，表示组织名称已注册。
- DTD：指定公开文本类，即所引用的对象类型默认为DTD。
- HTML：指定公开文本描述，即对所引用的公开文本的唯一描述性名称，后面可附带版本号，默认为HTML。
- URL：指定所引用对象的位置。
- Strict：排除所有 W3C 专家希望逐步淘汰的代表性属性和元素。

如果没有指定有效的DOCTYPE声明，大多数浏览器都会使用一个内置的默认DTD。在这种情况下，浏览器会使用内置的DTD来试着显示所指定的标签。

互联网上很多网站(如百度、谷歌等知名网站)直接使用的是“<!DOCTYPE html>”，很多HTML5网站也直接使用这种方式，这是因为 HTML5不是基于SGML的，因此不需要对DTD进行引用，但是需要 DOCTYPE来规范浏览器的行为，也就是让浏览器按照它们应有的方式来运行。

注意：

浏览器对于各种格式的支持是动态变化的，也许读者看到本书时有些浏览器已经能支持相应的格式了，也可能已经出现了新的浏览器。只要读者自行对相应格式和浏览器进行测试，就能准确获知其支持的情况。建议采用“<!DOCTYPE html>”方式，因为此方式可以开启浏览器的标准兼容模式。在标准兼容模式下，虽然不能保证与其他版本(指的是 IE6 之前的)的 Internet Explorer 或其他浏览器保持兼容，文档的渲染行为也许与将来的浏览器不同，但不失为一种既简单又实用的声明方式。

本书的大部分例子采用了“<!DOCTYPE html>”方式，也有少量例子使用了 DTD 声明等方式，读者可以试着进行一些修改并查看不同浏览器中的显示效果以进行验证。

【实例 3-1】第一个 HTML 网页

读者可以用记事本或任意一个可以进行文本编辑的工具来编写 HTML 代码。下面是一个最基本的 HTML 文档的源代码，程序代码如 ex3_1.html 所示。

ex3_1.html

```
<!DOCTYPE html>
<html>
<head>
    <title>my first page</title>
</head>
<body>
    我的第一个网页
</body>
</html>
```

技巧：

用文本编辑工具编写好文件以后，将这个文件保存成扩展名为 html 的类型，再使用浏览器打开这个文件时就可以看到效果了。

HTML 文件由标签和被标签标记的内容组成。每个标签都被“<”和“>”围住，以表示这是 HTML 代码而非普通文本，浏览器解析标签后就能产生所需的各种效果。就像一个排版程序，它将网页的内容排成理想的效果。这些标签的名称大都为相应的英文单词首字母或缩写，很好记忆。各种标签差别很大，但总的表示形式却大同小异。

HTML 文件以<html>开头，以</html>结尾，表示这是一个 HTML 格式的网页文件，其中包括头部(head)和主体(body)。

3. HTML 头部及其标签

<head>…</head>表示这是 HTML 网页的文件头部分，是所有头部元素的容器，用来说明文件命名和与文件本身相关的信息。通常这部分标签是声明此网页的：默认语言编码、关键词、标题等，个别的标签甚至包含能产生页面动作的脚本，指示浏览器在何处可以找到样式表，提

供元信息等。在简单的网页中这部分并不重要，而在较复杂的网页中，比如使用了CSS样式表、JavaScript语言等，这部分就相当重要了。head 部分可能包含标签<title>、<base>、<link>、<style>、<script>和<meta>。

提示：

请读者不要将<head>与<header>标签相混淆，<header>是标示性标签，是HTML5新添加的标签。从作用上看，<header>标签与<div id="header">是一样的，只是由于<header>是新标签，老版本的浏览器往往不能识别。

(1) 网页标题(title)标签

网页的标题概括了网页的内容，能让用户迅速了解网页的大意。它在浏览时可以定义浏览器工具栏中的标题；提供页面被添加到收藏夹时显示的标题；并能显示在搜索引擎结果中的页面标题。HTML5 中 <title> 元素是必需的，其用法如下：

```
<title>XXX 网页的标题</title>
```

(2) 基链接(base)标签

加入网页基链接属性，也就是为页面上的所有链接规定默认地址或默认目标，其用法为：

```
<base href="http://www.njupt.edu.cn/" />
<base target="_blank" />
```

加了上面的语句后，网页上所有的相对路径在链接时都会自动在前面加上“http://www.njupt.edu.cn/”。其中 target="_blank"表示链接文件在新的窗口中打开，也可以设置为“_parent”，表示链接文件将在当前窗口的父级窗口中打开；或设置为“_self”，表示链接文件在当前窗口中打开；若设置为“_top”，则表示链接文件将全屏显示。

(3) 链接(link)标签

这个标签定义了文档与外部资源(如样式表等)之间的关系，其用法为：

```
<link rel="stylesheet" type="text/css" href="astyle.css" />
```

用户把某个网站保存在收藏夹中后，也许会发现它带着一个小图标，如果再次单击进入之后还会发现地址栏中也有个小图标。如果在<head>中加上如下语法，就能轻松实现这一功能。

```
<link rel="icon" href="img/logo.ico" type="image/x-icon" />
<link rel="shortcut icon" href="/img/logo.ico" type="image/x-icon" />
```

(4) 样式(style)标签

该标签用于为 HTML 文档定义样式信息。

```
<style type="text/css">
    body {background-color:red}
    p {color:green}
</style>
```

提示：

本书后继章节中将详细介绍样式表的应用，此处仅进行简单说明。

(5) 脚本(script)标签

该标签用于定义客户端脚本，比如 JavaScript 等。

提示：

本书后继章节中将专门介绍脚本的应用，此处仅进行简单说明。

(6) 元数据(meta)标签

<meta>标签是 HTML 语言头部分的一个辅助性标签，提供有关页面的元数据(数据的数据信息)。元数据不会显示在客户端，通常用于指定网页的描述、关键词、文件的最后修改时间、作者及其他元数据，因此会被浏览器解析(如何显示内容或重新加载页面、搜索引擎的关键词或其他 Web 服务调用)，使用合适的<meta>标签对网站非常有益。

提示：

<meta>标签中的元数据无法使用其他相关的元标签表示，例如：<base>、<link>、<script>、<style>或<title>。

meta 标签共有三个可选属性(http-equiv、name 和 charset)和一个必选属性(content)，其中 content 属性用于定义与 http-equiv 或 name 属性相关的元信息。

① HTTP 标题信息(http-equiv)。这个属性相当于 HTTP 的头文件的作用，用于向浏览器传回一些有用的信息，帮助其正确地显示内容，其基本语法为：

```
<meta http-equiv="类型" content="内容" />
```

其中类型可以使用以下参数。

- 刷新：refresh

让网页多长时间(单位为秒)刷新自己，或在多长时间后让网页自动链接到其他网页，其用法为：

```
< meta http-equiv="refresh" content="30" />
```

例如：

```
< meta http-equiv="refresh" content="10;url=http://www.njupt.edu.cn" />
```

本句将起到网页自动刷新的作用。content=" "内的内容为：刷新延时时间(单位为秒)；打开的网页名称(刷新后打开的网页位置，其中 url 表示指明的地址和网页文件，可以是绝对地址 http://***/***/*.htm 或相对地址***/*.htm)。本例表示 10 秒后，打开 www.njupt.edu.cn 的首页。

- 期限：expires

指定网页在缓存中的过期时间，一旦网页过期，就必须到服务器上重新调阅，其用法为：

```
< meta http-equiv="expires" content="0" />
```

例如：

```
< meta http-equiv="Expires" Content="Wed, 26 Feb 1997 08:21:57 GMT" />
```

必须使用 GMT 的时间格式，或直接设为 0(这个数字表示多少时间后过期)。

- cach 模式：pragma

禁止浏览器从本地机器的缓存中调阅页面内容，其用法为：

```
< meta http-equiv="pragma" content="No-cach" />
```

网页不保存在缓存中，每次访问都刷新页面。这样设定后，访问者将无法脱机浏览。

- cookie 设置：set-cookie

当浏览器访问某个页面时会将它保存在缓存中，下次再访问时就可从缓存中读取，以提高速度。如果希望访问者每次都刷新广告的图标，或每次都刷新计数器，就要禁用缓存了。通常，HTML 文件没有必要禁用缓存，对于 ASP 等页面，则可以禁用缓存，因为每次看到的页面都是在服务器中动态生成的，缓存就失去了意义。如果网页过期，那么存盘的 cookie 将被删除，其用法为：

```
< meta http-equiv="set-cookie" content="cookievalue=xxx; expires=Wednesday, 21-Oct-98 16:14:21 GMT; path=/" />
```

此处必须使用 GMT 的时间格式。

- 显示窗口的设定：window-target

强制页面在当前窗口以独立的页面显示，其用法为：

```
< meta http-equiv="widow-target" content="_top" />
```

该属性是用来防止他人在框架中调用自己的页面。其中 content 选项的值包括_blank、_top、_self 和_parent。

- 页面进入与退出：page-enter、page-exit

定义了页面被载入和调出时的一些特效，其用法为：

```
< meta http-equiv="page-enter" content="blendTrans(Duration=0.5)" />
< meta http-equiv="page-exit" content="blendTrans(Duration=0.5)" />
```

blendTrans 是动态滤镜的一种，可以产生渐隐效果。另一种动态滤镜 revealTrans 也可以用于页面的进入与退出效果，例如：

```
< meta http-equiv="page-enter" content="revealTrans(duration=x, transition=y)" />
< meta http-equiv="page-exit" content="revealTrans(duration=x, transition=y)" />
```

其中，duration 表示滤镜特效的持续时间(单位为秒)；transition 为滤镜类型，表示使用了哪种特效，取值为 0~23。

这些用法实际上属于 CSS 滤镜，这部分内容将在后面的章节中介绍。

- 浏览器的渲染方式：X-UA-Compatible

这是 IE 的一个专有属性，它告诉 IE 采用何种 IE 版本或何种方式去渲染网页，例如：

```
< meta http-equiv="X-UA-Compatible" content="IE=edge,chrome=1"/>
```

其中的含义如下：IE=edge 告诉 IE 使用最新的引擎渲染网页，chrome=1 表示可以激活 Chrome Frame。

② 页面描述信息(name)。该属性用于说明和描述网页，name 是描述网页的，对应于 content(网页内容)，以便于搜索引擎机器人查找、分类(几乎所有的搜索引擎都会使用网上机器人自动查找 meta 值，进而对网页进行分类)。

name 的取值(name="")指定所提供信息的类型，其中有些值是已经定义好的，例如，description(说明)、keywords(关键词)、refresh(刷新)等；也可以指定其他任意值，例如，creationdate(创建日期) 、document ID(文档编号)和 level(等级)等。其基本语法为：

```
< meta name="名称" content="内容">
```

对于 name 属性值的有关用法具体说明如下：

- 关键词：keywords

用于声明网页的关键词，由 Internet 搜索引擎完成关键词索引。正规网站中的主页和关键内容页面应该有关键词，其用法为：

```
< meta name="Keywords" content="关键词 1,关键词 2，关键词 3,关键词 4,…">
```

例如：

```
< meta name="keywords" content="旅游，计算机知识介绍，网上交友" />
```

各关键词间用英文逗号“,”隔开。当数个 meta 元素提供文档语言从属信息时，搜索引擎会使用 lang 属性来过滤并优先通过用户的语言来显示搜索结果，例如：

```
< meta name="Kyewords" lang="EN" content="vacation,greece,sunshine">
< meta name="Kyewords" lang="FR" content="vacances,grè:ce,soleil">
```

- 简介：Description

Description 用来描述网站的主要内容，搜索引擎一般也会通过这个属性来检索网站，但不会显示出来，其用法为：

```
< meta name="Description" content="你网页的简述">
```

- 机器人向导：Robots

该属性用来告诉搜索机器人哪些页面需要索引，哪些页面不需要索引。content 的参数有 All、None、Index、Noindex、Follow、Nofollow。默认是 All，其用法为：

```
< meta name="Robots" content="All|None|Index|Noindex|Follow|Nofollow">
```

许多搜索引擎都通过 robot/spider 来搜索网站，这就要用到 meta 元素的一些属性来决定登录的方式。其中可用选项的含义如下。

- ◆ All：文件将被检索，且页面上的链接可以被查询。
- ◆ None：文件将不被检索，且页面上的链接不可以被查询(与 "noindex, no follow" 的作用相同)。
- ◆ Index：文件将被检索(让 robot/spider 登录)。
- ◆ Follow：页面上的链接可以被查询。
- ◆ Noindex：文件将不被检索，但页面上的链接可以被查询(不让 robot/spider 登录)。

◆ Nofollow：文件将不被检索，页面上的链接可以被查询(不让 robot/spider 顺着此页面上的链接往下查找)。

● 作者：Author

标注网页的作者或制作组，其用法为：

```
< meta name="Author" content="张三，abc@sina.com">
```

注意：content 也可以是网页制作者或网页制作者的制作组的名字，或 E-mail。

● 版权：Copyright

该属性用于标注版权，其用法为：

```
< meta name="Copyright" content="本页版权归 njupt 所有。All Rights Reserved">
```

● 编辑器：Generator

对编辑器进行说明，其用法为：

```
< meta name="Generator" content="PCDATA|FrontPage|">
```

注意：content="你所用编辑器"，其中双引号内可以填写 frontpage 等。

● 重访：revisit-after

设定重新访问的时间间隔，以天为单位，其用法为：

```
< meta name="revisit-after" content="7 days">
```

以上设置表示以 7 天为间隔再次访问本网页。

● viewport 模板：viewport

移动互联应用开发越来越受到人们的重视，使用 HTML5 开发移动应用是最佳选择。对于有不同分辨率和不同屏幕大小的手机，viewport 可以使页面大小能适合各种高端手机。viewport 的基本语法如下：

```
    <meta name="viewport"
      content="
            height = [pixel_value | device-height] ,
            width = [pixel_value | device-width ] ,
            initial-scale = float_value ,
            minimum-scale = float_value ,
            maximum-scale = float_value ,
            user-scalable = [yes | no] ,
            target-densitydpi = [dpi_value | device-dpi | high-dpi | medium-dpi | low-dpi]
      "
/>
```

上述属性定义中各项的含义如表 3-3 所示。

表 3-3　viewport 的属性含义

内容名称	描述	取值范围
width	控制 viewport 的大小，pixel_value 表示可以指定的一个值或者特殊的值，而 device-width 为设备的宽度(单位为缩放比例为 100% 时的 CSS 的像素)	整数
height	和 width 相对应，指定高度	整数
target-densitydpi	屏幕像素密度是由屏幕分辨率决定的，通常定义为每英寸点的数量(dpi)，Android 支持三种屏幕像素密度：低像素密度、中像素密度和高像素密度。一个低像素密度的屏幕每英寸上的像素点更少，而一个高像素密度的屏幕每英寸上的像素点更多。Android Browser 和 WebView 默认屏幕为中像素密度	
device-dpi	使用设备原本的 dpi 作为目标 dpi，不进行默认缩放	指定一个具体的 dpi 值作为 target dpi，这个值的范围是 70～400
high-dpi	使用 hdpi 作为目标 dpi，中像素密度和低像素密度设备相应缩小	指定一个具体的 dpi 值作为 target dpi，这个值的范围是 70～400
medium-dpi	使用 mdpi 作为目标 dpi，高像素密度设备相应放大，像素密度设备相应缩小。这是默认的 target density	指定一个具体的 dpi 值作为 target dpi，这个值的范围是 70～400
low-dpi	使用 mdpi 作为目标 dpi，中像素密度和高像素密度设备相应放大	指定一个具体的 dpi 值作为 target dpi，这个值的范围是 70～400
initial-scale	初始缩放，即页面初始缩放倍数	浮点数
maximum-scale	最大缩放，即允许的最大缩放程度	浮点数
user-scalable	用户调整缩放，即用户是否能改变页面缩放程度。若设置为 no，那么 minimum-scale 和 maximum-scale 都将被忽略	yes/no，默认值为 yes

提示：

为了防止 Android Browser 和 WebView 根据不同屏幕的像素密度对页面进行缩放，可以将 viewport 的 target-densitydpi 设置为 device-dpi。此时，页面将不会缩放。相反，页面会根据当前屏幕的像素密度进行显示。在这种情形下，还需要将 viewport 的 width 定义为与设备的 width 相匹配，这样页面就可以和屏幕相适应。

例如：

```
<meta name="viewport" content="width=device-width,user-scalable=no" />
```

以上语法设置屏幕宽度为设备宽度，禁止用户手动调整缩放。

```
<meta name="viewport" content="width=device-width,target-densitydpi=high-dpi,initial-scale=1.0,
minimum-scale=1.0, maximum-scale=1.0, user-scalable=no"/>
```

以上语法设置屏幕密度为高频、中频、低频自动缩放，禁止用户手动调整缩放。

③ 显示字符集：charset

设定页面使用的字符集，即说明主页制作时所使用的文字语言，浏览器会根据这个设置来调用相应的字符集，显示出页面的内容，例如：

```
<meta charset=" GB2132">
```

该 meta 标签定义了 HTML 页面所使用的字符集为 GB2132，就是国标汉字码。如果将其中的"charset=GB2312"替换成"BIG5"，则该页面所用的字符集就是繁体中文 Big5 码。当浏览一些国外的站点时，IE 浏览器会提示要正确显示该页面需要下载某种语言。该功能就是通过读取 HTML 页面 meta 标签的 Content-Type 属性，得知需要使用哪种字符集显示该页面。如果系统里没有安装相应的字符集，则 IE 就提示下载。其他语言也对应于不同的字符集，比如日文的字符集是"iso-2022-jp"，韩文的是"ks_c_5601"。

对于默认语言，如果不加以说明且网页的内容中包含中文，对于默认语言为中文的计算机，浏览器会用本机的默认语言打开网页，不会造成网页显示乱码；但如果对于默认语言不是中文的计算机，则会显示乱码。

4. HTML 文档的主体部分

< body >…</ body >是网页的主体部分。HTML 文件主体标签的格式为：

```
< body >…</body>
```

提示：

HTML 代码在书写时不区分大小写，也不要求在书写时进行缩进，但为了程序的易读性，建议网页设计者使标签的首尾对齐，内部的内容向右缩进几格。

早期版本所支持的 link、alink、vlink、background、bgcolor、leftmargin、topmargin、bgproperties、text 等属性在 HTML 4.01 版本中属已废弃，废弃的属性在以后会过时，但是浏览器会继续支持已废弃的属性；而这些属性在 HMTL5 中已经明确不被支持了。需要设置相关特性时，建议使用后面章节中介绍的 CSS 来实现。

3.3 HTML 的基本语法

3.3.1 标题和段落

1. 标题文字标签

一般的文章都有标题、副标题、章和节等结构，HTML 中也提供了相应的标题标签<hn>，其中 n 为标题的等级。HTML 总共提供了 6 个等级的标题，n 越小，标题字号就越大。标题文字的格式为：

```
<hn align=对齐方式>标题文字</hn>
```

属性 align 用来设置标题在页面中的对齐方式，可以设置为 left(左对齐)，right(右对齐)和 center(居中对齐)。

属性 n 用来指定标题文字的大小。n 可以取 1～6 的整数值，取 1 时文字最大，取 6 时文字最小。

与用<title>…</title>所定义的网页标题不同，其标题格式显示在浏览器窗口中，而不显示在浏览器的标题栏中。

【实例 3-2】标题文字的用法

程序代码如 ex3_2.html 所示。

ex3_2.html

```
<!DOCTYPE html>
<html>
   <head>
      <title>设置标题</title>
   <head>
   <body>
      <h1>第 1 级标题(h1)</h1>
      <h2>第 2 级标题(h2)</h2>
      <h3>第 3 级标题(h3)</h3>
      <h4>第 4 级标题(h4)</h4>
      <h5>第 5 级标题(h5)</h5>
      <h6>第 6 级标题(h6)</h6>
   </body>
</html>
```

该实例分 6 行写出了 6 级标题，在后三行加上了对齐属性并分别赋予 3 个不同的属性值。在浏览器中运行后得到的结果如图 3-13 所示。

提示：

早期版本支持 align 属性，该属性在 HTML 4.01 版本中已被废弃，在 HMTL5 中已不再支持。

图 3-13　标题文字的用法

2. 段落标签

常用的段落标签包括
、<p>、<pre>、<div>等，下面逐一介绍。

(1) 强行换行标签

在编写 HTML 文件时，我们不必考虑太细的设置，也不必理会段落过长的部分会被浏览器切掉。因为在 HTML 语言规范中，每当浏览器窗口缩小时，浏览器会自动将右边的文字转行。所以编写者对于明确需要断行的地方，应加上
标签。
放在一行的末尾，可以使后面的文字、图片、表格等显示于下一行，而又不会在行与行之间留下空行，即强制文本换行。这使
成为最常用的标签之一。强制换行标签的格式为：

```
文字<br>
```

注意：

在 XHTML 中，需要把结束标签放在开始标签中，也就是
。

以下实例说明了强行换行标签的用法。

【实例 3-3】强行换行标签的用法

程序代码如 ex3_3.html 所示。

ex3_3.html

```
<!DOCTYPE html>
<html>
  <head>
    <title>换行示例</title>
  </head>
  <body>
    登鹳雀楼<br>白日依山尽，<br>黄河入海流。<br>欲穷千里目，<br>更上一层楼
  </body>
</html>
```

运行后可以看到如图 3-14 所示的结果，虽然文字在源文件中是放在一行中的，但使用了强行换行标签
后，实际显示时出现了换行的效果。

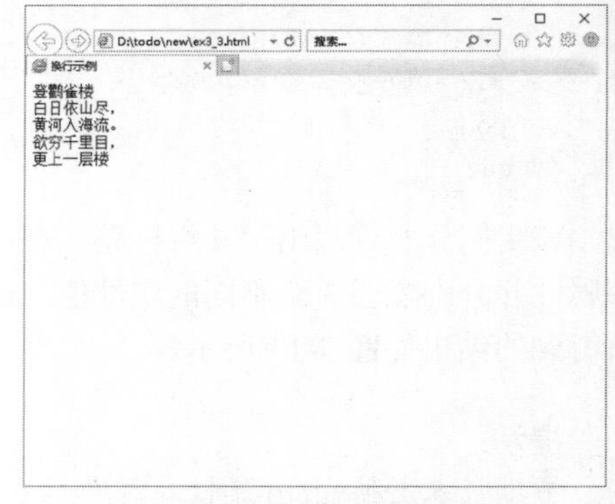

图 3-14　强行换行标签的用法

(2) 设置段落标签<p>

为了使文字段落之间排列得整齐、清晰，我们常使用<p></p>作为标签。文件段落的开始由<p>来标示，段落的结束由</p>来标示。<p>标签不但能使后面的文字换到下一行，还可以使两段之间多一空行。由于一段的结束意味着新一段的开始，因此使用<p>时也可省略结束标签。

设置段落标签的格式为：

```
<p align=对齐方式>文字</p>
```

其中属性 align 用来设置段落的对齐方式，可以为 left、center 或 right，分别表示居左、居中或居右。设置段落时该属性的值默认为 left。

注意：

请注意，
 标签只是简单地开始新的一行，而当浏览器遇到<p>标签时，通常会在相邻的段落之间插入一些垂直的间距。因此可以将一个强制换段标签<p>大致看作是两个强制换行标签

。此外，align 属性属于 HTML5 中不赞成使用的属性，因此建议使用 CSS 方式来实现。

【实例 3-4】段落标签的用法

程序代码如 ex3_4.html 所示。

ex3_4.html

```
<!DOCTYPE html>
<html>
  <head>
    <title>段落标签示例</title>
  </head>
  <body>
  <p>
    <p>登鹳雀楼</p>
    <p>白日依山尽，</p>
    <p>黄河入海流。</p>
    <p>欲穷千里目，</p>
    <p align="center">更上一层楼。</p>
  </p>
  </body>
</html>
```

运行后可以看到如图 3-15 所示的结果，图中最后一行文字是居中显示的。

(3) 显示预排格式标签<pre>

pre 元素可定义预格式化的文本。被包围在 pre 元素中的文本通常会保留空格和换行，而文本也会呈现为等宽字体。当用其他编辑工具编排好一段文字后，其中很可能有一些 HTML 文件不支持控制符号，如 Enter 键、多个空格、Tab 键等。如果希望在浏览网页时仍保留在编辑工具中已经编排好的段落格式，可以使用<pre>标签将预先编排好的格式保留下来。<pre>标签一个常见的应用就是可用来表示计算机的源代码。显示预排格式标签的格式为：

图 3-15　段落标签的用法

```
<pre>  预先排好的格式  </pre>
```

在预排格式中，仍可以用 HTML 语言对文字的格式进行设置，如设置文字的颜色、大小等。

【实例 3-5】显示预排格式标签的用法

程序代码如 ex3_5.html 所示。

ex3_5.html

```
<!DOCTYPE html>
<html>
  <head>
```

```
        <title>显示预排格式</title>
    </head>
    <body>
        <pre>
            <font size="2" color="blue">
                <h1>
                    <font color="purple">
                    唐诗二首</font></h1><font face="黑体" color="black">
                赋得古原草送别                长      相       思</font>
                    唐  白居易                           唐  白居易
        离离原上草，一岁一枯荣。        汴水流，泗水流，
        野火烧不尽，春风吹又生。        流到瓜洲古渡头。
        远芳侵古道，晴翠接荒城。        吴山点点愁。
        又送王孙去，萋萋满别情。        思悠悠，恨悠悠，
                                        恨到归时方始休。
                                        月明人倚楼。

            </font>
        </pre>
    </body>
</html>
```

运行后可以看到如图 3-16 所示的结果，图中所有文字均按照原来所书写的格式显示出来了。

图 3-16　显示预排格式标签的用法

(4) 分区显示标签<div>

<div>可定义文档中的分区或节(division/section)，也可以把文档分隔为独立的不同部分，通常被用作严格的组织工具，并且不使用任何格式与其关联。<div>是一个块级元素，这意味着它的内容会自动地开始一个新行。实际上，换行是<div>固有的唯一格式表现。

如果在必要时用 id 或 class 来标记<div>，那么可以通过一定手段进行更多的控制，这样该标签的作用会变得更加强大。可以通过<div>的 class 或 id 应用额外的样式。可以对同一个<div>元素应用 class 或 id 属性，但是更常见的情况是只应用其中一种。这两者的主要差异是，class

用于元素组(类似的元素，或者可以理解为某一类元素)，而 id 用于标识单独的唯一元素。

<div>标签在网页设计中被广泛使用，其原因是利用 div 标签可以方便地将一组内容(含文字、图片、动画、视频甚至是另一个 div 标签等)放置在浏览器的任意位置。通过设置其样式中的位置(position)、重叠(z-index)等来实现。相关技术将在本书第 4 章中详细介绍。

另外，还有一个与<div>标签类似的<span>标签，两者的主要区别为：

- <div>是块标签，一般范围较大，区域前后会自动换行；而<span>是行内标签，一般范围较小，局限在行内，区域外也不会自动换行。
- 一般而言，<div>块标签可以包含<span>行内标签，反之则不然。
- 在结构上，<span>标签没有结构上的意义，通常在引用样式时使用。

提示：

文本块、一段文字或标题在网页上的布局都有左对齐、居中和右对齐 3 种方式。在标签中使用 align 属性，其属性取值分别为 left、center 和 right。可以设置布局的标签有：<p>…</p>、<hn>…</hn>、<div>…</div>、<center>…</center>等。当在许多段落中设置对齐方式时，常使用<div>…</div>标签。

分区显示标签的格式为：

```
<div class="MyClassName">文本或图像</div>
```

【实例 3-6】分区显示标签<div>的用法

程序代码如 ex3_6.html 所示。

ex3_6.html

```
<!DOCTYPE html>
<html>
  <body>
    <center>
      <h2>分区显示标签的应用</h2>
    </center>
    <div align=center>居中 center<br>居中<br>center</div>
    <div align=left>居左 left<br>居左<br>left</div>
    <div align=right>居右 right<br>居右<br>right</div>
  </body>
</html>
```

运行后可以看到如图 3-17 所示的结果，图中<div>标签及 align 属性控制了显示的位置。

注意：

但由于 align 属性可能不被支持，因此建议使用后继章节中将要介绍的 CSS 方式。

图 3-17　分区显示标签<div>的用法

3.3.2 列表

HTML 提供了可以生成列表的元素，列表分为无序列表、有序列表和定义列表。带序号标识(如数字、字母等)的表项组成有序列表，否则为无序列表；定义列表由用户自己进行定义。列表可以嵌套，而且不同类型的列表可以一起使用。

1. 无序列表

无序列表中每一个表项的前面是项目符号(如●、■等)。建立无序列表使用<ul>标签和<li>标签，其中 ul 为 Unordered List 的缩写，而 li 为 List Item 的缩写。其使用格式为：

```
<ul>
    <li>第一个列表项</li>
    <li>第二个列表项</li>
        …
</ul>
```

值得注意的是，<li>标签表示的是一个表项的开始，就是前一个表项的结束。

从浏览器最终显示的效果看，无序列表的特点是，列表项目作为一个整体，与上下段文本间各有一行空白；表项向右缩进并左对齐，每行前面有项目符号。

提示：

鉴于项目符号有很多不同类型 (如●、■等)，以往的做法是增加一个 type 属性，在其中进行设置，但 HTML5 的标准不再支持这种用法，所提供的替代方案为使用 CSS 的 list-style-type 属性来实现。

【实例 3-7】无序列表的应用

程序代码如 ex3_7.html 所示。

ex3_7.html

```
<!DOCTYPE html>
<html>
  <head>
    <title>无序列表</title>
  </head>
  <body>
    <p><b>各种饮料</b></p>
    <ul>
      <li>咖啡</li>
      <li>茶</li>
      <li>牛奶</li>
    </ul>
    <ul type="circle">
      <li>上层定义 1</li>
      <li>上层定义 2</li>
      <li>上层定义 3</li>
```

```
            <li>上层定义 4</li>
            <li type="square">本地定义方块</li>
            <li>上层定义 5</li>
        </ul>
    </body>
</html>
```

运行后的结果如图 3-18 所示，从图中可以看到无序列表的不同定义方式及其效果的比较，其中第二个列表测试并使用了 type 属性，虽然官方明确表示 HTML5 不再支持该属性，但目前的浏览器产品为了兼容性，还是可以使用它。不过为了避免将来可能出现问题，建议不再使用。

图 3-18　无序列表的应用

2. 有序列表

通过带序号的列表可以更清楚地表达信息的顺序。使用<ol>标签可以建立有序列表，表项的标签仍为<li>；其中 ol 为 Ordered List 的缩写，li 与之前<ul>标签中的一样，仍为 List Item 的缩写。其格式为：

```
<ol reversed="true">
  <li> 表项 1</li>
  <li> 表项 2</li>
  …
</ol>
```

其中 reversed 属性的意思是指定列表倒序呈现。此外诸如 compact、start 和 type 等属性，虽然测试可用，但为了安全起见，建议不再使用。在浏览器中显示时，有序列表整个表项与上下段文本之间各有一行空白；列表项目向右缩进并左对齐；各表项前带顺序号。

利用 CSS 技术可设定不同类型的序号，例如，数字、大写英文字母、小写英文字母、大写罗马字母和小写罗马字母等。默认的序号标签是数字。

【实例 3-8】有序列表的应用

程序代码如 ex3_8.html 所示。

ex3_8.html

```
<!DOCTYPE html>
<html>
  <head>
    <title>有序列表</title>
  </head>
  <body>
    <ol>
      <li>第一列</li>
```

```
            <li>第二列</li>
            <li>第三列</li>
        </ol>
        <ol reversed="reversed">
            <li>咖啡</li>
            <li>茶</li>
            <li>牛奶</li>
        </ol>
    </body>
</html>
```

运行后的结果如图 3-19 所示，从图中可以看到简单有序列表的显示效果，其中的 reversed 属性虽然 HTML 规范中已包含，但笔者所使用的 IE11 及 Edge41 版本浏览器均不能支持它。而图 3-20 所示的 Chrome 浏览器支持它，所以得到的是倒序的呈现效果。

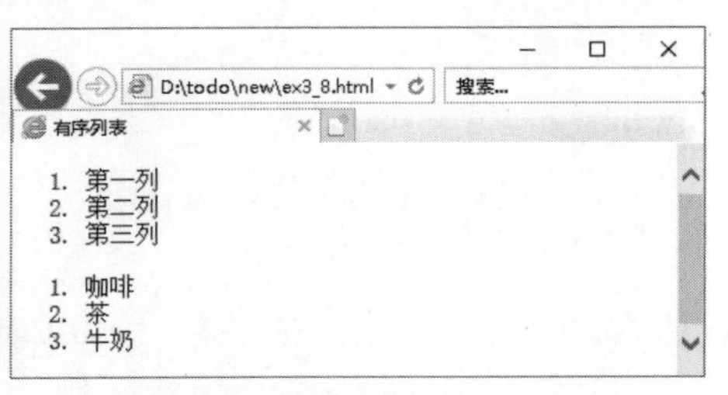

图 3-19　有序列表的应用(IE)

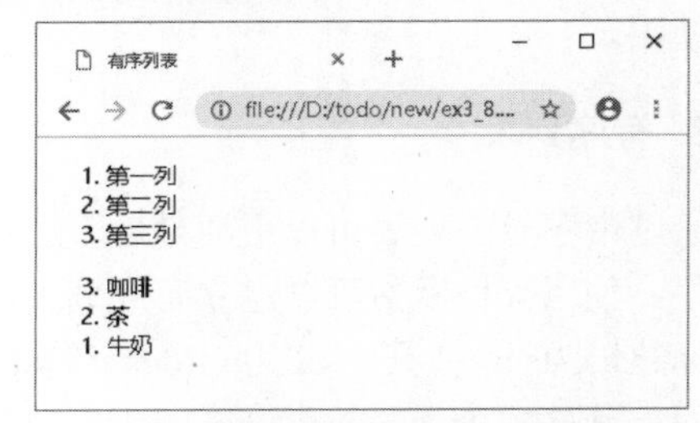

图 3-20　有序列表的应用(Chrome)

3. 描述列表

用项目列表表示单词或语句，使之具有交互凹进的特点。项目的描述列表使用标签<dl>、<dt>和<dd>来实现其中描述列表(dl)为 Definition List 的缩写，定义项目(dt)为 Definition Term 的缩写，描述列表项(dd)为 Definition Description 的缩写。

定义术语(dt)中只能包含 inline 类型的元素，而定义描述(dd)中可以包括任何类型的 HTML 元素，甚至是列表元素。

定义列表中包含了若干组定义，每组由其相关的<dt>及<dd>构成。浏览器在处理时，通常会显示为特定的缩进格式。<dt>往往用于定义项目，<dd>用于描述列表项。由<dt>定义的项目会自动换行左对齐，但项目之间没有空行。格式为：

```
<dl>
    <dt>定义单词 1</dt>
    <dd>单词 1 的说明</dd>
    <dt>定义单词 2</dt>
    <dd>单词 2 的说明</dd>
...
</dl>
```

【实例 3-9】定义列表的应用

程序代码如 ex3_9.html 所示。

ex3_9.html

```
<!DOCTYPE html>
<html>
  <head><title>定义列表</title></head>
  <body>
    <p><b>***问题</b></p>
    以上问题可分为 4 个方面：
    <dl>
      <dt>问题 1</dt>
        <dd>问题 1 的内容...</dd>
      <dt>问题 2</dt>
        <dd>问题 2 的内容...</dd>
      <dt>问题 3</dt>
        <dd>问题 3 的内容...</dd>
      <dt>问题 4</dt>
        <dd>问题 4 的内容...</dd>
    </dl>
  </body>
</html>
```

运行后的结果如图 3-21 所示，从图中可以看出定义列表所生成的缩进效果。

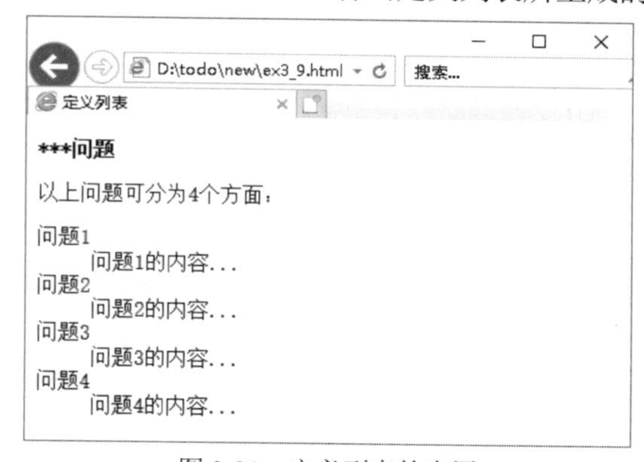

图 3-21　定义列表的应用

4. 列表的嵌套

有序列表和无序列表不仅可以自身嵌套，而且彼此可互相嵌套。列表的嵌套可以把主页分为多个层次，如同书的目录，给人以很强的层次感。

【实例 3-10】有序列表中嵌套无序列表

程序代码如 ex3_10.html 所示。

ex3_10.html

```
<!doctype html>
<html>
  <head><title>有序列表中嵌套无序列表</title></head>
```

```
    <body>
        有序列表中嵌套无序列表示例
        <ol>
            <li>有序 1</li>
            <ul>
                <li>无序</li>
                <li>无序</li>
            </ul>
            <li>有序 2
            <ul>
                <li>无序</li>
                <li>无序</li>
                <li>无序</li>
            </ul>
            <li>有序 3</li>
        </ol>
    </body>
</html>
```

运行后的结果如图 3-22 所示，从图中可以看出有序列表中嵌套无序列表的效果。

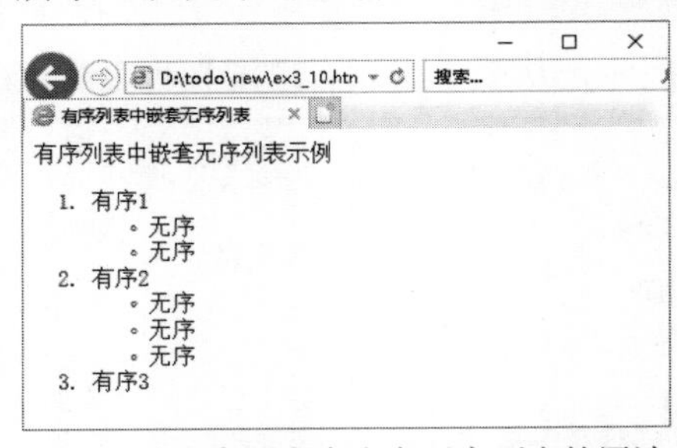

图 3-22　有序列表中嵌套无序列表的用法

3.3.3　超链接

超链接是网页互相联系的桥梁，可以将超链接看作是一个“热点”，它可以从当前 Web 页定义的位置跳转到其他位置，包括当前页的某个位置、Internet 或本地硬盘或局域网上的其他文件，甚至跳转到声音、图片等多媒体文件。利用超链接浏览 Web 页是一种最普遍的应用，通过超链接还可以获得不同形态的服务，如文件传输、资料查询、电子邮件、远程访问等。

当 Web 页中包含超链接时，其默认的外观形式为蓝色且带下画线的文字，或者直接使用图片。使用鼠标单击这些文本或图片，可跳转到相应位置。当鼠标指针指向具有超链接的文本或图片时，将变成手形。

1. 锚点标签<a>

锚点(anchor)标签由<a>定义，它在网页上建立超文本链接。通过单击一个词、句或图片，可从此处转到另一个链接资源(目标资源)，这个目标资源有唯一的地址(URL)。具有以上特点的词、句或图片就称为热点。定义<a>标签的格式为：

```
<a href="链接的目标地址" target="打开窗口方式" media="链接的媒介类型" type="MIME 类型">浏览器中显示的热点</a>
```

属性 href 为超文本引用，它的值为一个 URL，是目标资源的有效地址。在书写 URL 时要注意，如果资源放在自己的服务器上，则可以使用相对路径；否则，应使用绝对路径。但如果没有定义 href 属性，则所生成的链接仅仅是超链接的一个占位符。

属性 target 设定链接被单击后结果为所要显示的窗口，可选值为_blank、_parent、_self、_top。属性 target 的定义及其对应的含义如表 3-4 所示。

表 3-4　超链接属性 target 的定义及其对应的含义

target 的定义	含　义
target="_blank"	将链接的画面内容显示在新的浏览器窗口中
target="_parent"	将链接的画面内容显示在直接父框架窗口中
target="_self"	将链接的画面内容显示在当前窗口中(默认值)
target="_top"	将框架中连接的画面内容显示在没有框架的窗口中(除去了框架)

注意：

可根据需要设置热点的颜色，为此，可利用<body>标签中相关的属性。

属性 type 指定目标 URL 所指向文档的 MIME 类型，该属性仅在 href 属性存在时可用，例如：

```
<a href="http://www.njupt.edu.cn" type="text/html">njupt</a>
```

提示：

MIME 类型由 IANA 定义，具体内容可在线参阅相关技术文档(http://www.iana.org/assignments/media-types/media-types.xhtml)。

属性 media 指定目标 URL 的媒介类型。规定目标 URL 是针对什么类型的媒介/设备进行优化的，如 iPhone、语音或打印机等，其默认值为 all，也可以设置为设备的显示特征值。media 属性中媒介/设备的取值可以通过逻辑运算进行设置。该属性仅在 href 属性存在时可用。

media 属性的基本语法为：

```
<a href="TargetURL" media="value">TextToShow</a>
```

例如：

```
<a href=" media.aspx?id=printer" media="print and (resolution:300dpi)">
   打印机
</a>
```

其中 value 对于媒介/设备，可设置的值如表 3-5 所示。

表 3-5　超链接属性 media 中媒介/设备的取值

取　　值	含　　义
all	默认，适合所有设备
aural	语音合成器
braille	盲文反馈装置
handheld	手持设备(小屏幕、有限的带宽)
projection	投影仪
print	打印预览模式/打印页面
screen	计算机屏幕
tty	电传打字机以及使用等宽字符网格的类似媒介
tv	电视类型设备(低分辨率、有限的分页能力)

在设置 value 值时，允许通过逻辑运算进行设置，用“and”“not”“，”分别表示与、非和或的逻辑关系。

对于设备的显示特征值，可设置的值如表 3-6 所示。

表 3-6　超链接属性 media 中设备的显示特征值

取　　值	含　　义	实　　例
width	规定目标显示区域的宽度，可使用 "min-" 和 "max-" 前缀	media="screen and (min-width:500px)"
height	规定目标显示区域的高度，可使用 "min-" 和 "max-" 前缀	media="screen and (max-height:700px)"
device-width	规定目标显示器/纸张的宽度，可使用 "min-" 和 "max-" 前缀	media="screen and (device-width:500px)"
device-height	规定目标显示器/纸张的高度，可使用 "min-" 和 "max-" 前缀	media="screen and (device-height:500px)"
orientation	规定目标显示器/纸张的取向，可能的值为"portrait" 或 "landscape"	media="all and (orientation: landscape)"
aspect-ratio	规定目标显示区域的宽度/高度比，可使用 "min-" 和 "max-" 前缀	media="screen and (aspect-ratio:16/9)"
device-aspect-ratio	规定目标显示器/纸张的 device-width/device-height 比率，可使用 "min-" 和 "max-" 前缀	media="screen and (aspect-ratio:16/9)"
color	规定目标显示器的每种颜色通道位数，可使用 "min-" 和 "max-" 前缀	media="screen and (color:3)"
color-index	规定目标显示器能够处理的颜色数，可使用 "min-" 和 "max-" 前缀	media="screen and (min-color-index:256)"
monochrome	规定在单色帧缓冲区中的每像素比特，可使用 "min-" 和 "max-" 前缀	media="screen and (monochrome:2)"
resolution	规定目标显示器/纸张的像素密度 (dpi 或 dpcm)，可使用 "min-" 和 "max-" 前缀	media="print and (resolution:300dpi)"
scan	规定 tv 显示器的扫描方法，可能的值为"progressive" 或 "interlace"	media="tv and (scan:interlace)"
grid	规定输出设备是网格还是位图，可能的值为 1 或 0，其中 1 代表网格，0 代表其他	media="handheld and (grid:1)"

2. 创建指向其他页面的链接

创建指向其他页面的链接，就是在当前页面与其他相关页面间建立超链接。无论目标文件与当前文件的目录关系如何，其格式都为：

```
<a href="目标地址的路径/目标文件名.html">热点文本</a>
```

根据目标文件与当前文件的目录关系，有以下几种写法。

(1) 链接到同一目录内的网页文件(使用相对地址)

链接到同一目录内的网页文件的格式为：

```
<a href="目标文件名.html">浏览器中的热点文本</a>
```

其中的目标文件名是链接所指向的文件的名称。

【实例 3-11】链接到同一目录内的网页文件

以下代码演示了使用相对路径的链接，程序代码如 ex3_11.html 所示。

ex3_11.html

```
<!doctype html>
<html>
  <head>
    <title>我的主页</title>
  </head>
  <body>
    <h2 >欢迎来到我的主页</h2>
    <center>
      <a href="new.html">最新更新</a><br>
      <a href="self.html">我的自传</a><br>
      <a href="message.html" target="_blank">给我留言</a><br> <!--新的浏览器窗口显示-->
    </center>
  </body>
</html>
```

运行后的结果如图 3-23 所示，从图中只能看到超链接，当把鼠标移到超链接上时，鼠标指针将变为手形，可以单击链接并打开指定的网页(new.html、self.html 及 message.html 文件需要另外单独建立)。如果在<a>标签中省略属性 target，则在当前窗口中显示；当 target="_blank"时，将在新的浏览器窗口中显示，因此单击第三个超链接后可以看到相关内容显示在一个新窗口中。

图 3-23　链接到同一目录内的网页文件

(2) 链接到本站点下不同目录中的网页文件(使用相对地址)

链接到下一级目录中网页文件的格式为：

```
<a href="子目录名/目标文件名.html">热点文本</a>
```

链接到上一级目录中网页文件的格式为：

```
<a href="../目标文件名.html">热点文本</a>
```

其中“../”表示退到上一级目录中。读者可以根据这个基本原则建立本网站下各个页面之间的链接。

(3) 链接到其他网站的网页文件(使用绝对地址)

链接到其他网站的网页文件的格式为：

```
<a href="网络协议://网站名称/子目录名/目标文件名.html">热点文本</a>
```

使用这种方法，可以建立不同网站间的网状关系，这个特性是Web技术的一个基本特征之一。

URL的基本语法为：网络协议://URL地址[:PORT]/PATH/FILE，其中网络协议可以是File、HTTP、Gopher、WAIS、News及Telnet等任何能支持的方式。

3. 创建指向本网页中的链接

要在当前页面实现超链接，需要定义两个标签，一个为超链接标签，另一个为书签标签。超链接标签的格式为：

```
<a href="#书签名">热点文本</a>
```

即单击热点文本，将跳转到“记号名”开始的文本。

书签就是用<a>标签对该文本作一个记号。如果有多个链接，不同目标文本要设置不同的书签名，书签名在<a>的name属性中定义，格式为：

```
<a name="书签名">目标文本附近的字符串</a>
```

提示：

虽然HTML5规范中已明确不再支持该用法，但大多数主流浏览器仍支持。用户可以将该用法作为灵活的手段暂时加以应用。

【实例3-12】指向本网页中的链接

程序代码如ex3_12.html所示。

ex3_12.html

```
<!doctype html>
<html>
  <head><title>我的主页</title></head>
  <body>
    <a name="main"> </a>
    <h2><b>欢迎来到我的主页</b></h2>
        <a href="#new">最新更新</a>    
        <a href="#self">我的自传</a>    
```

```
        <a href="#message">给我留言</a>        <br><br>
    <a name="new"></a>
      最新更新<br>
      ....<br>....<br>....<br>....<br>
      <div><a href="#main">返回</a></div><br><br>
    <a name="self"></a>
      我的自传<br>
      ....<br>....<br>....<br>....<br>
      <div><a href="#main">返回</a></div><br><br>
    <a name="message"></a>
      给我留言<br>
      ....<br>....<br>....<br>....<br>
      <div><a href="#main">返回</a></div><br><br>
  </body>
</html>
```

运行后的结果如图 3-24 所示，由于本实例为页内链接及网页的垂直高度有限，因此浏览器的高度不宜过大，否则看不到效果。单击左图中的三个链接之一，浏览器会转向相应的位置。

图 3-24　指向本网页中的链接

由上例可以看出，指向本页面其他部分的链接与指向其他页面的链接的不同之处在于，后者要在页面中定义标签。两种链接的相同之处在于它们都使用了<a>标签。

4. 创建指向其他类型文件的链接

如果链接到的文件不是 HTML 文件，则浏览器会提示对该文件如何进行操作，如将该文件作为下载文件或打开等。创建这种类型链接的方法为：

```
<a  href="下载文件名">热点文本</a>
```

文件可以放在本网站内，也可以位于其他网站中，在书写 href 属性时可以参考前面提到的用法，而文件的类型不仅局限于 html 类型，也可以是其他类型。

5. 创建发送电子邮件的链接

单击指向电子邮件的链接，将打开默认的电子邮件程序，如 FoxMail、Outlook Express，并自动填写收件人地址。要创建指向电子邮件的链接，可以在<a>标签的 href 属性中加入 mailto，其格式为：

```
<a  href="mailto:e-mail 地址">发送邮件的热点文本</a>
```

【实例 3-13】创建发送电子邮件的链接

程序代码如 ex3_13.html 所示。

ex3_13.html

```
<!doctype html>
<html>
  <head>
    <meta http-equiv="content-type" content="text/html; charset=gb2312">
    <title>使用超链接来传送电子邮件</title>
  </head>
  <body>
    <p>请将对此网页内容的意见或感想，
      <a href="mailto: author@163.com">发送邮件给我</a>
      ，谢谢！
    </p>
  </body>
</html>
```

运行后的结果如图 3-25 中的左图所示，从图中只能看到一个“发送邮件给我”的超链接，单击则会打开本机发送电子邮件的应用程序(需要预装)；如图 3-25 中的右图所示，其中收件人的地址已经自动填写了。

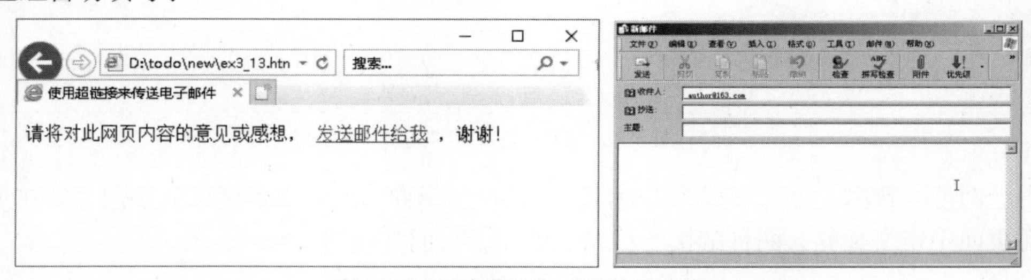

图 3-25　创建发送电子邮件的链接

3.3.4　表格

HTML提供了<table>元素，这使得网页创作者可以创建表格，表格可将文本和图片等素材按行、列排列。与列表一样，表格有利于排版，它常用来控制显示格式，使整个页面能够更规则地排列不同的素材，使条目看起来更清晰。

1. 建立简单表格

最简单的表格仅包括行和列。表格的标签为<table>，行的标签为<tr>，表项的标签为<td>。其中，<tr>是单标签，一行的结束是新一行的开始。表项内容写在<td>与</td>之间。<table>则必须成对使用。格式为：

```
<table border="或 1">
  <tr> <th>表头 1</th><th>表头 2</th><th>…</th><th>表头 n</th>
  <tr> <td>表项 1</td><td>表项 2</td><td>…</td><td>表项 n</td>
    …
```

```
  <tr> <td>表项 1</td><td>表项 2</td><td>…</td><td>表项 n</td>
</table>
```

由上面格式可以看出，表格是逐行建立的，在每一行中填入该行每一列的表格数据项。可以将表头看作一行，表头用<th>标签表示。

上面格式定义中使用的标签及其含义如下。

- <table>：定义一个表格，一般它不直接包含 tr、th/td 元素，而是包含 0 个或 1 个 caption 元素(标题)、若干个 col/colgroup 元素(列组)、0 个或 1 个 thead/tfoot 元素(表头/表尾)、1 个以上的 tbody 元素(表体)。
- <tr>：定义表格中的一行，每个 tr 元素可以包含 1 个以上的 th 元素或者 td 元素。
- <th>：用于定义表头信息，可以包含任何类型的 HTML 元素。
- <td>：用于生成数据单元，可以包含任何类型的 HTML 元素。

在浏览器中显示时，<th>标签的文字按粗体显示，<td>标签的文字按正常字体显示。表格的整体外观由<table>标签的 border 属性决定，该属性定义表格边框的有无，规范中定义该属性中的 n 只可省略或为 1，其单位是像素。如果省略，则表格无边框。经实测，目前的浏览器仍然只支持 0 表示无边框，而 1 或""效果相同。

也可在第一列加表头，其格式为：

```
<table border="或 1">
  <tr> <th>表头 1</th><td>表项 1</td><td>…</td><td>表项 n</td>
  <tr> <th>表头 2</th><td>表项 1</td><td>…</td><td>表项 n</td>
    …
  <tr> <th>表头 n</th><td>表项 1</td><td>…</td><td>表项 n</td>
</table>
```

【实例 3-14】带标题的表格

程序代码如 ex3_14.html 所示。

ex3_14.html

```
<!doctype html>
<html>
  <head>
      <title>销售业绩</title>
  </head>
  <body>
    <table border="0">
    <caption>张三销售业绩</caption>
    <tr><th>编号</th><th>姓名</th><th>外销</td><th>内销</th><th>总数</th>
    <tr><td>0001</td><td>张　三</td><td>45</td><td>86</td><td>131</td>
   </table>
   <br>
   <table border="1">
    <caption>张三销售业绩</caption>
    <tr><th>编号</th><th>姓名</th><th>外销</td><th>内销</th><th>总数</th>
    <tr><td>0001</td><td>张　三</td><td>45</td><td>86</td><td>131</td>
```

```
        </table>
        <br>
        <table border="">
          <caption>张三销售业绩</caption>
          <tr><th>编号</th><th>姓名</th><th>外销</td><th>内销</th><th>总数</th>
          <tr><td>0001</td><td>张    三</td><td>45</td><td>86</td><td>131</td>
        </table>
        <br>
    </body>
</html>
```

运行后的结果如图 3-26 所示，从图中可以看到三种不同 border 设置的表格。三个表格的 border 属性分别被设置为"0" "1"和""，其中设置为 0 的表格没有边框，其他两个设置的效果相同。

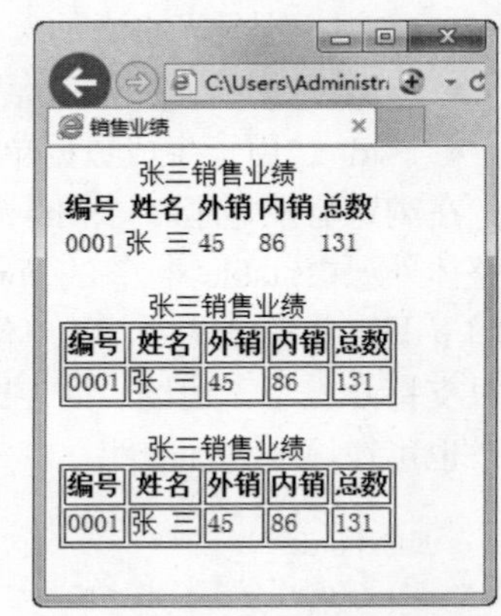

图 3-26　带标题的表格

注意：

如果希望设置更为丰富的表格效果，建议使用本书后面章节中介绍的 CSS 技术来实现。通过 CSS 技术，可设置字体或表格背景的不同样式，如大小、字体、颜色等。

2. 跨多行、多列的表项

使用<tr>、<td>、<th>标签的 colspan 和 rowspan 属性，可以分别制作跨多行(合并行)和跨多列(合并列)的表格。

(1) 跨多列表项

跨多列表项的格式为：

```
<td  colspan=x> 表项 </td>
```

或

```
<tr  colspan=x> 表项 </tr>
```

或

```
<th  colspan=x> 表项 </th>
```

其中，x 表示合并的列数。

(2) 跨多行表项

跨多行表项的格式为：

```
<td  rowspan=y> 表项 </td>
```

或

```
<tr  rowspan=y> 表项 </tr>
```

或

```
<th  rowspan=y> 表项 </th>
```

其中，y 表示合并的行数。

(3) 同时跨多列多行表项

在<th>中同时使用 colspan 和 rowspan 属性可制作多重表头，格式为：

```
<th  rowspan=x  colspan=y>
```

其中，rowspan 设置表头跨过 x 列，colspan 设置表头跨过 y 行。

【实例 3-15】 跨多行、多列的表项

程序代码如 ex3_15.html 所示。

ex3_15.html

```
<!doctype html>
<html>
  <body>
    <table border="1">
      <tr>  <th colspan="3">b040801 班</th>
      <tr>  <th>姓名</th><th>性别</th><th>年龄</th>
      <tr>  <td>张三</td><td>男</td><td>21</td>
      <tr>  <td>王二</td><td>女</td><td>22</td>
    </table>
    <br>
    <table border="1">
     <tr> <th rowspan="3">b040801 班</th> <th>姓名</th> <td>性别</td><td>年龄</td>
      <tr>  <td>张三</td><td>男</td><td>21</td>
      <tr>  <td>王二</td><td>女</td><td>22</td>
    </table>
  </body>
</html>
```

运行后的结果如图 3-27 所示，从图中可以看到跨多行、多列的表项。

【实例 3-16】创建多重表头的表格

程序代码如 ex3_16.html 所示。

ex3_16.html

```
<!doctype html>
<html>
  <head><title>学生成绩</title></head>
  <body>
    <table border="1">
      <caption><b>学生成绩表</b></caption>
      <tr> <th rowspan=2>学号<th rowspan=2>姓名<th colspan=3>成绩
      <tr>  <th>java<th>网页制作<th>数据库
```

```
        <tr> <td>0001<td>张三<td>92<td>69<td>161
        <tr> <td>0002<td>王五<td>86<td>92<td>178
        <tr> <td>0003<td>李四<td>90<td>100<td>190
        <tr> <td>0004<td>何六<td>72<td>86<td>158
        <tr> <td>0005<td>赵七<td>80<td>93<td>173
      </table>
   </body>
</html>
```

运行后的结果如图 3-28 所示，其中的多重表头表格结合了 rowspan 和 colspan 的用法。

图 3-27　创建跨多行、多列的表格

图 3-28　创建多重表头的表格

3. 表格的分组显示

复杂表格指的是对表格的行、列的对齐方式进行设置。

(1) 按行分组

表格的行从上到下可以分为表头、表体和表尾。分别使用标签<thead>、<tbody>、<tfoot>来定义。这种定义方法不但可以设置表头，而且可以将表格的行进行分组，其格式为：

```
<table>
  <thead> 题头 </thead>
  <tfoot> 表尾 </tfoot>
  <tbody> 表格主体 1 </tbody>
      …
  <tbody> 表格主体 n </tbody>
</table>
```

可以定义多个表体<tbody>部分，每个<tbody>部分定义多行信息，每行的格式与一般表格中的一样，在同一个<tbody>中，所有行的列数都必须相同。<thead>、<tbody>、<tfoot>标签可以是单标签。

在浏览器中显示时，表头、表尾以及各个表体之间都用边框来分隔。

【实例 3-17】按行分组制作表格

程序代码如 ex3_17.html 所示。

ex3_17.html

```
<!doctype html>
```

```
<html>
  <body>
    <table border="1">
      <thead>
        <tr>   <th>学号<th>姓名<th>性别<th>年龄
      </thead>
      <tbody>
        <tr>
          <td bgcolor=orange>0001</td>
          <td bgcolor=greenyellow>王二</td>
          <td bgcolor=cyan>女</td>
          <td bgcolor=red>21</td>
        </tr>
        <tr>
          <td bgcolor=orange>0002</td>
          <td bgcolor=greenyellow>张三</td>
          <td bgcolor=cyan>男</td>
          <td bgcolor=red>20</td>
        </tr>
      </tbody>
    </table>
  </body>
</html>
```

运行后的结果如图 3-29 所示，图中的表格就是一个按行分组的方式建立的表格。

注意：

本例中使用了<td>标签的 bgcolor 属性，该属性在规范中要求使用 CSS 来定义，此处仅作为一种尝试，实际应用中建议修改为 CSS 方式。此外，【实例 3-17】及后面的部分实例中所显示的表格具有不同的背景色，但受到黑白印刷的限制，书中的截图不能完全展示实际的显示效果，请读者自行运行实例代码以观察真实的显示效果。

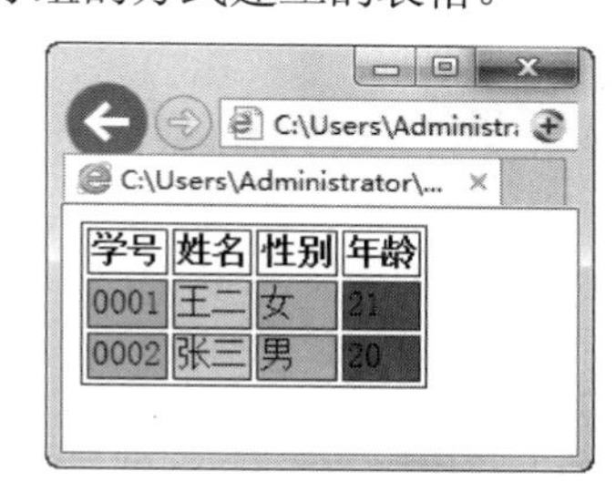

图 3-29　按行分组方式建立的表格

(2) 按列分组

用列组<colgroup>标签和列<col>标签，可以改变列的一些性质，如列的宽度等。列组可以包括一个或多个列，使用<colgroup>标签可一次设定列组中的列数以及各列的属性，其格式为：

```
<colgroup span=x >
```

其中，span 的值 x 大于 0，表示从左数起，指定属性列组的列数，默认为 1 列(如 span=3，表示从第 1 列到第 3 列共 3 列)。

<col>标签可以设定列的属性，它可以用在<colgroup>中，也可单独用于定义列组以外列的属性，但它不能构造列组，其格式为：

```
<col span=x>
```

其中，span 取 0 以上的值，用于指定所含的列数，指本列及后续的 x−1 列。

【实例 3-18】按列分组制作表格，设置列宽

程序代码如 ex3_18.html 所示。

ex3_18.html

```
<!doctype html>
<html>
  <head><title>学生</title></head>
  <body>
    <table border="1">
      <caption>学生名单</caption>
      <colgroup span=2>
      <thead>
        <tr> <th>姓名<th>性别<th>年龄
      </thead>
        <tr>
          <td bgcolor=greenyellow>王二</td>
          <td bgcolor=cyan>女</td>
          <td bgcolor=red>21</td>
        </tr>
        <tr>
          <td bgcolor=greenyellow>张三</td>
          <td bgcolor=cyan>男</td>
          <td bgcolor=red>20</td>
        </tr>
    </table>
  </body>
</html>
```

运行后的结果如图 3-30 所示，图中的表格按列进行了分组。

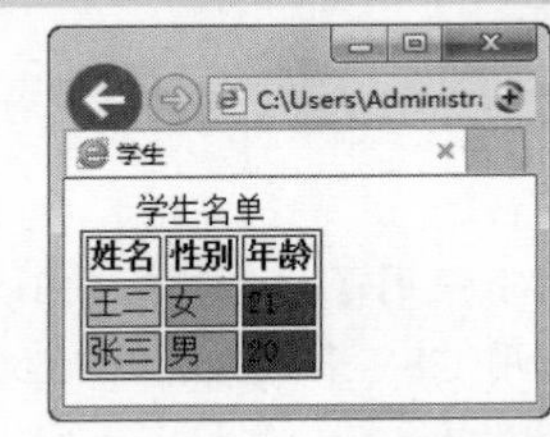

图 3-30　按列分组制作表格，设置列宽

3.3.5　图像、音频、视频及嵌入元素

1. 图像

图像是美化网页最常用的元素之一。目前，在网页中使用的图片，通常为 GIF 格式和 JPEG 格式等。

GIF 格式的文件最多只能显示 256 种颜色，这使得它很少用于存储照片。但是如果将这种格式用于存放图标、剪贴画和艺术线条等对颜色要求不高的图片，就绰绰有余了。GIF 格式图片的优点在于能制作透明、隔行和动画效果。

JPEG 格式的文件可以拥有计算机所能提供的最多种颜色，适合存放高质量的彩色图片、照片。另外，JPEG 格式的文件采用压缩方式来存储文件信息。对于相同的图片，所占的空间比 GIF 文件要小，所以下载时间较短，浏览速度较快。但 JPEG 格式的文件没有 GIF 格式文件的透明、隔行和动画这三种特殊效果。

以下从图片标签、图片布局等方面进行说明。

(1) 图片标签

使用图片标签，可以把一幅图片添加到网页中。用图片标签还可以设置图片的替代文本、尺寸、布局等属性，其格式为：

```
<img src="图片文件名" alt="替代说明文字" width="图片的宽度" height="图片的高度">
```

<img>标签的属性及其说明如表 3-7 所示。

表 3-7　<img>标签的属性及其说明

属　　性	说　　明
src	指出要添加的图片的文件名，即“图片文件的路径/图片文件名”
alt	在浏览器尚未完全读入图片时，在图片位置显示的文字
width	宽度(像素数或百分数)，通常设置为图片的真实大小以免失真。若需要改变图片大小，最好事先使用图片编辑工具
height	设定图片的高度(像素数或百分数)

注意：

对于图片，可以使用<img>标签的 width 和 height 属性来设置图片的大小。其中 width 和 height 属性的值可取像素数，也可取百分数。如果不设定图片的尺寸，图片将按照其本身的大小显示。

【实例 3-19】在网页中添加图片

下面的例子在网页中添加图片，程序代码如 ex3_19.html 所示。

ex3_19.html

```
<!doctype html>
<html>
  <head>
    <title>在网页中添加图片</title>
  </head>
  <body>
    <img src="h5.jpg">h5</img>
    <br>
    <img src="h5.jpg" alt=h5 width="50" height="50">h5</img>
  </body>
</html>
```

运行后的结果如图 3-31 所示，上面的小图为原图，下面的图片是改变大小后的图片。

图 3-31　在网页中添加图片

(2) 用图片作为超链接

图片也可作为热点，单击图片则跳转到被链接的文本或其他文件，格式为：

```
<a href="链接到的文件名"> <img src="图片文件名"> </a>
```

【实例 3-20】用图片作为超链接

下面的例子说明了用图片作为超链接的方法，程序代码如 ex3_20.html 所示。

ex3_20.html

```
<!doctype html>
<html>
  <head><title>用图片作为链接</title></head>
  <body>
    <h4>《加菲猫》内容简介</h4>
    <a href="jfm.html"> <!-- 单击图片则打开 jfm.html -->
      <img src="cat.jpg" alt="加菲猫" width="220" height="138"> </img>
      </a>
    <br>    从上次"英勇"解救老被自己欺负的小狗欧弟，加菲猫已经很久没有劳
筋动骨了！睡觉、吃饭、躺在椅子上发困，和主人乔恩抢遥控器，再小小地鄙视一下头脑简单的欧弟，懒惰的
"猫生"总是很美好！不过，主人乔(布瑞金 •梅耶)为了，心爱的莉丝(珍妮弗 •拉芙 •海威特)决定飞到英…… </font>
  </body>
</html>
```

运行后的结果如图 3-32 所示。请读者仔细观察，当鼠标位于图片的位置时，鼠标变为了手的形状，同时出现了提示“加菲猫”，在浏览器左下角的状态栏中出现了链接的地址，单击后会转向这个地址。

图 3-32　用图片作为超链接

(3) 在图像上定义热区

使用 Image Map 这项技术可实现在一幅图像上定义多个热区，每个热区指向一个相应的 URL 地址。当使用者单击不同的区域时，就可以链接到不同的地方。为此，需要在

<img>标签上定义 usermap 属性，然后在<map>标签中再嵌套定义标签<area>…</area>来实现。

其中在标签<area>上，需要使用的属性如下。

- shape：定义形状，属性值可为 rect、circle、polygon、default。
- coords：定义一个以逗号分隔的坐标列表。

热区的使用方法如下：

```
<img src="rd.gif" usemap="#mymap">
<map name="mymap">
<area shape="circle" coords="30,30,30" href="temp.html">
<area shape="rect" coords="10,10,100,100" href="temp.html">
</map>
```

上面的语句定义了一个名为“mymap”的地图，其中包含了两个热区，一个为圆形，一个为矩形，单击后链接到“temp.html”。

【实例 3-21】在图像上定义热区

下面的例子说明了在图像上定义热区的方法，程序代码如 ex3_21.html 所示。

ex3_21.html

```
<!DOCTYPE html>
<html>
  <head><title>在图像上定义热区</title></head>
  <body>
    <img src="rd.jpg" usemap="#mymap">
    <map name="mymap">
      <area shape="circle" coords="75,75,75" alt="圆形热点" href="ex3_21.html" target="_blank">
      <area shape="rect" coords="10,160,150,280" alt="矩形热点" href="ex3_21.html" target="_blank">
      <area shape="poly" coords="180,130,300,100,360,140,370,200,360,270,180,250" alt="多边形热点"
href="ex3_21.html" target="_blank">
    </map>
  </body>
</html>
```

运行后的结果如图 3-33 所示。请读者仔细观察，图片上标注了三个热区的大致位置，当鼠标位于图片的不同热区时，鼠标会变为手的形状，同时会出现相应热区的提示，并在浏览器左下角的状态栏中会显示链接的地址，单击后会转向这个地址。

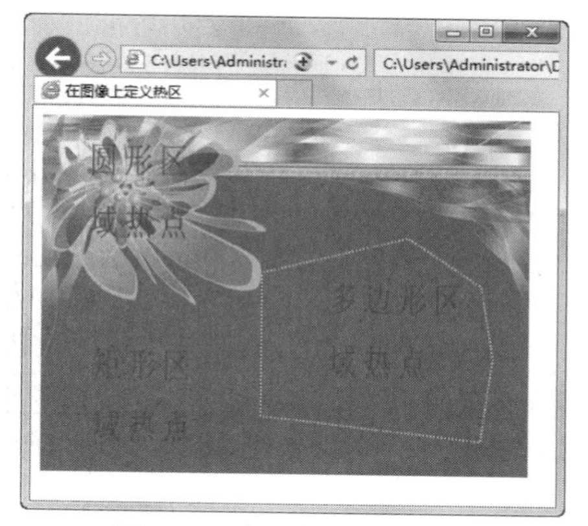

图 3-33　在图像上定义热区

2. 音频

在网页中添加音频，可以使用<bgsound>或<audio>等标签。

(1) <bgsound>标签

可以使用<bgsound>标签在网页中加入背景音乐，但仅有 IE 浏览器支持此方式，因此如果希望此功能具有通用性，需要使用本节后面介绍的其他方法。该标签定义的方式为：

```
<bgsound src="音乐文件的 URL"    loop="播放次数">
```

<bgsound>标签的属性及其说明如表 3-8 所示。

表 3-8 <bgsound>标签的属性及其说明

属　性	说　明
src	指出要加入音频的文件名，即“文件的路径/文件名”，通常为.wav、.au 或.mid 等
loop	指定背景音乐播放的次数，正整数表示播放指定次数，infinite 和-1 表示播放无限次数，一直到浏览器关闭
balance	调整左右声道的音量平衡，取值范围为-10000～10000
volume	调整音量，取值范围为-10000～0；0 表示最大音量

【实例 3-22】使用<bgsound>标签添加背景音乐(仅 IE 支持)

下面的例子说明了添加背景音乐的方法，程序代码如 ex3_22html 所示。

ex3_22.html

```
<!doctype html>
<html>
  <head><title>添加背景音乐</title></head>
  <body>
     <bgsound src="music.mid" loop="-1">
  </body>
</html>
```

(2) <audio>标签

可以使用<audio>标签在网页中添加音频，此标签是 HTML5 新增的标签，因此如果浏览器不支持 HTML5，可能出现不能播放的情况。目前，该标签支持的音频格式包括 Ogg Vorbis、MP3 和 Wav。该标签定义的方式为：

```
< audio autoplay="autoplay" controls="controls" loop=" loop" src="音频文件 URL">
```

<audio>标签的属性及其说明如表 3-9 所示。

表 3-9 audio 标签的属性及其说明

属　性	值	说　明
autoplay	autoplay	如果出现该属性，则音频在就绪后马上播放
controls	controls	如果出现该属性，则向用户显示控件，比如播放按钮
loop	loop	如果出现该属性，则当音频结束时重新开始播放
preload	preload	如果出现该属性，则音频在页面加载时进行加载，并预备播放；如果使用 "autoplay"，则忽略该属性
src	url	要播放的音频的 URL

【实例 3-23】使用<audio>标签添加音频

下面的例子说明了使用<audio>标签添加音频的方法，程序代码如 ex3_23html 所示。

ex3_23.html

```
<!doctype html>
<html>
  <head><title>添加音频</title></head>
  <body>
    <audio src="music.mp3" autoplay="autoplay" controls="controls" loop=" loop">
  </body>
</html>
```

运行后的结果如图 3-34 所示，其中左图为 Chrome 浏览器，右图为 IE 浏览器，请读者仔细观察不同浏览器之间的差异。

图 3-34　不同浏览器上<audio 标签>的界面

3. 添加视频

目前，大多数视频是通过插件(比如 Flash)来显示的。然而，并非所有浏览器都拥有同样的插件。HTML5 新增了一种通过 video 元素来包含视频的标准方法。此外，还可以通过<embed>标签来嵌入视频。

(1) video 元素

当前，video 元素支持如下 3 种视频格式。

- Ogg：带有 Theora 视频编码和 Vorbis 音频编码的 Ogg 文件。
- MPEG4：带有 H.264 视频编码和 AAC 音频编码的 MPEG 4 文件。
- WebM：带有 VP8 视频编码和 Vorbis 音频编码的 WebM 文件。

支持 video 元素的浏览器及版本说明如表 3-10 所示。

表 3-10　支持 video 元素的浏览器及版本说明

格　式	IE	Firefox	Opera	Chrome	Safari
Ogg	不支持	3.5+	10.5+	5.0+	不支持
MPEG4	9.0+	不支持	不支持	5.0+	3.0+
WebM	不支持	4.0+	10.6+	6.0+	不支持

<video>标签支持的属性及其描述如表 3-11 所示。

表 3-11 <video>标签的属性及其描述

属 性	值	描 述
autoplay	autoplay	如果出现该属性，则视频在就绪后马上播放
controls	controls	如果出现该属性，则向用户显示控件，比如播放按钮
height	pixels	设置视频播放器的高度
loop	loop	如果出现该属性，则当媒介文件完成播放后会再次开始播放
preload	preload	如果出现该属性，则视频在页面加载时进行加载，并预备播放； 如果使用 "autoplay"，则忽略该属性
src	url	要播放的视频的 URL
width	pixels	设置视频播放器的宽度

【实例 3-24】使用<video>标签添加视频

下面的例子展示了 video 元素的用法，程序代码如 ex3_24.html 所示。

ex3_24.html

```
<!doctype html>
<html>
  <head><title>添加视频</title></head>
  <body>
    <video src="movie.mp4" width="320" height="240" controls="controls">您的浏览器不支持 video 标签</video>
  </body>
</html>
```

上面的例子使用了 MP4 格式的文件，当然对于 Firefox、Opera 以及 Chrome 等多种浏览器，视频的格式有很多种选择，而如果希望也能适用于 Safari 浏览器，则视频文件最好是 MP4 格式。该实例在支持 HTML5 的浏览器中运行时就可以看到视频被打开和播放，其中在视频显示区域会出现一个用于交互控制和信息显示的半透明条，但不同的浏览器其显示方式存在一定的差异，如图 3-35 所示，其中左图为 Chrome 浏览器，右图为 IE 浏览器，请读者仔细观察不同浏览器之间的差异。

图 3-35 <video>标签的使用

(2) embed 元素

<embed>标签可定义嵌入的内容，比如 Midi、Wav、AIFF、AU、MP3、MP4、AVI 和各种插件等，也可用于嵌入视频。<embed>标签支持的属性及其描述如表 3-12 所示。

表 3-12　<embed>标签的属性及其描述

属　性	值	描　述
height	pixels	设置嵌入内容的高度
src	url	嵌入内容的 URL
type	type	定义嵌入内容的 MIME 类型，由 IANA 定义
width	pixels	设置嵌入内容的宽度

【实例 3-25】在网页中嵌入视频

下面的例子展示了在网页中通过 embed 元素嵌入视频的方法，程序代码如 ex3_25.html 所示。

Ex3_25.html

```
<!doctype html>
  <head><title>插入多媒体文件</title></head>
  <body>
    <h2>网页中的多媒体</h2>
    <embed src="movie.mp4" width="320" height="240" loop="true"/>
  </body>
</html>
```

上面代码运行后的结果如图 3-36 所示，其中左图为 Chrome 浏览器，右图为 IE 浏览器，请读者仔细观察不同浏览器之间的差异，并比较使用<embed>标签和<video>标签两种方式嵌入视频的差异。

图 3-36　<embed>标签的使用

3.3.6　iframe 框架应用

iframe 元素会创建包含另外一个文档的内联框架(即行内框架)。iframe 的典型用法如下：

```
<iframe src="http://www.njupt.edu.cn/"> </iframe>
```

其中 src 属性表示该框架对应的源文件。

【实例 3-26】使用 iframe 方案建立框架

下面的例子给出了为实现与 frame 类似的效果，而采用<iframe>标签的用法，程序代码如 ex3_26.html 所示。

ex3_26.html

```
<!doctype html>
<html>
  <body>
    <table>
      <tr>
        <td ><iframe src="http://www.sohu.com"></iframe></td>
      </tr>
      <tr>
        <td><table>
          <tr>
            <td><iframe src="http://www.sina.com"></iframe></td>
            <td><iframe src="http://www.163.com"></iframe></td>
          </tr>
        </table></td>
      </tr>
      <tr>
        <td><iframe src="http://www.baidu.com"></iframe></td>
      </tr>
    </table>
  </body>
</html>
```

本实例中简单使用了 table 元素来控制页面布局，使用 iframe 元素引入了不同网页，在浏览器中的显示效果如图 3-37 所示，其中显示了设定的 4 个不同网站，如果能结合 CSS 技术对表格位置及大小等进行控制，就可以呈现更为灵活的页面布局。

图 3-37　使用 iframe 方案建立的框架

3.3.7　表单

使用表单可以实现网页的交互功能，通常由网页中的一个或多个输入表项及项目选择等交互控件所组成的交互信息组称为表单。在网页中，可以通过表单交流和反馈信息达到与用户交互的目的，与表单有关的标签包括<form>和<input>。表单的基本语法及格式为：

```
<form action="mailto:mail 地址或网址" method=get|post>
   <input type="表项名" name="名" size=x maxlength=y>
…
</form>
```

<form>标签主要用于表单结果的处理和传送，其主要属性的含义如下。

- action 属性：表单处理的方式，往往是 Email 地址或网址。
- method 属性：表单数据的传送方向，是获得(get)表单还是送出(post)表单。
- autocomplete 属性：规定 form 域有自动完成功能，其取值为 on 或 off。
- novalidate 属性：在提交表单时不验证 form 域，其取值为 true 或 false。

<input>标签主要用来设计表单中提供给用户的输入形式，对其属性的说明如下。

- type 属性：指定要加入表单项目的类型(text、password、checkbox、radio、image、hidden、submit、reset、email、url、number、range、datepickers (date/month/week/time/datetime/datetime-local)、search、color 等)。
- name 属性：该表项的名称，主要在处理表单时起作用。
- size 属性：单行文本区域的宽度。
- maxlength 属性：允许输入的最大字符数。
- autocomplete 属性：规定 input 域有自动完成功能，适用于标签：text、search、url、telephone、email、password、datepickers、range 以及 color 等，其取值为 on 或 off。
- novalidate 属性：在提交表单时不验证 input 域，其取值为 true 或 false。

1. 文字和密码的输入

使用<input>标签的 type 属性，可以在表单中添加表项，并控制表项的样式。如果 type 属性值为 text，则输入的文本以标准的字符显示；如果 type 属性的值为 password，则输入的文本显示为“*”。

在表项前应加入表项的名称，如“您的姓名”等，以告诉用户在随后的表项中应输入的内容。

【实例 3-27】文本和密码的输入

下面的例子说明了利用表单输入文本和密码的用法，程序代码如 ex3_27.html 所示。

ex3_27.html

```
<!doctype html>
<html>
   <head><title>输入文本和密码</title><head>
   <body text=blue>
      <h2>个人资料</h2>
```

```
    <form action="mailto:yourmailadd@yourmail.com" memethod=post>
      姓名: <input type=text name=姓名><br>
      主页: <input type=text name=网址  value=http://><br>
      密码: <input type=password name=密码><br>
      <input type=submit value="发送"> <input type=reset value="重设">
    </form>
  </body>
</html>
```

运行后的结果如图 3-38 所示，从图中可以看到在文本框中输入姓名和主页的网址时可以进行文本的显示；而在密码的输入框中输入密码后却显示为圆点。

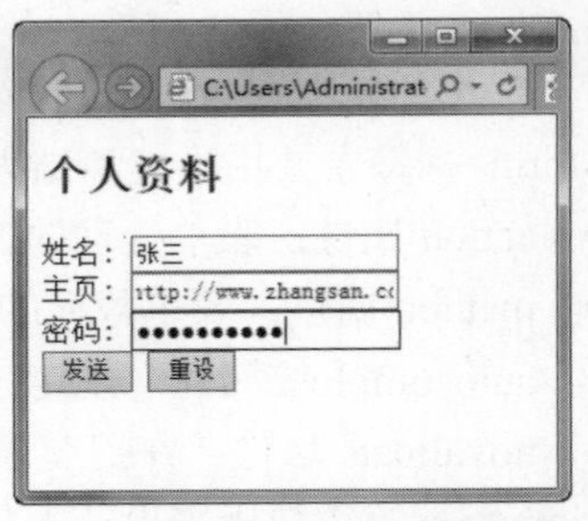

图 3-38　文本和密码的输入

提示：

由于此处未能进行良好的格式控制，行间距为 0，因此显示效果不佳，读者在学习后继章节的 CSS 技术后可以对此进行改善。

2. 重置和提交

如果用户想清除输入到表单中的全部内容，可以使用<input>标签中 type 属性所设的重置(reset)按钮，这样当表单的条目较多时可以省去在重新输入之前逐项删除的麻烦。当用户完成表单的填写后欲发送时，可使用<input>标签中 type 属性所设的提交(submit)按钮，将表单内容发送给 action 中的网址或函件信箱。该标签定义的一般格式为：

```
<input type="reset" value="按钮名">
<input type="submit" value="按钮名">
```

当默认 value 的设置值时，重置和提交的按钮分别显示为“重置”和“提交查询内容”，例如：

```
<form action="mailto:yourmailadd@yourmail.com" memethod=post>
  <input type=text name=a01 size=40><br>
  <input type=text name=a02 maxlength=5><br>
  <input type=submit><input type=reset>
</form>
```

3. 复选框和单选按钮

在页面中有些地方需要列出几个项目，让用户通过选择按钮来选择所需的项目。选择按钮可以是复选框(checkbox)或单选按钮(radio)。使用<input>标签的 type 属性可设置选择按钮的类型，使用 value 属性可设置该选择按钮的控件初值，用以将选择结果告诉表单制作者。用 checked 表示是否为默认选中项。name 属性是控件名，同一组的选择按钮的控件名是相同的。

【实例 3-28】复选框和单选按钮的使用

下面的例子说明了在表单中使用复选框和单选按钮来完成输入的用法，程序代码如 ex3_28.html 所示。

ex3_28.html

```
<!doctype html>
<html>
  <head><title>个人资料</title><head>
  <body>
    <form action="mailto:yourmailadd@yourmail.com" memethod=post>
      <h2>个人资料</h2>
      姓名: <input type=text name="xm" size=12><br>
      性别: <input type=radio name="性别" value="男" checked>男
          <input type=radio name="性别" value="女">女<br>
      出生日期: <input type=text name="year" size=2>年
       <input type=text name="month" size=2>月
       <input type=text name="day" size=2>日<br>
      个人爱好:<input type=checkbox name="爱好" value="体育">体育
       <input type=checkbox name="爱好" value="文学">文学
       <input type=checkbox name="爱好" value="艺术">艺术
       <input type=checkbox name="爱好" value="旅游">旅游
       <input type=checkbox name="爱好" value="美食">美食
       <input type=checkbox name="爱好" value="其他">其他<br>
    </form>
  </body>
</html>
```

运行后的浏览器显示如图 3-39 所示，从图中可以看到在“性别”和“个人爱好”两项中分别使用了单选按钮和复选框，用户使用时可以直接使用鼠标单击，而无须用键盘来输入。

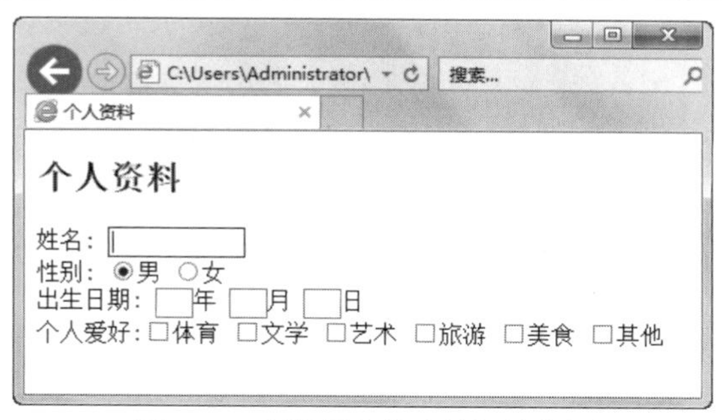

图 3-39　复选框和单选按钮的使用

4. 选择栏

当用户选择的项目较多时，如果用选择按钮来选择，就会占用较多的页面区域。可以用<select>标签和<option>标签来设置选择栏。选择栏可分为两种，即弹出式和字段式。<select>标签的格式为：

```
<select size=x name="控制操作名" multiple>
  <option …>
  …
</select>
```

其中选择栏中<select>标签所使用的各个属性及其说明如表3-13所示。

表3-13 <select>标签的各个属性及其说明

属　性	说　明
size	取数字，表示在带滚动条的选择栏中一次可见的列表项数
name	控件名称
multiple	不带值，加上本项表示可选多个选项，否则只能单选

<option>标签的格式为：

```
<option select value="可选择的内容">
```

其中选择栏中<option>标签所使用的各个属性及其说明如表3-14所示。

表3-14 <option>标签的各个属性及其说明

属　性	说　明
select	不带值，加上本项表示该项是预置的
value	指定控件选择结果的初始值，默认时初值为option中的内容选项

选择栏可以使用弹出式或字段式，说明如下。

(1) 弹出式选择栏

弹出式选择栏的格式为：

```
<form>
    <select>
       <option>选项 1
       <option>选项 2
        …
       <option>选项 n
    </select>
</form>
```

其中第1个选项将作为默认设置。

(2) 字段式选择栏

字段式选择栏与弹出式选择栏的主要区别在于<select>中的size属性值大于1，此值表示在选择栏中不拖动滚动条时可以显示选项的数目。

【实例3-29】选择栏的使用

下面的例子说明了在表单中使用两种不同的选择栏的方法，程序代码如ex3_29.html所示。

ex3_29.html

```
<!doctype html>
<html>
  <head> <title>请填写个人资料</title> <head>
```

```
<body>
  <form action="mailto:yourmailadd@yourmail.com" method=post>
    <h3>请填写个人资料</h3>
    姓    名:
  <input type=text name="xm" size=12><br>
    性    别:
  <input type=radio name="性别" value="男" checked>男
    <input type=radio name="性别"   value="女">女<br>
    出生日期: <input type=text name="year" size=2>年
    <input type=text name="month" size=2>月
    <input type=text name="day" size=2>日<br>
    <table>
      <tr><td>个人爱好:<td><input type=checkbox name="爱好" value="体育">体育<td>
      <input type=checkbox name="爱好" value="文学">文学<td>
      <input type=checkbox name="爱好" value="艺术">艺术<td>
      <input type=checkbox name="爱好" value="旅游">旅游<td>
      <tr><td><td><input type=checkbox name="爱好" value="美食">美食<td>
      <input type=checkbox name="爱好" value="其他">其他</table><br>
   学历: <select name="学历" size=1>
      <option value="中专">中专
      <option selected value="大专">大专
      <option value="大学">大学
      <option value="硕士">硕士
      <option value="博士">博士
      <option value="其他">其他
    </select>   
    职称:<select name="职称" size=5>
      <option value="助教">助教
      <option value="讲师">讲师
      <option value="副教授">副教授
      <option value="教授">教授
      <option value="其他">其他
    </select><p>
    <center><input type=submit value="提交"> <input type=reset value="重填"></center>
  </form>
</body>
</html>
```

运行后的结果如图 3-40 所示，从图中可以看到在“学历”和“职称”两项中分别使用了弹出式选择栏和字段式选择栏。

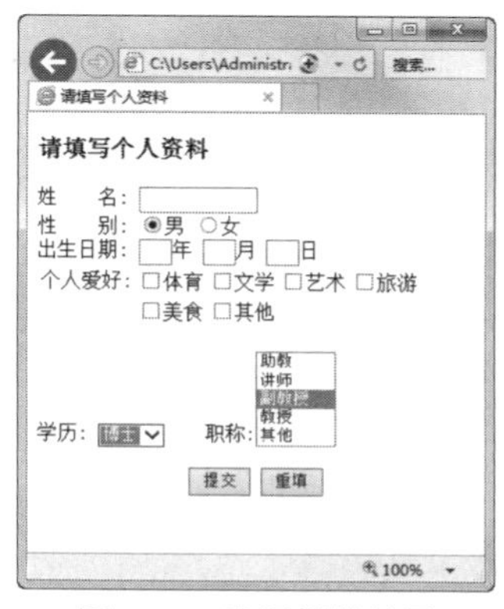

图 3-40　选择栏的使用

5. 多行文本输入框

在意见反馈栏中往往需要用户发表意见和建议，由于可能会录入较多文字，因此提供的输入区域一般较大。为此，可以使用<textarea>标签，可以对该标签进行设置，允许多行文本的输入，设置的格式为：

```
<textarea name="控件名称" rows="行数" cols="列数">
    多行文本
</textarea>
```

其中的行数和列数是指不用滚动条就可看到的部分。

【实例 3-30】多行文本输入框的使用

下面的例子说明了在表单中使用多行文本输入框的方法，程序代码如 ex3_30.html 所示。

ex3_30.html

```
<!doctype html>
<html>
  <head><title>请填写个人资料</title><head>
  <body>
    <form action=/cgi-bin/post-information method=post>
      <h2>请填写个人资料</h2>
      姓名:<input type=text name="xm" size=12>  
      性别:<input type=radio name="性别" value="男" checked>男
        <input type=radio name="性别"   value="女">女  
      出生日期:<input type=text name="year" size=2>年
      <input type=text name="month" size=2>月
      <input type=text name="day" size=2>日<br>
      个人爱好:
      <input type=checkbox name="爱好" value="体育">体育
        <input type=checkbox name="爱好" value="文学">文学
        <input type=checkbox name="爱好" value="艺术">艺术
        <input type=checkbox name="爱好" value="旅游">旅游
        <input type=checkbox name="爱好" value="美食">美食
        <input type=checkbox name="爱好" value="其他">其他<br>
     学历:<select name="学历" size=1>
       <option value="中专">中专
       <option selected value="大专">大专
       <option value="大学">大学
       <option value="硕士">硕士
       <option value="博士">博士
       <option value="其他">其他
     </select>   
     职称:<select name="职称" size=3>
       <option value="助教">助教
       <option value="讲师">讲师
       <option value="副教授">副教授
       <option value="教授">教授
       <option value="其他">其他
     </select><br>
     个人简历:<textarea name=comment rows=5 cols=60>
       </textarea><br><br>
```

```
            <center><input type=submit value="提交">
            <input type=reset value="重填"></center>
        </form>
    </body>
</html>
```

运行后的结果如图 3-41 所示，从图中可以看到表单中的“个人简历”项为多行文本输入框，其中可以填写多行文本内容。

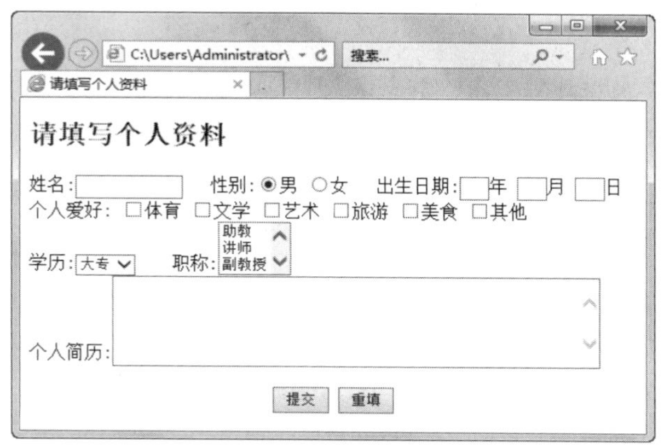

图 3-41　多行文本输入框的使用

注意：

限于篇幅，这里仅说明了在表单中常见的 5 种元素，更多种类的元素包括：email、url、number、range、datepicker (date/month/week/time/datetime/datetime-local)、search、color 等，其用法请读者可参考有关的指南。

6. 表单设计技巧

Web 应用程序总是利用表单来处理数据录入和配置，但并不是所有的表单都是如此。有人提出：“输入框(Input)应当符合逻辑地划分为一些小组，这样我们就可以更好地处理大堆区域间的关系。”输入区域的对齐方式、各自的标签(label)、操作方式，以及周围的视觉元素都会或多或少地影响用户的行为。

(1) 垂直排列

考虑到用户完成表单填写的时间应当尽可能的短，并且收集的数据都是用户所熟悉的(比如姓名、地址、付费信息等)，因此使用垂直对齐的标签和输入框可以说是最佳选择。每对标签和输入框垂直对齐排列可以给人一种两者接近的感觉，并且一致的左对齐减少了眼睛移动和处理的时间。用户只需要往一个方向移动几下即可。在此，读者可以回忆自己的 Web 体验，实际上很多网站的注册页面都是按照这种方式来组织的，如图 3-42 所示。

图 3-42　垂直排列的表单

在这种布局中，推荐使用加粗的标签，这可以增加它们的视觉比重，提高其显著性。如果不加粗，从用户的角度来看，标签和输入框的文字几乎就一样了。

(2) 关于对齐

如果一个表单上的数据并不为人熟悉或者在逻辑上分组有困难(比如一个地址的多个组成部分)，左对齐标签可以很容易地通览表单的信息。用户只需要上下看看左侧一栏的标签即可，而不会被输入框打断思路。但这样一来，标签与其对应的输入框之间的距离通常会被更长的标签拉长，可能会影响填写表单的时间。用户必须左右来回地跳转目光来找到两个对应的标签和输入框。

于是产生了一种替代的方案，即标签右对齐布局，这样可使得标签和输入框之间的联系更紧密。但结果是左边参差不齐的空白和标签会让用户很难快速检索表单要填写的内容。在西方国家，人们习惯于从左至右书写，所以这种右对齐的布局就给用户造成了阅读障碍。

(3) 改善用户体验：增加视觉元素

由于“标签左对齐布局”存在方便检索并且减少垂直高度的优点，因此尝试纠正它的主要缺点(标签和输入框的分离)就很诱惑人。一个方案就是增加背景色和分割线，不同的背景色产生了一列垂直的标签和一列垂直的输入框，每一组标签和输入框利用清晰的水平线分开。虽然这听上去不错，但这样做仍然存在问题。

对比之前的形态(用户主观的视觉区分)，如果增加了中间线、一个个有背景色的单元格以及一条条的水平线，就会转移用户的视线，让用户难以聚焦到一些重要的元素上，比如标签和输入框。正如 Edward Tufte 指出的：“信息本身存在差异，必然产生感官上的不同。”换句话说，任何对布局无用的视觉元素都会不断地扰乱布局。当试着浏览左侧的标签时就可以发现，视线总是被打断，会被迫停下来想那些水平线、单元格和背景色。

当然，这并不意味着放弃背景色和线条。它们对于划分相关区域信息还是很有效的。比如一条细水平线或者一个浅浅的背景色，都可以从视觉上组合相关数据。背景色和线条对于区分表单的主要操作按钮尤其有效。

一个表单的主要操作(通常是“提交”或“保存”)需要一个比较强的视觉比重(如采用亮色调、粗字体、背景色等)。这会给用户一个暗示：您已/即将完成填写表单。当一个表单有多个操作时，比如“继续”和“返回”，就有必要减轻次要操作的视觉比重。这可以最小化用户在操作上犯错误的潜在风险。

上述原则可以帮助读者进行表单的设计，但是组合布局、可视化元素以及内容，仍然需要经过更完整的测试以及分析才能真正符合用户的需求，更多的内容读者可以参考有关网页交互设计的专门讨论。

3.3.8 canvas 应用

HTML5 为我们带来了很多新特性，鉴于其内容较多，此处仅以比较典型和实用的 canvas 元素为例进行说明。

注意：

由于此部分内容涉及本书“JavaScript 语言”部分的知识，因此暂时不能理解相关内容的读者可以先跳过此节中的内容。

canvas 提供了通过 JavaScript 绘制图形的方法，此方法非常简单但功能强大。每一个 canvas 元素都有一个“上下文(context)”(可将其想象为绘图板上的一页)，在其中可以绘制任意图形。浏览器支持多个 canvas 上下文，并通过不同的 API 提供图形绘制功能。

1. canvas 基础

创建 canvas 的方法很简单，只需要在 HTML 页面中添加<canvas>元素，程序代码如下：

```
<canvas id="myCanvas" width="300" height="150">
  Fallback content, in case the browser does not support Canvas.
</canvas>
```

为了能在 JavaScript 中引用元素，最好给元素设置 ID，也需要给 canvas 设定高度和宽度。创建好画布后，就可以通过 JavaScript 在画布中绘制图形了。其一般过程是：首先通过 getElementById 函数找到 canvas 元素，然后初始化上下文；之后可以使用上下文 API 绘制各种图形。【实例 3-31】可实现在 canvas 中绘制矩形、区域擦除并绘制一些线段。

【实例 3-31】使用 canvas 绘制图形

下面的例子说明了使用 canvas 进行图形绘制的一般方法，程序代码如 ex3_31.html 所示。

ex3_31.html

```
<!DOCTYPE html>
<html>
<body>
    <canvas id="myCanvas" width="300" height="150" style="border:1px solid #c3c3c3;">
        Your browser does not support the canvas element.
    </canvas>
    <script type="text/javascript">
        // 获取对画布元素的引用
        var elem = document.getElementById('myCanvas');
         // 总是在使用前检查属性和方法，以确保代码的正确性
        if (elem&&elem.getContext) {
          // 获取 2d 的上下文，注意每个元素只有一个上下文环境
            var context = elem.getContext('2d');
            if (context) {
            // 调用 fillRect 函数绘制一个矩形，参数分别为 x、y、width 和 height
                context.fillStyle="#00FF00";  // 绿色
                context.fillRect(50, 50, 50, 70);  // 填充矩形
                context.strokeStyle = '#FF0000'; // 红色
                context.lineWidth = 4;  // 线段宽度修改
                context.strokeRect(0, 60, 150, 50);  // 一个空心矩形
                context.strokeRect(30, 25, 90, 60);
                context.clearRect (30, 25, 90, 60);// 擦除一个区域，形成宽度为 2 的细线所绘制的矩形
                context.moveTo(160,110);  //画线
                context.lineTo(210,10);
                context.lineTo(210,110);
                context.stroke();
            }
```

```
        }
    </script>
</body>
</html>
```

通过 fillStyle 和 strokeStyle 属性可以轻松地设置矩形的填充和线条。颜色值的使用方法与在 CSS 中的一样，采用十六进制数、rgb()、rgba() 和 hsla()等。

通过 fillRect()可以绘制带填充的矩形；通过 strokeRect()可以绘制只有边框没有填充的矩形；如果想清除部分 canvas，可以使用 clearRect()。这三个方法的参数相同，均为 x、y、width 和 height。前两个参数设定位置为(x,y)的坐标，后两个参数设置矩形的高度和宽度。lineWidth 属性可以改变线条的粗细。

运行后的结果如图 3-43 所示，在界面上出现了一些图形，请读者对照源码，特别是其中的注释部分，并结合显示效果来理解 canvas 的基本用法。

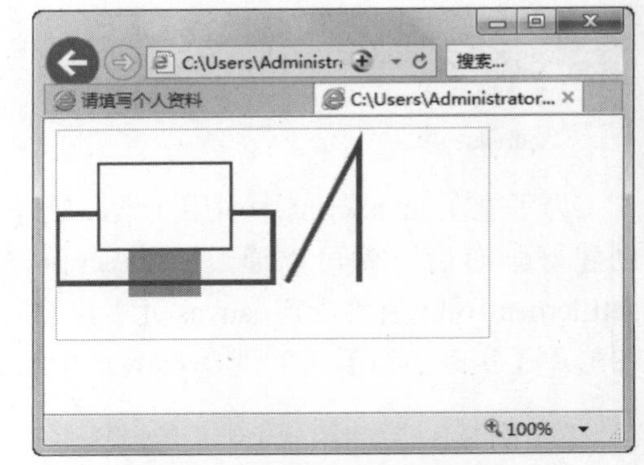

图 3-43　使用 canvas 绘制图形

2. 路径

通过 canvas 的路径(path)功能可以绘制任意形状。方法是：先绘制轮廓，然后绘制边框和填充。创建自定义形状很简单，只需要先使用 beginPath()开始绘制，然后使用直线、曲线和其他图形进一步完成绘制。绘制完毕后调用 fill 和 stroke 即可添加填充或者设置边框。调用 closePath()则结束自定义图形的绘制。

【实例 3-32】使用 canvas 的路径功能绘制图形

下面的例子说明了使用 canvas 的路径功能绘制图形的方法，程序代码如 ex3_32.html 所示。

ex3_32.html

```
<!DOCTYPE html>
  <html>
<body>
    <canvas id="myCanvas" width="300" height="150" style="border:1px solid #c3c3c3;">
    Your browser does not support the canvas element.
    </canvas>
    <script type="text/javascript">
        var elem = document.getElementById('myCanvas');
        if (elem&&elem.getContext) {
            var context = elem.getContext('2d');
            if (context) {
                context.fillStyle = '#0000ff';
                context.strokeStyle = '#ff0000';
                context.lineWidth = 4;
                context.beginPath();
                context.moveTo(10, 10); // 设置三角形的坐标
```

```
                context.lineTo(100, 10);
                context.lineTo(10, 100);
                context.lineTo(10, 10);
            // 调用下面的方法后可以显示形状
                context.fill();  // 若将词句代码放在 closePath 之后，则红色的外框将变窄一半
                context.stroke();  // 三角形的外框
                context.closePath();
                context.fillStyle="#00FF00";  // 绿色
                context.beginPath();
                context.arc(245,100,30,80,Math.PI*2,true);  // 画圆
                context.closePath();
                context.fill();
            }
        }
    </script>
</body>
</html>
```

运行后的结果如图 3-44 所示，在界面上出现了一个带边框的蓝色三角形和一个圆形，请读者对照源码，特别是其中的注释部分，并结合显示效果来理解 canvas 中利用路径功能绘制图形的方法。

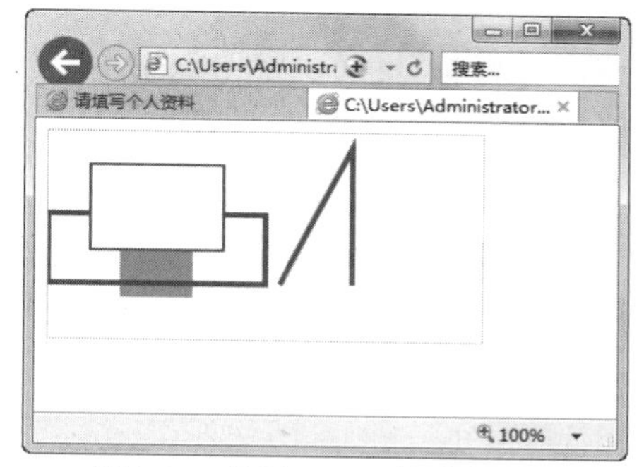

图 3-44　使用 canvas 的路径功能

3. 颜色渐变效果的生成

使用 fillStyle 和 strokeStyle 属性可以设置 CanvasGradient 对象，CanvasGradient 可以为线条和填充使用颜色渐变。

如果希望创建一个 CanvasGradient 对象，可以使用以下两个方法：createLinearGradient()和 createRadialGradient()，其中前者创建线性颜色渐变，后者创建圆形颜色渐变。创建颜色渐变对象后，则可以使用对象的 addColorStop 方法添加颜色中间值，其用法如下。

```
CanvasGradient = ctx.createLinearGradient(x0, y0, x1, y1)
CanvasGradient.addColorStop(offset, color)
```

createLinearGradient()方法中设置了渐变的开始坐标(x0, y0)和结束坐标(x1, y1)，该方法会返回线性渐变对象 CanvasGradient。在 addColorStop()方法中，当 offset 的值为 0 时表示开始地点的颜色，为 1 时表示结束地点的颜色。另外，显然在 x0=x1 且 y0=y1 时，不会有渐变效果出现。如果 offset 值的范围为 0~1，则表示对应中间的比例位置。

【实例 3-33】使用 canvas 的颜色渐变功能

下面的例子说明了使用 canvas 的颜色渐变功能来进行图形填充的方法，程序代码如 ex3_33.html 所示。

ex3_33.html

```
<!DOCTYPE html>
```

```
<html>
<body>
    <canvas id="myCanvas" width="300" height="150" style="border:1px solid #c3c3c3;">
    Your browser does not support the canvas element.
    </canvas>
    <script type="text/javascript">
        var elem = document.getElementById('myCanvas');
        if (elem&&elem.getContext) {
            var context = elem.getContext('2d');
            if (context) {
                var grd=context.createLinearGradient(0,0,150,100);
                grd.addColorStop(0,"#0000FF");
                grd.addColorStop(1,"#00FFFF");
                context.fillStyle=grd;
                context.fillRect(0,0,300,150);   //填充
            }
        }
    </script>
</body>
</html>
```

运行后的结果如图 3-45 所示，在界面上出现了一个利用渐变色进行填充的矩形。请读者对照源码，并结合显示效果来理解 canvas 中渐变色的用法。

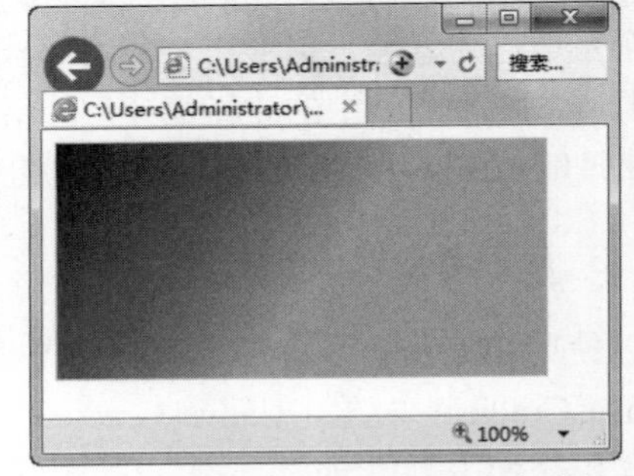

图 3-45　使用 canvas 的颜色渐变功能

3.4 本章小结

本章讲解了一个重要的部分——HTTP 和 HTML 的相关知识。对于 HTTP，本章分析了其基本原理，本章重点介绍了 HTML。本章系统地介绍了 HTML5 中标题和段落、文字、列表、超链接、表格、图像、框架、表单及 canvas 等常用元素及其属性的基本用法。通过学习本章，读者可以快速掌握 HTML 的一般编写方法。

3.5 思考和练习

1. 能否在键盘上手动输入 HTTP 请求来获取 Web 服务器的响应？
2. 与 HTML 相类似的语言标准有不少，比 HTML 功能强大的语言标准也早已存在，为什么 HTML 能脱颖而出，成为一种在 Web 上流行的语言？
3. 如果希望表格中的表项能随窗口的变化而自动变化，该如何设置？
4. 一些网页在 Chrome 和 Firefox 浏览器中都能够非常好地工作，但是在其他浏览器(如 IE 等)中却显示有一些问题，怎样才能做到各浏览器之间相互兼容？
5. 对于之前用 HTML 4.0 规范编写的网站，如果快速地迁移到 HTML5 版本？

第4章

层叠样式表(CSS)

W3C 将 DHTML(Dynamic HTML)分为三个部分来实现：支持动态效果的浏览器、层叠样式表(Cascading Style Sheets，CSS)和脚本语言。

CSS 是一种用来表现 HTML(标准通用标记语言的一个应用)或 XML(标准通用标记语言的一个子集)等文件样式的计算机语言。CSS 不仅可以静态地修饰网页，还可以配合各种脚本语言动态地对网页中的各元素进行格式化。CSS 可以为网页设计者的网页空间应用提供更大的弹性，实现将网页的文字内容与版面设计分开处理。因此，CSS 在网站设计过程中得到了广泛的应用。本章旨在引导读者了解 CSS，它是网站创建过程中一项重要的技术，目前大多数浏览器对此提供了支持。本章除了介绍 CSS 的基本概念、各组成部分、滤镜的使用外，还通过若干实例介绍了 CSS 的典型用法。

CSS3 是 CSS 技术目前最新的版本，CSS3 是朝着模块化的方向发展的。以前的规范作为一个模块实在是太庞大而且比较复杂，所以，把它分解为一些小的模块，同时还添加了更多新的模块。这些模块包括盒子模型、列表模块、超链接方式、语言模块、背景和边框、文字特效、多栏布局等。

本章要点：

- 理解 CSS 在网页制作中的作用
- 在网页中加入 CSS 的基本方法
- CSS 选择器及盒子模型
- CSS 滤镜的用法
- CSS 典型案例

4.1 CSS 概述

虽然直接使用 HTML 也可以完成一些样式的设置，但是 HTML 面临着不能够适应多种设备、要求浏览器必须智能化且足够庞大、数据和显示没有分开、功能不够强大等问题，因此 CSS 技术应运而生。

1. CSS 技术的历史演进

1990 年，Tim Berners-Lee 和 Robert Cailliau 共同发明了 Web。1994 年，Web 真正走出实验室。

从 HTML 被发明开始，样式就以各种形式存在。不同的浏览器结合它们各自的样式语言为用户提供页面效果的控制。最初的 HTML 只包含很少的显示属性，但随着 HTML 的不断发展，为了满足页面设计者的要求，HTML 添加了很多显示功能。随着这些功能的增加，HTML 变得越来越杂乱，而且 HTML 页面也越来越臃肿。此外，最初的网页设计就是用 HTML 标签来定义页面文档及其格式的，例如标题<h1>、段落<p>、表格<table>、链接<a>等。但这些标签中所规定的样式是独立设置的，不能完全满足复杂文档在样式管理方面的需求，于是便诞生了 CSS。

1994 年哈坤・利提出了 CSS 的最初建议。而当时伯特・波斯(Bert Bos)正在设计一个名为 Argo 的浏览器，于是他们决定一起设计 CSS。

其实当时在互联网界已经有过一些统一样式表语言的建议了，但 CSS 是第一个含有“层叠”用途的样式表语言。在 CSS 中，一个文件的样式可以从其他样式表中继承。读者在有些地方可以使用他自己更喜欢的样式，在其他地方则继承或“层叠”作者的样式。这种层叠的方式使作者和读者都可以灵活地加入自己的设计，混合每个人的爱好。

哈坤于 1994 年在芝加哥的一次会议上第一次提出了 CSS 的建议，1995 年的 WWW 网络会议上 CSS 又一次被提出，波斯演示了 Argo 浏览器支持 CSS 的例子，哈坤也展示了支持 CSS 的 Arena 浏览器。

同年，W3C 组织成立，CSS 的创作成员全部成为 W3C 的工作小组成员并且全力以赴负责研发 CSS 标准，自此，层叠样式表的开发终于走上了正轨。有越来越多的成员参与其中，例如微软公司的托马斯・莱尔顿(Thomas Reaxdon)，他的努力最终令 Internet Explorer 浏览器支持 CSS 标准。哈坤、波斯和其他一些人是这个项目的主要技术负责人。1996 年底，CSS 初稿完成，同年 12 月，CSS 的第一份正式标准 CSS1(Cascading Style Sheets Level 1)完成，成为 W3C 的推荐标准。

W3C 于 1997 年在颁布 HTML 4.0 标准的同时也公布了有关样式表的第一个标准 CSS1，之后 W3C 组织负责 CSS 的工作组开始讨论第一版中没有涉及的问题。其讨论结果形成了 1998 年 5 月发布的 CSS 规范第二版。最近发布了 CSS3，至此样式表更加充实。

CSS3 是目前最新的版本，其特点是模块化。从模块的角度看，以前的规范实在是太庞大且太复杂，所以，把它分解为一些小的模块，同时也加入了更多新的模块。CSS3 将完全向后兼容，所以没有必要修改早期网站的设计，它们照样能够正常工作。浏览器还将继续支持 CSS2，CSS3 主要的影响是可以使用新特性，这将允许实现新的设计效果(譬如动态和渐变)，而且可以更简单地设计特定的效果(如分栏等)。

2. CSS 的特点

CSS 可以为网页设计者的网页空间应用提供更大的弹性，让网页的文字内容与版面设计分开处理。因此，CSS 在网站设计过程中得到了广泛的应用，它是网站创建过程中一项重要的技术。

使用 CSS 可以精确地控制页面中每个元素的字体样式、背景、排列方式、区域尺寸、四周加入边框等。使用 CSS 还能够简化网页的格式代码，加快下载及显示的速度。外部链接样式可以同时定义多个页面，大大减少了重复劳动的工作量。

总的来说，CSS 具有以下特点：

- **丰富的样式定义**：CSS 提供了丰富的文档样式外观，以及设置文本和背景属性的能力；

允许为任何元素创建边框，允许设置元素边框与其他元素间的距离，以及元素边框与元素内容间的距离；允许随意改变文本的大小写方式、修饰方式以及其他页面效果。

- **易于使用和修改**：CSS 可以将样式定义在 HTML 元素的 style 属性中，也可以将其定义在 HTML 文档的 head 部分，还可以将样式声明在一个专门的 CSS 文件中，以供 HTML 页面引用。总之，CSS 样式表可以将所有的样式声明统一存放，统一管理。另外，可以将相同样式的元素进行归类，使用同一个样式进行定义，也可以将某个样式应用到所有同名的 HTML 标签中，还可以将一个 CSS 样式指定到某个页面元素中。如果要修改样式，只需在样式列表中找到相应的样式声明进行修改即可。
- **多页面应用**：CSS 样式表可以单独存放在一个 CSS 文件中，这样我们就可以在多个页面中使用同一个 CSS 样式表。CSS 样式表理论上不属于任何页面文件，在任何页面文件中都可以将其引用。这样就可以实现多个页面风格和视觉效果的完全一致。
- **层叠**：简单而言，层叠就是对一个元素多次设置同一个样式，这将使用最后一次设置的属性值。例如，对一个站点中的多个页面使用了同一套 CSS 样式表，而某些页面中的某些元素想使用其他样式，就可以针对这些样式单独定义一个样式表并应用到页面中。这些后来定义的样式将对前面的样式设置进行重写，在浏览器中看到的将是最后面设置的样式效果。
- **页面压缩**：在使用 HTML 定义页面效果的网站中，往往需要大量或重复的表格和 font 元素形成各种规格的文字样式，这样做的后果就是会产生大量的 HTML 标签，从而使页面文件的大小增加。而将样式的声明单独放到 CSS 样式表中，就可以大幅度减小页面的体积，这不仅降低了网络的流量，也可以使加载速度更快。另外，CSS 样式表的复用可以使页面文件进一步减小。
- **数据和显示分开**：降低了内容和显示两个方面的耦合性，能实现 HTML 的编写与样式的设计同时进行，且互不干扰，提高了开发效率。

注意：

CSS 需要浏览器的支持才能发挥作用，如果使用的浏览器不支持或者某些浏览器的版本较低可能会造成效果上的损失，这个问题在较旧的浏览器版本上比较突出，如 IE6 等。

对于小型、简单的网站，如个人网站，由于规模较小当然也可以选择不使用 CSS。使用 CSS 在某种程度上可能反而会增加开发的成本和难度，还需要付出额外时间来学习。但对于中型以上的网站，使用 CSS 无疑能带来好处，因此 Internet 上不使用 CSS 的网站非常少。

3. CSS 的工作原理

CSS 是一种定义样式结构(如字体、颜色、位置等)的语言，被用于描述网页上的信息格式化和显示的方式。CSS 样式可以直接存储于 HTML 网页或者单独的样式表文件中。无论哪一种方式，样式表中都包含将样式应用到指定类型的元素的规则。外部使用时，样式表规则被放置在一个带有文件扩展名.css 的外部样式文档中。

样式表规则是可应用于网页中元素(如文本段落或链接)的格式化指令。它由一个或多个样式属性及其值组成。内部样式表直接放在网页中，外部样式表保存在独立的文档中，网页通过一个特殊标签链接外部样式表。

名称 CSS 中的“层叠(cascading)”表示样式表规则应用于 HTML 文档元素的方式。具体而言，CSS 样式表中的样式形成一个层次结构，以更具体的样式覆盖通用样式。样式表规则的优先级由 CSS 根据这个层次结构来决定，从而实现级联效果。

当浏览器显示文档时，它必须将文档的内容及其样式信息结合。它分两个阶段来处理文档：首先，浏览器将 HTML 和 CSS 转化成 DOM (Document Object Model，文档对象模型，是一种在计算机内存中表示文档的树形结构，由它将文档内容及其样式结合在一起)，然后由浏览器解析 DOM 并显示网页的内容，该工作过程如图 4-1 所示。

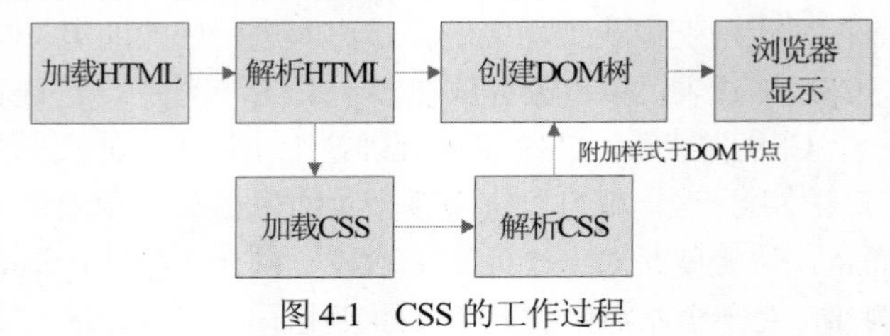

图 4-1　CSS 的工作过程

浏览器下载的顺序是从上到下，渲染的顺序也是从上到下，下载和渲染是同时进行的。渲染到页面的某一部分时，其上面的所有部分都已经下载完成(但并不是所有相关联的元素都已下载)。如果遇到语义解释性的标签嵌入文件 (如 JavaScript 脚本或 CSS 样式等)，那么此时浏览器的下载过程会开启单独的连接以便下载后进行更多内容的解析，在解析过程中，停止页面后继元素的下载。CSS 下载完成后，将和以前下载的所有样式表一起进行解析，再对此前所有元素(包括已渲染的元素)重新进行渲染。如果 JavaScript 或 CSS 中有新的定义，则新定义的内容将覆盖之前的内容。其中的渲染效率主要与 CSS 选择器的查询定位效率、浏览器的渲染模式和算法，以及所进行渲染内容的大小相关。

4.2 将 CSS 引入网站

要想使用 CSS 来进行样式的设定和管理，首先需要定义 CSS，然后需要让浏览器识别并调用。当浏览器读取网页时，对于其中的样式表也按照文本格式来读取，因此需要一种明确的标识以便浏览器能够识别样式表的描述。一般而言，有三种在页面中插入样式表的方法：行内样式、内部样式表和外部样式表。

4.2.1　CSS 的定义

1. 定义方式

CSS 的定义由两个部分构成：选择器(selector)以及一条或多条声明。每条声明由属性(property)和属性的值(value)构成，基本格式如下：

```
selector {property: value;}
```

即“选择器{属性:值}”。其中的选择器有多种形式，它指明了样式的作用对象，也就是该样式会作用于网页中的哪些元素，一般是所要定义样式的 HTML 标签，如<body>、<p>、<table>

等。通过上面的方法可以定义其属性和值，但属性和值之间需要用冒号隔开，且定义的最后需要加上分号。根据经验，在定义时最好在属性名和冒号之间不要有空格，例如：

```
body {color: black;}
```

上面定义的选择器 body 是指页面的主体部分，color 是控制文字颜色的属性，black 是颜色的值，此例的效果是使页面中的文字显示为黑色。

如果属性的值由多个单词组成，必须在值上加引号，如字体的名称经常是几个单词的组合，下面的定义将段落字体说明为 sans serif：

```
p {font-family: "sans serif";}
```

如果需要对一个选择器指定多个属性，可以用分号将所有的属性和值分开，如下所示：

```
p {text-align: center; color: red;}
```

这个定义将段落居中排列，并且段落中的文字显示为红色。

为了使所定义的样式表方便阅读，也可以采用分行的书写格式：

```
p{
   text-align: center;
   color: black;
   font-family: arial;
}
```

此处定义了段落排列居中，段落中的文字显示为黑色，字体是 arial。

大多数样式表包含不止一条规则，而大多数规则包含不止一个声明。多重声明和空格的使用可以使样式表的编辑更容易。下面例子中的 border 属性有多个值，必须使用空格来分隔。

```
body{
   color: #000;
   background: #fff;
   margin: 0;
   padding: 0;
   font-family: Georgia, Palatino, serif;
}
div{
   width: 200px;
   height: 200px;
   border: 3px dotted blue;
}
```

是否包含空格不会影响 CSS 的效果，与 XHTML 不同，CSS 对大小写不敏感。不过存在一个例外：如果涉及与 HTML 文档一起使用，class 和 id 名称等对大小写是敏感的。

2. 注释

可以在 CSS 中插入注释来说明代码的含义，注释有利于自己或别人今后在编辑和更改代码时理解代码的含义。在浏览器中，对于注释部分的内容是被忽略的因而不会产生实际效果。与

HTML 的注释方式不同，CSS 注释以“/*”开头，以“*/”结尾，表示如下：

```
/* 定义段落样式表 */
p{
  text-align: center;  /* 文本居中排列 */
  color: black;        /* 文字为黑色 */
  font-family: arial;  /* 字体为 arial */
}
```

注意，不同于某些编程语言，CSS 中的注释不可以使用“//”方式。

4.2.2 CSS 的浏览器兼容性

由于浏览器是由不同厂商开发的，因此存在一定的兼容性问题。其中 IE 是微软的浏览器，不同 Windows 操作系统都预装了不同版本的 IE 浏览器。其版本通常如下：

- Windows XP 操作系统安装的 IE6
- Windows Vista 操作系统安装的 IE7
- Windows 7 操作系统安装的 IE8
- Windows 8 操作系统安装的 IE9
- Windows 10 操作系统安装的 Edge

浏览器兼容问题主要集中在 IE6、7 等较低的版本上，为了测试浏览器 CSS3 的兼容性，可以搜索“CSS3 机器猫”，然后单击测试网页，或者直接在不同的浏览器中打开如下链接：http://www1.pconline.com.cn/pcedu/specialtopic/css3-doraemon/。使用不同类型或版本的浏览器浏览同一个网页时的结果如图 4-2 所示。经测试，升级后的 IE11 版本或者 Edge 浏览器对 CSS3 的兼容度较好，可以得到与 Chrome 浏览器类似的显示效果。

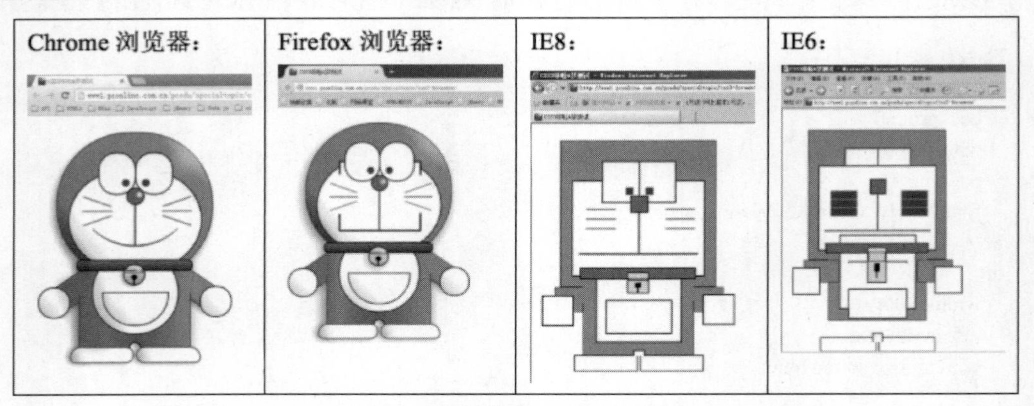

图 4-2 不同浏览器对 CSS 的兼容性

另外，本章实例 4-13 中所使用的浏览器内核识别码，它的出现因为在标准还未确定时，部分浏览器已经根据最初草案实现了部分功能，为了与之后确定下来的标准进行兼容，所以每种浏览器都使用了自己的私有前缀与标准进行区分，当标准确立后，各大浏览器将逐步支持不带前缀的 CSS3 新属性。常用的内核识别码包括：-ms 代表 IE、-moz 代表火狐(Firefox)、-webkit 代表谷歌(Chrome)/苹果(Safari)、-o 代表欧朋(Opera)浏览器。在有些情况下，编写时需要针对不同类型的浏览器做相应的声明。

上面的做法可以解决一部分浏览器不识别通用属性的问题，但书写这么多的前缀带来了工作量和维护的复杂性。为了使得前端开发人员在写 CSS3 时不必重复书写一个样式设定，有人实现了一个 js 类库：-prefix-free，引入该类库后可将 CSS3 代码自动生成跨浏览器的 CSS 代码。使用时只需要引入该类库即可。该插件可能存在的弊端包括：对于一些不支持或者禁用 js 的浏览器用户不能发挥作用；也有可能会打乱正常的布局。其使用方法有如下两种：

- 直接使用：引入后再也不用书写浏览器厂商前缀，方式如下：

```
<script src="http://leaverou.github.com/prefixfree/prefixfree.min.js"></script>
```

- 下载使用：上面的直接使用可能由于连接问题而导致失效。为了更稳定，可以将文件下载到本地，使用本地方式。其做法是先到“http://leaverou.github.com /prefixfree/”或通过搜索引擎，搜索并下载 prefixfree.min.js 文件并存放在本服务器的子目录“js”下，之后在所需要网页的<head>部分加上以下声明。

```
<script src="js/prefixfree.min.js"></script>
```

4.2.3 不同层次的 CSS 定义

1. 行内样式

行内样式是混合在 HTML 标签里使用的，使用行内样式，可以仅对某个元素单独定义样式。其使用方式是直接在 HTML 标签中加入 style 参数，而 style 参数的内容就是 CSS 的属性和值，定义方式如下：

```
<标签 style="参数 1:值 1; 参数 2:值 2;">网页的内容< /标签>
```

例如：

```
<p style="color: blue; font-size: 10pt;">CSS 样式表</p>
```

上面定义了用蓝色显示字体大小为 10pt 的“样式表”。尽管使用简单、显示直观，但这种方法并不常用，因为它无法完全发挥样式表对样式进行统一管理的优势。与其这样使用样式表，还不如直接利用标签和属性进行定义。

style 参数可以应用于<body>内的任意元素(包括<body>本身)，但 basefont、param 和 script 元素除外。

2. 内部样式表

统一在 HTML 的头部标签<head>中添加内部样式表，例如：

```
<head>
  <style type="text/css">
      < !--
        p{color:blue;font-size:10pt;}
      -->
  </style>
```

```
</head>
```

为了帮助不支持 CSS 的浏览器过滤掉 CSS 代码，应避免在浏览器中直接以源代码的方式显示这里设置的样式表，有必要在样式表中加上注释标识符“<!--注释内容-->”，以达到隐藏这些内容而不让它们显示出来的目的。

3. 外部样式表

外部样式表是一个单独保存的文件，其中定义了一些可供调用的样式。由于以独立文件的方式保存，因此可以供所有网页使用，起到统一控制的作用。将外部样式表引入网页的方式有两种：使用<link>标签或使用@import 语句。

样式表文件可以使用任何文本编辑器(如记事本)打开并编辑，一般样式表文件的扩展名必须为.css。内容是定义的样式表，其中不包含<html>标签，假设 aDefinedCSS.css 文件的内容如下：

```
hr {color: blue;}
p {text-align: center;}
body {background-image: url("images/background.jpg")}
```

该定义说明了水平线的颜色为蓝色；段落为居中对齐；页面的背景图片为 images 目录下的 background.jpg 文件。

在页面中使用<link>标签可以链接到某个样式表文件，该<link>标签是添加在 HTML 的头部标签<head>中的，如果需要引入上面所定义的样式表文件“aDefinedCSS.css”，则可以通过下面的方法：

```
<head>
  <link rel="stylesheet" href="aDefinedCSS.css" type="text/css">
</head>
```

上面的语句表示浏览器从 aDefinedCSS.css 文件中以文档格式读出已定义好的样式表，aDefinedCSS.css 是需要引入的样式表文件。需要注意的是，这个样式表文件中不能包含<style>标签，并且只能以 css 作为后缀名。rel="stylesheet"表示样式表将读取一个外部文件形式的样式表，再与 HTML 文档结合。type="text/css"表示文件的类型是样式表文本。href="aDefinedCSS.css"表示文件所在的位置。

对于同样的“aDefinedCSS.css”文件，也可以利用@import 语句来引入。这时需要在内部样式表的<style>中使用@import 语句，这一点与<link>标签是完全不同的，例如：

```
<head>
  <style type="text/css">
    < !--
    @import " aDefinedCSS.css"
    -->
  </style>
</head>
```

上例中“@import "aDefinedCSS.css"”表示导入 aDefinedCSS.css 样式表，注意使用时外部

样式表的路径必须正确。正确导入后其中定义的样式即可生效。

注意：

使用@import 方式导入外部样式表的声明语句必须位于整个样式表开头的位置，在其他相关的内部样式表定义之前。

4. 不同级别样式表的优先级

如果在同一处使用了多个不同的样式，将会产生这几个样式表相叠加的效果。当然有时会产生冲突，这样就需要明确一般会以最靠近的样式表为准。例如，首先链入一个外部样式表，其中定义了 h3 选择器的 color、text-align 和 font-size 属性：

```
h3{
   color: red;
   text-align: left;
   font-size: 8pt;
}
```

这里定义的 h3 的文字颜色为红色，向左对齐，文字大小为 8 号字。然后在内部样式表中同样定义了 h3 选择器的 text-align 和 font-size 属性：

```
h3{
   text-align: right;
   font-size: 20pt;
}
```

这次定义 h3 为文字向右对齐，文字大小为 20 号字：

```
color: red;
text-align: right;
font-size: 20pt;
```

这个页面叠加后的样式就是文字颜色为红色，向右对齐，文字大小为 20 号字。这里内部样式表中未定义颜色，因此字体颜色从外部样式表中保留下来，而对齐方式和字体大小这两项都有定义时，按照后定义的优先，因此最终依照内部样式表来显示。

注意：

依照后定义优先的原则，优先级从高到低排列如下：行内样式>内部样式表>外部样式表。而外部样式表和内部样式表之间遵循后定义的样式优先级更高的原则。此外，在后文将要介绍的 CSS 选择器的用法中，也存在优先的问题，这一内容将在后文中进一步介绍。

4.2.4　书写规范

一般而言，CSS 的书写是不影响运行效果的，但书写是否规范会影响网站的开发效率，从而间接地影响网站的效果。

例如，一种书写方式可能是：

```
/* 三级标题设置 */
h3{
   color: red;
   text-align: left;
   font-size: 8pt;
}
```

而其他人可能采取下面这种写法：

```
/* -----------------------------------------------------------------------------------------
三级标题设置
-----------------------------------------------------------------------------------------*/
h3{ color: red; text-align: left; font-size: 8pt; }
```

对于浏览器而言，两者完全相同，但由于不喜欢另一种书写方式，两者同时工作时可能产生需要来回修改为自己喜欢的书写方式的问题。这样，不但影响工作效率，也可能引入额外的错误。

通常而言，遵循一致性的原则会带来额外的利益，对开发产生正面的影响。在共同开发之前制定一套共同的规范，显得非常重要。以下原则对大多数项目而言是有益的：

- 所有 CSS 段落，均采用统一的注释方式作为段前说明，以便对整个 CSS 文档进行快速搜索、定位和浏览；
- 所有的颜色应该采用标准的十六进制格式，如#00ff00；
- 所有的 CSS 选择器和规则应该放在同一行，这样最终形成的 CSS 或网页文件会更小，且能有效地减少书写时翻屏的次数。

4.3 CSS 选择器

CSS 选择器的种类较多，按照其作用可分为：基本选择器和扩展选择器。其中基本选择器可分为：

- 标签选择器：针对一类标签，统一进行设置；
- 类别选择器：针对某一类标签，定义不同类名时分别差别化地定义和使用样式；
- ID 选择器：针对某一类标签，根据标签的 ID 个性化地定义和使用样式；
- 通用选择器(通配符)：利用通配符，对多种情况使用某一种样式进行定义。

扩展选择器可分为：

- 后代选择器：通过类别 class 的嵌套定义，实现精确控制样式应用的目的；
- 交集选择器：所匹配的元素要求同时满足两个或两个以上的条件；
- 并集选择器：将多个不同元素定义为使用相同的样式；
- 伪类选择器：定义了针对超链接<a>的静态伪类和针对所有标签的动态伪类。

4.3.1 标签选择器

标签选择器，选择的是页面上所有这种类型的标签，统一定义为一种样式。这种方式无法实现对某种元素的个性化描述。

【实例 4-1】标签选择器的用法

程序代码如 ex4_1.html 所示。

ex4_1.html

```
<!doctype html>
<html>
  <head>
    <style>
      p {
        text-align: center;
        color: black;
        font-family: arial;
      }
    </style>
  </head>
  <body>
    <h3 align="right" color="blue">
      利用 HTML 标签很复杂
    </h1>
    <p>利用  CSS  更简单</p>
  </body>
</html>
```

这个例子中的标签选择器定义了 p 标签，其中定义了 3 个属性：text-align、color 和 font-family，它们的取值分别为 center、black 和 arial。

该实例运行后的结果如图 4-3 所示，图中的上面一行文字使用了一般标签的属性来控制显示样式，而下面一行文字使用了在<head>部分<style>标签中定义的样式来显示。

图 4-3　一个简单的 CSS 应用

4.3.2　类别选择器

类别选择器根据类名来选择应用样式，因此使用它可以将相同的元素分类定义为不同的样式。定义类别选择器时，在自定义类的名称前面需要加一个点号。若要定义两个不同的段落，一个段落向右对齐，一个段落居中，则可先定义两个类——p.right 和 p.center：

```
p.right {text-align: right;}
p.center {text-align: center;}
```

然后将它们分别用到不同的段落中，此时只需在 HTML 标签中将刚才定义的类以 class 参数的形式加入到相应的元素中即可，如下所示：

```
<p class="right">
  这个段落是向右对齐的
</p>
<p class="center">
```

```
    这个段落是居中排列的
</p>
```

类的名称可以是任意英文单词，或者是以英文开头与数字的组合。一般而言，为了帮助记忆和方便调用，常以其功能和效果的简写名称来命名。

【实例 4-2】使用类别选择器

程序代码如 ex4_2.html 所示。

ex4_2.html

```
<!doctype html>
<html>
  <head>
    <style>
      p.right {text-align: right;}
      p.center {text-align: center;}
    </style>
  </head>
  <body>
    <p class="right">
      这个段落是向右对齐的
    </p>
    <p class="center">
      这个段落是居中排列的
    </p>
  </body>
</html>
```

该例子对所定义的CSS样式分别给出了不同的名称，运行后的效果如图 4-4 所示，最终的效果达到了设计的目的。

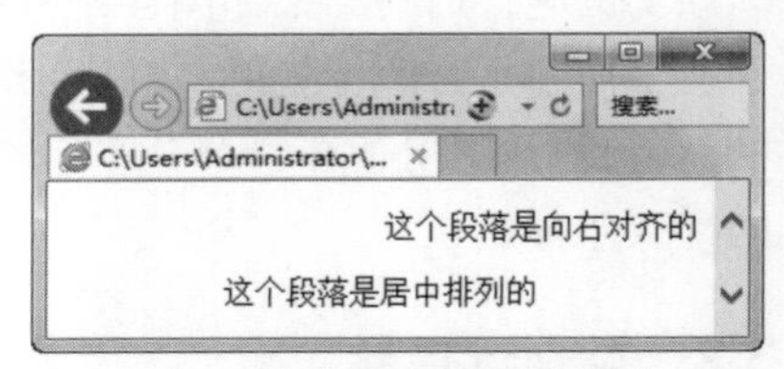

图 4-4　类别选择器的使用

类别选择器还有一种用法，如果在定义选择器时省略了 HTML 标签名，就可以把几个不同的元素定义成相同的样式：

```
.center {text-align: center;}
```

这个定义将.center 的类别选择器设置为文字居中排列。这样的类可以被应用到任何元素上。下面我们将 h1 元素(标题 1)和 p 元素(段落)都归为“center”类，这使得两个不同元素的样式都将跟随“.center”这个类别选择器：

```
<h1 class="center">
  这个标题 h1 是居中排列的
</h1>
<p class="center">
  这个段落 p 也是居中排列的
</p>
```

注意：

这种省略 HTML 标签的类别选择器是一种最常用的 CSS 方法。使用这种方法，可以很方便地在任意元素上使用预先定义好的类样式，成为一种通用的类样式，不受标签名称的限制。

【实例 4-3】使用不指定标签的类别选择器

程序代码如 ex4_3.html 所示。

ex4_3.html

```
<!doctype html>
<html>
  <head>
    <style>
      .center {text-align: center;}
    </style>
  </head>
  <body>
    <h1 class="center">
      这个标题 h1 是居中排列的
    </h1>
    <p class="center">
      这个段落 p 也是居中排列的
    </p>
  </body>
</html>
```

在该例中，所定义的类别选择器 center，由于没有指定某个特定的标签，因此无论是对于<h1>还是<p>，只要增加了属性 class="center"，就可以匹配并使用前面设定的样式，程序运行后的结果如图 4-5 所示。

图 4-5　不指定标签的类别选择器

4.3.3　ID 选择器

在 HTML 页面中 id 参数指定了单一的元素，ID 选择器用来对这个元素指定单独的样式。ID 选择器的应用和类别选择器类似，只需把 class 换成 id 即可，程序代码如下：

```
<p id="intro">
  这个段落向右对齐
</p>
```

定义 ID 选择器时需要在 id 名称前加上一个“#”号。与类别选择器相同，定义 ID 选择器的属性也有两种方法。一种方法不限制匹配的元素，另一种方法对进行匹配的元素进行了限制。

【实例 4-4】使用不限制匹配的 ID 选择器

程序代码如 ex4_4.html 所示。

ex4_4.html

```
<!doctype html>
<html>
  <head>
    <style>
      #intro {
        font-size:150%;
        font-weight:bold;
        color:#ff0000;
      }
    </style>
  </head>
  <body>
    <h1 id="intro">
      这个标题 h1 是红色加粗，按 150%的比例显示的
    </h1>
    <p id="intro">这个段落是红色加粗，按 150%的比例显示的</p>
  </body>
</html>
```

本实例中，id 属性将匹配所有 id="intro"的元素，无论对于<h1>还是<p>，只要增加了属性 id 并设置为“intro”，就可以直接应用所定义的样式。此处的样式设置为：字体尺寸为默认尺寸的 150%，粗体，红色。该实例运行后的结果如图 4-6 所示。可见，当在样式中进行了较多的设置时，使用本例中的这种方式，可以简化 CSS 样式的定义工作量。

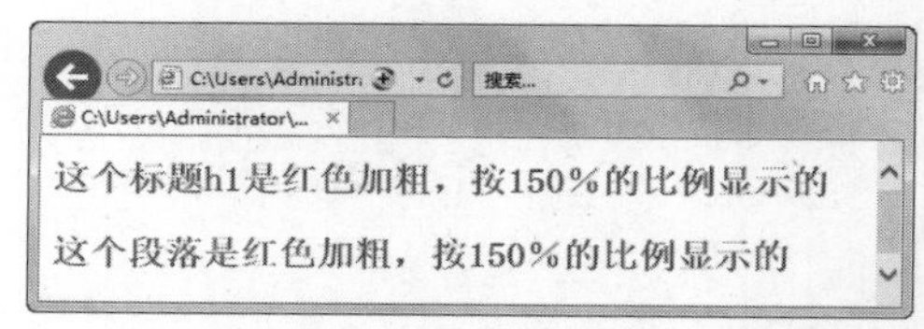

图 4-6　使用不限制匹配的 ID 选择器

【实例 4-5】使用限制匹配的 ID 选择器

程序代码如 ex4_5.html 所示。

ex4_5.html

```
<!doctype html>
<html>
  <head>
    <style>
      p#intro {
        font-size:150%;
        font-weight:bold;
        color:#ff0000;
      }
    </style>
  </head>
  <body>
    <h1 id="intro">
      这个标题 h1 是直接显示的
    </h1>
```

```
        <p id="intro">这个段落是红色加粗，按 150%的比例显示的</p>
    </body>
</html>
```

本实例中，id 属性只匹配 id="intro"的段落元素，因此对于<h1>，增加的 id="intro"属性是无效的，但对于段落元素<p>，却是有效的。此处定义的样式为：字体尺寸为默认尺寸的 150%，粗体，红色。该实例运行后的结果如图 4-7 所示。

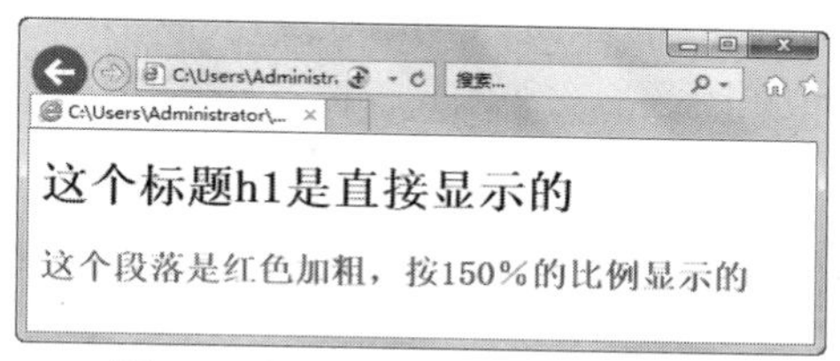

图 4-7　使用限制匹配的 ID 选择器

注意：

由于 ID 选择器或类别选择器有一定的局限性，它们能单独定义某个元素的样式或者不限定元素而成为通用样式，因此一般会在一些特殊的情况下使用，或根据需要选择使用。

当采用了类别选择器或者 ID 样式后，样式的优先级为：行内样式>ID 选择器定义的样式>类别选择器定义的样式>一般样式定义。

4.3.4　通用选择器

这种选择器将匹配任何标签，由于影响面过大，可能增加客户端的负担，因此不建议使用。此外，IE 有些版本会出现不能支持该选择器的问题。通用选择器用*来表示。例如：

```
*{
    font-size: 12px;
}
```

表示所有元素的字体大小都是 12 像素。另外，通用选择器还可以与后面将要介绍的后代选择器组合。例如：

```
p *{
    ……
}
```

表示所有 p 元素后代的所有元素都应用这个样式。但是与后代选择器的搭配容易出现浏览器不能解析的情况，如下所示：

```
<p>
  所有的文本都被定义成红色
  <b>所有这个段落里面的子标签都会被定义成蓝色</b>
  <p>所有这个段落里面的子标签都会被定义成蓝色</p>
  <b>所有这个段落里面的子标签都会被定义成蓝色</b>
  <em>所有这个段落里面的子标签都会被定义成蓝色</em>
</p>
```

这个例子中的 p 标签内嵌套了一个 p 标签，这个时候样式可能会出现与预期结果不相同的结果。鉴于一般不推荐使用此选择器，此处就不再给出更多实例。

4.3.5 后代选择器

后代选择器是一种单独针对某种元素的包含关系而定义的样式表。假设元素 1 里包含元素 2，针对这种结构定义的后代选择器对单独的元素 1 或元素 2 无影响，定义的方式是在两个标签之间加上空格，例如：

```
table a {
  font-size: 32px;
}
```

此处需要说明的是：后代选择器中的元素可以多于两个，对于多个元素的情况均使用空格加以分隔，且对于这里声明的标签在文档中不必直接嵌套，只要存在嵌套关系即可。

【实例 4-6】后代选择器的使用

程序代码如 ex4_6.html 所示。

ex4_6.html

```
<!doctype html>
<html>
  <head>
    <style>
      table a {
        font-size: 32px;
      }
    </style>
  </head>
  <body>
    <table border>
      <caption>张三销售业绩</caption>
      <tr><th>编号</th><th>姓名</th><th>外销</td><th>内销</th><th>总数</th>
      <tr><td>0001</td><td><a href="http://www.sohu.com">张　三</a></td><td>45</td><td>86</td><td>131</td>
    </table>
    <br>
    <a href="http://www.sohu.com">表格外的链接</a>
  </body>
</html>
```

在本实例中，表格内的链接样式被改变了，其文字大小为 32 像素，而表格外链接的文字仍为默认大小，该实例运行后的结果如图 4-8 所示。

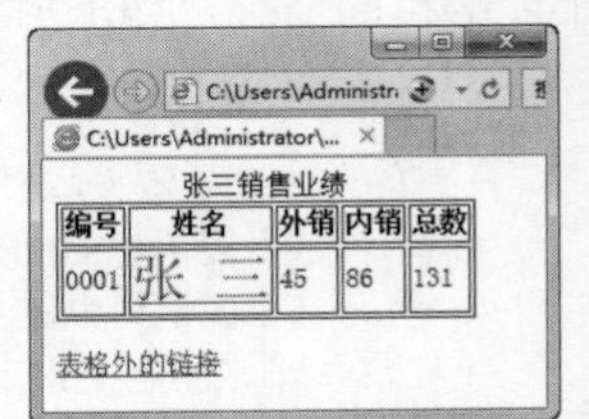

图 4-8　使用后代选择器

4.3.6 交集选择器

正如数学中所说的交集一样，只有选择的元素要求同时具备多个条件时，交集选择器才能匹配并应用相关的样式。注意，交集选择器没有空格，因此 div.red(交集选择器)和 div .red(后代选择器)的含义不同。

【实例 4-7】交集选择器的使用

程序代码如 ex4_7.html 所示。

ex4_7.html

```
<!doctype html>
<html lang="en">
  <head>
    <title>交集选择器测试</title>
    <style type="text/css">
      h3.special {
        color: red;
      }
    </style>
  </head>
  <body>
    <h3 class="special test">标题 1</h3>
    <h3 class="special">我也是标题</h3>
    <h3>我是段落</h3>
  </body>
</html>
```

该例子定义了 h3 和 special 的交集选择器，文中符合此情况的段落会显示为红色，而单独的 h3 标签却显示为黑色。该实例运行后的结果如图 4-9 所示。

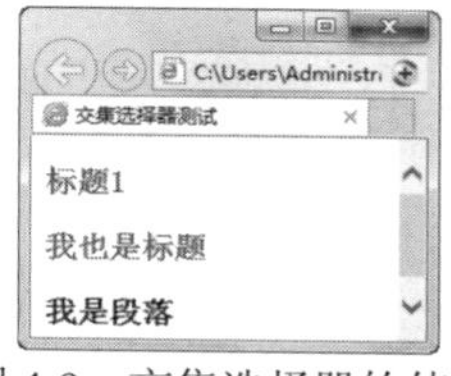

图 4-9　交集选择器的使用

4.3.7　并集选择器

为了减少样式的重复定义，可将相同属性和值的选择器组合起来书写，使用逗号将选择器分开，从而构成并集选择器。例如：

```
h1, h2, h3, h4, h5, h6 { color: green;}
```

该定义包括了这个组中所有的标题元素——(h1, h2, h3, h4, h5, h6)，将这个组中每个标题元素的文字设置为绿色。

又如：

```
p, table{ font-size: 9pt;}
```

该定义将段落和表格中的文字尺寸设置为 9 号字，其效果完全等效于：

```
p { font-size: 9pt; }
table { font-size: 9pt; }
```

【实例 4-8】并集选择器的使用

程序代码如 ex4_8.html 所示。

ex4_8.html

```
<!doctype html>
<html>
  <head>
    <style>
      h1, h2, h3, h4, h5, h6 {color:green;}
    </style>
  </head>
  <body>
    <h1>直接使用 H1 标签</h1>
    <h3>直接使用 H3 标签</h3>
    <h2 align=right>使用 H2 标签并加上右对齐</h2>
  </body>
</html>
```

这个例子中的选择器组对于 H1 至 H6 同时做了显示为绿色的声明，在<body>中，直接使用了<h1>和<h3>，但对于<h2>增加了 align 的设置。

该实例运行后的效果如图 4-10 所示，所有文字均显示为绿色，其中 H2 的一行显示为右对齐。

图 4-10　并集选择器的使用

4.3.8　伪类选择器

除了类型选择器、ID 选择器和类别选择器外，CSS 也允许使用伪类和伪元素选择器。

伪类选择器是一组基于预定义性质的选择器，HTML 元素可以使用这些预定义性质。实际上，这些性质与 class 属性的功能是相同的，因此在 CSS 术语中，它们被称作伪类(pseudo-class)。对应这些伪类的标签，其中不存在真正的 class 属性；相反，它们代表应用到这些元素的某些方面，或者是相对于该元素的浏览器用户界面的状态。

可以将伪类看作一种特殊的类别选择器，它是一种支持 CSS 的浏览器且能自动识别的特殊选择器。其最大的用处在于可以在不同状态下对链接定义不同的样式效果。伪类的语法是在原有的语法中加上一个伪类说明，定义方法如下：

```
selector:pseudo-class {property: value;}
```

由上面的代码可以看出，伪类的格式为选择器:伪类 {属性:值}。伪类和类不同，它在 CSS 中是预先定义好的，表 4-1 列出了这些伪类。它们不能像类别选择器一样随意用别的名字，根据上面的语法可以解释为对象(选择器)在某个特殊状态下(伪类)的样式。类别选择器及其他选择器也同样可以和伪类混用，其定义方法如下：

```
selector.class:pseudo-class {property: value;}
```

类别选择器及其他选择器与伪类混用的格式为选择器.类:伪类 {属性: 值}。

表 4-1　CSS 中的伪类

伪类名	类型	说　明
:active	动态	被激活的元素(在鼠标单击与释放之间发生的事件)的样式
:first-child	动态	元素的第一个子对象的样式
:first	动态	设置页面容器第一页使用的样式
:focus	动态	设置对象在成为输入焦点(该对象的 onfocus 事件发生，如接收输入的表单)时的样式
:hover	动态	设置对象在其鼠标悬停时的样式
:lang()	动态	设置对象使用特殊语言的内容的样式
:left	动态	设置页面容器位于装订线左边的所有页面使用的样式
:link	静态	设置 a 元素在未被访问前的样式
:right	动态	设置页面容器位于装订线右边的所有页面使用的样式
:visited	静态	设置 a 元素在其链接地址已被访问时的样式

超链接的伪类是最常用的是 4 种 a(超链接)元素的伪类，它表示动态链接 4 种不同的状态：link、visited、active、hover(未访问的链接、已访问的链接、激活链接和鼠标停留在链接上)。可以按照需要对于不同状态定义不同的效果，例如：

```
a:link {color: #FF0000; text-decoration: none;}          /* 未访问的链接 */
a:visited {color: #00FF00; text-decoration: none;}       /* 已访问的链接 */
a:hover {color: #FF00FF; text-decoration: underline;}  /* 鼠标停留在链接上 */
a:active {color: #0000FF; text-decoration: underline;}  /* 激活链接 */
```

其中由于 link、visited 两个伪类仅能应用于超链接，因此被称为静态伪类；而其他一些伪类可以应用于其他元素，被称为动态伪类。以下对静态伪类及动态伪类分别进行举例说明。

1. 静态伪类实例(超链接)

以下程序利用伪类对超链接进行了设置，其中也包含了涉及超链接的动态伪类 hover 和 active。

【实例 4-9】超链接的伪类

程序代码如 ex4_9.html 所示。

ex4_9.html

```
<!doctype html>
<html>
  <head>
    <style>
```

```
        a:link {color: #ff0000; text-decoration: none;}           /* 未访问的链接 */
        a:visited {color: #00ff00; text-decoration: none;}        /* 已访问的链接 */
        a:hover {color: #ff00ff; text-decoration: underline;} /* 鼠标停留在链接上 */
        a:active {color: #0000ff; text-decoration: underline;}/* 激活链接 */
      </style>
    </head>
    <body>
      <a href="http://www.baidu.com">去百度首页</a>
    </body>
</html>
```

在本实例中，这个链接未访问时的颜色是红色并且无下画线，访问后是绿色并且无下画线，激活链接时为蓝色并有下画线，鼠标停留在链接上时为紫色并有下画线。请读者自己在浏览器中运行这个实例来观察实际的效果。

技巧：

有时在访问这个链接前鼠标指向链接时有效果，而访问链接后鼠标再次指向链接时却没有效果了。这可能是因为定义时将 a:hover 放在了 a:visited 的前面，这样由于后面的优先级高，当访问链接后就忽略了 a:hover 的效果。所以根据叠层顺序，在定义这些链接样式时，需要按照 a:link、a:visited、a:hover、a:active 的顺序书写。另外，由于手机中一般没有鼠标，对于 hover 的情况也许就不能产生相应的作用，因此对于手机访问来说需要采取其他的设计思路。

2. 动态伪类实例

【实例 4-10】表格提示功能

程序代码如 ex4_10.html 所示。

ex4_10.html

```
<!doctype html>
<html>
  <head>
    <style type="text/css">
      /* border-collapse 属性：对表格的线进行折叠;鼠标悬停时，当前行显示为灰色 */
      table{
        width: 300px; height: 200px; border: 1px solid blue; border-collapse: collapse;
      }
      table tr:hover{
        background: #868686;
      }
      /* 每个单元格的样式 */
      table td{
        border:1px solid red;
      }
    </style>
  </head>
  <body>
```

```
<table>
  <tr>
    <td></td>
    <td></td>
    <td></td>
    <td></td>
  </tr>
  <tr>
    <td></td>
    <td></td>
    <td></td>
    <td></td>
  </tr>
  <tr>
    <td></td>
    <td></td>
    <td></td>
    <td></td>
  </tr>
</table>
</body>
</html>
```

以上实例利用 hover 属性对表格进行了提示功能的设置，当鼠标位于某一行时，能以不同的颜色显示，显示效果如图 4-11 所示。

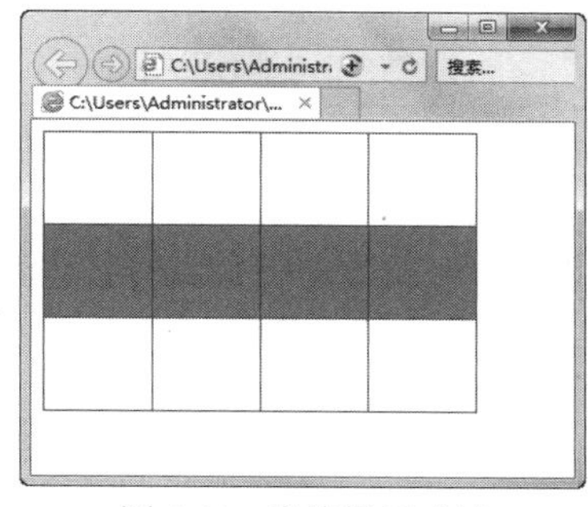

图 4-11　表格提示功能

3. 伪类和类别选择器组合的用法

将伪类和类别选择器组合起来使用，就可以在同一个页面中实现几组不同的链接效果了。

【实例 4-11】伪类和类别选择器

程序代码如 ex4_11.html 所示。

ex4_11.html

```
<!doctype html>
<html>
  <head>
    <style>
      a.red:link {color: #ff0000;}
      a.red:visited {color: #0000ff;}
      a.blue:link {color: #00ff00;}
      a.blue:visited {color: #ff00ff;}
    </style>
  </head>
  <body>
    <a class="red" href="...">这是采用 red 类的一组链接</a>
    <br>
```

```
        <a class="blue" href="...">这是采用 blue 类的一组链接</a>
    </body>
</html>
```

该例利用伪类和类别选择器定义了两组链接，其中一组为红色，访问后为蓝色；另一组为绿色，访问后变为紫色。请读者自行运行此实例以观察实际的效果。

4.3.9 伪元素选择器

有 6 种伪元素选择器，它们是根据内容创建的，与基本元素相关，这些元素如表 4-2 所示。

表 4-2 CSS 中的伪元素选择器

伪元素名	说　明
::after	和 content 属性一起使用，设置在对象后(依据对象树的逻辑结构)发生的内容
::before	和 content 属性一起使用，设置在对象前(依据对象树的逻辑结构)发生的内容
::first-letter	仅作用于块对象。内联元素要使用该属性，必须先设定对象的 height 或 width 属性，或者设定 position 属性为 absolute，或者设定 display 属性为 block。设置对象内的第一行样式
::first-line	仅作用于块对象。内联要素要使用该属性，必须先设定对象的 height 或 width 属性，或者设定 position 属性为 absolute，或者设定 display 属性为 block。如果未强制指定对象的 width 属性，首行的内容长度可能不是固定的
::placeholder	设置对象文字占位符的样式
::selection	设置对象被选择时的样式

伪元素::before 和::after 用于插入已产生的内容；::first-letter 和::first-line 可以对元素的首字或首行设定不同的样式；::placeholder 和::selection 可以设置文字占位符及对象被选择时的样式。

注意：

CSS3 为了区分伪类选择器和伪元素选择器，已经明确规定了伪类选择器用一个冒号来表示，而伪元素选择器则用两个冒号来表示。但因为兼容性的问题，所以现在仍然可以对 CSS1 和 2 中定义的::before、::after、::first-letter 和::first-line 伪元素选择器使用单冒号，但平时在书写时应该尽可能养成好习惯，区分两者，以便提供更好的兼容性。

【实例 4-12】首字和首行的伪元素选择器

程序代码如 ex4_12.html 所示。

ex4_12.html

```
<!doctype html>
<html>
  <head>
    <style>
        p::first-letter {font-size: 300%;}
        div::first-line {color: red;font-size:200%;}
```

```
    </style>
  </head>
  <body>
    <p>
      这是一个段落，这个段落的首字被放大了。
    </p>
    <div>
        这是段落的第一行<br>
        这是段落的第二行<br>
        这是段落的第三行<br>
    </div>
  </body>
</html>
```

在这个例子中，对段落标签<p>定义了文本首字尺寸为默认大小的 3 倍，对<div>标签定义了第一行为红色且字体为默认大小的 2 倍，而第二行、第三行为默认颜色，运行后的结果如图 4-12 所示。

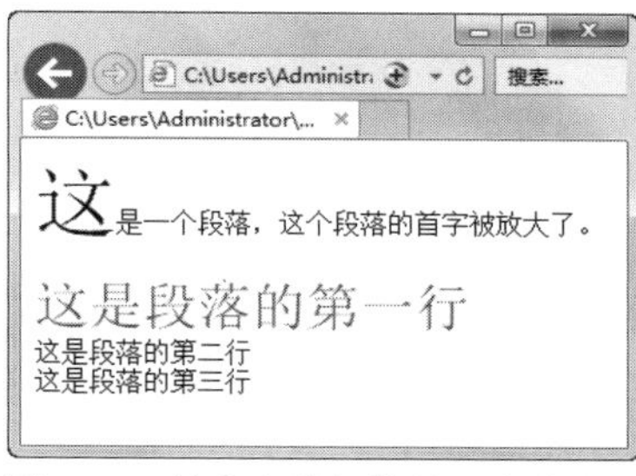

图 4-12　首字和首行的伪元素选择器

【实例 4-13】伪元素选择器:selection

程序代码如 ex4_13.html 所示。

ex4_13.html

```
<!doctype html>
<html>
  <head>
    <style>
      p::-moz-selection{background:red;color:blue;}
      p::selection{background:red;color:blue;}
    </style>
  </head>
  <body>
    <h1>
      选中标题文字，看看它的颜色怎么变化
    </h1>
    <p>
      这段文字是设置了::selection 之后的，试试选择以后的文本颜色和背景色
    </p>
  </body>
</html>
```

注意：

由于浏览器存在差异，因此为了兼容更多浏览器，本实例中增加了 p::-moz-selection {background:red;color:blue;}的定义，这个定义是为了兼容 Firefox 浏览器而专门增加的。

在这个例子中，使用伪元素选择器:selection 对段落标签<p>定义了选择文本的文本颜色和背景色，请读者自行运行该实例以观察实际效果。

4.3.10 样式表的继承性与层叠性

1. 样式表的继承性

样式表的继承规则是外部的元素样式继承给这个元素所包含或嵌套的其他元素。实际上，所有嵌套在元素中的元素都会继承外层元素已指定的属性值，有时会把很多层次所嵌套的样式叠加在一起，除非另外设置。例如，在<div>标签中嵌套了<p>标签，如下所示：

```
div { color: red; font-size:9pt;}
…
<div>
  <p>
    这个段落的文字为红色 9 号字
  </p>
</div>
```

此处，p 元素里的内容会继承 div 中所定义的样式。有时内部选择器不继承周围选择器的值，但理论上这些都是特殊的。例如，上边界属性值是不会继承的，直觉上，一个段落不会具有同文档 body 一样的上边界值。

另外，当样式表在继承的过程中遇到冲突时，总是以最近定义的样式为准。

【实例 4-14】样式表的继承性

程序代码如 ex4_14.html 所示。

ex4_14.html

```
<!doctype html>
<html>
  <head>
    <style>
      div{ color: red; font-size:9pt;}
      p{color: blue}
    </style>
  </head>
  <body>
    <div>
      <p>
        这个段落的文字为蓝色 9 号字
      </p>
    </div>
  </body>
</html>
```

在这个例子中，可以看到段落里的文字大小为 9 号字，这是由 div 继承而得到的；而 color 属性则依照<p>标签中最后定义的样式。该实例运行后的结果如图 4-13 所示。

图 4-13　样式表的继承性

2. 样式表的层叠性

层叠性是一种处理冲突的策略。当不同选择器对一个标签的同一个样式，有不同的样式设置时，会存在最终以谁为准的问题。CSS 有着严格的处理冲突的机制，以下是 CSS 的处理策略：

- 对于相同的选择器，其样式的优先顺序为：行内样式>内部样式表>外部样式表(符合就近原则)；
- 对于相同方式的样式表，按其选择器的优先级：ID 选择器>类选择器>标签选择器；
- 外部样式表的 ID 选择器>内部样式表的标签选择器。

由于这个模型较为复杂，一方面可以借助调试工具进行验证，另一方面也可以使用!important 来提升某个样式表的优先级，例如：

```
p { color: #FF0000!important; }
```

【实例 4-15】选择器的层叠性

程序代码如 ex4_15.html 所示。

ex4_15.html

```
<!doctype html>
<html>
  <head>
    <style>
      p{color:red!important;}
      .blue{color:blue;}
      #id1{color:green;}
    </style>
  </head>
  <body>
    <div>
      <p id="id1" class="blue">
        这个段落的文字为红色字
      </p>
    </div>
  </body>
</html>
```

在这个例子中，对页面中的同一个段落使用了三种样式，浏览器最后会按照由!important 标明的 HTML 标签选择器来设定，因此显示为红色文字。如果去掉!important，则依据优先级最高的 ID 选择器而显示为绿色文字，该实例运行后的结果如图 4-14 所示，请读者修改后再进行一次测试，以便比较效果。

图 4-14　选择器的优先级

4.3.11　对 div+CSS 方案的思考

对于网页布局方案，每个人都有不同的选择和偏好，比如有人喜欢采用表格(table)来完成整个网页的布局设置，而现在一种流行的方式是采用div标签与CSS组合。采取这种技术方案，相对而言具有如下优点和缺点。

1. 优点

(1) 有利于搜索引擎爬虫程序

一般而言，相同网页页面HTML文件的table布局字节大于div+CSS布局的字节，因此这种方案可以提高搜索引擎爬虫爬行和下载页面的效率。

(2) 重构或改版时，修改较为方便

一般div+CSS页面的HTML和CSS文件是分开的，也就是一个网页的内容与表现形式是分离的，一般修改CSS文件中的CSS样式属性就可以达到修改整个网站的样式的效果，如背景色、字体颜色、网站宽度等。在这方面，table方案如果没有采用分离CSS文件的策略则往往显得没这么方便。

(3) div+CSS页面提高了网页打开速度

技术方案的特性决定了其性能，因为div+CSS通常是div的HTML和CSS文件相分开的，而浏览器打开该网页时是同时下载HTML和CSS的，所以相应提高了网页打开的速度。table的特性是浏览器打开时必须是浏览器下载以<table>开始并以</table>结束的所有内容之后才显示该块的内容，而div的HTML是边加载边将内容呈现到浏览器上，因此div+CSS方案的网站能大大增强用户体验。对于网站，让用户多等1秒钟都会严重降低用户体验，因此部分搜索网站也将网页加载速度快慢作为影响排名的重要因素。

2. 缺点

采用div+CSS解决方案可能存在的缺点如下：

(1) 开发技术要求较高

对开发人员的技术水平提出了较高要求，在兼容各浏览器及版本浏览器方面也更加困难。

(2) 开发时间长

由于技术复杂，因此div+CSS布局相对table布局所需要的开发和制作时间会更长一些。

(3) 开发成本相对table方案更高

因为技术性及时间方面的特性，最终决定了div+CSS方案比table方案的总体成本要略高。

4.4 CSS的布局及盒子模型

布局是一个网页的外衣，网页好不好看取决于CSS样式，当产品把一个需求设计交到手中时，首先要做的是一点点地解剖这些需求，确定HTML的结构，以便更好地兼容目标浏览器，实现资源的拼接，代码的可维护性及扩展性，最终确定CSS的布局方法。CSS盒子模型就是在网页设计中经常用到的CSS技术所使用的一种思维模型，它可以帮助设计者更好地处理网页元素的细节。

使用CSS处理网页布局时有很多技巧，有时候良好的设计可以减少很多代码，这些技巧可以通过学习来掌握，更重要的是需在实践中不断探索。

4.4.1 CSS 的布局基础

学习 CSS 布局，首先需要了解元素的定位与尺寸。

1. 定位

定位允许用户定义一个元素相对于其他正常元素(可以是父元素，甚至是浏览器窗口本身)的位置。实现定位通常使用 position 属性，它具有 6 个属性值：static、relative、absolute、fixed、sticky 和 inherit，如表 4-3 所示。

表 4-3 position 的属性

属性值	说　明
static	是默认选项，由元素框正常生成；块级元素生成一个矩形框，作为文档流的一部分；行内元素则会创建一个或多个行框，置于其父元素中
relative	元素框相对于之前正常文档流中的位置发生偏移，并且原先的位置仍然被占据；偏移时，可能会覆盖其他元素
absolute	元素框不再占有文档流中的位置，并且相对于包含块进行偏移(包含块就是最近一级外层元素，其 position 不为 static 的元素)
fixed	元素框不再占有文档流中的位置，并且相对于文档显示区域进行定位
sticky	黏性定位，相当于 relative 和 fixed 的融合。最初会被当作是 relative，相对于原来的位置进行偏移；一旦超过一定阈值之后，会被当成 fixed 定位，相对于视口进行定位
inherit	其偏移是相对于原先在文档流中的位置

2. 尺寸

在页面整体布局中，页面元素的尺寸大小(长度、宽度、内外边距等)和页面字体的大小也是重要的工作之一。一个合理的设置，则会让页面看起来层次分明，重点鲜明，赏心悦目。反之，一个不友好的页面尺寸和字体大小设置，则会增加页面的复杂性，增加用户对页面理解的复杂性。甚至在当下访问终端(iPhone、iPad、PC、Android 等)越来越复杂的今天，适应各式各样的访问终端，会成为一个难题。因此“九宫格”式的“流式布局”再度回归。为了进行页面布局，并实现可维护性和可扩展性，可以尝试将页面元素的大小、字体等都设置为相对值，而不再是孤立的固定像素点。使其能在父元素的尺寸变化的同时，子元素也能随之适应变化。如果还能结合 CSS3 的@media 等，就可以实现所谓的“响应式布局”，这也是 bootstrap 等 CSS 框架兴起的重要原因。

在 CSS 中，W3C 文档将尺寸单位划分为两类：相对长度单位和绝对长度单位。其中相对长度单位按其所参照的不同元素，又可细分为字体相对单位和视窗相对单位。字体相对单位包含：em、ex、ch、rem；视窗相对单位则包含：vw、vh、vmin、vmax。绝对定位则是固定尺寸，它们采用的是物理度量单位：cm、mm、in、px、pt 和 pc。但在实际应用中，使用最为广泛的则是 px、em、rem 和百分比，其含义分别如表 4-4 所示。

表 4-4　尺寸不同定义方式的含义

定义方式	说　明
px	像素单位，显示的最小单位。代表显示屏上显示的每一个小点，属于绝对尺寸单位
em	相对于父元素的 font-size，属于相对尺寸单位。一般浏览器字体大小默认为 16px，如 2em 表示 32px。若采用这种定义方式，则计算较为复杂
rem	与 em 类似，也属于相对尺寸单位。主要不同在于它是相对于 html 根元素的 font-size
百分比	纯粹的相对尺寸单位，所描述的是其相对于父元素的百分比值

【实例 4-16】不同的尺寸定义方式及其差别

程序代码如 ex4_16.html 所示。

ex4_16.html

```
<!doctype html>
<html>
  <head>
    <style>
      div{
        border: 1px dashed #808080;
        margin:10px
      }
      .parent{
        width: 220px;
        font-size: 18px;
      }
      .testem{
        width: 4em;
      }
      .bfb{
        width: 60%
      }
    </style>
  </head>
  <body >
    <div class="parent">
      <div class="testem">
        设置长度为 4em demo
      </div>
      <div class="bfb">
        设置长度为 60% demo
      </div>
    </div>
  </body>
</html>
```

在这个例子中，设置为 4em 的 div 的第一行字符为 4 个字符大小，em 是相对于当前元素字体的尺寸，4×18=72(px)。而百分比显示则会比较大一些，因为它是相对于父元素的尺寸比例，220×60%=132(px)，如图 4-15 所示，请读者仔细观察。

图 4-15　CSS 的盒子模型

对于 px、em、rem 和百分比来说，虽然它们都能设置元素的尺寸和字体大小等，但其各自有不同的应用场合。不合理的运用，会导致页面混乱、维护和扩展困难。一般而言，可采用如下的使用策略。

(1) 尽量使用相对尺寸单位。在调整页面的布局时，不需要遍历所有的内部 DOM 结构，重新设置内部子元素的尺寸，同时它也能更好地适应于多种分辨率和屏幕终端。采用相对定位，并不意味着页面整体的自适应。

当然，若希望整体网站的“响应式设计”，适应当今层出不穷的各类访问终端，相对尺寸布局将发挥更大的价值。要实现这个目标，仅需利用 CSS3 的@media 查询来设置外围的整体宽度即可。关于“响应式设计”的更多内容，可以参考 bootstrap 框架。

对于相对尺寸单位的设置：因为 em 和%相对的参考物不同，所以它们也有不同的使用场景。如果希望随着当前元素的字体尺寸而改变尺寸，则使用 em 最佳，如行高、字体大小等。但如果是随着父容器或者是整体页面布局而改变尺寸，则使用%更好，如元素的高度和宽度设置等。

(2) 只在可预知的元素上使用绝对尺寸。并不是所有的元素都设置为相对尺寸就是最佳的。对于如图标(icon)、视频等多媒体元素，网页整体的宽度等，它们的尺寸是确定的，设置为绝对尺寸反而是最佳的选择。但这也需要由具体场景而定。

(3) 字体尺寸尽量使用 em、rem。同尽量使用相对尺寸单位一样，为了实现文字的可维护性和伸缩性，W3C 更推荐使用 em 作为字体尺寸单位。需要注意的是，如果存在 3 层以及 3 层以上的字体相对尺寸的设置，则对于实际字体大小的计算，就会变得相对麻烦。这时，在满足浏览器兼容性的情况下，可以考虑使用 CSS3 的新特性 rem，该特性可以根据固定根元素的字体大小来设置相对尺寸，这也是近年来移动应用所倡导的方式。

(4) @media 查询可以做平台适配，但禁止随处滥用。CSS3 的@media 查询能更好地实现多平台终端的自适应布局，得到良好的用户体验。但这绝不意味着滥用，在 CSS 代码中存在太多为了平台差异而书写的代码，就会增加代码可读性、维护性方面的问题。更好的方式是根据应用场合而合理使用，如页面外围的整体宽度，不同显示的菜单栏等。更多的体验适应性，可以使用“流式布局”来实现。

“响应式设计”是对开发周期、成本和平台体验的一种权衡的结果。如果不考虑开发、维护的成本，则为不同平台终端提供不同的页面设计，可以使用户体验更好。但在实际开发中，开发和维护成本、产品的生命周期也是一个重要的权衡标准，而“响应式设计”则是它们之间的权衡结果。

4.4.2 CSS 的盒子模型

CSS 借用日常生活中的盒子来比喻可以装东西的容器，因此通常被称为盒子模型。网页中的<div>、<span>或者<a>标签等都具有盒子的性质。但图片、表单元素等却并不是盒子，因为图片中并不能存放除了图片以外的其他元素。

盒子具有的属性名包括：内容(content)、内边距(padding)、边框(border)和外边距(margin)等，如图 4-16 所示。盒子有上下左右四条边，所以这些属性中除了内容外，都包括 4 个组成部分：上、下、左、右。既可同时设置它们，也可分别设置。可以将内边距理解为盒子里装的东西和边框的距离，而边框有厚薄和颜色之分，内容就是盒子中装的东西，外边距就是边框外面自动留出的一段空白。如果用比喻的方式来说明这些属性的意义，则内容就是盒子里装的东西；而内边距就是怕盒子里装的东西(贵重的)损坏而添加的泡沫或者其他抗震的辅料；边框就是盒子本身了；至于外边距则说明盒子摆放时不能全部堆在一起，要留一定空隙保持通风，同时也是为了方便取出。

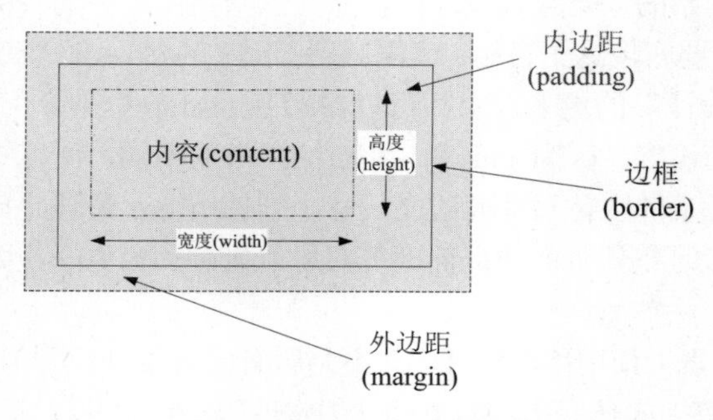

图 4-16　CSS 的盒子模型

在网页设计上，内容常指文字、图片等元素，但也可以是小盒子(div 嵌套)。与现实生活中的盒子不同的是，盒子里所装的东西一般不能大于盒子，否则盒子会被撑坏；而 CSS 盒子具有弹性，里面的东西大过盒子本身则会把盒子撑大。

提示：

部分初学者会混淆偏移与外边距，其主要区别为：偏移是指定位时的偏移量，它不会对静态的元素起作用。而外边距对应的是盒子模型的外边距，它会对每个元素框起作用，使元素框与其他元素之间产生空白。

一般而言，一个元素的 width 被定义为从左内边界到右内边界的距离，height 则是从上内边界到下内边界的距离。不同的宽度、高度、内边距和外边距相结合，就可以确定文档的布局。

【实例 4-17】盒子模型的演示

程序代码如 ex4_17.html 所示。

ex4_17.html

```
<!doctype html>
<html>
  <head>
```

```
        <style type="text/css">
          div{
            width: 100px;
            height: 20px;
            border: 1px solid red;
            padding: 20px;
            margin: 30px;
          }
        </style>
      </head>
      <body>
        <div>无中生有</div>
        <div>缘木求鱼</div>
      </body>
    </html>
```

在这个例子中，利用 CSS 对<div>标签设置了边距等信息，该实例运行后的效果如图 4-17 所示，其中的外边框可以利用两个文本框之间的间距来观察。从这里也可以看出：盒子真实占有屏幕的宽度=左 border+左 padding+width+右 padding+右 border。

图 4-17　CSS 的盒子模型

注意：

如果想保持一个盒子的真实占有宽度不变，在增加 width 时就需要同步减少 padding；同理，增加 padding 时也需要减少 width。而增加或减少的数值则可以根据上面提供的公式计算得到。

【实例 4-18】盒子的 padding 填充

程序代码如 ex4_18.html 所示。

ex4_18.html

```
<!doctype html>
<html>
  <head>
    <style type="text/css">
      div{
        width: 100px;
        height: 20px;
        border: 1px solid red;
        padding: 20px;
        margin: 30px;
        background-color: green;
      }
    </style>
```

```
  </head>
  <body>
    <div>无中生有</div>
    <div>缘木求鱼</div>
  </body>
</html>
```

在这个例子中，利用 background-color 对盒子进行了填充，可以发现，被填充为绿色的范围为 padding 区域，如图 4-18 所示。

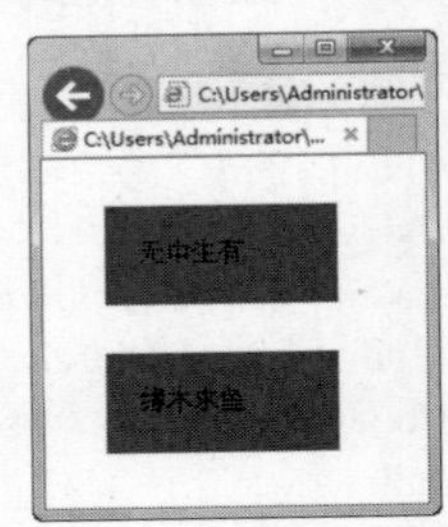

图 4-18　CSS 盒子的 padding 填充

一般来说，对一个属性进行设置时有 4 个方向，可以分别进行设置，方法有两种：分别设置 4 个属性或同时设置 4 个属性。分别设置 4 个属性的方法为(以 padding 为例)：

```
padding-top: 30px;
padding-right: 20px;
padding-bottom: 40px;
padding-left: 50px;
```

同时设置 4 个属性的方法是按顺时针方向，属性间用空格隔开，如：

```
padding:30px 20px 40px 50px;
```

如果提供 4 个值，则其定义的顺序为：上、右、下、左。

如果只提供了三个值，则顺序为：上、右、下，而未提供的左和右一样。

如果只提供了两个值，如：

```
padding: 30px 40px;
```

则其顺序等价于：

```
padding: 30px 40px 30px 40px;
```

可以利用小属性来层叠大属性，以起到简化设置的作用，例如：

```
padding: 20px;
padding-left: 30px;
```

则第一句会将 4 个方向的填充空间都设置为 20，而第二句会将左侧填充空间设为 30。

【实例 4-19】利用盒子模型的技巧实现一个倒三角形图形

程序代码如 ex4_19.html 所示。

ex4_19.html

```
<!doctype html>
<html>
```

```
    <head>
      <style type="text/css">
        div{
          width: 0px;
          height: 0px;
          border: 80px solid white;
          border-top-color: red;
          border-bottom: none;
        }
      </style>
    </head>
    <body>
      <div></div>
      后继内容
    </body>
</html>
```

在这个例子中，利用了特殊的技巧。首先将盒子的 width 和 height 设置为 0；然后将 border 的底部去掉，将其设置为 none；最后设置 border 的左边和右边为白色。该实例运行后在浏览器中显示的效果如图 4-19 所示，其中未显示的底部不会占用后继内容的显示空间。

图 4-19　利用盒子模型的技巧实现一个倒三角形图形

【实例 4-20】默认的盒子参数

有些元素具有默认的 CSS 参数，以下的代码以列表为例，通过调试工具来分析，程序代码如 ex4_20.html 所示。

ex4_20.html

```
<!doctype html>
<html>
  <body>
    <ul>
        <li>第一点</li>
        <li>第二点</li>
    <ul>
  </body>
</html>
```

在这个例子中没有设置任何样式，从网页调试工具中可以看出，该实例显示时默认定义了所有 margin 为 8px，在 Chrome 浏览器中利用其调试功能可显示相关信息，如图 4-20 所示。

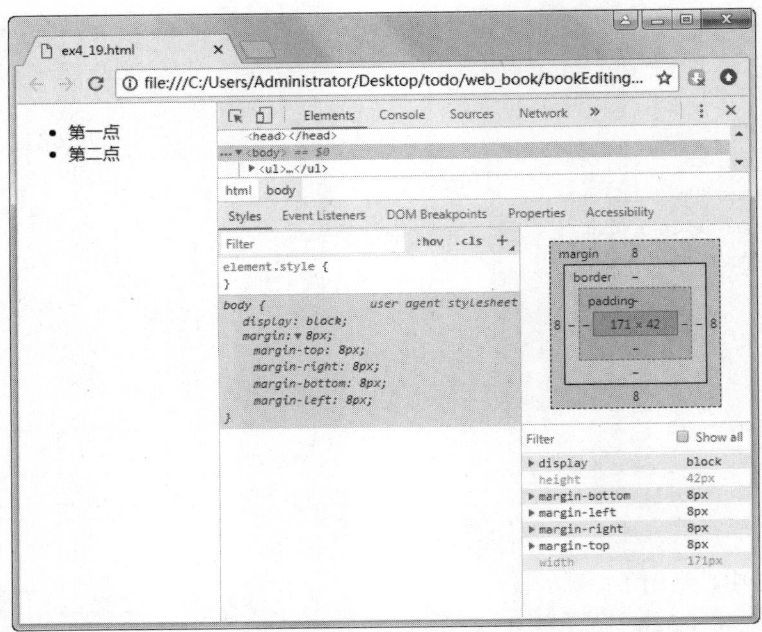

图 4-20　默认的盒子参数

4.4.3　CSS 布局

CSS 布局有很多种不同的类型，适合于不同的设计方案，在实际布局设计中得到了广泛的应用。

1. 水平布局

正常流中块级元素框的水平部分的总和等于父元素的宽度。假设一个 div 中有两个段落，它们的外边距设置为 1em，段落内容宽度与其左、右内边距，边框或外边距加在一起正好是 div 内容的 width。这包括 7 大属性，分别为：margin-left、border-left、padding-left、width、padding-right、border-right 和 margin-right。这 7 个属性的值加在一起必须是其父块元素的宽度值(其中 margin-left、margin-right、width 可以设置成 auto)。 设置为 auto 表示系统会按照以上规则自动匹配到父块的宽度，例如，7 个属性的和必须为 400px，没有设置内边距或边距(默认为 0)而右外边距和 width 设置为 100px，左外边距为 auto，那么左外边距的宽度将是 200px(可以用 auto 弥补实际值与所需总和的差距)。常用的水平布局设置建议如表 4-5 所示。

表 4-5　常用的水平布局设置建议

常见的布局要求	设置方法
行内元素	对父元素设置 text-align:center;
定宽块状元素	设置左右 margin 值为 auto;
不定宽块状元素	设置子元素为 display:inline,然后在父元素上设置 text-align:center;
通用方案	flex 布局，对其父元素设置为 display:flex; justify-content:center;

提示：

如果所设置的宽度加在一起小于父块区域的宽度，系统会默认将 margin-right 设置成 auto 来满足总和与父块相等的要求。如果将两个元素的外边距设置成 auto，则它们会显示为等长，因此元素将在其父元素中居中。具体的设置方式可以通过编写实例进行准确测试。

2. 垂直布局

与水平布局类似，垂直布局可通过 7 个属性进行设置：margin-top、border-top、padding-top、height、padding-bottom、border-bottom 和 margin-bottom，这 7 个属性的值的总和是父元素 height 值。其中，margin-top、height 和 margin-bottom 也可以设置为 auto (若 margin-top、margin-bottom 设置成 auto，系统会将其默认设置为 0)，常用的垂直布局设置建议如表 4-6 所示。

表 4-6　常用的垂直布局设置建议

常见的布局要求	设置方法
父元素一定，子元素为单行内联文本	设置父元素的 height 等于行高 line-height
父元素一定，子元素为多行内联文本	设置父元素的 display:table-cell 或 inline-block，再设置 vertical-align:middle;
块状元素	设置子元素 position:fixed(absolute)，然后设置 margin:auto;
通用方案	flex 布局，对其父元素设置为{display:flex; align-items: center;}

3. 定位与浮动

为了更好地理解定位与浮动，此处先介绍文档流的概念。文档流就是按照网页中页面元素出现的顺序，将页面元素按从左到右、从上至下的原则进行排列。因此如果希望实现更丰富的显示效果，就需要脱离默认的文档流，在一个新的层次上进行呈现，实现在屏幕上有多个平面叠加显示，这就是定位和浮动。

(1) 定位

利用定位，可以更精确地定义元素框相对于未使用定位而显示的位置，或者相对定位于其父元素，另一个元素甚至浏览器窗口进行显示。实现时使用 position 属性，将一个元素相对于本元素或者其祖先元素甚至是浏览器窗口利用 top、left、right、bottom 属性进行偏移。根据 position 属性的取值，元素可以分为静态定位元素 static(默认值)、相对定位元素 relative、绝对定位元素 absolute 和固定定位元素 fixed。

- static：元素框正常生成，是元素的默认选项。
- relative：以原来元素的位置为参考位置，进行偏移。而原来元素在文档流中的位置会被空出来，不会被其他元素所占据。
- absolute：以 position 属性为非 static 的祖先元素作为参考系进行偏移(如果祖先元素中未包含 position 属性为非 static 的祖先元素，则会以首屏作为参考系)，定位后，原来在文档流中的位置会被其他元素所占据。
- fixed：类似于 absolute，是根据当前可视区进行定位(当文档流为多屏可滚动时，fixed 定位的元素会跟随页面的滚动而滚动)，定位后，原来在文档流中占据的位置会被其他元素所占据。

对此，有必要了解包含块。包含块是一个矩形区域，当元素设置属性的百分比时，比如width:30%或者 top:20%，参考系就是其包含块。

对于根元素(html 或 body)而言，初始包含块是一个窗口大小的矩形。非根元素，如果其position 属性是 relative 或 static，则包含块由最近的块级框、表单元格或行内块构成；如果其position 属性是 absolute，包含块则为最近的 position 值不为 static 的祖先元素。因此，元素可以定位到其包含块的外面。

(2) 浮动

一个元素浮动时，其他内容会“环绕”该元素，因此要给浮动元素设置一个宽度。float(left、right、none)，其中 none 的情况一般用在文档内部，用来覆盖样式表，一般很少使用。浮动元素会自动生成一个块级框。

浮动元素规则一：浮动元素不能超过包含它的块的左右边界。如图 4-21 所示，图中块 1 和块 2 左右边界受限。

浮动元素规则二：浮动元素之前如果已出现浮动元素，则必须在该浮动元素之后(不能覆盖)。块 2 左边界受限，如图 4-22 所示。

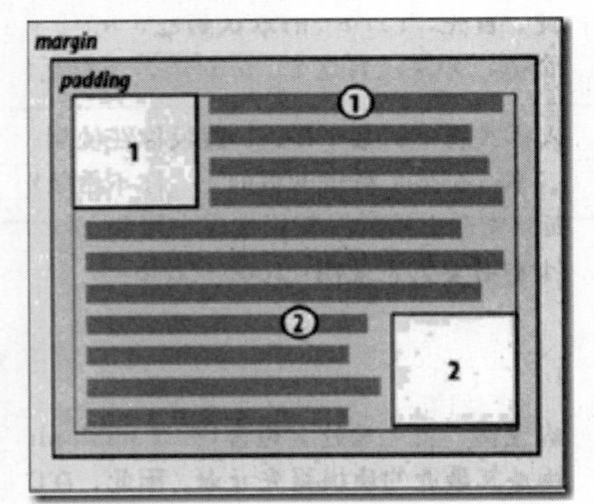

图 4-21　浮动元素规则一

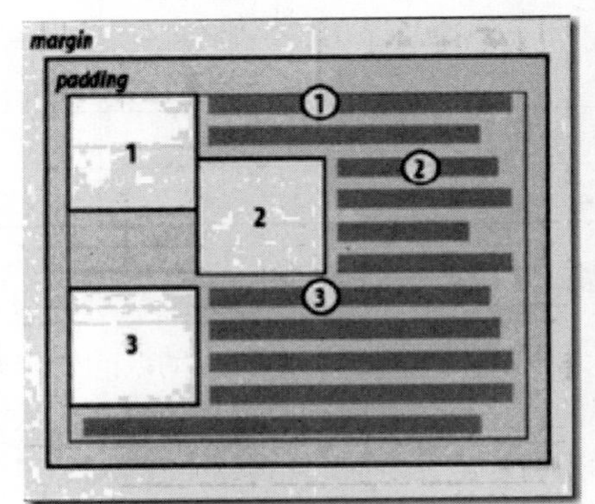

图 4-22　浮动元素规则二

浮动元素规则三：如果浮动元素的宽度加一起太宽，则会自动向下延伸。如图 4-23 所示，此时由于宽度受限，块 2 自动显示于下方。

浮动元素规则四：垂直方向的最上方不能高于块区域，同样不能超过在它上面的浮动元素。如图 4-24 所示，块 1 的上边界受限于块区域。

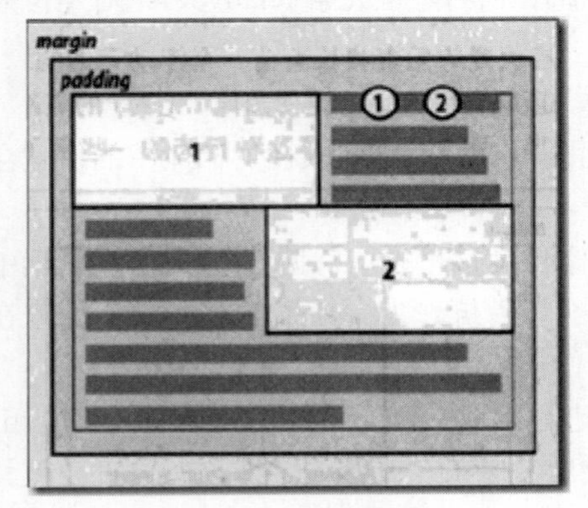

图 4-23　浮动元素规则三

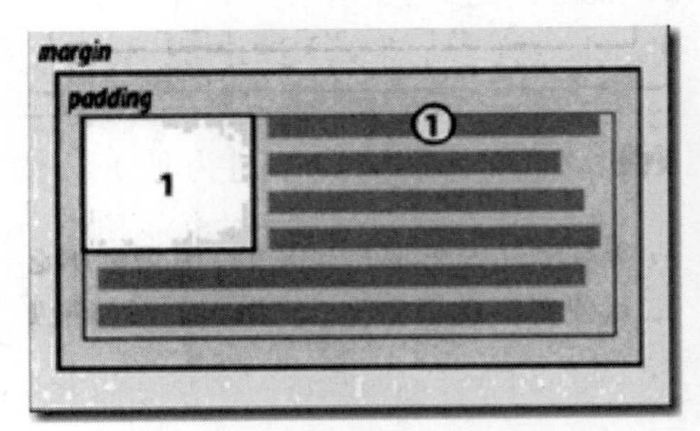

图 4-24　浮动元素规则四

浮动元素规则五：浮动元素的顶端，不能比之前所有浮动元素或块级别元素的顶端更高。如图 4-25 所示，第一个浮动元素块 1 之后，第二个浮动元素块 2 位于其下方，而第三个浮动元素块 3 在块 2 的右侧显示；其中块 2 的上端受限，块 3 的顶端受限。

浮动元素规则六：浮动元素之间左右的边界不能覆盖。如图 4-26 所示，图中块 1、2、3 之间不产生覆盖，这属于元素之间受限。

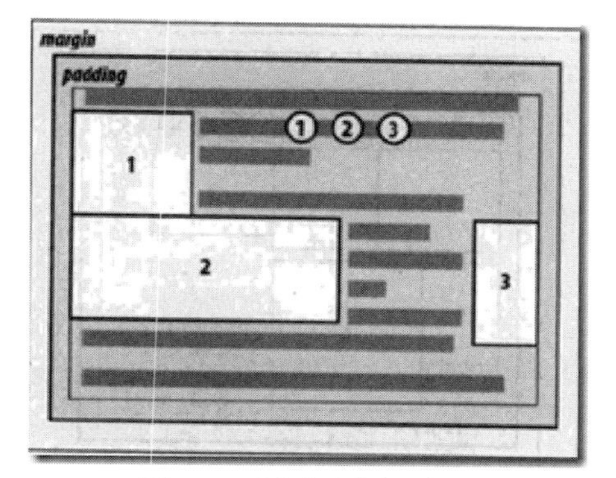

图 4-25　浮动元素规则五

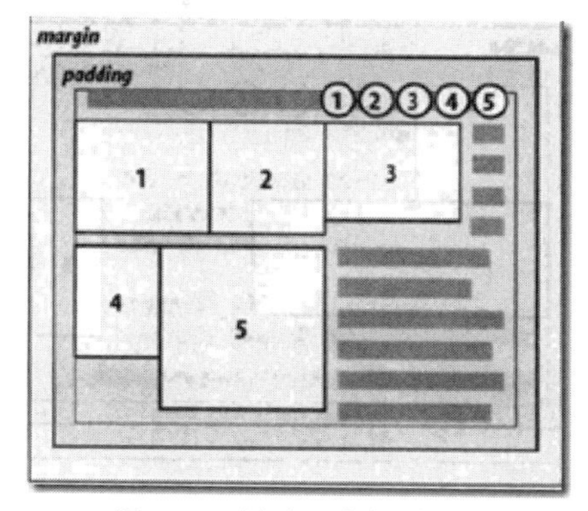

图 4-26　浮动元素规则六

浮动元素规则七：浮动元素会显示于尽可能高的位置。如图 4-27 所示，图中块 1 和块 2 均显示于其可能显示的最高位置。

浮动元素规则八：浮动元素会尽可能向左向右。如图 4-28 所示，图中块 1 和块 2 均显示于其可能显示的最左侧的位置。

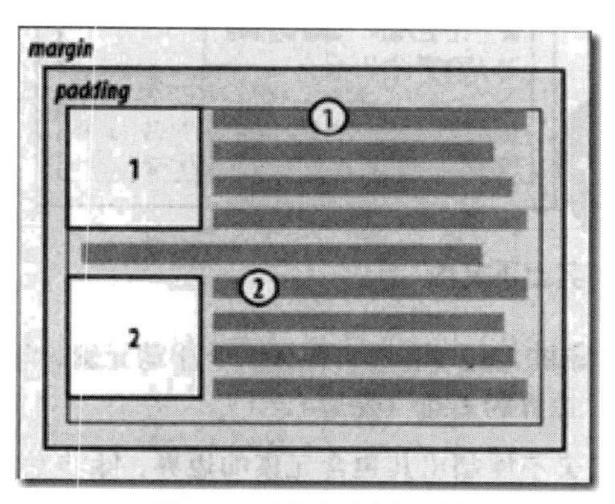

图 4-27　浮动元素规则七

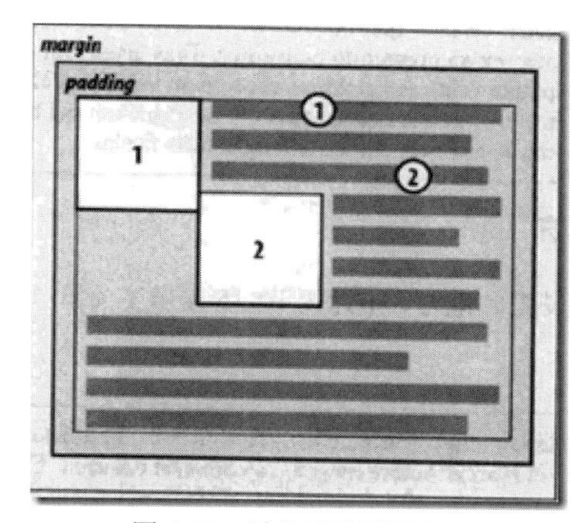

图 4-28　浮动元素规则八

浮动功能可以将元素浮动起来，脱离文档流向其他方向移动，直到它的外边缘碰到包含框或另一个浮动框的边框为止。虽然浮动也脱离文档流显示，但是与定位不同的是：inline 和 inline-block 的元素可以识别这种因浮动而脱离的文档流，从而不发生重叠显示的现象。

【实例 4-21】display:inline-block 与 display:block 设置

浮动中可能存在重叠或不重叠的情况，对此可以参考下面的例子来理解，程序代码如 ex4_21.html 所示。

ex4_21.html

```
<!DOCTYPE html>
<html lang="GB2312">
    <head>
        <meta charset="GB2312">
        <title>CSS_Float</title>
        <style>
            * {
                margin: 0;
                padding: 0;
            }
            .float {
                width: 40px;
                height: 40px;
                background: yellow;
                float: left;
            }
            p{
                display: inline-block;
                width: 110px;
                height: 80px;
                background: blue;
            }
        </style>
    </head>
    <body>
        <div class="float"></div>
        <p>WebLearning   WebLearning   WebLearning</p>
    </body>
</html>
```

这个例子中使用了 display: inline-block，可见 p 元素并没有占据浮动元素的位置，如图 4-29 示。在此基础上，仅仅将“display: inline-block”改为“display: block”(见文件 ex4_21a.html)，则显示效果如图 4-30 所示，此时 p 标签占据了 float 元素的位置，而标签中的文本则不会占据 float 元素的位置。

图 4-29　display:inline-block 设置

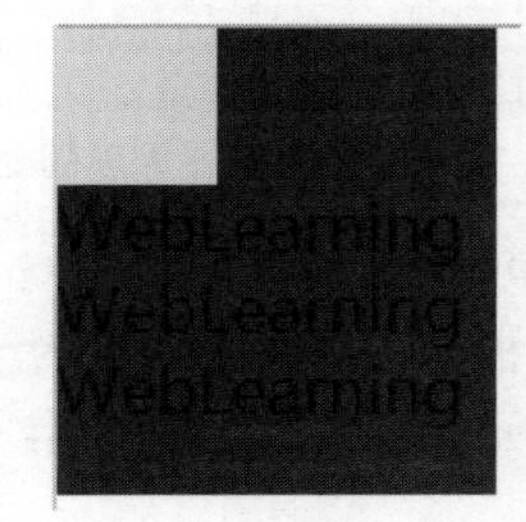

图 4-30　display:block 设置

提示：

原先浮动是为了实现文字围绕图片的显示效果，因此当时只有图片可以被设置为浮动，但后来几乎所有元素都可以被设置为浮动且基于浮动形成了自己的布局体系，有些设置所产生的效果可能存在一定的混淆且难以理解。对此，只要在实践中多加以尝试就可以了解。

【实例 4-22】float 功能的用法

就使用 float 元素实现浮动而言，通常浮动元素会从最后一行最左侧的空白位置开始浮动，若当前行的宽度无法容纳，则会垂直下沉到下一行，直到向左或向右碰到包含框或另一个浮动框的边框为止的位置进行显示，程序代码如 ex4_22.html 所示。

ex4_22.html

```
<!DOCTYPE html>
<html lang="GB2312">
    <head>
        <meta charset="GB2312">
        <title>CSS_Float</title>
    <style>
        .float{
            width: 30%;
            height: 40px;
            border: 1px solid black;
            float: left;
        }
    </style>
    </head>
    <body>
        <div class="float">flaot1</div>
        <div class="float" style="height: 60px;">float2</div>
        <div class="float">flaot3</div>
        <div class="float">flaot4</div>
        <div class="float" style="width: 10px;">float5</div>
    </body>
</html>
```

此处 float4 在 float3 右侧空白位置起始，发现当前行无法容纳下自己则垂直向下移到下一行，向左移动，在碰到包含块之前，碰到了 float2 的边框，于是就会在 float2 的右边框处停止浮动，显示效果如图 4-31 所示。

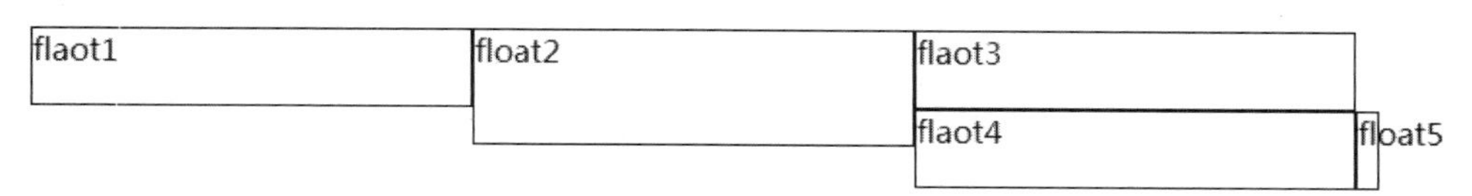

图 4-31　float 功能的用法

若将 float5 这行注释删掉(见文件 ex4_22a.html)，则会发现，一开始 float5 的起始位置就是在 float4 这行的右侧空白区域，由于当前行可容纳，于是就显示了 float4 右侧。虽然 float3 所在的第一行右侧空白区域也可以容纳 float5，但 float5 的起始位置却是第二行，如图 4-32 所示。

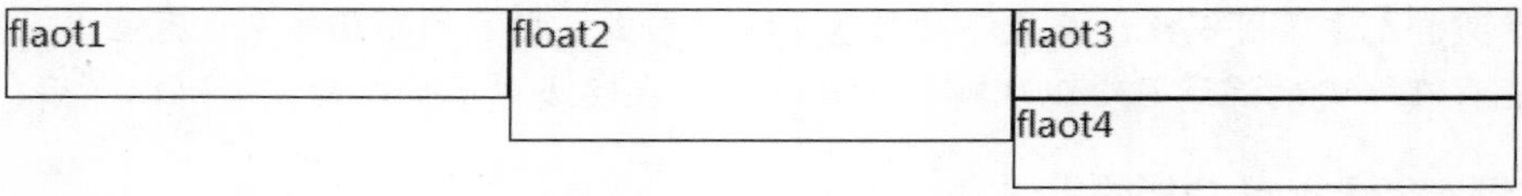

flaot1	float2	flaot3
		flaot4

图 4-32　float 功能的用法比较

清除浮动的作用是改变使用清除浮动的这个元素与前一个声明的浮动元素之间的默认布局规则，使得清除浮动的这个元素强制在新的一行中显示。

提示：

由于浮动元素会脱离文档流显示，因此浮动元素之后的块级元素会默认占据这些元素的位置，如此就会造成这些块级元素会显示在浮动元素的下层，呈现出浮动元素会盖住之后正常文档流其他元素的显示效果，这样往往会导致意想不到的结果。

浮动元素或者非浮动元素的块级元素都可以使用 clear 属性来清除浮动(前面的例子中 inline 和 inline-block 元素可以自动识别浮动，因此就不需要清除浮动了)，其作用对象是前一个声明的浮动元素，可将该设置为 clear 属性的元素显示于前面声明为浮动元素的下方。clear 属性的取值范围为：left | right | both，其中 clear:left | right 是清除前一个 float 为 left 或 right 元素的浮动，而 clear:both 则是清除前一个浮动元素，无论它是哪个方向的。

【实例 4-23】清除浮动的用法

在实际应用中，清除浮动的用法可以解决父元素高度塌陷的特定问题。当一个元素包裹了 float 元素时，由于 float 元素会脱离文档流而单独显示，所以父元素无法被这些定义为 float 的元素撑开高度，导致父元素高度为 0。为此，最常用的一种解决方案是：设置父元素 after 伪元素的 clear 属性，使其撑开父元素的高度，程序代码如 ex4_23.html 所示。

ex4_23.html

```
<!DOCTYPE html>
<html lang="GB2312">
    <head>
        <meta charset="GB2312">
        <title>CSS_Clear</title>
        <style>
            .clearfix {
                background: lime;
                border: 1px solid black;
            }
            .float {
                width: 200px;
                height: 100px;
                background: yellow;
                float: left;
            }
            .clearfix:after,
            .clearfix::after{
                content: " ";
```

```
                    display: block;
                    clear: both;
                    visibility: hidden;
                    height: 0;
                }
            </style>
        </head>
        <body>
            <div class="clearfix">
                <div class="float">float element</div>
            </div>
        </body>
    </html>
```

在未设置 clearfix 的 after 伪元素时，会发现 clearfix 的高度为 0，只有边框会显示出来。通过设置 clearfix 的 after 伪元素后，可在不需要增加额外标签的情况下实现浮动效果的清除，且此时 clearfix 类还可以复用，显示效果如图 4-33 所示。

图 4-33　清除浮动的用法

提示：

使用 content 和 display 属性可将 after 伪元素渲染出来，若再加上 clear:both 可实现一个真实标签清除浮动的效果。在一般浏览器中不设置 visibility 和 height 是可行的，但为了增加代码的健壮性和规范性，建议加上。:after 和::after 的区别在于:after 是 CSS2 中的写法，可以兼容到 IE8；::after 是 CSS3 中规定的写法，用以区分伪类(hover)和伪元素(::before)。

4.4.4　CSS 布局技巧

在前端开发中，页面布局是极为重要的一个环节，良好的布局方案能给用户带来良好的视觉体验。

1. 两栏布局

两栏布局常见于那些一侧是主体内容，另一侧是目录索引结构的网站，例如博客或者教学网站等。对于此种布局往往可采取一侧定宽，一侧自动扩展的方式，实现时可组合使用 float 与 margin。

【实例 4-24】左右两栏布局

程序代码如 ex4_24.html 所示。

ex4_24.html

```
<!DOCTYPE html>
```

```
<html lang="GB2312">
<head>
    <meta charset="GB2312">
    <title>Two Column</title>
    <style>
        .left {
            width: 180px;
            background: green;
            float: left;
            height: 400px;
            font-size:30px;
            text-align: center;
            line-height: 400px;
        }
        .right {
            margin-left: 190;
            height: 400px;
            line-height: 400px;
            background: lime;
            color: #0000ff;
            font-size:30px;
            text-align: center;
        }
    </style>
</head>
<body>
    <div class="left">左侧宽度固定</div>
    <div class="right">右侧宽度自动</div>
</body>
</html>
```

显示效果如图 4-34 所示，左侧栏目大小固定，而右侧栏目会根据浏览器宽度或者屏幕分辨率的变化而自动调整为最大显示。读者运行该实例后，可通过改变浏览器窗口大小来查看右侧栏目宽度变化的情况。

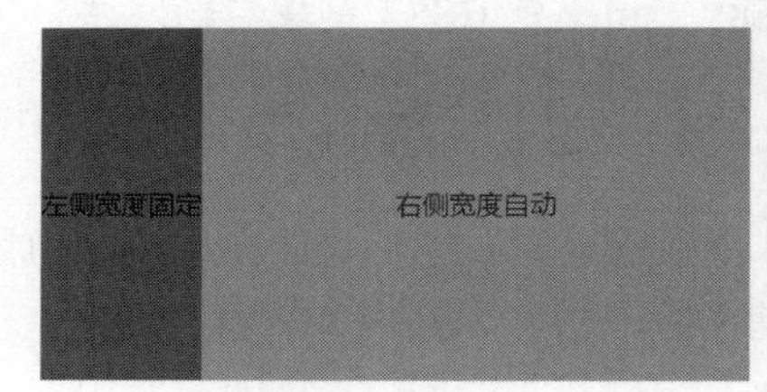

图 4-34　两栏布局

2. 三栏布局

三栏布局也是一种被众多网站所采用的布局方案，其特点是两边定宽，中间自适应。

这种布局方式的关键是：需要使得浏览器窗口的大小发生改变时中间的栏目宽度自动改变。实现时只需要设置左边的元素左浮动，右边的元素右浮动，中间的元素则通过左右 margin 定位即可。需要注意的是，需要将浮动元素放在前面。

【实例 4-25】三栏布局

程序代码如 ex4_25.html 所示。

ex4_25.html

```
<!DOCTYPE html>
<html lang="GB2312">
<head>
	<meta charset="GB2312">
	<title>Two Column</title>
	<style>
		.left {
			width: 180px;
			background: green;
			float: left;
			height: 150px;
			font-size: 26px;
			text-align: center;
			line-height: 150px;
		}
		.right {
			width: 180px;
			height: 150px;
			line-height: 150px;
			background: lime;
			float: right;
			font-size:26px;
			text-align: center;
		}
		.center {
			height: 150px;
			line-height: 150px;
			background: blue;
			font-size: 26px;
			text-align: center;
		}
	</style>
</head>
<body>
	<div class="left">左侧宽度固定</div>
	<div class="right">右侧宽度固定</div>
	<div class="center">中间宽度自动</div>
</body>
</html>
```

显示效果如图 4-35 所示，左右两侧的栏目大小固定，而中间部分会根据浏览器宽度或者屏幕分辨率的变化而自动调整为最大显示。读者运行该实例后，可通过改变浏览器窗口的大小来查看中间栏目宽度变化的情况。

图 4-35　三栏布局

3. flex 布局

flex 是 Flexible Box 的缩写，意为“弹性布局”，用来为盒状模型提供最大的灵活性。flex 布局是 W3C 组织于 2009 年提出的一种新的布局方案，它可以简便、完整、响应式地实现各种页面布局。目前这种布局方式已经得到了绝大部分浏览器的支持，但部分旧版本的浏览器不能很好地支持，如 IE9 等。

传统的布局解决方案是基于前文介绍的盒状模型的，主要依赖于 display、position 和 float 等属性，对于那些特殊布局，如垂直居中等就不容易实现。flex 布局解决了这些问题，带来了更为灵活的布局方式。

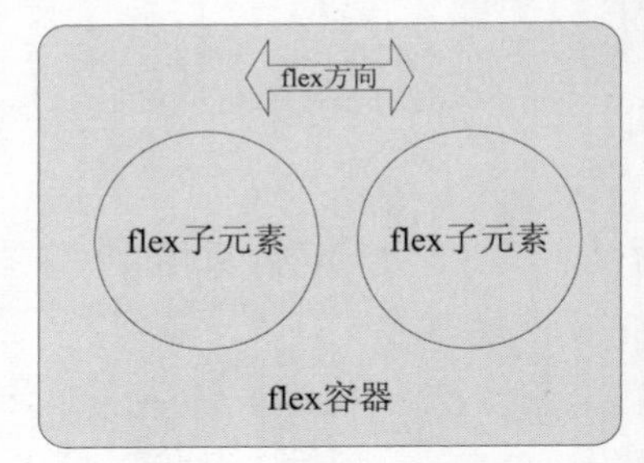

图 4-36　flex 布局模型

flex 布局模型如图 4-36 所示，其中包含三个核心概念：

- flex 项(子元素)，待布局的元素；
- flex 容器，其包含多个 flex 子元素；
- 排列方向，这决定了 flex 项的显示顺序和位置等。

【实例 4-26】flex 布局

程序代码如 ex4_26.html 所示。

ex4_26.html

```
<!DOCTYPE html>
<html>
<head>
    <meta charset="GB2312" />
    <title>Flex Test</title>
    <style type="text/css">
        #container{
            background-color:gray;
            width:350px;
            height:450px;
            display:flex;
            flex-wrap:wrap;
        }
        .item{
            background:yellow;
            width:100px;
            height:100px;
            border:3px solid red;
            text-align:center;
            line-height:100px;
        }
    </style>
</head>
<body>
    <div id="container">
        <div class="item" id="item_1">1</div>
        <div class="item" id="item_2">2</div>
        <div class="item" id="item_3">3</div>
```

```
            <div class="item" id="item_4">4</div>
            <div class="item" id="item_5">5</div>
            <div class="item" id="item_6">6</div>
            <div class="item" id="item_7">7</div>
        </div>
    </body>
</html>
```

显示效果如图 4-37 所示，由于设置了 flex-wrap:wrap;，所以在显示子元素时会采用先横向排列，一行排列满后再纵向排列的方式。

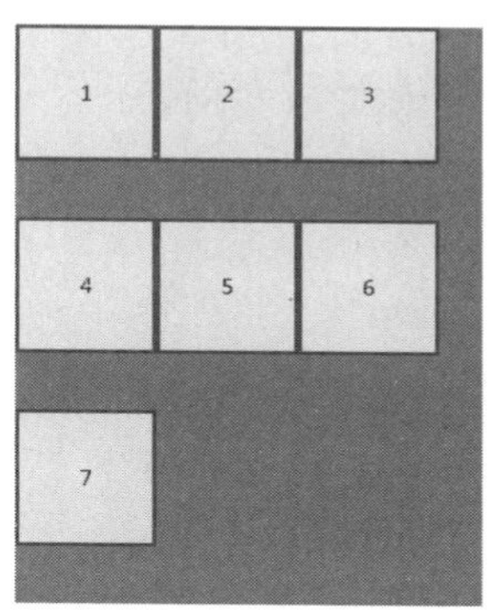

图 4-37　flex 布局效果

实例中 flex-wrap:wrap;的设置，可以按照如表 4-7 中所提供的参数进行设置，可以非常方便地实现更多不同的布局方式，读者可自行设置和测试。另外，对于任何一个子元素，也可以通过 flex 所提供的 order、flex-grow、flex-shrink、flex-basis、align-self 等参数进行个性化的设置，限于篇幅，此处不再赘述。

表 4-7　flex 布局参数

flex 参数	取　值
flex-direction	row/row-reverse/column
flex-wrap	wrap/ wrap-reverse
justify-content	flex-start/flex-end/center/space-between/space-around
align-items	stretch/flex-start/flex-end/center/baseline
align-content	flex-start/flex-end/center/space-between/space-around/stretch

4. 响应式布局

随着互联网的发展，网页不再局限于 PC 端，越来越多的智能移动设备也加入互联网中。因此，使网页在 PC 端、PAD 端、移动端等不同尺寸的设备上都能有良好的布局呈现便成了前端工程师面临的挑战。响应式网站设计的出现，目的是为移动设备提供更好的用户体验，并且整合从桌面到手机的各种屏幕尺寸和分辨率，用技术手段自动适应不同分辨率的屏幕。

响应式实现的基本原理是：根据不同的屏幕分辨率，选择不同的 CSS 规则，实现自适应的显示，例如：

```
@media screen and (max-width: 540px) { /*  移动端  */
    .box {
        background:
        #ccc;
    }
}
```

也可以将要套用的描述独立成外部文档，例如：

```
<link rel="stylesheet" media="screen and (max-width: 540px)" href="mini.css" />
```

这样就可以使页面在不同的设备上，能使用最适合页面大小的CSS方案，从而实现响应式布局。由以上分析可知，响应式布局往往与百分比布局结合使用。

【实例4-27】响应式布局

该实例将实现不同宽度的屏幕，显示不同颜色的栏目。程序代码如ex4_27.html所示。

ex4_27.html

```
<!DOCTYPE html>
<html>
<head>
    <style>
        /* >980px */
        div{
            width: 100%;
            height: 100px;
            background: red;
        }
        /* <=980px */
        @media screen and (max-width: 980px){
            div{
                background: blue;
            }
        }
        /* <=580px */
        @media screen and (max-width: 580px){
            div{
                background: black;
            }
        }
        /* <=380px */
        @media screen and (max-width: 380px){
            div{
                background: gold;
            }
        }
    </style>
</head>
<body>
    <div></div>
</body>
```

读者可以自行运行以上代码，通过改变当前窗口的大小来观察屏幕的变化。在此基础上，进一步设置，就完全可以实现响应式的页面效果。

4.5 CSS滤镜

相对于纯文本，视觉和听觉的感受有时更容易带来震撼的效果，因此利用多媒体手段来表达可以丰富网页的展示形式。CSS除了能对HTML的显示样式进行定义和管理以外，还提供了多媒体处理方面的滤镜功能。CSS 的滤镜能利用客户端的计算资源对图片等资源生成类似于 Photoshop 特效滤镜的处理效果。虽然 CSS 所带的滤镜种类比 Photoshop 要少很多，但对于网页应用而言，已经能满足大多数应用的需求了。

提示：

IE 所特有的滤镜常常作为 CSS3 各种新特性的降级补充方案，而 Adobe 转向 HTML5 后与 Chrome 合作推出了 CSS3 的 Filter 特性，因此当前仅 Webkit 内核的浏览器支持 CSS3 Filter，而 Firefox 和 IE10 及以上版本则需要使用 SVG 滤镜或 Canvas 作为替代方案进行处理，而 IE5.5~9 则需要使用 IE 滤镜、JS+DIV 或 VML 来实现。因此有关滤镜的用法，首先需要确认所使用浏览器的种类和版本。

4.5.1　CSS3 滤镜的种类及定义方式

CSS 滤镜属性的标识符是 filter，其定义方式为：

```
filter: none | blur() | brightness() | contrast() | drop-shadow() | grayscale() | hue-rotate() | invert() | opacity() | saturate()
| sepia() | url();
```

表 4-8 对 IE 滤镜与 CSS3 滤镜进行了对比，可以看出，两者在所使用的方式和所支持的效果等多个方面均存在较大差异。

表 4-8　IE 滤镜与 CSS3 滤镜

IE 滤镜	CSS3 滤镜
Alpha：设置透明层次	grayscale：灰度
blur：生成模糊效果	sepia：褐色
Chroma：制作专用颜色透明	saturate：饱和度
DropShadow：创建对象的固定影子	hue-rotate：色相旋转
FlipH：创建水平镜像图片	invert：反色
FlipV：创建垂直镜像图片	opacity：不透明度
glow：对象外边缘增加光晕	brightness：亮度
gray：灰度化效果	contrast：对比度
invert：对象反色效果	blur：模糊
light：在对象上创建光源	drop-shadow：阴影
mask：在对象上生成透明掩膜	
shadow：创建固定偏移阴影	
wave：水波纹效果	
Xray：X 光效果	

有关 CSS3 滤镜的用法说明如表 4-9 所示。

表 4-9　CSS3 滤镜及其说明

CSS3 滤镜名称	滤镜说明
none	默认值，没有效果
blur(px)	给图像设置高斯模糊。radius 设定高斯函数的标准差，也就是设定多少个像素趋于整合，所以其值越大最终图像越模糊；如果没有设定值，则默认值是 0；这个参数可设置为 CSS 的长度值，但不接受百分比值
brightness(%)	对图片应用一种线性乘法，使其看起来更亮或更暗。如果值是 0%，图像会全黑。值是 100%，则图像无变化。其他的值对应线性乘数效果。值也可以超过 100%，意味着图像会比原来更亮。如果没有设定值，默认值是 1
contrast(%)	调整图像的对比度。若值是 0%，图像会全黑。值是 100%，图像不变。值可以超过 100%，意味着会运用更低的对比。若没有设置值，默认值是 1
drop-shadow (h-shadow、v-shadow、blur、spread、color)	给图像设置一个阴影效果。阴影会生成在原图像下方，允许带有模糊度，可以用特定颜色生成一个带遮罩图的偏移图像。 函数接受<shadow>(在 CSS3 背景中定义)类型的值，但不允许使用 inset 关键字。该函数与已有的 box-shadow 属性很相似，不同之处在于，通过滤镜，一些浏览器为了性能更好会提供硬件加速。<shadow>参数如下： <offset-x> <offset-y> (必须) 这是设置阴影偏移量的两个<length>值：<offset-x> 设定水平方向的距离，负值会使阴影出现在元素左边；<offset-y>设定垂直方向的距离，负值会使阴影出现在元素上方。如果两个值都是 0，则阴影出现在元素的正后方(如果设置了<blur-radius>和/或<spread-radius>，会有模糊效果)。 <blur-radius> (可选) 这是第三个<length>值，值越大，越模糊，则阴影会变得更大更淡。不允许是负值。若未设定，默认值是 0 (则阴影的边界很锐利)。 <spread-radius> (可选) 这是第四个<length>值，正值会使阴影扩张和变大，负值会是阴影缩小。若未设定，默认值是 0 (阴影会与元素一样大小)。注意，Webkit 和一些其他浏览器不支持第四个长度，如果添加了该长度也不会渲染。 <color> (可选) 若未设定 color 属性的值，表示颜色值基于浏览器。在 Gecko (Firefox)、Presto (Opera)和 Trident (Internet Explorer)中，会应用 color 属性的值。另外，如果省略了颜色值，WebKit 中的阴影是透明的。 grayscale(%) 将图像转换为灰度图像。其值定义转换的比例。值为 100%则完全转为灰度图像，值为 0%图像无变化。值在 0%到 100%之间，则是效果的线性乘子。若未设置，值默认是 0。 hue-rotate(deg) 对图像应用色相旋转。angle 一值设定图像会被调整的色环角度值。值为 0deg，则图像无变化。若值未设置，默认值是 0deg。该值虽然没有最大值，但值超过 360deg 则相当于又绕一圈

(续表)

CSS3 滤镜名称	滤镜说明
invert(%)	反转图像。其值定义转换的比例。值为 100%表示是完全反转。值为 0%则图像无变化。值在 0%和 100%之间，则是效果的线性乘子。若值未设置，默认值是 0
opacity(%)	转化图像的透明度。其值定义转换的比例。值为 0%则表示完全透明，值为 100%则图像无变化。值在 0%和 100%之间，则是效果的线性乘子，也相当于图像样本乘以数量。若值未设置，默认值是 1。该函数与已有的 opacity 属性很相似，不同之处在于通过 filter，一些浏览器为了提升性能会提供硬件加速
saturate(%)	转换图像的饱和度。其值定义转换的比例。值为 0%则表示完全不饱和。值为 100%则图像无变化。其他值则是效果的线性乘子。超过 100%的值表示有更高的饱和度。若值未设置，默认值是 1
sepia(%)	将图像转换为深褐色。其值定义转换的比例。值为 100%，则表示完全是深褐色。值为 0%，表示图像无变化。值在 0%和 100%之间，则是效果的线性乘子。若未设置，默认值是 0
url()	该函数接受一个 XML 文件，该文件设置了 一个 SVG 滤镜，且可以包含一个锚点来指定一个具体的滤镜元素，例如，filter: url(svg-url#element-id)
initial	设置属性为默认值，可参阅 CSS 的 initial 关键字
inherit	从父元素继承该属性，可参阅 CSS 的 inherit 关键字

4.5.2　滤镜实例

1. 滤镜的一般用法

【实例 4-28】多个滤镜的对比测试

程序代码如 ex4_28.html 所示。

ex4_28.html

```
<!DOCTYPE html>
<html>
<head>
    <meta charset="gb2312">
    <title>多个图片滤镜效果对比</title>
    <style>
        [data-filter*=image-]{ flex:0 1 20%;line-height:0;position:relative;z-index:0;}
        [data-filter*=image-] img{ height:auto;width:100%;}
        [data-filter="image-grayscale"] img{ filter:grayscale(50%);}
        [data-filter="image-saturate"] img{ filter:saturate(360%);}
        [data-filter="image-sepia"] img{ filter:sepia(100%);}
        [data-filter="image-invert"] img{ filter:invert(100%);}
        [data-filter="image-opacity"] img{ filter:opacity(50%);}
        [data-filter="image-brightness"] img{ filter:brightness(120%);}
        [data-filter="image-contrast"] img{ filter:contrast(160%);}
        [data-filter="image-hue-rotate"] img{ filter:hue-rotate(160deg);}
```

```
            [data-filter="image-blur"] img{ filter:blur(2px);}
            body{ background:#163065;color:#fff;}
            .mc { display:flex;flex-wrap:wrap;}
            .mc h2{ background:rgba(100,0,50,0.6);color:#fff;display:block;font-size:1.25rem;font-weight:300;left:0;
            line-height:1.5;margin:0;padding:.5rem;position:absolute;top:0;z-index:1;}
            .mc a{ color:#fff;display:inline-block;font-size:1rem;}
            .mc a:hover{ color:#f8be00;}
        </style>
    </head>
    <body>
        <main class="mc">
            <div data-filter="image-grayscale">
                <h2>grayscale</h2>
                <img src="dog.jpg">
            </div>
            <div data-filter="image-saturate">
                <h2>saturate</h2>
                <img src="dog.jpg">
            </div>
            <div data-filter="image-sepia">
                <h2>sepia</h2>
                <img src="dog.jpg">
            </div>
            <div data-filter="image-invert">
                <h2>invert</h2>
                <img src="dog.jpg">
            </div>
            <div data-filter="image-opacity">
                <h2>opacity</h2>
                <img src="dog.jpg">
            </div>
            <div data-filter="image-brightness">
                <h2>brightness</h2>
                <img src="dog.jpg">
            </div>
            <div data-filter="image-contrast">
                <h2>contrast</h2>
                <img src="dog.jpg">
            </div>
            <div data-filter="image-hue-rotate">
                <h2>hue-rotate</h2>
                <img src="dog.jpg">
            </div>
            <div data-filter="image-blur">
                <h2>blur</h2>
                <img src="dog.jpg">
            </div>
            <div data-filter="image-normal">
                <h2>normal</h2>
                <img src="dog.jpg">
```

```
        </div>
    </main>
</body>
</html>
```

显示效果如图 4-38 所示，可以看出，主要产生了颜色的改变，建议读者可以通过运行本实例来查看实际运行的效果并了解不同滤镜的作用。

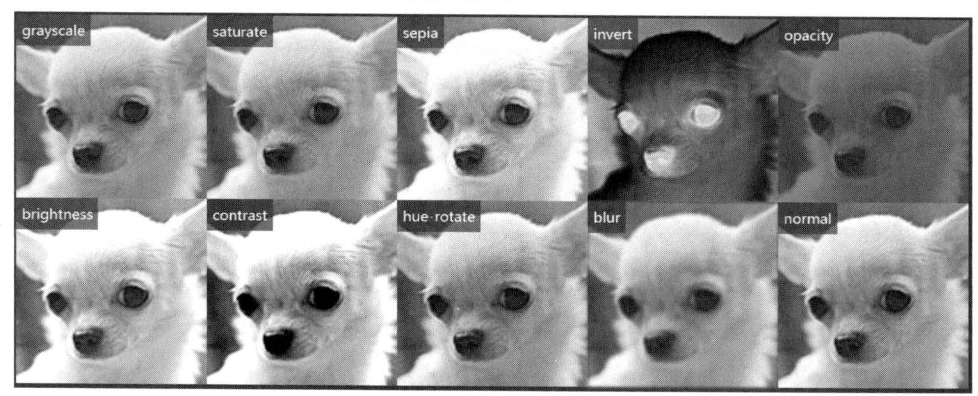

图 4-38　多个滤镜的对比测试

2. 复合滤镜的用法

可以使用多个滤镜，每个滤镜使用空格进行分隔。

注意：顺序是非常重要的(例如，使用 grayscale()后再使用 sepia()，则将产生一个完整的灰度图片)。

```
img {
    -webkit-filter: contrast(200%) brightness(150%);    /* Chrome, Safari, Opera */
    filter: contrast(200%) brightness(150%);
}
```

【实例 4-29】复合滤镜测试

程序代码如 ex4_29.html 所示。

ex4_29.html

```
<!DOCTYPE html>
<html>
<html>
<head>
    <meta charset="GB2312" />
    <title>组合任意数量的函数来控制渲染</title>
    <style type="text/css">
        img {
            -webkit-filter: blur(3px) invert(1);
            filter: blur(3px) invert(1);
        }
```

```
    </style>
</head>
<body>
    <img src="grass.png" width="300" height="300"></img>
</body>
</html>
```

显示效果如图 4-39 所示，可以看出，主要产生了模糊及底片的同时效果，读者可以通过运行本实例来查看实际运行的效果。另外，由于设置了图片显示的高度及宽度，也出现了一定的变形效果。

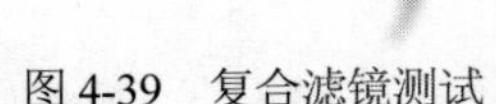

图 4-39　复合滤镜测试

4.6 CSS 典型用法实例

4.6.1 边框的用法

CSS3 提供了关于边框的设置，包括：

- border-color：控制边框的颜色，并且有了更大的灵活性，可以产生渐变效果；
- border-image：控制边框的图像；
- border-corner-image：控制边框边角的图像；
- border-radius：能产生类似圆角矩形的效果。

【实例 4-30】圆角表格用法展示

程序代码如 ex4_30.html 所示。

ex4_30.html

```
<!DOCTYPE html>
<html
<head>
  <meta http-equiv="Content-Type" content="text/html; charset=gb2312" />
  <title>CSS 3 圆角表格</title>
    <style>
    .bordered {
        border: solid #ccc 1px;
        -moz-border-radius: 6px;
        -webkit-border-radius: 6px;
        border-radius: 6px;
        -webkit-box-shadow: 0 1px 1px #ccc;
        -moz-box-shadow: 0 1px 1px #ccc;
        box-shadow: 0 1px 1px #ccc;
    }
    </style>
</head>
<body>
    <div style=" background-color: #ccc; -moz-border-radius: 5px;   -webkit-border-radius: 5px; border: 1px
```

```
    solid #000; padding: 10px;" >在 Firefox  和  Safari  中实现圆角</div>
    <br>
      <table class="bordered">
        <thead>
        <tr>
            <th>#</th>
            <th>IMDB Top 3 Movies</th>
            <th>Year</th>
        </tr>
        </thead>
        <tr>
            <td>1</td>
            <td>The Shawshank Redemption</td>
            <td>1994</td>
        </tr>
        <tr>
            <td>2</td>
            <td>The Godfather</td>
            <td>1972</td>
        </tr>
        <tr>
            <td>3</td>
            <td>The Godfather: Part II</td>
            <td>1974</td>
        </tr>
    </table>
</body>
</html>
```

在这个例子中，为了支持多种浏览器设置了多个样式，在浏览器中的表格能呈现出圆角效果。此外，本例还分别使用了行内样式及内部样式表对表格及 div 元素进行了圆角设置。图 4-40 所示分别为 IE 及 Chrome 浏览器中的显示效果，从中可见浏览器之间的差异。

图 4-40　圆角表格

4.6.2　动画

动画有多种实现方式，CSS 中就提供了一些有关实现动画的手段，借助这些手段可以实现低成本、高效率的动画。

1. 实现原理

CSS 提供的动画相关技术主要包括变形(transform)、转换(transition)和动画(animation)三种类型。

- 变形包括旋转(rotate)、扭曲(skew)、缩放(scale)和移动(translate)以及矩阵变形(matrix)。
- 转换主要包含 4 个属性，分别是：执行变换的属性(transition-property)、变换延续的时间(transition-duration)、在延续时间段变换的速率变化(transition-timing-function)、变换延迟时间(transition-delay)。
- 动画中有一项重要的概念“keyframes”，可被称为“关键帧”，使用 transition 制作一个简单的转换效果时，包括了初始属性和最终属性、一个开始执行动作的时间和一个延续动作的时间以及动作的变换速率。其实这些值都是一个中间值，如果希望控制得更精细，比如用户要在第一个时间段执行什么动作，在第二个时间段执行什么动作，这样用 transition 就很难实现了，此时就需要使用“关键帧”来控制。那么 CSS3 的 Animation 就是由“关键帧”这个属性来实现这种效果的。关键帧具有自己的语法规则，它的命名是以“@keyframes”开头，后面紧接着“动画的名称”加上一对花括号“{}”，括号中就是一些不同时间段的样式规则，样式有点像 CSS。“@keyframes”中的样式规则是由多个百分比构成的，如“0%”和“100%”之间，可以在这个规则中创建多个百分比，可以分别给每一个百分比中需要有动画效果的元素加上不同的属性，从而让元素达到一种不断变化的效果。例如移动、改变元素颜色、位置、大小、形状等，不过有一点需要注意，可以使用“from”和“to”来代表一个动画是从哪里开始，到哪里结束，也就是说，这个“from”就相当于“0%”，而“to”相当于“100%”。值得一提的是，其中“0%”不能像其他属性取值一样把百分比符号省略，必须要加上百分比符号(“%”)，如果没有加上，这个关键帧是无效的，不起任何作用。因为关键帧的单位只接受百分比值。

2. 风车实例

【实例 4-31】风车动画展示

程序代码如 ex4_31.html 所示。

ex4_31.html

```
<!DOCTYPE html>
<html>
<head>
    <style>
        body{background: #aaccdd;}
        @-webkit-keyframes rotate{from{-webkit-transform: rotate(0deg)}to{-webkit-transform: rotate(360deg)}}
        @-moz-keyframes rotate{from{-moz-transform: rotate(0deg)}to{-moz-transform: rotate(359deg)}}
        @-o-keyframes rotate{from{-o-transform: rotate(0deg)}to{-o-transform: rotate(359deg)}}
        @keyframes rotate{from{transform: rotate(0deg)}to{transform: rotate(359deg)}}
        @-webkit-keyframes rotate2{from{-webkit-transform: rotate(0deg)}to{-webkit-transform: rotate(360deg)}}
        @-moz-keyframes rotate2{from{-moz-transform: rotate(0deg)}to{-moz-transform: rotate(359deg)}}
        @-o-keyframes rotate2{from{-o-transform: rotate(0deg)}to{-o-transform: rotate(359deg)}}
        @keyframes rotate2{from{transform: rotate(0deg)}to{transform: rotate(359deg)}}
```

```
            .windmill2
            {display: block;position: relative;margin: 50px auto;width: 100px;height:120px;}
            .windmill2 .pillar
            {position: absolute;top: 8px;left: 44px;display: block;height:0;width: 4px;border-width: 0 4px 80px
4px;border-style: none solid solid;border-color:transparent transparent white;}
            .windmill2 .axis
            {position: absolute;top: 0px;left: 46px;width: 4px;height: 4px;border:3px #fff solid;background: #a5cad6;
border-radius: 5px;z-index: 88;-webkit-transition-property: -webkit-transform;-webkit-transition-duration: 1s;
-moz-transition-property: -moz-transform;-moz-transition-duration: 1s;-webkit-animation: rotate 4s linear infinite;
-moz-animation: rotate 4s linear infinite;-o-animation: rotate 4s linear infinite;animation: rotate 4s linear infinite;}
            .windmill2 .swing
            {position: absolute;top: 1px;left: -2px;display: block;height: 0;width:2px;border-width: 50px 2px 0px
2px; border-style: solid solid none;border-color: white transparent transparent ;box-shadow: 1px 1px 1px rgba(105, 97,
97, 0.1);-webkit-transform-origin: 0px 0px;-webkit-transform: rotate(60deg);-moz-transform-origin: 0px 0px;
-moz-transform: rotate(60deg);-ms-transform-origin: 0px 0px;-ms-transform: rotate(60deg);-o-transform-origin: 0px
0px;-o-transform: rotate(60deg);transform-origin: 0px 0px;transform: rotate(60deg);}
            .windmill2 .swing2
            {position: absolute;top: 0px;left: 4.5px;display: block;height: 0;width: 2px;border-width: 50px 2px 0px
2px;border-style: solid solid none;border-color: white transparent transparent ;-webkit-transform-origin: 0px
0px;-webkit-transform: rotate(180deg);-moz-transform-origin: 0px 0px;-moz-transform: rotate(180deg);
-ms-transform-origin: 0px 0px;-ms-transform: rotate(180deg);-o-transform-origin: 0px 0px;-o-transform:
rotate(180deg);transform-origin: 0px 0px;transform: rotate(180deg);}
            .windmill2 .swing3
            {position: absolute;top: 6px;left: 3px;display: block;height: 0;width:2px;border-width: 50px 2px 0px 2px;
border-style: solid solid none;border-color: white transparent transparent ;-webkit-transform-origin: 0px 0px;
-webkit-transform: rotate(300deg);-moz-transform-origin: 0px 0px;-moz-transform: rotate(300deg); -ms-transform-origin:
0px 0px;-ms-transform: rotate(300deg);-o-transform-origin: 0px 0px;-o-transform: rotate(300deg);transform-origin: 0px
0px;transform: rotate(300deg);}
        </style>
    </head>
    <body>
        <span class="windmill2">
        <span class="pillar"></qian>
        <span class="axis">
            <span class="swing"></span>
            <span class="swing2"></span>
            <span class="swing3"></span>
        </span>
        </span>
    </body>
    </html>
```

在这个例子中，为了支持多种浏览器设置了多个样式，在浏览器中显示出一个转动的风车。图 4-41 所示为浏览器中的显示效果，读者可留意源码中动画的实现部分。

图 4-41　风车动画

3. 飘动的云动画实例

【实例 4-32】飘动的云动画

程序代码如 ex4_32.html 及 ex4_32.css 所示。

ex4_32.html

```
<!DOCTYPE html>
<html>
<head>
	<meta charset="gb2312">
	<title>飘动的云动画</title>
	<link rel="stylesheet" href="ex4_32.css">
</head>
<body>
	<div class="sky">
		<div class="clouds_one"></div>
		<div class="clouds_two"></div>
		<div class="clouds_three"></div>
	</div>
</body>
</html>
```

ex4_32.css

```
html, body {
	margin: 0;
	padding:0;
	height: 100%
}
.sky {
	height: 480px;
	background: #007fd5;
	position: relative;
	overflow: hidden;
	-webkit-animation: sky_background 50s ease-out infinite;
	-moz-animation: sky_background 50s ease-out infinite;
	-o-animation: sky_background 50s ease-out infinite;
	animation: sky_background 50s ease-out infinite;
	-webkit-transform: translate3d(0, 0, 0);
	-ms-transform: translate3d(0, 0, 0);
	-o-transform: translate3d(0, 0, 0);
	transform: translate3d(0, 0, 0);
}
.sky .clouds_one {
	background: url("c1");
	position: absolute;
	left: 0;
	top: 0;
	height: 100%;
	width: 300%;
	-webkit-animation: cloud_one 50s linear infinite;
	-moz-animation: cloud_one 50s linear infinite;
	-o-animation: cloud_one 50s linear infinite;
	animation: cloud_one 50s linear infinite;
	-webkit-transform: translate3d(0, 0, 0);
```

```
        -ms-transform: translate3d(0, 0, 0);
        -o-transform: translate3d(0, 0, 0);
        transform: translate3d(0, 0, 0);
}
.sky .clouds_two {
        background: url("c2.png");
        position: absolute;
        left: 0;
        top: 0;
        height: 100%;
        width: 300%;
        -webkit-animation: cloud_two 75s linear infinite;
        -moz-animation: cloud_two 75s linear infinite;
        -o-animation: cloud_two 75s linear infinite;
        animation: cloud_two 75s linear infinite;
        -webkit-transform: translate3d(0, 0, 0);
        -ms-transform: translate3d(0, 0, 0);
        -o-transform: translate3d(0, 0, 0);
        transform: translate3d(0, 0, 0);
}
.sky .clouds_three {
        background: url("c3.png");
        position: absolute;
        left: 0;
        top: 0;
        height: 100%;
        width: 300%;
        -webkit-animation: cloud_three 100s linear infinite;
        -moz-animation: cloud_three 100s linear infinite;
        -o-animation: cloud_three 100s linear infinite;
        animation: cloud_three 100s linear infinite;
        -webkit-transform: translate3d(0, 0, 0);
        -ms-transform: translate3d(0, 0, 0);
        -o-transform: translate3d(0, 0, 0);
        transform: translate3d(0, 0, 0);
}
@-webkit-keyframes sky_background {
        0% {    background: #007fd5;    color: #007fd5    }
        50% {    background: #000;    color: #a3d9ff    }
        100% {    background: #007fd5;    color: #007fd5    }
}
@-moz-keyframes sky_background {
        0% {    background: #007fd5;    color: #007fd5    }
        50% {    background: #000;    color: #a3d9ff    }
        100% {    background: #007fd5;    color: #007fd5    }
}
@keyframes sky_background {
        0% {    background: #007fd5;    color: #007fd5    }
        50% {    background: #000;    color: #a3d9ff    }
        100% {    background: #007fd5;    color: #007fd5    }
}
```

```
@-webkit-keyframes cloud_one {
    0% {  left: 0  }
    100% {  left: -200%  }
}
@-moz-keyframes cloud_one {
    0% {  left: 0  }
    100% {  left: -200%  }
}
@keyframes cloud_one {
    0% {  left: 0  }
    100% {  left: -200%  }
}
@-webkit-keyframes cloud_two {
    0% {  left: 0  }
    100% {  left: -200%  }
}
@-moz-keyframes cloud_two {
    0% {  left: 0  }
    100% {  left: -200%  }
}
@keyframes cloud_two {
    0% {  left: 0  }
    100% {  left: -200%  }
}
@-webkit-keyframes cloud_three {
    0% {  left: 0  }
    100% {  left: -200%  }
}
@-moz-keyframes cloud_three {
    0% { left: 0  }
    100% {  left: -200%  }
}
@keyframes cloud_three {
    0% {  left: 0  }
    100% {  left: -200%  }
}
```

在这个例子中，利用了多幅不同的云彩图片，通过 CSS 的动画等技术，实现了飘动的云的效果。图 4-42 所示为浏览器中的显示效果，读者可留意源码中的关键实现部分。

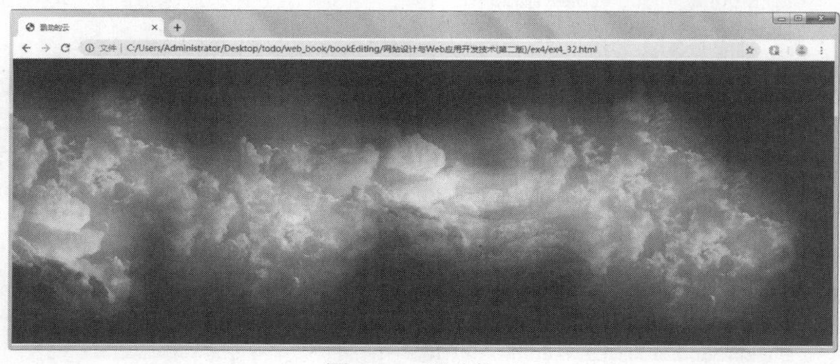

图 4-42　飘动的云

4.6.3　语音应用

听觉样式表使用了语音合成和声音效果的结合，让用户收听信息，而不是读取信息。听觉呈现通常会把文档转化为纯文本，然后传给屏幕阅读器(可读出屏幕上所有字符的一种程序)。在以下几种交互场景可以发挥重要的作用：帮助失明人士、帮助具有阅读障碍的用户、应用于娱乐领域和交通工具上等。

CSS3 的语音模块可以为屏幕阅读者指定语音样式，控制语音的不同设置，例如：

- voice-volume：可以使用小于 100 的整数值、百分数或关键字(silent、x-soft、soft、medium、loud 和 x-loud 等)来设置音量；
- voice-balance：控制声道(用户的音箱系统支持立体声)；
- speak：指示屏幕阅读器阅读相关的文字、数字或标点符号，可用的关键字为 none、normal、spell-out、digits、literal-punctuation、no-punctuation 和 inherit；
- pauses and rests：在一个元素被读完之前或之后设定暂停或停止，使用时间单位(如“2s”表示 2 秒)或关键字(none、x-weak、weak、medium、strong 和 x-strong)；
- cues：使用声音限制特定元素并控制其音量；
- voice-family：设定特定的声音类型和声音合成(类似于 font-family)；
- voice-rate：控制阅读的速度，可以设置为百分数或关键字(x-slow、slow、medium、fast 和 x-fast)；
- voice-stress：指示应该使用的任何重音(强语气)，可使用不同的关键字(none、moderate、strong 和 reduced)。

例如，若要告诉屏幕阅读器使用女声读取所有的<h2>标签，用左边的喇叭，用较为轻柔的音调播放指定的声音文件 sound.au，就可以像下面这样指定样式：

```
h1 {
    voice-family: female;
    voice-balance: left;
    voice-volume: soft;
    cue-after: url(sound.au);
    }
```

目前存在的问题是，这种用法现在只得到了较少的支持，但是从提高网站易用性的角度而言是值得关注的。另外，目前只有 Opera 浏览器支持语音模块的部分属性。为了使用它们，需要使用-xv-前缀，例如-xv-voice-balance: right。

4.6.4　制作可交互的 360 度全景展示

在商品展示中经常希望制作具有 360 度全景交互的物品展示，其实在网页中也可以通过 CSS3 技术来实现这种效果，【实例 4-33】给出了一种简单的实现方法。

【实例 4-33】制作可交互旋转的广告展示

程序代码如 ex4_33.html 所示。

ex4_33.html

```
<!doctype html>
  <HEAD>
    <STYLE type="text/css">
    #coke {
      width: 510px;
      height: 400px;
      margin: 0 auto;
      overflow: auto;
    }
    img {
      border: 0;
      margin-left: -172px;
    }
    a  {
      display: block;
      padding-top: 19px;
      width: 194px;
    }
    div div   {
      background-image: url(images/coke-scroll.png);
      background-repeat: no-repeat;
      background-position: 0 0;
      padding-left: 300px;
      width: 660px;
    }
    p  {
      margin: 0;
      padding: 0;
      float: left;
      height: 336px;
      background-image: url(images/coke-label.jpg);
      background-attachment: fixed;
      background-repeat: repeat-x;
      width: 1px;
    }
    #x1 {background-position: 5px 30px;}     #x2 {background-position: 0px 30px;}
    #x3 {background-position: -3px 30px;}    #x4 {background-position: -6px 30px;}
    #x5 {background-position: -8px 30px;}    #x6 {background-position: -10px 30px;}
    #x7 {background-position: -12px 30px;}   #x8 {background-position: -14px 30px;}
    #x9 {background-position: -15px 30px;}   #x10 {background-position: -16px 30px;}
    #x11 {background-position: -17px 30px;}  #x12 {background-position: -18px 30px;}
    #x13 {background-position: -19px 30px;}  #x14 {background-position: -20px 30px;}
    #x15 {background-position: -21px 30px;}  #x16 {background-position: -22px 30px; width: 2px;}
    #x17 {background-position: -23px 30px;}  #x18 {background-position: -24px 30px; width: 2px;}
    #x19 {background-position: -25px 30px; width: 2px;}
    #x20 {background-position: -26px 30px; width: 2px;}
    #x21 {background-position: -27px 30px; width: 2px;}
    #x22 {background-position: -28px 30px; width: 3px;}
```

```
    #x23 {background-position: -29px 30px; width: 3px;}
    #x24 {background-position: -30px 30px; width: 4px;}
    #x25 {background-position: -31px 30px; width: 5px;}
    #x26 {background-position: -32px 30px; width: 7px;}
    #x27 {background-position: -33px 30px; width: 12px;}
    #x28 {background-position: -34px 30px; width: 55px;}
    #x29 {background-position: -35px 30px; width: 11px;}
    #x30 {background-position: -36px 30px; width: 6px;}
    #x31 {background-position: -37px 30px; width: 5px;}
    #x32 {background-position: -38px 30px; width: 4px;}
    #x33 {background-position: -39px 30px; width: 3px;}
    #x34 {background-position: -40px 30px; width: 2px;}
    #x35 {background-position: -41px 30px; width: 3px;}
    #x36 {background-position: -42px 30px; width: 2px;}
    #x37 {background-position: -43px 30px; width: 2px;}
    #x38 {background-position: -44px 30px;}   #x39 {background-position: -45px 30px; width: 2px;}
    #x40 {background-position: -46px 30px;}   #x41 {background-position: -47px 30px;}
    #x42 {background-position: -48px 30px;}   #x43 {background-position: -49px 30px;}
    #x44 {background-position: -50px 30px;}   #x45 {background-position: -51px 30px;}
    #x46 {background-position: -52px 30px;}   #x47 {background-position: -53px 30px;}
    #x48 {background-position: -54px 30px;}   #x49 {background-position: -56px 30px;}
    #x50 {background-position: -58px 30px;}   #x51 {background-position: -60px 30px;}
    #x52 {background-position: -62px 30px;}   #x53 {background-position: -65px 30px;}
    #x54 {background-position: -68px 30px;}   #x55 {background-position: -74px 30px;}
</style>
</head>
<body>
    <div id="coke">
        <div id="y">
            <p id="x1"></p>          <p id="x2"></p>          <p id="x3"></p>
            <p id="x4"></p>          <p id="x5"></p>          <p id="x6"></p>
            <p id="x7"></p>          <p id="x8"></p>          <p id="x9"></p>
            <p id="x10"></p>         <p id="x11"></p>         <p id="x12"></p>
            <p id="x13"></p>         <p id="x14"></p>         <p id="x15"></p>
            <p id="x16"></p>         <p id="x17"></p>         <p id="x18"></p>
            <p id="x19"></p>         <p id="x20"></p>         <p id="x21"></p>
            <p id="x22"></p>         <p id="x23"></p>         <p id="x24"></p>
            <p id="x25"></p>         <p id="x26"></p>         <p id="x27"></p>
            <p id="x28"></p>         <p id="x29"></p>         <p id="x30"></p>
            <p id="x31"></p>         <p id="x32"></p>         <p id="x33"></p>
            <p id="x34"></p>         <p id="x35"></p>         <p id="x36"></p>
            <p id="x37"></p>         <p id="x38"></p>         <p id="x39"></p>
            <p id="x40"></p>         <p id="x41"></p>         <p id="x42"></p>
            <p id="x43"></p>         <p id="x44"></p>         <p id="x45"></p>
            <p id="x46"></p>         <p id="x47"></p>         <p id="x48"></p>
            <p id="x49"></p>         <p id="x50"></p>         <p id="x51"></p>
            <p id="x52"></p>         <p id="x53"></p>         <p id="x54"></p>
            <p id="x55"></p>
            <a href="http://www.njupt.edu.cn"><img src="images/coke-can.png"></a>
        </div>
```

```
    </div>
  </body>
</html>
```

本实例通过<p>标签实现了滚动条，再利用样式表中的background-position属性设置了多个显示位移的不同位置，只要设置的角度足够多，就可以生成连续的转动效果。在浏览器中的显示效果如图4-43所示。读者需要在浏览器中用鼠标拖动进度条来查看本例的实际运行效果。

图4-43　制作可交互旋转的广告效果

此外，还可以通过JS代码或者第三方组件的方式来实现360度浏览。现在兴起的VR技术也被广泛应用于各种需要展示的场合。此外，还有多种开发工具也可以用于进行开发。此处给出的技术是完全基于CSS的，相对而言要简单一些。

4.6.5　自动适应移动设备横竖屏显示方式的实现方案

如果希望制作一个能在手机上进行浏览的网站，除了需要考虑分辨率外，还需要考虑手机存在横竖屏的不同显示方式，这可以利用CSS3的@media orientation功能来自动匹配。

@media是在CSS3中定义的，功能非常强大，由于桌面电脑一般无法出现横竖屏两种显示方式，因此orientation通常只对移动设备起作用。

头部声明代码如下：

```
<meta name="viewport" content="width=device-width, initial-scale=1.0,user-scalable=no, maximum-scale=1.0" >
```

利用media匹配屏幕是横屏还是竖屏的代码如下：

```
@media all and (orientation:landscape) {   /* 横屏的状态，横屏时的CSS代码 */
  body {
    background-color: #880000;
  }
}
@media all and (orientation:portrait){     /* 匹配竖屏的状态，竖屏时的CSS代码 */
  body {
    background-color:#008800;
  }
}
```

实际应用中需要考虑的几个问题如下。

- 手机Web页面元素内容一般都是通过百分比定义的，以便在不同分辨率的屏幕上都能正常显示。但是由于移动设备的屏幕分辨率差异很大，同样的页面在屏幕翻转过来时可能会使利用百分比方式定义的元素变得非常大，从而影响美观性。因此，如果使用

orientation 匹配屏幕的翻转状态，就可以编写不同的 CSS 程序代码以控制页面样式。
- 对于有背景图的移动 Web 页面，可以根据 orientation 匹配屏幕状态，设置不同的背景图。
- 对于采用绝对位置来定位某些元素的 Web 页面，将某元素定位到页面底部。当屏幕为竖屏状态时，因为页面总长度小于屏幕高度(但是大于屏幕宽度)，所以将绝对定位元素定位到底部是正确的。但是当屏幕翻转成为横屏时，因为页面内容高度大于屏幕高度(就是未翻转时的屏幕宽度)，所以绝对定位元素会覆盖在页面内容之上，从而会导致页面出现问题，这时可以使用 orientation 来匹配屏幕状态，调整 CSS 代码。
- 对于屏幕横竖屏状态的匹配还可通过 JavaScript 来判断。在 JavaScript 中，可以通过监听 onorientationchange 事件来实现屏幕横竖屏之间的切换。

4.7 本章小结

掌握了 CSS 技术，就可以对 HTML 文档的布局、字体、颜色、背景和其他图文效果实施统一、精确的控制，增强网页的外观效果。此外，还能够简化网页的格式代码，加快下载和显示的速度，减少网页的代码量，减轻网页制作时重复劳动的工作量。

本章首先介绍了什么是层叠式样式表(CSS)技术。其次，具体说明了使用 CSS 控制样式的方法。再次，对于 CSS 选择器、CSS 的布局及盒子模型以及 CSS 滤镜进行了较为详细的说明。最后，通过实例介绍了实际网页制作中的技巧及典型应用制作案例。

4.8 思考和练习

1. 为网页添加相同的样式表是有多种不同层次的，在实际制作过程中该如何灵活选择?
2. 为整个网页添加背景色很容易实现，但若希望给一部分文字添加背景色该如何定义呢?
3. 在定义动态链接时，页面中所有的链接效果都会改变，如果想在一个页面中定义两组以上的链接效果，该如何定义?
4. 如何给某部分网页元素添加圆角边框?
5. 简述 display:none 与 visibility:hidden 这两种用法之间的异同。

第5章 JavaScript语言与客户端开发

当网页中使用 HTML 及 CSS 技术之后，网页就已经具备统一使用丰富的样式来进行信息的展示且管理方便的特点了。但是这样的网站仍缺乏与用户的交互，对于需要进行诸如表单验证、客户提交信息等交互功能的网站来说，在此基础上引入交互性是非常必要的。

JavaScript 是一种脚本语言，为网站提供了一种在客户端运行程序的手段，通过它可以实现客户端数据验证、网页特效等功能。本章讲述 JavaScript 的基础知识，介绍 JavaScript 在客户端运行的工作机制。在此基础上，读者可以进一步掌握 JavaScript 的对象化编程的方法和各种常用对象的使用。

本章要点：

- JavaScript 脚本语言的基本概念、基本语法
- 在网页中引入脚本语言的不同方式
- JavaScript 的变量、各类控制语句和函数的用法
- JavaScript 内置对象和文档对象模型的基本用法
- JavaScript 开发框架
- JavaScript 典型案例
- Ajax 技术

5.1 JavaScript 简介

在浏览某些网站时，当鼠标单击或移过某些网页元素时，会产生某些特殊的效果，如欢迎、警示或者状态栏会出现相关提示等。有些网页在提交数据时需要较长的时间才能得到响应，而有些网页却可以立即得到响应，这是由于不同网页根据其自身需要采用了不同的技术实现方案而导致的，多种技术方案中一种非常重要的方案就是 JavaScript。

JavaScript 可以增强网页的交互性；使 HTML 代码中重复的代码得以简化，减少网页载入时间；因为不必将数据发送到服务器并等待返回，它也能即时响应用户的操作，对提交的表单做即时检查等，因此某种程度上提升了用户的体验。可以说，JavaScript 的作用是无穷无尽的，受到限制的只有创意。

5.1.1　什么是 JavaScript

JavaScript 最初是由 Netscape 公司的 Brendan Eich 发明的，当时被称为 LiveScript。1995 年 Java 出现后，在 LiveScript 中引入了 Java 的部分设计理念，还增加了对 Java Applet 的支持，同时将其改名为 JavaScript。1996 年 2 月，随 Netscape Navigator 2.0 正式推出了 JavaScript 1.0 版本。Microsoft 公司也在 IE 3.0 中支持与 JavaScript 1.2 兼容的 JScript，并在其后来的版本中进行了一定的扩充。

Netscape 公司与 Microsoft 公司分别将各自的脚本语言交给欧洲计算机制造商联合会(European Computer Manufacturers Association，ECMA)。ECMA 于 1997 年 6 月公布了 Web 脚本语言标准 ECMA-262(ECMAScript Language Specification)。ECMA 将该标准提交给国际标准化组织，经过少量修改后，1998 年 4 月它成为国际标准：ISO/IEC 16262。ECMA 于 1998 年 6 月推出了与 16262 国际标准完全兼容的第二版：ECMA 262-2，1999 年 12 月又推出了第三版：ECMA 262-3。ISO 于 2002 年 6 月 13 日又推出了 16262 的第二版：ISO/IEC 16262:2002。

JavaScript 是一种基于对象(Object)和事件驱动(Event Driven)，并具有较高安全性能的脚本语言。它能与 HTML 超文本标记语言、Java 脚本语言(Java 小程序)等技术融合在一起，实现在一个 Web 页面中连接和控制多个对象，实现与 Web 客户交互的功能。利用它所开发的客户端应用程序，是嵌入在标准的 HTML 语言中的，弥补了 HTML 语言本身的缺陷，它具有以下几个特点。

1. 脚本语言

JavaScript 采用小程序段的编程方式，直接将代码写入 HTML 文档，当浏览器下载并读取时才进行编译，随后执行。所以查看 HTML 源文件就能看到其中嵌入的 JavaScript 源代码。这种解释性的编程语言，提供了一个方便、简单的开发过程。它的语法和结构与 C、C++、C#、VB、Delphi、Java 等编程语言十分类似，不同之处在于其运行时不会出现独立的运行窗口，运行结果是借助浏览器来展示的。

在 HTML 文档中，JavaScript 是采用<Script>...</Script>标签嵌入网页中的。

注意：

部分读者看到 Java 和 JavaScript 中都含有“Java”，会倾向于认为它们类似。其实它们的差异非常大，JavaScript 也不是 Java 的精简版。

2. 基于对象

JavaScript 是一种基于对象但不是完全面向对象的语言。之所以说它基于对象，主要是因为它没有提供如抽象、继承、重载等有关面向对象语言的许多功能。而是把其他语言所创建的复杂对象统一起来，用系统中的类来创建对象，也可以自己创建类来生成对象，从而形成一个较为强大的对象系统。使用它能编写出具有一定可复用性和封装性的代码。

3. 简单性

总的来说，它不具备完全面向对象语言的全部复杂功能，因而较为简单。具体来说，首先它采用了 Java 的基本语句和控制流，并在此基础上进行了一定的简化，是一种结构紧凑的语言。

其次，它的变量类型采用弱类型，不采用严格的数据类型从而简化了编程。此外，还有一些其他方面的简化。

例如，Java 编程语言采用了强类型变量检查，即所有变量在编译之前必须进行声明，代码如下：

```
Integer x;
String y;
x=3;
y="1357";
```

其中 x 是一个整数，y 是一个字符串。

JavaScript 中的变量声明采用弱类型，即变量在使用前不必进行声明，而是解释器在运行时再检查其数据类型，代码如下：

```
x=3;
y="1357";
```

前者说明 x 为数值型变量，而后者说明 y 为字符型变量，在前面可以没有专门的定义语句。

4. 安全性

JavaScript 是一种较为安全的语言，它不允许访问本地磁盘，也不能将数据保存在服务器上，不允许对网络文档进行修改和删除，只能通过浏览器实现信息浏览或动态交互，这些限制有效地避免了一些可能出现的不安全操作。

5. 动态性

JavaScript 是动态的，它可以直接使用本机的运算资源对用户或客户的输入进行快速响应，此过程不必通过网络调用服务器端程序。其对客户产生的响应是采用以事件驱动的方式进行的，用户按下鼠标、移动窗口、选择菜单等均构成事件并可能触发事件。通过事件处理程序可以执行相应的代码功能，因此其具有快速的动态响应特征。

6. 跨平台性

JavaScript 依赖于浏览器，与操作系统及硬件环境无关，只要计算机上安装了支持 JavaScript 的浏览器，就可以正确执行。在一定程度上实现了“编写一次，到处运行”的梦想。

综上所述，JavaScript 是一种描述语言，采用解释执行方式，是一种基于对象的脚本语言。尽管与 Java 这类完全面向对象的语言相比，它的功能要弱一些，但对于运行环境和需求而言，已经足够了。

当然，JavaScript 也存在一些缺点，如各种浏览器对 JavaScript 的支持程度存在差异，相同的 JavaScript 脚本在不同浏览器中的运行效果也不尽相同。为了提高安全性，会牺牲一部分功能等。

5.1.2 JavaScript 的作用

对于网站开发，JavaScript 具有以下作用。

1. 创建生动的用户界面

为了使页面更加生动活泼，经常需要在按钮被按下时做出某些特殊的响应，对此首先可以考虑使用表单中的普通按钮，虽然这样也能实现所需功能，但往往会破坏整个页面的和谐与美观。当然，也可以采用超链接来实现同样的功能，但这样就只能实现按钮被按下的效果，而不能展现按钮从按下到弹起的整个过程。在这种情况下，如果能合理运用 JavaScript，就可以利用图片或动画来实现该功能：制作两幅图片，分别是按钮正常状态及被按下的图片；开始时在页面上放置正常状态的图片，当鼠标在图片的范围内单击时，图片得以切换，鼠标释放时再恢复为正常状态的图片，利用这个原理就能既保持页面的美观，又使页面变得生动活泼。当然，在用户界面方面，JavaScript 还具有更强大的功能。

2. 数据有效性验证工作

当用户填写表单并提交表单数据时，可能因为用户的疏忽而有所遗漏，或者由于用户的失误或其他原因而填入了无效数据，对此该如何处理呢？虽然表单数据可送至服务器上的处理程序(如 PHP、ASP、JSP、.NET 等)进行处理，但即使所输入的数据只有一项不合格，用户也必须等待一个完整的 Web 交互周期之后才能看到反馈的结果，况且系统管理员也不希望那种毫无意义的大量数据加重服务器的处理负担。为此，JavaScript 可以使得数据的有效性验证在客户端进行，对于遗漏数据和无效数据等，在表单提交到服务器之前得到检验并立即反馈给用户，避免了无效的网络传输。

3. 数据查找

现在许多网页中都包含了搜索功能。用户填入关键词，浏览器将其发送给服务器，服务器启动数据库搜索引擎，最后将检索结果反馈给用户。这种方案虽没有什么不妥，但在数据量不大的情况下，如只是在几十条数据中进行检索，虽然也能够实现数据查找的功能，但与用户的等待时间、服务器加重的负载相比，采用这种方案有些得不偿失。既然数据量不大，也可以根据需要采用 JavaScript 来检索已存放在客户端数据的解决方案。

注意：

使用 JavaScript 后，需要在常用的几种浏览器中进行严格的测试，以确保兼容性。以往曾出现过因为使用 JavaScript 后在不同浏览器中出现不同显示效果的现象。当然，如果开发时用某种浏览器进行了测试，而且能保证所有用户仅使用同样的浏览器，则该项测试可以忽略。

5.1.3　JavaScript 语言的组成

JavaScript 语言分为 3 个部分：JavaScript 核心语言、JavaScript 客户端扩展、JavaScript 服务器端扩展，下面对这 3 个部分进行简要介绍。

1. JavaScript 核心语言

JavaScript 内置的对象——Array 对象、Date 对象和 Math 对象等，JavaScript 核心语言中定义的是在客户端和服务器端都会用到的基本语法。

2. JavaScript 客户端扩展

在客户端运行的 JavaScript 在核心语言的基础上扩展了控制浏览器和文本的对象模型 DOM(Document Object Model，后面将详细介绍)。将 JavaScript 核心语言部分和 JavaScript 客户端扩展结合起来，通过脚本对页面上的对象进行控制，完成诸如在页面中处理鼠标单击、表单输入以及控制页面的浏览等功能。因为对于 JavaScript 客户端扩展部分的标准化还不是很完善，所以不同浏览器对客户端 JavaScript 的支持还存在一定差异。

3. JavaScript 服务器端扩展

在服务器端运行的 JavaScript 在核心语言的基础上扩展了在服务器上运行时需要的对象，这些对象既可以与数据库互联，也可以对服务器上的文件进行控制，还可以在应用程序之间交换信息。服务器端运行的 JavaScript 应用将 JavaScript 核心语言部分和 JavaScript 服务器端扩展结合起来，在服务器上编写的脚本中，可以实现同样的功能，不同之处在于 JavaScript 服务器端扩展仍然和 HTML 页面结合在一起，因而和其他技术相比，更加易于开发和维护。热门的 Ajax 就是 JavaScript 在服务器端扩展的一个实例。

5.1.4 将 JavaScript 引入 HTML 文档的方式

JavaScript 需要嵌入在网页中才能使用，这里介绍将 JavaScript 嵌入网页的方法。

1. 直接将 JavaScript 嵌入网页

JavaScript 可出现在网页中的任意位置，但必须使用标签<script>…</script>。如果希望在声明框架的网页(框架网页)中使用，则一定要在<frameset>之前插入，否则这些代码可能不会被运行。JavaScript 的基本格式如下：

```
<script>
<!--   // 第 2 行
      ...
      (JavaScript 代码)
      ...
//-->   //第 6 行
</script>
```

第 2 行和第 6 行的作用是让不能解析<script>标签的浏览器忽略 JavaScript 代码。一般可以省略，因为现在绝大多数浏览器都能支持。第 6 行前边的双反斜杠“//”是 JavaScript 里的注释标号。

通常将 JavaScript 代码置于<head></head>或者<body></body>之间。对于放置在<body></body>之间的 JavaScript，则需要把它放置在适当位置。当然，也可以把 JavaScript 放在表格中，这样做可以起到精确定位的作用。

提示：

在body部分中的JavaScript会在页面加载完成之后被执行；而在head部分中的JavaScript在被调用时才执行，因此会在页面加载完成之前就读取。如果希望定义一个全局对象，而这个对象是页面中的某个按钮时，则必须将其放入body中。如果放在head部分，则定义时相关的按钮都没有被加载，这样获得的是一个undefined，因而程序运行就达不到预期的效果。

2. 使用外部文件

另外一种插入 JavaScript 的方法，是把 JavaScript 代码写到另一个文件中(此文件通常应该用“.js”作为文件扩展名)，然后用格式为“<script src="JavaScript.js"></script>”的标签将它嵌入文档中。注意，这时必须使用</script>标签。

<script>标签还有两个属性：language(缩写为 lang)和 type，前者说明脚本所使用的语言，后者说明其类型。例如：<script language="JavaScript" type="text/JavaScript">。

提示：

对于<script>标签一般有type="text/JavaScript"和language="JavaScript"两种写法，但language这个属性在W3C的HTML标准中已不再推荐使用。

3. 在浏览器中直接调用 JavaScript

在浏览器的地址栏中可以直接输入并执行 JavaScript 语句，方法如下：

```
javascript:<JavaScript 语句>
```

这种语句也可以直接放在 HTML 的超链接标签<a>中，代码如下：

```
<a href="javascript:<JavaScript 语句>">...</a>
```

5.1.5　一个简单的实例

【实例 5-1】一个简单的 JavaScript 实例

程序代码如 ex5_1.html 所示。

ex5_1.html

```
<!DOCTYPE html>
<html>
<head>
    <title>一个简单的实例</title>
</head>
<body>
    <script type="text/javascript">
        document.write("一个简单的实例");
    </script>
</body>
</html>
```

如同 HTML 标记语言一样，JavaScript 程序代码也是由纯文本构成的，使用任何文本编辑软件都能编写。

JavaScript 代码由<script type="text/javascript">...</script>说明。在标签<script type="text/javascript">...</script>之间加入 JavaScript 脚本。本例中简单应用了 JavaScript 的 document(文档)对象，执行其 write()方法向浏览器显示区域输出内容。本例执行后浏览器中会显示标题“一个简单的实例”。

注意：

如果上面的例子不能运行，有可能是浏览器的安全设置不当造成的。在 IE 浏览器中，单击“工具”|“Internet”选项，在其中的“安全”选项卡中可以对脚本的运行条件进行设置。在其他浏览器中与此类似，需要设置允许脚本运行。

5.1.6 JavaScript 的版本与兼容性

1. JavaScript 的版本

为了更彻底地了解 JavaScript，有必要首先了解 ECMAScript，简称为 ES，是由 ECMA 国际(前身为欧洲计算机制造商协会，英文名称是 European Computer Manufacturers Association)按照 ECMA-262 和 ISO/IEC 16262 标准制定的一种脚本语言规范。

JavaScript 是按 ECMAScript 规范实现的一种脚本语言，其他的脚本语言还有 Jscript 和 ActionScript。这三种语言提供了 ECMA 规范外的额外功能。

提示：

部分开发人员会混淆 JavaScript 与 JScript。两者都是 ECMA 的实现，但前者是 Netscape 公司开发的一种脚本语言，而后者是 Microsoft 公司开发的另一种脚本语言，两者采用不同的解释器进行工作。在客户端几乎所有浏览器都支持前者，除了 Microsoft 的 IE 很少有其他浏览器支持后者；前者运行于客户端，而后者则还可以额外应用于 ASP 等，运行于服务器端。

截止到 2018 年，ECMAScript 共发布了 9 个版本：

- ECMAScript 1：1997 年 06 月发布首版。
- ECMAScript 2：1997 年 06 月发布，修改规范完全符合 ISO/IEC 16262 国际标准。
- ECMAScript 3：1999 年 12 月发布，增加正则表达式、提供更强大的文字处理功能、提供新的控制语句、try/catch 异常处理、更加明确的错误定义、数字输出格式等。
- ECMAScript 4：放弃发布。
- ECMAScript 5：2009 年 12 月发布，完善了 ECMAScript 3 版本、增加了 strict mode (严格模式)和新的功能，如 getter 和 setter、JSON 库支持和更完整的对象属性。
- ECMAScript 5.1：2011 年 06 月发布，使规范更符合 ISO/IEC 16262:2011 第三版。
- ECMAScript 6：2015 年 06 月发布，第六版的名字有很多，可以称为 ECMAScript 6(ES6)，也可以称为 ECMAScript 2015(ES2015)。此版本增加了非常重要的内容：let、const、class、modules、arrow functions、template string、destructuring、default、rest argument、binary data、promises 等，该规范的下载地址为 http://www.ecma-international.org/ecma-262/6.0/。
- ECMAScript 7：2016 年 06 月发布，也被称为 ECMAScript 2016。完善了 ES6 规范，还

包括两个新的功能：求幂运算符(*)和 array.prototype.includes 方法，该规范的下载地址为 http://www.ecma-international.org/ecma-262/7.0/。

- ECMAScript 8：2017 年 06 月发布，增加了一些新的功能，如并发、原子操作、Object.values/Object.entries、字符串填充、promises、await/asyn 等，该规范的下载地址为 http://www.ecma-international.org/ecma-262/8.0/。

2. JavaScript 用法的兼容性

JS 每隔一段时间就会推出新的特性，而浏览器只有不断的升级才能满足这些新特性，而且同一个浏览器的各版本对新特性的支持情况也不一样。读者可以登录 https://caniuse.com/查看某个浏览器的支持情况，例如，ES8 规范新增加的 promise 的支持如图 5-1 所示。由图中可见，所有 IE 均不支持，而 Edge 却可以支持，因此读者需要事先了解在使用这些用法时可能导致的问题。

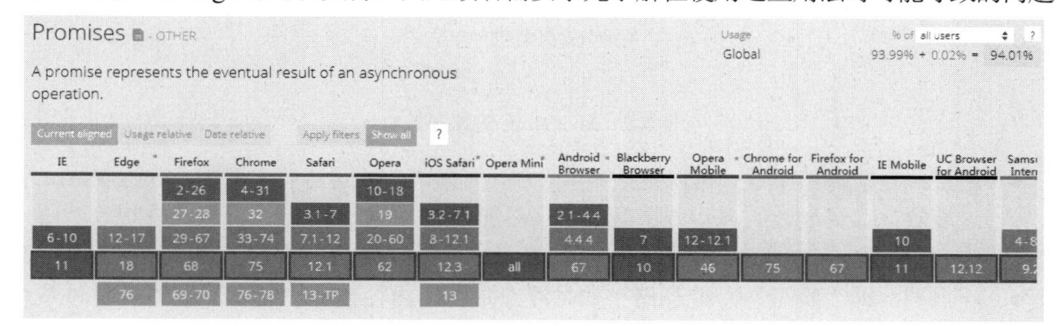

图 5-1 查询 JavaScript 中 promise 用法的兼容性

提示：

如果希望使用 JavaScript 的新特性，又想兼容旧浏览器版本，那么可以使用一种转换工具：实现将 JS 的新特性代码转换为旧浏览器可以支持的 JS 代码。此时可以尝试 Babel 工具，可以将 ES6 及以上版本的特性的代码转换为对应的 ES5 代码，以使旧浏览器可以兼容运行，其下载网址为 https://babeljs.io/。

5.2 JavaScript 基本语法

5.2.1 JavaScript 的语句

每一行 JavaScript 语句都有如下格式：

```
<语句>;
```

其中分号“;”是 JavaScript 语言作为一个语句结束的标识符。虽然当前大多数浏览器允许跳过分号，直接使用回车键，但使用分号的习惯还是值得提倡的。

和语句不同，语句块(或称为复合语句)是用大括号“{ }”括起来的一个或多个语句，语句块是允许嵌套的。

5.2.2 数据类型

JavaScript 中可用的数据类型如图 5-2 所示。

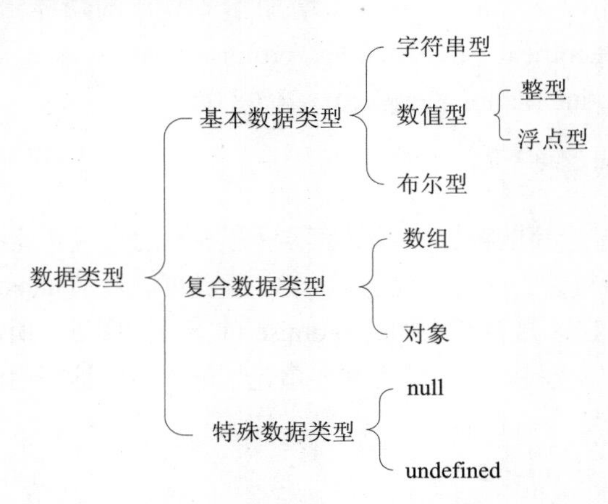

图 5-2 JavaScript 的数据类型

- 整型：只能存储整数。可以是正整数、0、负整数，可以是十进制数、八进制数、十六进制数。八进制数的表示方法是在数字前加“0”，如“0123”表示八进制数“123”。十六进制则是加“0x”，如“0xEF”表示十六进制数“EF”。
- 浮点型：即“实型”，能存储小数。浮点数占用内存较多，且由于某些平台对浮点型数据的支持不稳定，因此若不是必须尽量不要使用浮点型。
- 字符串型：用引号“" "”或者“' '”表示的零个至多个字符，其中单引号或双引号均可，但是必须成对使用。单双引号可嵌套使用，如'这里是"JavaScript 教程"'。不过 JavaScript 中引号的嵌套只能有一层。如果想嵌套多层，需要使用转义字符。

注意：

由于一些字符在屏幕上不能显示，或者 JavaScript 语法中已对这些字符定义了特殊用途，因此在使用这些字符时，就必须使用转义字符。转义字符用斜杠“\”开头：\'为单引号、\"为双引号、\n 为换行符、\r 为回车(以上只列出常用的转义字符)。使用转义字符，就可以实现引号多重嵌套，例如，'张三说："这是\"JavaScript 语言教程\"。"'

- 布尔型：常用于判断，只有两个值可选：true(表示“真”)和 false(表示“假”)。true 和 false 是 JavaScript 的保留字，属于常数。
- 对象：关于对象，在“对象化编程”部分中将详细介绍。
- 数组：是一种将相同数据类型的数据连续组织起来构成的一种数据结构。
- null：null 类型只有一个值：null。关键字 null 不能用作函数或变量的名称。包含 null 的变量包含“无值”或“无对象”。换句话说，该变量没有保存有效的数、字符串、布尔值、数组或对象。可以通过给一个变量赋 null 值来清除变量的内容。和其他一些语言不同，null 与 0 不相等(在 C 和 C++中它们是相等的)。需要指出的是，JavaScript 中 typeof 运算符将报告 null 值为 Object 类型，而非 null 类型。这种潜在的混淆是为了向下兼容。
- undefined：当对象属性不存在或声明了变量但从未赋值时，将得到 undefined 类型。

注意：

不能通过与 Undefined 做比较来测试一个变量是否存在，需要检测它的类型是否为“Undefined”。

5.2.3　变量

从字面上看，变量是可变的量；从运行的角度看，变量是用于存储数据的存储器。所存储的值可以是数字、字符或其他类型的数据。

1. 变量的命名

对于变量的命名，要求其中只包含字母、数字和/或下划线；必须以字母开头；不能太长；不能与 JavaScript 保留字重复。其中保留字包括：表 5-1 所示的 JavaScript 的保留字以及表 5-2 所示的 JavaScript 为将来保留的关键字。

表 5-1　JavaScript 的保留字

break	delete	function	return	typeof
case	do	if	switch	var
catch	else	in	this	void
continue	false	instanceof	throw	while
debugger	finally	new	true	with
default	for	null	try	

表 5-2　JavaScript 为将来保留的关键字

abstract	double	goto	native	static
boolean	enum	implements	package	super
byte	export	import	private	synchronized
char	extends	int	protected	throws
class	final	interface	public	transient
const	float	long	short	volatile

JavaScript 是大小写敏感的，如 variable 和 Variable 是两个不同的变量，此外大部分命令和“对象”都是区分大小写的。为此，给变量命名时最好避免单个字母，如“a”“b”“c”等，最好使用能清楚表达该变量的单词，便于自己及他人理解。

按照惯例，变量名及函数名一般小写，多个单词中除首单词外其余单词首字母大写，例如，myVariable 和 myAnotherVariable。

2. 变量的声明

由于采用动态编译，代码中的错误不易被发现，因此使用变量前声明变量可最大限度地发现代码中存在的错误，在声明时也可赋初值。声明变量的基本格式如下：

```
var <变量> [= <值>];
```

其中的 var 是用作变量的声明的保留字。最简单的声明方法就是“var <变量>;”，这将为<变量>准备内存，并给它赋初始值“null”。如果加上“=<值>”，则给<变量>赋予初始值<值>。以下是声明变量的一些例子：

```
var sum;                          // 单个声明
var red, green, blue;             // 用单个 var 声明的多个变量
var total = 0, iLoop = 100;       // 声明变量的同时进行初始化
```

当然，由于 JavaScript 采用了弱类型，因此如果未声明变量或者就算声明某个变量的类型，在后面的程序中仍然可以赋予其他类型的数据，例如：

```
total = 0, iLoop = 100;        // 不声明变量而直接使用
```

这样做虽然方便，但不是一种良好的编程习惯，不建议使用。

3. 变量的作用域

JavaScript 的变量有两种不同的作用域：全局的和局部的。

局部变量属于某个函数或语句块，每次进入该部分时都会创建和销毁这些变量，因而这些变量不能在区域外访问。局部变量可以和全局变量重名，但在区域内部时只有局部变量有效。

在任何函数外声明的变量都属于全局变量。如果在 var 语句中没有对变量初始化，则该变量会暂时成为 JavaScript 的 undefined 类型。对于 undefined 类型的变量，解释器会将其作为全局变量。

4. 变量的赋值

可以在任何时候对变量赋值，赋值的方法如下：

```
<变量> = <表达式>;
```

其中“=”称为“赋值符”，其作用是把右边的值赋给左边的变量。

5.2.4 运算符与表达式

1. 运算符

运算符可以是四则运算符、关系运算符、位运算符、逻辑运算符、复合运算符。表 5-3 将这些运算符从高优先级到低优先级进行排列，并对各种运算加以说明。

表 5-3 运算符及其优先级

运　算	示　例	运 算 说 明
括号	(x) [x]	中括号只用于指明数组的下标
求反、自加、自减	-x	返回 x 的相反数
	!x	返回与 x (布尔值)相反的布尔值
	x++	x 值加 1，但仍返回原来的 x 值
	x--	x 值减 1，但仍返回原来的 x 值
	++x	x 值加 1，返回后来的 x 值
	--x	x 值减 1，返回后来的 x 值

(续表)

<table>
<tr><th>运　　算</th><th>示　　例</th><th>运 算 说 明</th></tr>
<tr><td rowspan="3">乘、除</td><td>x*y</td><td>返回 x 乘以 y 的值</td></tr>
<tr><td>x/y</td><td>返回 x 除以 y 的值</td></tr>
<tr><td>x%y</td><td>返回 x 与 y 的模(x 除以 y 的余数)</td></tr>
<tr><td rowspan="2">加、减</td><td>x+y</td><td>返回 x 加 y 的值</td></tr>
<tr><td>x-y</td><td>返回 x 减 y 的值</td></tr>
<tr><td>关系运算</td><td>x<y x<=y
x>=y x>y</td><td>当符合条件时返回 true 值，否则返回 false 值</td></tr>
<tr><td rowspan="2">等于、
不等于</td><td>x= =y</td><td>当 x 等于 y 时返回 true 值，否则返回 false 值</td></tr>
<tr><td>x!=y</td><td>当 x 不等于 y 时返回 true 值，否则返回 false 值</td></tr>
<tr><td>位与</td><td>x&y</td><td>当两个数位同时为 1 时，返回的数据的当前数位为 1，其他情况都为 0</td></tr>
<tr><td>位异或</td><td>x^y</td><td>两个数位中有且只有一个为 0 时，返回 0，否则返回 1</td></tr>
<tr><td>位或</td><td>x|y</td><td>两个数位中只要有一个为 1，则返回 1；当两个数位都为 0 时才返回 0</td></tr>
<tr><td></td><td colspan="2">以上的位运算符通常会被当作逻辑运算符来使用。它们的实际运算情况是：把两个操作数(即 x 和 y)转化成二进制数，对每一位执行以上操作，然后返回得到的新二进制数。由于“真”值在计算机内部(通常)是全部数位都是 1 的二进制数，而“假”值则是全部数位都是 0 的二进制数，因此位运算符也可以充当逻辑运算符</td></tr>
<tr><td>逻辑与</td><td>x&&y</td><td>当 x 和 y 同时为 true 时返回 true，否则返回 false</td></tr>
<tr><td>逻辑或</td><td>x||y</td><td>当 x 和 y 任意一个为 true 时返回 true，当两者同时为 false 时返回 false</td></tr>
<tr><td></td><td colspan="2">逻辑与/或有时候被称为“快速与/或”。这是因为当第一操作数(x)已经可以决定结果时，它们将不去理会 y 的值。例如，false && y，因为 x= =false，不管 y 的值是什么，结果始终是 false，于是本表达式立即返回 false，而不论 y 是多少，甚至 y 可以导致出错，程序也可以照样运行下去</td></tr>
<tr><td>条件</td><td>c?x:y</td><td>当条件 c 为 true 时返回 x 的值(执行 x 语句)，否则返回 y 的值(执行 y 语句)</td></tr>
<tr><td rowspan="2">赋值、复合运算</td><td>x=y</td><td>把 y 的值赋给 x，返回所赋的值</td></tr>
<tr><td>x+=y　x-=y
x*=y　x/=y
x%=y</td><td>x 与 y 相加/减/乘/除/求余，所得结果赋给 x，并返回 x 赋值后的值</td></tr>
</table>

注意：

所有与四则运算有关的运算符都不能在字符串型变量上使用，可以使用+、+=来连接两个字符串。

2. 表达式

表达式与数学中的算式类似，是指具有一定值、用运算符将常数和变量连接起来的代数式，一个表达式可只包含一个常数或一个变量。

技巧：

一些用来赋值的表达式，由于有返回值，可以加以特殊利用，如 a=b=c=10，可以一次对三个变量赋值。

5.2.5 功能语句

JavaScript 的基本编程命令也称为“语句”。根据 JavaScript 语句的功能，可分为注释语句、条件语句和循环语句。

1. 注释语句

与大多数编程语言一样，JavaScript 的注释是被编译器忽略的。注释方式有两种：单行注释和多行注释。

- 单行注释用双反斜杠“//”表示。一旦出现了“//”，则其后面的部分将被忽略。
- 多行注释是用“/*”和“*/”括起来的一行到多行文字。程序执行到“/*”处，将忽略其后的所有文字，直到出现“*/”为止。

养成写注释的好习惯，可以为自己或他人在后期理解时节省大量的时间。调试程序时，有时需要把一段代码换成另一段代码，或者暂时不要一段代码，这时也可以用注释将它们“隐藏”起来，等确认后再删除。

2. 条件语句

条件语句用于选择执行的功能，可以根据表达式的值，有条件地执行一组语句。其分为 if 语句和 switch 语句两种。

(1) if 语句

定义 if 语句的格式为：

```
if ( <条件> ) <语句 1> [ else <语句 2> ];
```

当<条件>为真时执行<语句 1>；否则，如果 else 存在的话，就执行<语句 2>。与条件表达式不同的是，if 语句不能返回数值。其中的<条件>是布尔值，必须用小括号括起来；<语句 1>和<语句 2>都只能是一个语句，如果希望使用多个语句，需用语句块。

对于 if 语句而言，必须注意 if 和 else 的匹配，代码示例如下：

```
if (a = = 1)
    if (b = = 0) alert(a+b);
else
    alert(a-b);
```

在 JavaScript 中，后期的版本对花括号的位置有严格的规定。if 语句的左括号必须与 if 在同一行。如果有 else 语句，则 if 语句的右括号必须与 else 语句块的左括号及 else 在同一行。

else 总是与其最近且未被匹配的 if 匹配，本代码企图用缩进的方法说明 else 是与 if(a= =1)对应的，但是实际上，由于 else 与 if(b= =0)最相近，因此本代码不会按作者的想法运行。能正确表达作者意图的代码如下：

```
if (a = = 1) {
        if (b = = 0) alert(a+b);
} else {
        alert(a-b);
}
```

如果一行代码太长或者涉及复杂的嵌套，可考虑采用多行文本，如上例中 if(a= =1)后面没有立即写上语句，而是换一行再继续写，浏览器是不会混淆的。此外，使用缩进也是很好的习惯，当一些语句与上面的语句具有从属关系时，缩进能提高程序的可读性，方便阅读、编写或后续的修改。

(2) switch 语句

如果要把某些数据分类，如将学生的成绩按优、良、中、差分类，若使用 if 语句，则程序可能如下：

```
if (score >= 0 && score < 60) {
        result = 'fail';
} else if (score < 80) {
        result = 'pass';
} else if (score < 90) {
        result = 'good';
} else if (score <= 100) {
        result = 'excellent';
} else {
        result = 'error';
}
```

这看起来没有问题，但由于 if 语句太多，程序看起来有点乱。switch 语句是解决此类问题最好的方法，使用 switch 语句的程序结构如下：

```
switch (e) {
        case r1: (// 注意：冒号)
                ...
                [break;]
        case r2:
                ...
                [break;]
        ...
         [default:
                ...]
}
```

其作用是：先计算 e 的值(e 为表达式)，然后与下面“case”之后的 r1、r2……相比较，当找到等于 e 的值时，则执行该“case”后的语句，直到遇到 break 语句或 switch 段落结束符“}”。若未找到匹配项，则执行“default:”后边的语句，若没有 default 块，则整个 switch 语句执行结束。下面的代码使用了 switch 语句来实现相同的功能：

```
switch (parseInt(score / 10)) {
        case 0:
        case 1:
        case 2:
```

```
        case 3:
        case 4:
        case 5:
            result = 'fail';
            break;
        case 6:
        case 7:
            result = 'pass';
            break;
        case 8:
            result = 'good';
            break;
        case 9:
            result = 'excellent';
            break;
        default:
            if (score = = 100)
                result = 'excellent';
            else
                result = 'error';
    }
```

其中parseInt()方法的作用是取整。最后的 default 段中使用了 if 语句，是为了处理 100 分的情况，因为 parseInt(100/10)为 10，而不是 9。

3. 循环语句

循环是程序中重要的结构。其特点是，若给定条件成立，则反复执行某程序段，直到条件不成立为止。给定的条件称为循环条件，反复执行的程序段称为循环体。JavaScript 提供了多种循环语句，使用它们可以构成不同形式的循环结构。循环语句包括：for 语句、while 语句和 do...while 语句。

(1) for 语句

for 语句的一般格式如下：

```
for (<变量>=<初始值>; <循环条件>; <变量累加方法>) <语句>;
```

该语句的作用是重复执行<语句>，直到<循环条件>不成立为止。其运行顺序为：首先给<变量>赋<初始值>，其次*判断<循环条件>(应该是一个关于<变量>的条件表达式)是否成立，如果成立就执行<语句>，然后按<变量累加方法>对<变量>作累加，回到上面的“*”处重复，如果不成立就退出循环。下面是一个例子：

```
for (i = 1; i < 10; i++)
    document.write(i);
```

本语句先对变量 i 赋初始值 1，然后执行 document.write(i)语句(其作用是输出 i 的值)；循环时执行 i++(将 i 加 1)；循环直到 i<10 这个条件不满足为止，即结束时 i>=10。最终实现了在浏览器中输出“123456789”。

与 if 语句一样，<语句>的部分只能是一行语句，如果想用多条语句，需要用语句块。

与其他语言不同，JavaScript 的 for 循环没有规定循环变量每次循环一定要加 1 或减 1，

<变量累加方法>可以是任意的赋值表达式，如 i+=3、i*=2、i-=j 等都成立。

使用循环能简化 HTML 文档中大量有规律重复的内容，从而提高网页下载的速度。

(2) while 语句

while 语句的一般格式如下：

```
while (<循环条件>) <语句>;
```

while 语句的作用是当满足<循环条件>时执行<语句>，可以看作 for 语句的简化。<语句>也同 for 语句中一样只能是一条语句，但是一般情况下为了改变循环变量，通常使用语句块。否则一旦形成“死循环”，就会给运行此代码的浏览器带来问题，例如，内存占用很大、因 CPU 高负荷而导致“假死机”现象等。

(3) do…while 语句

do…while 语句的一般格式如下：

```
do <语句> while (<循环条件>);
```

和 while 语句的作用相似，但不同之处在于：它先执行循环中的语句，然后再判断表达式是否为真，如果为真则继续循环；如果为假，则终止循环。因此，do...while 循环至少要执行一次循环语句。

(4) break 和 continue

有时候在循环体内，需要立即跳出循环或跳过循环体内的其余代码而进行下一次循环。这时 break 语句和 continue 语句就可以发挥作用。

将 break 语句置于循环体内，其作用是立即跳出本循环，用法如下：

```
break;
```

continue 语句位于循环体内，其作用是中止本次循环，并执行下一次循环。如果循环的条件已经不符合，就跳出循环，其用法如下：

```
continue;
```

【实例 5-2】JavaScript 的循环实例

程序代码如 ex5_2.html 所示。

ex5_2.html

```
<!DOCTYPE html>
<html>
<head>
    <title>一个简单的实例</title>
</head>
<body>
    <script type="text/javascript">
        for (i = 1; i < 10; i++) {
            if (i = = 2 || i = = 4 || i = = 7)
                continue;
            document.write(i);
```

```
        }
    </script>
</body>
</html>
```

程序运行后浏览器上会显示：1235689。

5.2.6 函数

“函数”是指能完成某种功能的代码块。常见的函数有：构造函数，如 Array()，能构造一个数组；全局函数，即全局对象里的方法；自定义函数，即用户自己构建的函数。

在 JavaScript 中，函数可以在脚本中被事件触发或被其他语句调用。一般在编写脚本时，在脚本较长的情况下，可以考虑用一个或多个函数分解其中的重复部分，最终形成若干个功能更单一的函数。虽然这并非编写脚本的强制要求，但通过运用函数，可以提高代码的重用性，使脚本更具可读性，也便于编写与调试。

与其他语言不同的是，JavaScript 并不区分函数(完成一定的功能并有返回值)和过程(完成一定的功能，但没有返回值)。在 JavaScript 中只有函数，函数完成一定功能后可以有返回值，也可以没有返回值，也就是说，JavaScript 函数涵盖了其他语言中的函数和过程。

JavaScript 中的构造函数用于建立并初始化特殊类型的对象，其名称和类的名称相同，用关键字 new 调用。通过构造函数可以创建空对象，然后构造函数负责为新对象执行相应的初始化(创建属性并赋予初始值)，最后构造函数返回所生成的对象。

JavaScript 包含很多内部函数。某些函数可以操作表达式和特殊字符，有些可将字符串转换为数值。例如，内部函数 eval()，可对以字符串形式表示的任意有效的表达式求值，这个函数有一个参数，该参数就是希望求得数值的字符串。下面给出一个使用本函数的示例，具体程序代码如下：

```
var anExpression = "6 * 9 % 7";
var total = eval(anExpression); // 将变量 total 赋值为 5
var yetAnotherExpression = "6 * (9 % 7)";
total = eval(yetAnotherExpression) // 将变量 total 赋值为 12
// 将一个字符串赋给 totality (注意嵌套引用)
var totality = eval("'...surrounded by acres of clams.'");
```

JavaScript 允许用户自定义函数，自定义函数使用如下方式：

```
function 函数名([参数集]) {
    ...
    [return[ <值>];]
}
```

值得注意的是，即使整个函数只有一个语句，在 function 之后的花括号及结尾的花括号也是不能省略的。函数名与变量名的命名规则一样，即只能包含字母、数字、下画线，以字母开头、不能与保留字重复等。若没有参数，可以不写参数集，但外面的圆括号是不能省略的。

1. 参数

参数是向函数内部传递信息的桥梁。例如，如果希望求立方的函数返回 3 的立方，就需要有一个变量来接收“3”这个数值，这个特殊的变量就是参数。参数集是一个或多个用逗号分隔开来的参数的集合，如 a，b，c。

函数的语句中会包含“return”这个特殊的语句。执行一个函数时，一旦碰到 return 语句，函数会立刻停止执行，并返回到调用它的程序中。如果“return”后带有<值>，则退出函数的同时返回该值。

```
function addAll(a, b, c) {
    return a + b + c;
}
var total = addAll(20, 40, 60);
```

上面的例子创建了 addAll()函数，它有 3 个参数：a、b 和 c，其作用是返回三个数相加的结果。在函数外部，利用“var total = addAll(20, 40, 60);”来接收该函数的返回值。

在函数的内部，参数可直接作为变量使用，并可用 var 语句来声明变量，但是这种变量不能被函数外部调用。要使函数内部的信息能被外部调用，要么使用“return”返回值，要么使用全局变量。

2. 全局变量

在脚本的“根部”(非函数内部)的“var”语句所定义的变量就是全局变量，它能在任意位置使用。

【实例 5-3】自定义函数实例

程序代码如 ex5_3.html 所示。

ex5_3.html

```
<!DOCTYPE html>
<html>
<head>
    <title>自定义函数实例</title>
</head>
<body>
    <script type="text/javascript">
        var epsilon = 0.00000000001; // 一些需要测试的极小数字
        // 测试整数的函数
        function integerCheck(a, b, c) {
            // 测试
            if ( (a*a) = = ((b*b) + (c*c)) )
                return true;
            else
                return false;
        }
        // 测试浮点数的函数
        function floatCheck(a, b, c) {
```

```
            // 得到测试数值。
            var delta = ((a*a) - ((b*b) + (c*c)))
            // 测试需要绝对值
            delta = Math.abs(delta);
            // 如果差小于 epsilon，那么它相当接近
            if (delta < epsilon)
                return true;
            else
                return false;
        }
        // 三元检查
        function checkTriplet(a, b, c) {
            // 创建临时变量，用于交换值
            var d = 0;
            // 先将最长的变量移动到位置"a"。需要的话交换 a 和 b
            if (b > a) {
                d = a; a = b; b = d;
            }
            // 需要的话交换 a 和 c
            if (c > a) {
                d = a; a = c; c = d;
             }
            // 测试全部的 3 个值，看其是否为整数
            if (((a % 1) = = 0) && ((b % 1) = = 0) && ((c % 1) = = 0)) {
                // 如果成立，使用精确检查
                return integerCheck(a, b, c);
            }
            else {
                // 如果不成立，取尽可能相近的
                return floatCheck(a, b, c);
            }
        }
        // 下面的三个语句赋给范例值，用于测试
        var sideA = 3;
        var sideB = 4;
        var sideC = 5; //try float
        // 调用函数。调用后，'result' 中包含了结果
        var result = checkTriplet(sideA, sideB, sideC);
        if(result)
            document.write('成立！');
        else
            document.write('不成立！');
    </script>
</body>
</html>
```

本例中的 checkTriplet()函数以三角形的边长为参数。通过查看三条边的长度是否可以组成一个毕达哥拉斯三元组(直角三角形斜边长度的平方等于其他两条边长的平方和)来计算该三角形是否为直角三角形。实际测试时，checkTriplet()函数要调用另外两个函数中的一个函数。

注意：

除非问题中的三个值均已知为整数，否则由于浮点运算的复杂性且可能存在舍入误差，在考虑程序的通用性时就需要用到类似于本题中所采用的 epsilon 处理方式。

本实例运行后在屏幕上会显示“成立！”或“不成立”，当前的数据运行后的结果为“成立！”。读者可调整 sideA、sideB、sideC 的值，来测试这个程序并观察运行的结果。

5.3 对象化编程

JavaScript 支持“对象化编程”，或者称为“面向对象编程”。所谓“对象化编程”，意思是将编程所涉及的组成部分划分成对象，对象还可以划分为更小的对象直至不能进一步划分为止。JavaScript 编程方法就以对象为出发点，小到一个变量，大到整个网页的文档、窗口甚至屏幕都是对象，本节从“基于对象”的角度来介绍 JavaScript。

5.3.1 对象的基本知识

虽然 JavaScript 只是基于对象的，但它能创建用户自定义对象。通过这种方式可以扩大 JavaScript 的应用范围，编写功能强大的 Web 应用。

对象是属性和方法的集合。对象是可以从 JavaScript 代码中划分出来的一部分，可以是一段文字、一幅图片、一个表单等。每个对象具有属性、方法和事件。对象的属性反映该对象某些特定的性质，例如，字符串的长度、图像的长宽、文字框里的文字等；对象的方法能对该对象实施特定的操作，例如，表单的“提交”，窗口的“滚动”等；而对象的事件能响应发生在对象上的操作，例如，单击提交表单产生表单的“提交事件”，单击链接产生“单击事件”。不是所有的对象都必须有以上三个性质，如有些没有事件，有些只有属性。

1. JavaScript 对象的基本组成

JavaScript 中的对象是由属性和方法两种基本元素构成的。前者是对象在实施其所需行为的过程中，实现信息的加载，从而与变量相关联，可以理解为数据；后者是指对象能够按照设计者的意图而被触发执行，是与特定函数相关联的一种机制，可以理解为算法。当然，对象化编程不是数据＋算法，而是通过封装机制，将它们有机地融合在一起，并提供了更多的管理机制。

2. 对象的创建

若希望使用对象，首先需要获得对象，可采用以下几种方式获得对象：引用 JavaScript 的内部对象、由浏览器环境所提供的对象或自行创建对象。

3. 有关对象操作语句

虽然 JavaScript 不是完全面向对象的语言，但在 JavaScript 中还是提供了若干操作对象的语句、关键字及运算符，现简要介绍如下。

(1) for...in 语句

使用方式为：for(对象属性名 in 已知对象名)

其功能是对已知对象的所有属性进行遍历，这种方式可以不使用计数器，因此其优点是不必知道对象中属性的个数即可进行操作。

例如，下列程序代码显示了数组的内容。

```
for (var i=0; i<30;i++)
   document.write(object[i]);
```

这种方法通过数组的下标来访问，因此必须预先知道下标的范围。而使用 for...in 语句则更为方便，程序代码如下：

```
for(var prop in object)
   document.write(object[prop]);
```

运行时，在循环体中可自动将所有值取出来，直到最后一个为止。

(2) with 语句

使用该语句的意思是：在该语句体内，任何对变量的引用都被认为是这个对象的属性。使用该语句可减少代码量，程序代码如下：

```
with object{
...}
```

所有在 with 语句后的花括号中的语句，都已具有 object 对象的作用域。

(3) this 关键字

this 是对当前对象的引用。由于对象的引用是多层次、多方位的，多次的引用可能会造成混乱，即不清楚现在引用的是哪一个对象。为此，JavaScript 提供了一个指定当前对象的关键字 this。

(4) new 运算符

使用 new 运算符可以创建新对象，其程序代码如下：

```
newObject=new Object(parameters table);
```

其中 newObject 是所创建的新对象：object 是已经存在的类型，parameters table 是参数表。如果希望创建一个日期类型的新对象，则可以使用如下代码：

```
newData=New Data()
birthday=New Data (December 12.1998)
```

这样，后继的语句就可以使用 newData 和 birthday 这两个新对象了。

(5) 对象属性的引用

对象属性的引用可由下列 3 种方式之一实现。

① 使用点(.)运算符。与大多数面向对象语言相同，引用对象的属性可采用“<对象名>.<性质名>”的方法，如下所示：

```
city.ProvinceName="江苏"
city.Name="南京"
```

```
city.Date="1912"
```

其中 city 是一个已经存在的对象，ProvinceName、Name、Date 是它的三个属性，上面的操作完成了对它的赋值。

② 通过对象的下标实现引用，程序代码如下：

```
city[0]="南京"
city[1]="昆明市"
city[2]=" 1912"
```

③ 以字符串的形式引用，程序代码如下：

```
city ["ProvinceName "]="江苏"
city ["Name "]="南京"
city ["Date"]="1912"
```

如上文所述，既然可以通过数组来访问属性，那么也可以采用 for...in 语句在不知其具体个数的情况下访问属性，程序代码如下：

```
for (var prop in this)
docament.write(this[prop]);
```

(6) 对象方法的调用

在 JavaScript 中调用对象方法的方式为：

```
ObjectName.methods()
```

如果引用 city 对象中的 show ()方法并将结果打印出来，则可使用如下代码：

```
document.write (university.show ())
```

或

```
document.write(university)
```

如果需要引用内部对象 math 中的 cos()函数，则程序代码如下：

```
with(math)
    document.write(cos(30));
    document.write(cos(60));
```

若不使用 with 语句，则引用时会稍微复杂些，代码如下：

```
document.write(math.cos(30))
document.write(math.sin(60))
```

5.3.2　事件处理

事件处理是对象化编程中一个重要的环节，缺少了事件处理，程序会变得呆板，缺乏灵活性。

事件处理的过程是：发生事件→启动事件处理程序→事件处理程序做出反应。其中，要使事件处理程序得以启动，必须事先告诉对象，如果发生了什么事情，要进行什么样的操作，否则这个流程就不能进行下去。事件的处理程序可以是任意的 JavaScript 语句，但一般用特定的自定义函数。JavaScript 的事件处理模型如图 5-3 所示。

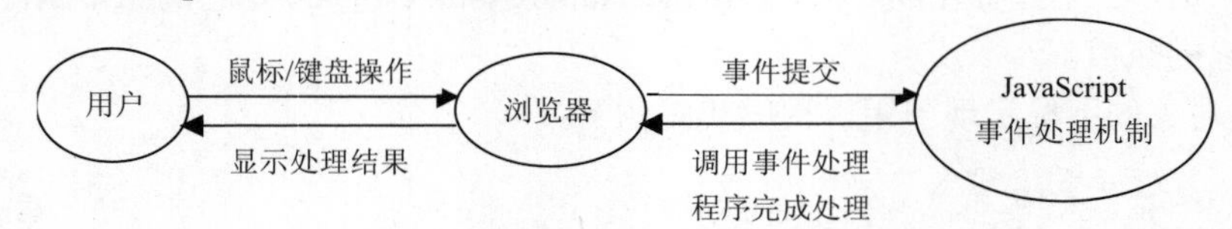

图 5-3 JavaScript 的事件处理模型

1. 指定事件处理程序

指定事件处理程序通常有以下 3 种方法。

(1) 直接在 HTML 标签中指定

这种方法是最普遍的，用法如下：

```
<标签 ...事件="事件处理程序" [事件="事件处理程序" ...]>
```

例如：

```
<body onload="alert('网页读取已经完成，请欣赏！')" onunload="alert('即将退出，再见！')">
```

上面的<body>标签能在文档加载完毕时弹出一个对话框，显示“网页读取已经完成，请欣赏！”；在用户退出文档(或者关闭窗口，或者到另一个页面去)时弹出“即将退出，再见！”。当然，利用这种机制也可以实现在关闭窗口时弹出一个新窗口的操作。

(2) 为特定对象/事件编写一段 JavaScript 程序

这种方法用得较少，但是为了使代码清晰或某些其他需要，有时也被采用，用法如下：

```
<script type="text/javascript"for="对象" event="事件">
    ...
    (事件处理程序代码)
    ...
</script>
```

又如：

```
<script type="text/javascript"for="window" event="onload">
    alert('网页读取已经完成，请欣赏！');
</script>
```

(3) 在 JavaScript 语句中指定

其方法如下：

```
<对象>.<事件> = <事件处理程序>;
```

使用这种方法时要注意的是，“事件处理程序”是真正的代码，而不是字符串形式的代码。如果事件处理程序是一个自定义函数，如没有参数，就可以不加“()”，例如：

```
function encounterError() {
    return true;
```

```
}
...
window.onerror = encounterError; // 没有使用“()”
```

这个例子将 encounterError()函数定义为出现 window 对象 onerror 事件后的处理程序。其效果是忽略该 window 对象下的任何错误。但是在这种错误处理模式中，由引用不允许访问的 location 对象所产生的“没有权限”错误是不能忽略的。

2. 常用事件

各类常用事件介绍如下。

- onblur 事件：发生在窗口失去焦点时，主要应用于 window 对象。
- onchange 事件：发生在文本输入区的内容被更改，然后焦点从文本输入区移走之后。捕捉此事件主要用于实时检测输入内容的有效性，或者立刻改变文档内容，可应用于 Password 对象、Select 对象、Text 对象和 Textarea 对象等。
- onclick 事件：发生在对象被单击时。单击是指鼠标停留在对象上，按下鼠标键，没有移动鼠标而放开鼠标键这一个完整的过程。一个普通按钮对象(Button)通常具有 onclick 事件处理程序，因为这种对象根本不能从用户那里得到任何信息，没有 onclick 事件处理程序就没有任何用处。在按钮上添加 onclick 事件处理程序，可以模拟“另一个提交按钮”，方法是在事件处理程序中更改表单的 action、target、encoding、method 等一个或几个属性，然后调用表单的 submit()方法。可应用于 Button 对象、Checkbox 对象、Image 对象、Link 对象、Radio 对象、Reset 对象和 Submit 对象等。

注意：

在 Link 对象的 onclick 事件处理程序中返回 false 值，能阻止浏览器打开此链接。即如果有一个这样的链接：<a href="http://www.a.com" onclick="return false">Go!</a>，那么无论用户怎样单击，都不会转向 www.a.com 网站，除非用户禁止浏览器运行 JavaScript。

- onerror 事件：发生在错误发生时。它的事件处理程序通常叫作“错误处理程序”(Error Handler)，用来处理错误，可应用于 window 对象。
- onfocus 事件：发生在窗口获得焦点时，常应用于 window 对象。
- onload 事件：发生在文档全部加载完毕时。这意味着不仅是 HTML 文件，而且包含图片、插件、控件、小程序等全部内容的加载。本事件是 window 事件，但在 HTML 中指定事件处理程序时，将它写在<body>标签中，可应用于 window 对象。
- onmousedown 事件：发生在用户把鼠标放在对象上按下鼠标键时，可以参考 onmouseup 事件，应用于 Button 对象和 Link 对象。
- onmouseout 事件：发生在鼠标离开对象时，可参考 onmouseover 事件，可应用于 Link 对象。
- onmouseover 事件：发生在鼠标进入对象范围时。这个事件和 onmouseout 事件，再加上图片的预读，就可以实现当鼠标移到图像链接上时更改图像的效果了。有时会看到当鼠标指向某个链接时，状态栏上不显示地址，而显示其他的资料，这些资料看起来是可以随时更改的，此功能的实现代码如下：

```
<a href="..."  onmouseover="window.status='Click Me Please!'; return true;"
    onmouseout="window.status="; return true;">
```

它可应用于 Link 对象。

注意：

鼠标激活链接(onmouseover)是 Web 应用最广泛和最有效的动态方法之一，其原因在于，它能使用户获得清晰、直接的反馈。设想将鼠标移到一个超文本链接上，该链接将会变为高亮度显示、改变颜色或者产生其他的变化以表示“这是一个链接!”。但这并不是说所创建的所有鼠标激活链接都是相同的。最糟糕的情况是用 Java 等语言来实现，如 Macromedia 的 Shockwave 格式，它们的执行需要在浏览器中安装特定的插件。因此最好利用各种浏览器都支持的 JavaScript 来编写。

- onmouseup 事件：发生在用户把鼠标放在对象上鼠标键被按下之后放开鼠标键时。如果按下鼠标键时，鼠标并不在放开鼠标的对象上，则本事件不会发生。该事件可应用于 Button 对象和 Link 对象。
- onreset 事件：发生在表单的“重置”按钮被单击(按下并放开)时，通过在事件处理程序中返回 false 值可以阻止表单重置，常用于 Form 对象。
- onresize 事件：发生在窗口被调整大小时，可应用于 window 对象。
- onsubmit 事件：发生在表单的“提交”按钮被单击(按下并放开)时，可以使用该事件来验证表单的有效性。通过在事件处理程序中返回 false 值可以阻止表单提交，可应用于 Form 对象。
- onunload 事件：发生在用户退出文档(或者关闭窗口，或者到另一个页面去)时。与 onload 一样，需要写在<body>标签中。有的网站使用这种方法来弹出“调查表单”，以“强迫”用户填写；而有的则利用它弹出广告窗口。因此这种“onunload="open..."”的方法很不好，有时甚至会因为弹出太多窗口而导致系统资源缺乏。该事件可应用于 window 对象。

5.3.3 JavaScript 的内部对象

JavaScript 本身提供了一些有用的内部对象和方法，用户可以直接使用。

JavaScript 语言中提供了诸如 String(字符串)、Math(数值计算)和 Date(日期)等多种对象和其他一些相关的属性和方法，为编程人员快速开发功能强大的应用提供了可能。在 JavaScript 对象属性与方法的引用中，有两种情况：一种是该对象为静态对象，即在引用该对象的属性或方法时不需要为它创建实例；而另一种对象则是在引用它的对象或方法时必须为它创建一个实例，即该对象是动态对象。

对于 JavaScript 内部对象的引用，是紧紧围绕着它的属性与方法进行的，因而明确对象的静态、动态特性对于掌握和理解 JavaScript 对象具有重要意义。以下简要介绍 JavaScript 的常用对象。

1. Number 数字对象

这个对象用得较少，不过属于“Number”的成员有很多。

(1) 常用属性

几种常用属性的含义如下。

- MAX_VALUE：Number.MAX_VALUE，返回“最大值”。
- MIN_VALUE：Number.MIN_VALUE，返回“最小值”。
- NaN：Number.NaN 或 NaN，返回“NaN”。
- NEGATIVE_INFINITY：Number.NEGATIVE_INFINITY，返回负无穷大，即比“最小值”还小的值。
- POSITIVE_INFINITY：Number.POSITIVE_INFINITY，返回正无穷大，即比“最大值”还大的值。

(2) 常用方法

Number“数字”对象的常用方法为 toString():，具体含义如下。

toString()：<数值变量>.toString()；返回数值的字符串形式，例如，若 a=123；则 a.toString()='123'。

2. String 字符串对象

String 对象属于内部对象，且为静态的，在声明一个字符串对象时最简单、快捷、有效且常用的方法就是直接赋值。

(1) 属性

该对象只有一个属性，即 length。它表明了字符串中的字符个数，包括所有符号。使用方法如下：

```
<字符串对象>.length
```

例如：

```
mytest="This is a JavaScript";
mystringlength=mytest.length;
```

最后，mystringlength 返回 mytest 字符串的长度为 20。

(2) 常用方法

string 对象的方法共有 19 个。主要用于有关字符串在 Web 页面中的显示、字体大小、字体颜色、字符的搜索以及字符的大小写转换，其中常用的方法如下。

- anchor()：该方法创建 HTML 文件中的 anchor 标签。可用下列方式进行访问：string.anchor(anchorName)。
- 有关字符显示的控制方法：Italics()斜体字显示，bold()粗体字显示，blink()字符闪烁显示，small()字符用小体字显示，fixed()固定高亮字显示，fontsize(size)控制字体大小等。
- 字体颜色：fontcolor(color)。
- 字符串大小写转换：toLowerCase()小写转换，toUpperCase()大写转换。例如，将一个给定的串分别转换成大写和小写格式，代码如下：

```
string=stringValue.toUpperCase();
string=stringValue.toLowerCase();
```

- 字符搜索：indexOf([character,fromIndex])，从指定的 formIndtx 位置开始搜索 character 第一次出现的位置。
- 返回字符串的一部分字符串：substring(start,end)，将从 start 开始到 end 的字符全部返回。
- 读取字符：charAt()，用法：<字符串对象>.charAt(<位置>)，可返回该字符串位于第<位置>位的单个字符。注意，字符串中的一个字符是第 0 位的，第二个才是第 1 位的，最后一个字符是第 length-1 位的。
- 读取字符的编码：charCodeAt()，用法：<字符串对象>.charCodeAt(<位置>)，返回该字符串位于第<位置>位的单个字符的 ASCII 码。
- 字符编码：fromCharCode()，用法：String.fromCharCode(a, b, c...)，返回一个字符串，该字符串每个字符的 ASCII 码由 a,b,c...等来确定。
- 字符串查找：indexOf()，用法：<字符串对象>.indexOf(<另一个字符串对象>[, <起始位置>])，该方法从<字符串对象>中查找<另一个字符串对象>(如果给出<起始位置>就忽略之前的位置)，如果找到了，就返回它所在的位置，否则就返回-1。所有的“位置”都是从 0 开始的。
- 字符串反向查找：lastIndexOf()，用法：<字符串对象>.lastIndexOf(<另一个字符串对象>[, <起始位置>])，其作用与 indexOf()相似，不过是从后边开始查找。
- 分隔字符串：split()，用法：<字符串对象>.split(<分隔符字符>)，返回一个数组，该数组是从<字符串对象>中分离出来的，<分隔符字符>决定了分离的位置，它本身不会包含在所返回的数组中。例如，'1&2&345&678'.split('&')返回数组：1,2,345,678。
- 按位置取子字符串：substring()，用法：<字符串对象>.substring(<始>[,<终>])，返回原字符串的子字符串，该字符串是原字符串从<始>位置到<终>位置的前一位置的一段。<终> - <始> = 返回字符串的长度(length)。如果没有指定<终>或指定的长度超过了字符串长度，则子字符串从<始>位置一直取到原字符串尾。如果所指定的位置不能返回字符串，则返回空字符串。
- 按长度取子字符串：substr()，用法：<字符串对象>.substr(<始>[,<长>])，返回原字符串的子字符串，该字符串是原字符串从<始>位置开始，长度为<长>的一段。如果没有指定<长>或指定的长度超过了字符串长度，则子字符串从<始>位置一直取到原字符串尾。如果所指定的位置不能返回字符串，则返回空字符串。
- 转换为小写：toLowerCase()，用法：<字符串对象>.toLowerCase()，返回把原字符串所有大写字母都变成小写的字符串。
- 转换为大写：toUpperCase()，用法：<字符串对象>.toUpperCase()，返回把原字符串所有小写字母都变成大写的字符串。

3. Array 数组对象

数组对象是一个对象的集合，且对象可以是不同类型的。数组的每一个成员对象都有一个“下标”，用来表示它在数组中的位置，下标从 0 开始递增。

数组的定义方法：var <数组名> = new Array();。这个语句定义了一个空数组。

之后若要添加数组元素，需使用的格式为<数组名>[<下标>] = ...;。

注意：

这里的方括号不是“可以省略”的意思，数组的下标表示方法就是用方括号括起来的。如果想在定义数组时直接初始化数据，请使用如下方法：

```
var <数组名> = new Array(<元素 1>, <元素 2>, <元素 3>...);
```

例如，var myArray = new Array(1, 4.5, 'Hi'); 定义了一个数组 myArray，其中的元素是 myArray[0] == 1，myArray[1] == 4.5，myArray[2] == 'Hi'。

但如果元素列表中只有一个元素，而这个元素又是一个正整数，这将定义一个包含<正整数>个空元素的数组。

注意：

JavaScript 只有一维数组。千万不要尝试使用“Array(3,4)”来定义一个 3 × 4 的二维数组，或者用“myArray[2,3]”这种方法来返回“二维数组”中的元素。任意“myArray[...,3]”这种形式的调用其实只返回了“myArray[3]”。

要使用多维数组，只有使用下面这种变通的方法：

```
var myArray = new Array(new Array(), new Array(), new Array(), ...);
```

其实这是一个一维数组，其中的每一个元素又是一个数组。调用这个“二维数组”的元素的形式为 myArray[2][3] = ...;。

(1) 常用属性

- length：<数组对象>.length；
- 返回值：数组的长度，即数组里有多少个元素。它等于数组里最后一个元素的下标加 1。所以要想添加一个元素，只需使用 myArray[myArray.length] = ...即可。

(2) 常用方法

- 连接：join()，用法：<数组对象>.join(<分隔符>)，返回一个字符串，该字符串将数组中的各个元素串起来，用<分隔符>置于元素与元素之间。这个方法不影响数组原本的内容。
- 倒序：reverse()，用法：<数组对象>.reverse()，使数组中的元素顺序反过来。如果对数组[1, 2, 3]使用这个方法，它将使数组变成[3, 2, 1]。
- 子串：slice()，用法：<数组对象>.slice(<始>[, <终>])，返回一个数组，该数组是原数组的子集，始于<始>，终于<终>。如果不给出<终>，则子集一直取到原数组的结尾。
- 排序：sort()，用法：<数组对象>.sort([<方法函数>])，使数组中的元素按照一定的顺序排列。如果不指定<方法函数>，则按字母顺序排列。在这种情况下，80 是排在 9 之前的。如果指定了<方法函数>，则按<方法函数>所指定的排序方法进行排序。这个方法函数有两个参数，分别代表每次排序比较时的两个数组项。每次对数据进行比较时都会执行这个函数，当函数返回值为 1 时就交换两个数组项的顺序，否则就不交换。

【实例 5-4】数组的排序

程序代码如 ex5_4.html 所示。

ex5_4.html

```
<!DOCTYPE html>
<html>
<!DOCTYPE html>
<html>
<head>
    <title>数组的排序</title>
</head>
<body>
    <script type="text/javascript">
        var arrA = [6,2,4,3,5,1];
        function desc(x,y) {
            if (x > y)
                return -1;
            if (x < y)
                return 1;
        }
        function asc(x,y) {
            if (x > y)
                return 1;
            if (x < y)
                return -1;
        }
        arrA.sort(desc);            // 按降序排序
        document.writeln(arrA);
        document.writeln("<br>");
        arrA.sort(asc);             // 按升序排序
        document.writeln(arrA);
    </script>
</body>
</html>
```

该程序运行后的结果为：

```
6,5,4,3,2,1
1,2,3,4,5,6
```

4. Math 算术对象

Math 对象提供对数据的数学运算，提供了除加、减、乘、除以外的一些运算，如对数、平方根等，属于静态对象。

(1) 属性

Math 中提供了 6 个属性，它们是数学中经常用到的常数 E、以 10 为底的自然对数 LN10、以 2 为底的自然对数 LN2、3.14159 的 PI、1/2 的平方根 SQRT1_2 和 2 的平方根 SQRT2 等。Math 对象常用的属性及其含义如表 5-4 所示。

表 5-4　Math 对象常用的属性及其含义

属性名称	含　义
E	常数 e (2.718281828...)
LN2	2 的自然对数 (ln 2)
LN10	10 的自然对数 (ln 10)
LOG2E	以 2 为底的 e 的对数 (log2e)
LOG10E	以 10 为底的 e 的对数 (log10e)
PI	π (3.1415926535...)
SQRT1_2	1/2 的平方根
SQRT2	2 的平方根

(2) 方法

Math 对象常用的方法及其含义如表 5-5 所示。

表 5-5　Math 对象常用的方法及其含义

属性名称	含　义
abs(x)	返回 x 的绝对值
acos(x)	返回 x 的反余弦值(余弦值等于 x 的角度)，用弧度表示
asin(x)	返回 x 的反正弦值
atan(x)	返回 x 的反正切值
atan2(x, y)	返回复平面内点(x, y)对应的复数的辐角，用弧度表示，其值在 -π 到 π 之间
ceil(x)	返回大于等于 x 的最小整数
cos(x)	返回 x 的余弦
exp(x)	返回 e 的 x 次幂 (ex)
floor(x)	返回小于等于 x 的最大整数
log(x)	返回 x 的自然对数 (ln x)
max(a, b)	返回 a, b 中较大的数
min(a, b)	返回 a, b 中较小的数
pow(n, m)	返回 n 的 m 次幂 (n^m)
random()	返回大于 0 小于 1 的一个随机数
round(x)	返回 x 四舍五入后的值
sin(x)	返回 x 的正弦
sqrt(x)	返回 x 的平方根
tan(x)	返回 x 的正切

5. Date 日期对象

Date 对象提供了一个有关日期和时间的对象，它不属于静态对象，即必须使用 new 运算符创建一个实例后才能使用，例如：

```
MyDate=New Date();
```

Date 对象没有提供直接访问的属性，只提供了获取和设置日期和时间的方法。Date 对象能表示的日期以 1770 年 1 月 1 日 00:00:00 为基准，所表示的日期范围约等于该基准日期前后各 285 616 年。这个对象可以存储任意一个日期，并且可以精确到毫秒数(1/1000 秒)。所有日期和时间，如果不指定时区，都采用“UTC”(世界时)时区，它与“GMT”(格林尼治时间)在数值上是一样的。

定义 Data 对象的方法如下：

```
var d = new Date;
```

这个方法使 d 成为日期对象，并且已有初始值：当前时间。如果要自定义初始值，可以使用如下代码：

```
var d = new Date(19, 10, 1);          //19 年 10 月 1 日
var d = new Date('Oct 1, 2019');      //19 年 10 月 1 日
```

此外还有一些方法，但最好的方法就是用下面介绍的“方法”来严格定义时间。以下有很多“g/set[UTC]XXX”这样的方法，它表示既有“getXXX”方法，又有“setXXX”方法。“get”是获得某个数值，而“set”是设定某个数值。如果带有“UTC”字母，则表示获得/设定的数值是基于 UTC 时间的，否则表示基于本地时间或浏览器默认的时间。

- g/set[UTC]FullYear()：返回/设置年份，用四位数表示。如果使用“x.set[UTC]FullYear(99)”，则年份被设定为 0099 年。
- g/set[UTC]Year()：返回/设置年份，用两位数表示。设定的时候浏览器自动加上“19”开头，故使用“x.set[UTC]Year(00)”将年份设定为 1900 年。
- g/set[UTC]Month()：返回/设置月份。
- g/set[UTC]Date()：返回/设置日期。
- g/set[UTC]Day()：返回/设置星期，0 表示星期天。
- g/set[UTC]Hours()：返回/设置小时数，24 小时制。
- g/set[UTC]Minutes()：返回/设置分钟数。
- g/set[UTC]Seconds()：返回/设置秒数。
- g/set[UTC]Milliseconds()：返回/设置毫秒数。
- g/setTime()：返回/设置时间，该时间就是日期对象的内部处理方法：从 1970 年 1 月 1 日零时整开始计算到日期对象所指的日期的毫秒数。如果要使某日期对象所指的时间推迟 1 小时，就使用“x.setTime(x.getTime() + 60 * 60 * 1000);”(1 小时 60 分，1 分 60 秒，1 秒 1000 毫秒)。
- getTimezoneOffset()：返回日期对象采用的时区与格林尼治时间所差的分钟数。在格林尼治东方的时区，该值为负，例如，中国时区(GMT+0800)返回“-480”。

- toString()：返回一个字符串，描述日期对象所指的日期。这个字符串的格式类似于“Fri Jul 21 15:43:46 UTC+0800 2000”。
- toLocaleString()：返回一个字符串，描述日期对象所指的日期，用本地时间表示格式，如“2000-07-21 15:43:46”。
- toGMTString()：返回一个字符串，描述日期对象所指的日期，用 GMT 格式。
- toUTCString()：返回一个字符串，描述日期对象所指的日期，用 UTC 格式。
- parse()：Date.parse(<日期对象>)，返回该日期对象的内部表达方式。

6. JavaScript 中的系统函数

JavaScript 中的系统函数又称内部方法，它们与任何对象无关，使用这些函数不必创建任何实例，可直接使用。

- 返回字符串表达式中的值：eval(字符串表达式)，例如，test=eval("8+9+5/2");。
- 返回字符串的 ASCII 码：unEscape (string)。
- 返回字符的编码：escape(character)。
- 返回实数：parseFloat(floatstring);。
- 返回不同进制的数：parseInt(numberstring ,radix)。

其中 radix 是指数的进制，numberstring 是指字符串形式的数值。

7. JavaScript 的全局对象

全局对象是虚拟出来的，其目的在于将全局函数“对象化”。在 Microsoft JavaScript 语言参考中，它叫作“Global 对象”，但是引用它的方法和属性从来不使用“Global.xxx”(况且这样做会出错)，而是直接使用“xxx”。

除了属性NaN以外，JavaScript 的全局对象还包含了下面这些方法。

- eval()：把括号内的字符串当作标准语句或表达式来运行。
- isFinite()：如果括号内的数字是“有限”的(在 Number.MIN_VALUE 和 Number.MAX_VALUE 之间)就返回 true，否则返回 false。
- isNaN()：如果括号内的值是“NaN”则返回 true，否则返回 false。
- parseInt()：返回把括号内的内容转换成整数之后的值。如果括号内是字符串，则字符串开头的数字部分被转换成整数；如果以字母开头，则返回“NaN”。
- parseFloat()：返回把括号内的字符串转换成浮点数之后的值，字符串开头的数字部分被转换成浮点数；如果以字母开头，则返回“NaN”。
- toString()：<对象>.toString()，把对象转换成字符串。如果在括号中指定一个数值，则转换过程中所有的数值将转换成特定进制。
- escape()：返回括号中的字符串经过编码后的新字符串。该编码应用于 URL，将空格写成“%20”格式。“+”不被编码，如果要使“+”也被编码，请使用 escape('...', 1)。
- unescape()：是 escape()的反过程。将括号中的字符串解码为一般字符串。

5.3.4 JavaScript 的自定义类及对象

JavaScript 的内部对象提供了常用的一些功能，但如果需要创建特殊的对象，可以使用 JavaScript 的自定义类来完成。

1. 理解类的实现机制

在 JavaScript 中可以使用 function 关键字来定义一个“类”，然后再为该类添加属性和方法。通常，在函数内通过 this 指针引用的变量或者方法都会成为类的成员。

【实例 5-5】自定义类实例

程序代码如 ex5_5.html 所示。

ex5_5.html

```
<!DOCTYPE html>
<html>
<head>
    <title>自定义类</title>
</head>
<body>
    <script type="text/javascript">
        function class1(){
            var s="abc";
            this.p1=s;
            this.method1=function(){
                alert("this is a test method");
            }
        }
        var obj1=new class1();
        obj1.method1();
    </script>
</body>
</html>
```

本实例运行后在浏览器中会弹出一个对话框，其中显示了“this is a test method”。

代码通过 new class1()获得对象 obj1，该对象自动获得了属性 p1 和方法 method1。JavaScript 规定对 function 本身的定义就是类的构造函数。

2. 通过 new 创建对象

结合上文所介绍关于对象的性质及 new 操作符的用法，使用 new 创建对象的步骤如下：

(1) 当解释器遇到 new 操作符时便创建一个空对象。

(2) 开始运行 class1 这个函数，并将其中的 this 指针都指向这个新建的对象。

(3) 因为当给对象不存在的属性赋值时，解释器就会为对象创建该属性。例如，在 class1 中，当执行到 this.p1=s 这条语句时，就会添加一个属性 p1，并把变量 s 的值赋给它，这个函数的执行过程就成为初始化这个对象的过程，此处体现了构造函数的作用。

(4) 当函数执行完毕后，new 操作符就返回初始化后的对象。

这就是 JavaScript 所实现的面向对象的基本机制。由此可见，function 的定义实际上就是实现一个对象的构造函数，这是通过函数来完成的。但是这种实现方式存在缺点，具体如下：

- 将所有的初始化语句、成员定义都放到一起，代码逻辑不够清晰，不易实现复杂的功能，即使实现了比较复杂的功能，那么代码通常显得凌乱。
- 每创建一个类的实例，都要执行一次构造函数，构造函数中定义的属性和方法总被重复地创建。

例如，上面例子中所使用的部分代码如下：

```
this.method1=function(){
    alert("this is a test method");
}
```

此处的 method1 每创建一个 class1 实例，都会被创建一次，造成内存的浪费。而另一种使用 prototype 对象定义类成员的机制，就可以解决上述缺点。

3. 使用 prototype 对象定义类成员

当新建一个 function 时，该对象的成员将自动赋给所创建的对象，读者可参考下面的实例来理解。

【实例 5-6】使用 prototype 对象定义类成员

程序代码如 ex5_6.html 所示。

ex5_6.html

```
<!DOCTYPE html>
<html>
<head>
    <title>用 prototype 对象定义类成员</title>
</head>
<body>
    <script type="text/javascript">
        // 定义一个只有一个 prop 属性的类
        function class1(){
            this.prop=1;
        }
        // 使用函数的 prototype 属性为类定义新成员
        class1.prototype.showProp=function(){
            alert(this.prop);
        }
        // 创建 class1 的一个实例
        var obj1=new class1();
        // 调用通过 prototype 对象定义的 showProp 方法
        obj1.showProp();
    </script>
</body>
</html>
```

本实例运行后在浏览器中会弹出一个对话框，其中显示“1”。

prototype 是一个 JavaScript 对象，可以为它添加、修改、删除方法和属性，从而为一个类添加成员定义。

了解了函数的 prototype 对象之后，再来看 new 的执行过程：

(1) 创建一个新的对象，并让 this 指针指向它；

(2) 将函数的 prototype 对象的所有成员都赋给这个新对象；

(3) 执行函数体，对这个对象进行初始化操作；

(4) 返回(1)中创建的对象。

与 new 的执行过程相比，这里增加了 prototype 来初始化对象的过程，这也和 prototype 的字面意思相符，即所对应类实例的原型。这个初始化过程发生在函数体(构造函数)执行之前，因此可以在函数体内部调用 prototype 中定义的属性和方法。

【实例 5-7】使用构造函数

程序代码如 ex5_7.html 所示。

ex5_7.html

```
<!DOCTYPE html>
<html>
<head>
    <title>使用构造函数</title>
</head>
<body>
    <script type="text/javascript">
        // 定义一个只有一个 prop 属性的类
        function class1(){
            this.prop=1;
            this.showProp();
        }
        // 使用函数的 prototype 属性给类定义新成员
        class1.prototype.showProp=function(){
            alert(this.prop);
        }
        // 创建 class1 的一个实例
        var obj1=new class1();
    </script>
</body>
</html>
```

运行的结果和【实例 5-6】的相同。但是与【实例 5-6】代码相比，本实例在 class1 的内部调用了 prototype 中定义的方法 showProp，从而在对象的构造过程中就弹出了对话框，显示 prop 属性的值为 1。

注意：

原型对象的定义必须在创建类实例的语句之前，否则它将不起作用，可参考【实例 5-8】来理解。

【实例 5-8】创建实例后再使用 prototype

程序代码如 ex5_8.html 所示。

ex5_8.html

```
<!DOCTYPE html>
<html>
<head>
    <title>创建实例后再使用 prototype</title>
</head>
<body>
    <script type="text/javascript">
        // 定义一个只有一个 prop 属性的类
        function class1(){
            this.prop=1;
            this.showProp();
        }
        // 创建 class1 的一个实例
        var obj1=new class1();
        // 在创建实例后使用函数的 prototype 属性给类定义新成员，只会对后面创建的对象有效
        class1.prototype.showProp=function(){
            alert(this.prop);
        }
    </script>
</body>
</html>
```

这段代码将不会弹出窗口，显示对象并没有执行 showProp 方法，因为该方法的定义在实例化这个类的语句之后。由此可见，prototype 对象专用于设计类的成员，它是和类紧密相关的。除此之外，prototype 还有一个重要的属性 constructor，表示对该构造函数的引用。

【实例 5-9】使用 constructor

程序代码如 ex5_9.html 所示。

ex5_9.html

```
<!DOCTYPE html>
<html>
<head>
    <title>使用 constructor</title>
</head>
<body>
    <script type="text/javascript">
        function class1(){
            alert(1);
        }
        class1.prototype.constructor(); // 调用类的构造函数
    </script>
</body>
</html>
```

这段代码运行后将会出现对话框，在上面会显示“1”，说明 prototype 是和类的定义紧密相关的。实际上 class1.prototype.constructor 等效于 class1。

4. 一种 JavaScript 类的设计模式

前面已经介绍了如何定义一个类，如何初始化一个类的实例，且类可以在 function 定义的函数体中添加成员，又可以用 prototype 定义类的成员，但所编写的代码显得混乱。如何以一种更清晰的方式来定义类呢？下面给出了一种类的设计模式。

在 JavaScript 中，由于对象灵活的性质，在构造函数中也可以为类添加成员，但在增加灵活性的同时，也增加了代码的复杂度。为了提高代码的可读性和开发效率，可以采用将这种定义成员的方式使用 prototype 对象来替代，这样 function 的定义就是类的构造函数，符合传统意义上类的实现：类名和构造函数名是相同的。例如：

```
function class1(){ // 构造函数
}
// 成员定义
class1.prototype.someProperty="sample";
class1.prototype.someMethod=function(){ // 方法实现代码
}
```

虽然上面的代码对于类的定义已经清晰了很多，但每定义一个属性或方法，都需要使用一次 class1.prototype，这样不仅代码变长，且易读性较差。为了使代码变得简洁，可以使用无类型对象的构造方法来指定 prototype 对象，从而实现类的成员定义，程序代码如下：

```
// 定义一个类 class1
function class1(){   // 构造函数
}
// 通过指定 prototype 对象来实现类的成员定义
class1.prototype={
      someProperty:"sample",
      someMethod:function(){ // 方法代码
      },
      …// 其他属性和方法
}
```

上面的代码用一种更清晰的方式定义了 class1，构造函数直接用类名来实现，而成员使用无类型对象来定义，以列表的方式实现了所有属性和方法，并且可以在定义的同时初始化属性的值。这更像传统意义上的面向对象语言中类的实现。只是构造函数和类的成员定义被分为了两个部分，这是 JavaScript 中定义类的一种固定模式，可以使得代码更易于理解。

注意：

在一个类的成员之间互相引用，必须通过 this 指针来进行。例如，在上面例子中的 someMethod 方法中，如果要使用属性 someProperty，必须通过 this.someProperty 的形式，因为在 JavaScript 中每个属性和方法都是独立的，它们通过 this 指针与一个对象相关联。

5.4　浏览器对象模型与文档对象模型

浏览器对象模型 (Browser Object Model，BOM)使 JavaScript 具有与浏览器进行对话的能力，主要处理浏览器窗口和框架。不过通常浏览器特定的 JavaScript 扩展都被看作 BOM 的一部分，它没有相关标准，BOM 的最核心对象是 window 对象。window 对象既为 JavaScript 访问浏览器提供 API，同时在 ECMAScript 中充当 Global 对象。BOM 和浏览器关系密切，浏览器很多东西可以通过 JavaScript 控制，例如打开窗口、打开选项卡、关闭页面等。这些功能与网页内容无关。由于没有标准，不同的浏览器实现同一功能，可以通过不同的方式来实现。例如，加入收藏夹这个功能：

IE 浏览器：

```
window.external.AddFavorite(url,title);
```

Firefox 浏览器：

```
window.sidebar.addPanel(title, url, "");
```

虽然没有统一标准，但是各个浏览器的常用功能的 JS 代码大同小异，对于常用功能已经有默认的标准了。

文档对象(Document Object Model，DOM)是 W3C 的标准，它是从网页文档里划分出来的对象。在 JavaScript 所涉及的范围内有如下几个“大”对象：window、document、location、navigator、screen 和 history 等。由于 DOM 的操作对象是文档，所以它和浏览器没有直接的关系。表 5-6 列出了一个文档对象树，其中包含了常用对象。如果要引用其中某个对象，需要将父级的对象都列出来。例如，要引用表单“applicationForm”的文字框“customerName”，需要写成“document.applicationForm.customerName”。DOM 和 BOM 的主要区别见图 5-4 所示。

表 5-6　JavaScript 的文档对象树

英文名称	中文含义
navigator	浏览器对象
screen	屏幕对象
window	窗口对象
history	历史对象
locations	地址对象
frames[]; Frame	框架对象
document	文档对象
anchors[]; links[]; Link	连接对象
applets[]	Java 小程序对象
embeds[]	插件对象
forms[]; Form	表单对象

(续表)

英 文 名 称	中 文 含 义
Button	按钮对象
Checkbox	复选框对象
elements[]; Element	表单元素对象
Hidden	隐藏对象
Password	密码输入区对象
Radio	单选区域对象
Reset	重置按钮对象
Select	选择区(下拉菜单、列表)
options[]; Option	选择项对象
Submit	提交按钮对象
Text	文本框对象
Textarea	多行文本输入区对象
images[]; Image	图片对象

注意：

JavaScript 是大小写敏感的，表 5-6 中有些对象是全小写的，有些是以大写字母开头的。以大写字母开头的对象表示：引用该对象不使用表中列出的名字，而直接使用对象的“名字”(ID 或 Name)，或使用它所属的对象数组指定。

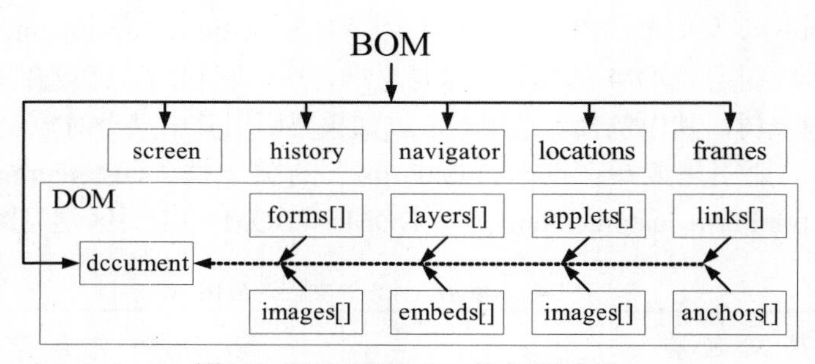

图 5-4　DOM 和 BOM 的主要区别

例如，下面的简单网页代码：

```
<!DOCTYPE html>
<html>
<body>
    <p>
        Welcome to DOM
    </p>
    <div>
        <img src="image.jpg" />
    </div>
</body>
</html>
```

DOM 树和标签基本是一一对应的关系，经浏览器的 DOM 解析后将形成一个如图 5-5 所示的树状结构。

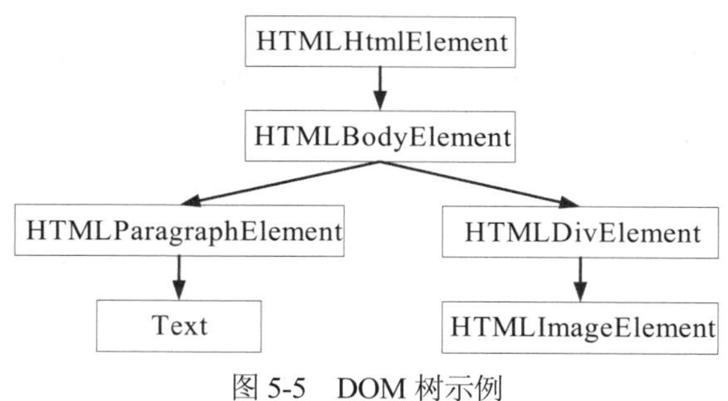

图 5-5　DOM 树示例

5.4.1　navigator 对象

navigator 对象可以获取用户正在使用的浏览器的版本、用户的浏览器可以控制的 MIME 类型、用户已经安装的插件等。所有这些 navigator 的属性均为只读。该对象包含两个子对象：外挂对象(plugin)和 MIME 类型对象。表 5-7 和表 5-8 分别列出了 navigator 对象的属性和方法及其说明。

表 5-7　navigator 对象的属性及其说明

属 性 名	说　明
appCodeName	代码
appName	名称
appVersion	版本
language	语言
mimeType	以数组表示所支持的 MIME 类型
platform	编译浏览器的计算机类型
plugins	以数组表示已安装的外挂程序
userAgent	用户代理程序的表头

表 5-8　navigator 对象的方法及其说明

方 法 名	说　明
javaEnabled	测试是否支持 Java
plugins.refresh	使新安装的插件有效，并可选重新加载包含插件的文档
preference	允许一个已标识的脚本获取并设置特定的 navigator 参数
taintEnabled	指定是否允许数据污点

【实例 5-10】navigator 对象的用法

程序代码如 ex5_10.html 所示。

ex5_10.html

```
<!DOCTYPE html>
```

```
<html>
<head>
    <title>navigator 对象的用法</title>
</head>
<body>
    <script>
        with (document) {
            write ("你的浏览器信息：<ol>");
            write ("<li>代码："+navigator.appCodeName);
            write ("<li>名称："+navigator.appName);
            write ("<li>版本："+navigator.appVersion);
            write ("<li>语言："+navigator.language);
            write ("<li>编译平台："+navigator.platform);
            write ("<li>用户表头："+navigator.userAgent);
    }
    </script>
</body>
</html>
```

本实例利用 document 对象显示浏览器的信息，运行后的显示结果如图 5-6 所示。

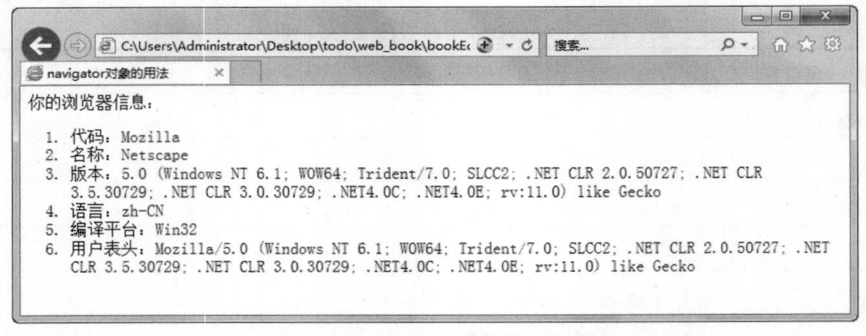

图 5-6　navigator 对象应用示例

1. 外挂对象(navigator.plugin)

外挂对象是一个安装在客户端的插件。所谓插件，就是浏览器用于显示特定类型嵌入数据时调用的软件模块。现在访问某些网站就会自动安装插件，这个问题困扰了很多用户。实际上，每个外挂对象本身都是一个数组，其中包含的每个元素分别对应于该插件支持的 MIME 类型。而数组的每个元素都是一个 MimeType 对象。外挂对象的属性及其说明如表 5-9 所示。

表 5-9　外挂对象的属性及其说明

属 性 名	说 明
description	外挂程序模块的描述
filename	外挂程序模块的文件名
length	外挂程序模块的个数
name	外挂程序模块的名称

【实例 5-11】列出所有外挂对象(navigator.plugin)

程序代码如 ex5_11.html 所示。

ex5_11.html

```
<script type="text/javascript">
<!--
  var len = navigator.plugins.length;
  with (document) {
    write ("你的浏览器共支持" + len + "种 plug-in：<br>");
    write ("<table border>")
    write ("<caption>PLUG-IN 清单</caption>")
    write ("<tr><th> <th>名称<th>描述<th>文件名")
    for (var i=0; i<len; i++)
      write("<tr><td>" + i +
        "<td>" + navigator.plugins[i].name +
        "<td>" + navigator.plugins[i].description +
        "<td>" + navigator.plugins[i].filename);
}
//-->
</script>
```

本实例利用外挂对象显示了浏览器外挂程序的有关信息。其中的关键是通过循环来遍历客户端浏览器上所有已安装的插件，运行的结果如图 5-7 所示。

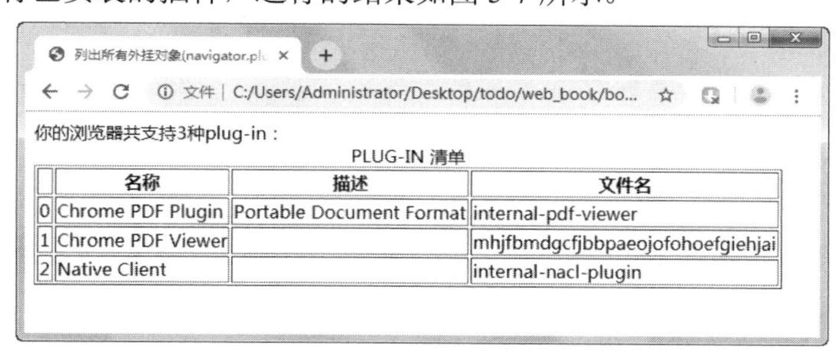

图 5-7　外挂对象应用示例

2. mimeTypes 对象

这是客户端所支持的 MIME(Multipart Internet Mail Extension，多部分网际邮件扩展) 类型，mimeType 对象的属性及其说明如表 5-10 所示。

表 5-10　mimeTypes 对象的属性及其说明

属　性　名	说　　明
description	MIME 类型的描述
enablePlugin	对应到哪个外挂模块
length	MIME 类型的数目
suffixes	MIME 类型的扩展名
type	MIME 类型的名称

通常无须自行创建 mimeTypes 对象。这些对象是预先定义的 JavaScript 对象，可通过 navigator 或外挂对象的 mimeTypes 数组来访问这些对象，每个 mimeTypes 对象都是 mimeTypes 数组中的一个元素，其用法如下：

```
navigator.mimeTypes[index]
```

这里 index 或者是表明由客户端支持的 MIME 类型的整型值，或者是包含了 mimeTypes 对象类型(来自 mimeTypes.type 属性)的字符串。

【实例 5-12】mimeTypes 对象应用示例

程序代码如 ex5_12.html 所示。

ex5_12.html

```
<!DOCTYPE html>
<html>
<head>
    <title>对象 navigator.mimeTypes</title>
</head>
<body>
    <script type="text/javascript">
        var len = navigator.mimeTypes.length;
        with (document) {
            write ("你的浏览器共支持" + len + "种 MIME 类型：");
            write ("<table border>")
            write ("<caption>MIME type  清单</caption>")
            write ("<tr><th> <th>名称<th>描述<th>扩展名<th>附注")
            for (var i=0; i<len; i++) {
                write("<tr><td>" + i + "<td>" + navigator.mimeTypes[i].type +
                    "<td>" + navigator.mimeTypes[i].description + "<td>" +
                    navigator.mimeTypes[i].suffixes + "<td>" +
                    navigator.mimeTypes[i].enabledPlugin.name);
            }
        }
    </script>
</body>
</html>
```

本实例利用 mimeTypes 对象显示了浏览器所支持的 MIME 类型信息。其中使用循环逐一列出当前浏览器中所有支持的 MIME 类型，运行结果如图 5-8 所示。 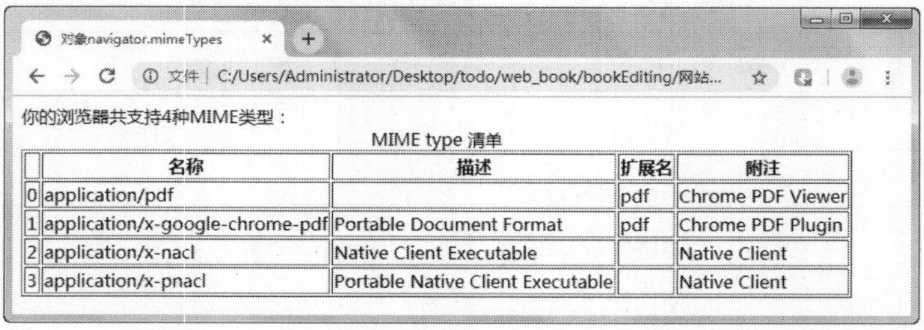

你的浏览器共支持4种MIME类型：

MIME type 清单

	名称	描述	扩展名	附注
0	application/pdf		pdf	Chrome PDF Viewer
1	application/x-google-chrome-pdf	Portable Document Format	pdf	Chrome PDF Plugin
2	application/x-nacl	Native Client Executable		Native Client
3	application/x-pnacl	Portable Native Client Executable		Native Client

图 5-8　mimeTypes 对象应用示例

5.4.2 window 对象

window 对象的属性及其说明如表 5-11 所示。

表 5-11 window 对象的属性及其说明

属 性 名	说 明
document	当前文件的信息
location	当前 URL 的信息
name	窗口名称
status	状态栏的临时信息
defaultStatus	状态栏的默认信息
history	该窗口最近查阅过的网页
closed	判断窗口是否关闭，返回布尔值
opener	open 方法打开窗口的源窗口
outerHeight	窗口边界的垂直尺寸，px
outerWidth	窗口边界的水平尺寸，px
pageXOffset	网页 x-position 的位置
pageYOffset	网页 y-position 的位置
innerHeight	窗口内容区的垂直尺寸，px
innerWidth	窗口内容区的水平尺寸，px
screenX	窗口距屏幕左边界的像素
screenY	窗口距屏幕上边界的像素
self	当前窗口
top	最上方的窗口
parent	当前窗口或框架的框架组
frames	对应到窗口中的框架
length	框架的个数
locationbar	浏览器地址栏
menubar	浏览器菜单栏
scrollbars	浏览器滚动条
statusbar	浏览器状态栏
toolbar	浏览器工具栏
offscreenBuffering	是否更新窗口外的区域
personalbars	浏览器的工具栏，仅针对 navigator

window 对象的事件及方法如表 5-12 所示。

表 5-12　window 对象的事件及方法

事件及方法	说　明
alert(信息字串)	弹出警告信息
confirm(信息字串)	显示确认信息对话框
prompt(提示字串[，默认值])	显示提示信息，并提供可输入的字段
atob(译码字串)	对 base-64 编码字串进行译码
btoa(字串)	将进行 base-64 编码
back()	回到历史记录的上一网页
forward()	加载历史记录中的下一网页
open(URL，窗口名称[，窗口规格])	打开窗口
focus()	焦点移到该窗口
blur()	窗口转成背景
stop()	停止加载网页
close()	关闭窗口
enableExternalCapture()	允许有框架的窗口获取事件
disableExternalCapture()	关闭捕捉外部标志
captureEvents(事件类型)	捕捉窗口的特定事件
routeEvent(事件)	传送已捕捉的事件
handleEvent(事件)	使特定事件的处理生效
releaseEvents(事件类型)	释放已获取的事件
moveBy(水平点数，垂直点数)	相对定位
moveTo(x 坐标，y 坐标)	绝对定位
setResizable(true|false)	是否允许调整窗口大小
resizeBy(水平点数，垂直点数)	相对调整窗口大小
resizeTo(宽度，高度)	绝对调整窗口大小
scroll(x 坐标，y 坐标)	绝对滚动窗口
scrollBy(水平点数，垂直点数)	相对滚动窗口
scrollTo(x 坐标，y 坐标)	绝对滚动窗口
setInterval(表达式，毫秒)	设置间隔
setTimeout(表达式，毫秒)	设置超时
clearInterval(定时器对象)	清除定时器
clearTimeout(定时器对象)	清除超时
home()	进入浏览器设置的主页
find([字串[,caseSensitivr,backward]])	查找窗口中特定的字串
print()	打印
setHotKeys(true|false)	激活或关闭组合键
setZOptions()	设置窗口重叠时的堆栈顺序

以下列出了 window 对象包含的事件。

- onBlur：失去焦点事件；
- onDragDrop：拖放事件；
- onError：出错事件；
- onFocus：获得焦点事件；
- onLoad：加载事件；
- onMove：移动事件；
- onResize：改变大小事件；
- onUnload：对象销毁事件。

【实例 5-13】Email 地址校验

程序代码如 ex5_13.html 所示。

ex5_13.html

```
<!DOCTYPE html>
<html>
<head>
    <title>Email 地址校验</title>
    <script type="text/javascript">
    function validate_email(field,alerttxt) {
        with (field) {
            apos=value.indexOf("@")
                dotpos=value.lastIndexOf(".")
            if (apos<1||dotpos-apos<2)   {
                alert(alerttxt);
                return false;
            } else
                return true;
        }
    }
    function validate_form(thisform) {
        with (thisform) {
            if (validate_email(email,"无效邮件地址!")==false) {
                email.focus();
                return false;
            }
        }
    }
    </script>
</head>
<body>
    <form action="javascript:alert('正确!');"onsubmit="return validate_form(this);" method="get">
    Email:
        <input type="text" name="email" size="30">
        <input type="submit" value="提交">
    </form>
</body>
</html>
```

本实例利用表单对象的 onsubmit 事件触发 validate_form()函数的运行，并将当前表单对象作为函数的参数传递给 validate_form()函数进行判断，来检查输入框中 Email 地址是否合法。validate_form()函数中调用了 validate_email()函数，对输入的邮件地址文本进行了判断，若输入的邮件地址不包含“@”或者不包含“.”，并且“@”与“.”之间没有其他字符，则判定邮件地址无效，此时会弹出一个对话框，显示“无效邮件地址!”，否则判断地址正确，弹出显示“正确！”对话框。本实例中不仅调用了 alert()方法弹出对话框，还使用了表单对象的 action 事件。读者可以自行打开源代码进行测试，并利用类似的原理实现更多的校验功能。另外，实践中为了简化校验过程，还常常使用正则表达式(类似于/^([A-Za-z0-9_\-\.])+\@([A-Za-z0-9_\-\.])+\.([A-Za-z]{2,4})$/，这种方式更为准确且实现起来更为简便)来简化校验过程，读者可参考相关资料进行运用。

【实例 5-14】简易时钟

程序代码如 ex5_14.html 所示。

ex5_14.html

```
<!DOCTYPE html>
<html>
<head>
    <title>简易时钟</title>
    <script type="text/javascript">
        var timerID = null
        var timerRunning = false
        function stopclock(){
            if(timerRunning)
                clearTimeout(timerID);
            timerRunning = false;
        }
        function startclock(){
            // Make sure the clock is stopped
            stopclock();
            showtime();
        }
        function showtime(){
            var now = new Date();
            var hours = now.getHours();
            var minutes = now.getMinutes();
            var seconds = now.getSeconds();
            var timeValue = "" + ((hours > 12) ? hours - 12 : hours);
            timeValue += ((minutes < 10) ? ":0" : ":") + minutes;
            timeValue += ((seconds < 10) ? ":0" : ":") + seconds;
            timeValue += (hours >= 12) ? " P.M." : " A.M.";
            document.clock.face.value = timeValue;
            timerID = setTimeout("showtime()",1000);
            timerRunning = true;
        }
```

```
        </script>
    </head>
    <body onload="startclock()">
        <form name="clock" onsubmit="0">
            <input type="text" name="face" size=12 value ="">
        </form>
    </body>
    </html>
```

这个例子利用 body 元素的 onLoad 事件启动 startclock()，在此函数中首先调用 stopclock()方法停止时钟的运行，再调用 showtime 来显示时间。其中 setTimeout、clearTimeout 两个方法分别为启动或停止在指定的毫秒数后反复调用特定方法的运行过程。此外，本实例还调用了 Date 等对象的有关方法。读者可自行运行该实例来查看运行的效果，并通过此实例来了解对象的使用以及更多有关事件和方法的用法。

【实例 5-15】屏幕自动滚动

程序代码如 ex5_15.html 所示。

ex5_15.html

```
<!DOCTYPE html>
<html>
<head>
    <title>屏幕自动滚动</title>
    <script>
        function scrollIt() {
            for (y=1; y<=2000; y++) {
                scrollTo(1,y);
            }
        }
    </script>
</head>
<body onDblClick=scrollIt()>
    双击鼠标，画面会自动滚动...
    <br><br><br><br><br><br><br><br><br><br><br><br><br><br>1
    <br><br><br><br><br><br><br><br><br><br><br><br><br><br>2
    <br><br><br><br><br><br><br><br><br><br><br><br><br><br>3
    <br><br><br><br><br><br><br><br><br><br><br><br><br><br>4
    <br><br><br><br><br><br><br><br><br><br><br><br><br><br>...The End...
</body>
</html>
```

这个例子利用 body 元素的 onDblClick 事件启动 scrollIt()方法，在此函数中首先调用 window 对象的 scrollTo()方法来实现窗口的自动滚动。因此，在此浏览器文档显示界面上的任何一个地方用鼠标双击，都会出现屏幕自动滚动的效果。

【实例 5-16】弹出新窗口

网页中常见到弹出新窗口的网站，它是利用 window 对象的 open()方法实现的，程序代码如 ex5_16.html 所示。

ex5_16.html

```
<!DOCTYPE html>
<html>
<head>
    <title>弹出新窗口</title>
    <script>
        document.write ("这是一个测试窗口打开和关闭的 JavaScript 代码");
        open('ex5_13.html','','height=100,width=300');
    </script>
</head>
<body onClick="self.close()">
    <center><font color="blue" size="5">欢迎光临</font><br><br><br><br><br><br>
        <br><br><br><br><br><br><br><br><br><br><br><br><br><br><br><br><br>
        单击以上任何位置，可以关闭本窗口<br>
    </center>
</body>
</html>
```

本实例利用body元素的onClick事件启动self.close()方法来实现窗口的关闭。前面的JavaScript代码使得在窗口打开时自动调用 open('ex5_13.html','', 'height=100 ,width=300');，实现打开一个新浏览器窗口，并在其中显示本章之前的一个邮件地址校验的实例。

注意：
如果在某些允许设置“不允许弹出窗口”的浏览器中进行了设置，就无法弹出窗口了。

调用 open()函数的基本格式为：

```
[var 新窗口对象名=]window.open("url","windowName","windowFeature")
```

其中的 url 是新窗口的地址，windowName 为新窗口的名称，而在 windowFeature 中可以设置新窗口的一些属性，允许设置的参数如表 5-13 所示。

表 5-13　open()函数中 windowFeature 参数的设置

名　称	含　义
alwaysLowered	是否将窗口显示的堆栈后推一层
alwaysRaised	是否将窗口显示的堆栈上推一层
dependent	是否将该窗口与当前窗口产生依存关系
fullscreen	是否满屏显示
directories	是否显示连接工具栏
location	是否显示网址工具栏
menubar	是否显示菜单工具栏
scrollbars	是否显示滚动条

(续表)

名　称	含　义
status	是否显示状态栏
titlebar	是否显示标题栏
toolbar	是否显示标准工具栏
resizable	是否可以改变窗口的大小
screenX	窗口左边界距离
screenY	窗口上边界距离
top	窗口的上边界
width	窗口的宽度
height	窗口的高度
left	窗口的左边界
outerHeight	窗口外边界的高度
personalbar	是否显示个人工具栏

【实例 5-17】弹出新窗口参数演示

程序代码如 ex5_17.html 所示。

ex5_17.html

```
<!DOCTYPE html>
<html>
<head>
    <title>window.open 参数示例</title>
</head>
<body >
    <form name="myform">
        <input type="button" name="button1" value="打开新窗口!"
            onclick="window.open ('ex5_13.html', 'newwindow',
            'scrollbars=no,status=no,width=300,height=300')">
    </form>
</body>
</html>
```

本实例运行后在浏览器中会出现一个“打开新窗口!”按钮，单击后可弹出一个新窗口，由于设置了“'scrollbars=no,status=no,width=300,height=300'”，因此，弹出的新窗口没有滚动条，也没有状态栏，窗口的宽度和高度均为 300。请读者自行运行，查看实际结果(读者可以比较在不同浏览器中运行时的差异：如在 IE11 中运行时弹出的是一个新的选项卡；而在 Chrome 浏览器中运行时则弹出了一个新的窗口等)。

5.4.3　screen 对象

screen 对象描述了屏幕的显示及颜色属性。该对象包含了允许获取的关于用户显示情况信息的只读属性。表 5-14 列出了 screen 对象的属性及其说明。

表 5-14　screen 对象的属性及其说明

属 性 名 称	说　　明
availHeight	屏幕区域的可用高度
availWidth	屏幕区域的可用宽度
colorDepth	颜色深度(8 位/16 位/24 位/32 位)
height	屏幕区域的实际高度
width	屏幕区域的实际宽度
location	是否显示网址工具栏

【实例 5-18】screen 对象的使用

程序代码如 ex5_18.html 所示。

ex5_18.html

```
<!DOCTYPE html>
<html>
<head>
    <title>屏幕对象 screen 的使用</title>
</head>
<body >
    <script type="text/javascript">
        with (document) {
            write ("您的屏幕显示设定值如下：<p>");
            write ("屏幕的实际高度为", screen.availHeight, "<br>");
            write ("屏幕的实际宽度为", screen.availWidth, "<br>");
            write ("屏幕的色盘深度为", screen.colorDepth, "<br>");
            write ("屏幕区域的高度为", screen.height, "<br>");
            write ("屏幕区域的宽度为", screen.width);
    }
    </script>
</body>
</html>
```

本实例运行后会将当前屏幕设置的有关参数显示出来，网页开发人员可以利用这个对象来获取客户端的设置，进而控制网页以恰当的方式进行显示。本实例的运行结果如图 5-9 所示。

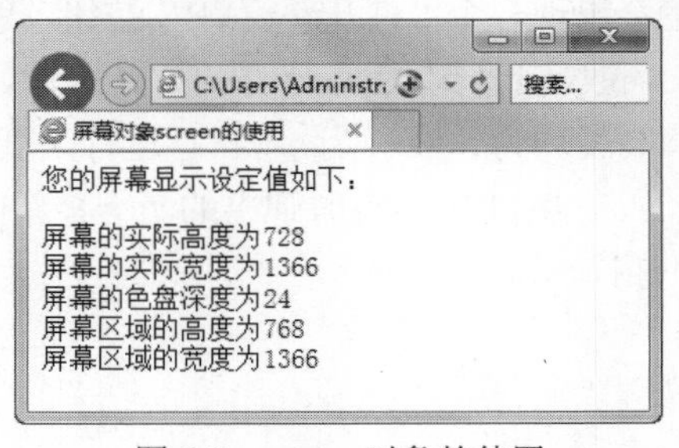

图 5-9　screen 对象的使用

5.4.4　event 对象

当事件发生时，浏览器自动建立 event 对象，其中可能包含该事件的类型、鼠标坐标参数等。表 5-15 列出了 event 对象的属性及其说明。

表 5-15　event 对象的属性及其说明

属性名称	说　明
data	返回拖曳对象的 URL 字符串(dragDrop)
width	该窗口或框架的宽度
height	该窗口或框架的高度
pageX	光标相对于该网页的水平位置
pageY	光标相对于该网页的垂直位置
screenX	光标相对于该屏幕的水平位置
screenY	光标相对于该屏幕的垂直位置
target	该事件被传送到的对象
type	事件的类型
which	数值表示的键盘或鼠标键：1/2/3(左键/中键/右键)
layerX	光标相对于事件发生层的水平位置
layerY	光标相对于事件发生层的垂直位置
x	相当于 layerX
y	相当于 layerY

【实例 5-19】显示鼠标位置的新窗口

程序代码如 ex5_19.html 所示。

ex5_19.html

```
<!DOCTYPE html>
<html>
<head>
    <title>显示鼠标位置的新窗口</title>
</head>
<body >
    <script type="text/javascript">
        function getEvent(evnt) {
        eventWin = open ('','','width=200,height=100');
            with (eventWin.document) {
                write("事件类型：", event.type);
                write("<br>鼠标的 x 坐标：", event.screenX);
                write("<br>鼠标的 y 坐标：", event.screenY);
            }
        }
```

```
            document.write ("单击...")
            document.onmousedown = getEvent;
        </script>
    </body>
    </html>
```

本实例运行后如果在浏览器显示区域中单击鼠标，将出现一个新窗口，其中会显示 event 对象的有关参数，显示的内容为事件类型以及发生该事件时光标的位置。由于此处仅捕捉了鼠标键按下的事件，因此仅对于该事件有效，其他的动作不产生任何显示，运行结果如图 5-10 所示。

图 5-10　显示鼠标位置的新窗口

【实例 5-20】event 对象的使用

程序代码如 ex5_20.html 所示。

ex5_20.html

```
<!DOCTYPE html>
<html>
<head>
    <title>事件对象 event 的使用</title>
</head>
<body oncontextmenu="return false;">
    <script type="text/javascript">
        function getCoordinate(event) {
            x = event.screenX;
            y = event.screenY;
            status = "水平坐标："+ x + "；垂直坐标："+ y;
        }
        function whichKey(event) {
            x = event.button;
            if( x==0 )
                alert("单击了左键");
            if( x==1 )
                alert("单击了中键");
            if( x==2 )
                alert("单击了右键");
            return false;
        }
        function nocontextmenu() {
            event.cancelBubble = true
            event.returnValue = false;
            return false;
        }
        document.onmousedown = whichKey;
        document.onmousemove = getCoordinate;
        document.oncontextmenu = nocontextmenu;
        document.write("请单击鼠标左/右键，并注意状态栏的显示！");
```

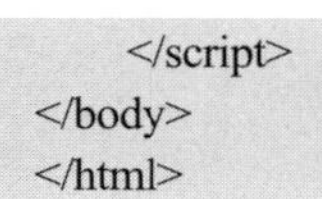

```
    </script>
</body>
</html>
```

本实例运行后在浏览器的状态栏(某些浏览器默认屏蔽了状态栏，可能无法显示)显示了鼠标的位置，当鼠标在显示区域中的任何地方单击时，将显示所单击的是左键、中键或右键的对话框。状态栏实时显示光标当前的位置，实现该功能利用了 onmousedown 和 onmousemove 两个事件，并将事件分别绑定了实现显示功能的 whichKey()和 getCoordinate()两个函数，运行结果如图 5-11 所示。另外，由于系统有右键菜单，因此程序中通过 nocontextmenu()函数和事件 oncontextmenu 屏蔽了系统菜单，否则单击右键时不会弹出对话框，而是会弹出系统右键菜单。

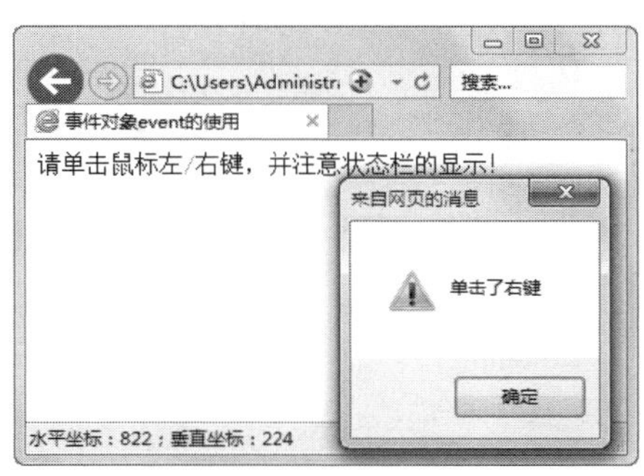

图 5-11　event 对象的使用

5.4.5　history 对象

常见的浏览器中可以保存历史访问记录(客户端最近访问的网址清单)，history 对象就用于实现这个功能，其常用的属性和方法如表 5-16 及表 5-17 所示。可以通过 history[i]获得历史记录列表中的第 i 条历史记录。

表 5-16　history 对象常用的属性及其说明

属性名称	说　明
current	当前历史记录的网址
length	存储在记录清单中的网址数目
next	下一个历史记录的网址
previous	上一个历史记录的网址

表 5-17　history 对象常用的方法及其说明

方法名称	说　明
back()	回到上一个历史记录中的网址
forward()	回到下一个历史记录中的网址
go(整数或 URL)	前往历史记录中的网址

其中，go(-1)代表载入前一条历史记录，它和 back()方法的功能相同；go(1)代表载入后一条历史记录，它和 forward()方法的功能相同。

【实例 5-21】history 对象的使用

程序代码如 ex5_21.html 所示。

ex5_21.html

```
<!DOCTYPE html>
<html>
<head>
    <title>history 对象的使用</title>
</head>
<body>
    <form>
        <input type="button" value="后退" onclick="javascript:history.back()">
        <input type="button" value="前进" onclick="javascript:history.forward()">
    </form>
</body>
</html>
```

本实例运行后在浏览器中出现了两个按钮“前进”和“后退”，其功能与浏览器上所提供的功能相同，不同的是按钮出现在显示区域，且可以通过程序进行控制。

5.4.6 location 对象

location 对象用来表示特定窗口的 URL 信息。它描述了与一个给定的 window 对象相关联的完整 URL，它的每个属性都描述了 URL 的不同特性。location 对象常用的属性及其说明如表 5-18 所示。

表 5-18 location 对象常用的属性及其说明

属 性 名 称	说 明
hash	锚点名称
host	主机名称
hostname	host:port
href	完整的 URL 字符串
pathname	路径
port	端口
protocol	协议
search	查询信息

通常情况下，一个 URL 可能出现的格式如下：

```
协议//主机:端口/路径名称#哈希标识?搜索条件
```

例如，http://www.njupt.edu.cn/assist/extensions.html#topic1?x=7&y=2，它满足下列要求。

- 协议：URL 的起始部分，直到包含到第一个冒号。
- 主机：描述了主机和域名，或者一个网络主机的 IP 地址。它的形式类似于 view-source:、http:、file:、ftp:、mailto:、news:和 gopher:等。
- 端口：描述了服务器用于通信的通信端口。

- 路径名称：描述了 URL 的路径方面的信息。
- 哈希标识：描述了 URL 中的锚名称，包括哈希掩码(#)。此属性只应用于 HTTP 的 URL。
- 搜索条件：描述了该 URL 中的任何查询信息，包括问号。此属性只应用于 HTTP 的 URL。“搜索条件”字符串包含变量和值的配对，每对之间由一个“&”连接。

location 对象的方法主要包括 2 个：reload()表示重新加载，replace(网址)表示用指定的网页取代当前网页。

【实例 5-22】location 对象的使用

程序代码如 ex5_22.html 所示。

ex5_22.html

```
<!DOCTYPE html>
<html>
<head>
    <title>位置对象 location 的使用</title>
    <script>
        var sec = 5;
        function countDown() {
            if (sec > 0) {
                num.innerHTML = sec--;
            }
            else
                location = "http://www.njupt.edu.cn/";
        }
    </script>
</head>
<body onLoad="setInterval('countDown()', 1000)">
    <center>
        南京邮电大学
        <h2>http://www.njupt.edu.cn/</h2>
        五秒钟后自动带你前往<br>
        <font id="num" size="6">开始倒计数</font>
    </center>
</body>
</html>
```

本实例运行后在浏览器中会出现一个倒计时的秒数，当其显示为 1 之后自动执行转向链接地址的功能，该功能是利用 location 对象实现的。

5.4.7 document 对象

document 对象代表当前的 HTML 对象，它由<body>标签组构成，对每个 HTML 文件会自动建立一个文档对象。它支持的事件包括：onClick、onDbClick、onKeyDown、onKeyPress、onKeyUp、onMouseDown 和 onMouseOver 等。表 5-19 和表 5-20 分别列出了 document 对象的属性和方法。

表 5-19　document 对象的属性及其说明

属 性 名 称	说　　明
linkColor	设置超链接的颜色
alinkColor	正在被点击的超链接的颜色
vlinkColor	链接的超链接颜色
links	以数组索引值表示所有超链接
URL	该文件的网址
anchors	以数组索引值表示所有锚点
bgColor	背景色
fgColor	前景色
classes	文件中的 class 属性
cookie	设置 cookie
domain	指定服务器的域名
formName	以表单名称表示所有表单
forms	以数组索引值表示所有表单
images	以数组索引值表示所有图像
layers	以数组索引值表示所有 layer
embeds	文件中的 plug-in
applets	以数组索引值表示所有 applet
plugins	以数组索引值表示所有插件程序
referrer	代表当前打开文件的网页的网址
tags	指出 HTML 标签的样式
title	该文档的标题
width	该文件的宽度(px)
lastModified	文件的最后修改时间

表 5-20　document 对象的方法及其说明

方 法 名 称	说　　明
captureEvents(事件)	设置要获取指定的事件
close()	关闭输出字符流，强制显示数据内容
getSelection()	获取当前选取的字串
handleEvent(事件)	使事件处理程序生效
open([mimeType,[replace]])	打开字符流
releaseEvents(事件类型)	释放已获取的事件
routeEvent(事件)	传送已捕获的事件
write(字串)	写字串或数值到文件中
writeln(字串)	分行写字串或数值到文件中(<pre>...</pre>)

【实例 5-23】document 对象示例

程序代码如 ex5_23.html 所示。

ex5_23.html

```
<!DOCTYPE html>
<html>
<head>
    <title>文件对象 document</title>
</head>
<body>
    <script type="text/javascript">
        document.bgColor = "gray";
        document.fgColor = "blue";
        document.linkColor = "red";
        document.alinkColor = "blue";
        document.vlinkColor = "purple";
        var update_date = document.lastModified;
        var formated_date = update_date.substring(0,10);
        document.write("本网页最后更新时间： " + update_date + "<BR>")
        document.write("本网页最后更新日期： " + formated_date+ "<BR>")
    </script>
    <br>测试文件对象的颜色属性：<br>
    <a href="http://www.njupt.edu.cn">南京邮电大学</a>
</body>
</html>
```

本实例利用了 document 对象的有关颜色设置方面的一些属性来控制网页的色彩，通过这种方式有效地修改了浏览器中对于链接在不同状态下所显示颜色的默认设置。另外，利用 lastModified 这个属性可以显示网页最后更新的时间，运行后的显示结果如图 5-12 所示。

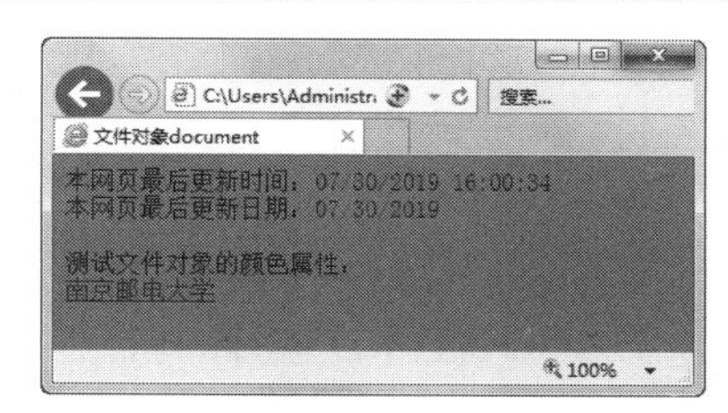

图 5-12　document 对象示例

注意：

若将本实例的 JavaScript 代码全部放在网页的<head>部分，则对于 IE 11 浏览器而言显示没有差别，而在 Chrome 浏览器中显示时所有颜色均会失效，这和不同浏览器在处理相关代码时的差异有关(运行程序时 document 对象是否已完成实例化)，请读者注意这一点。

5.4.8　link 对象

link 对象是 document 对象的子对象，通常网页中的链接会被自动看作链接对象，并按照顺序可分别表示为 document.links[0]、document.links[1]等，link 对象的属性及其说明如表 5-21 所示。

表 5-21 link 对象的属性及其说明

属性名称	说明
hash	URL 中的锚点名称
host	主机域名或 IP 地址
hostname	当前 URL 中的主机名
href	完整的 URL 字串
pathname	URL 中的 path 部分
port	URL 中的端口部分
protocol	URL 中的通信协议部分
search	URL 中的查询字串部分
target	表示目标窗口
text	表示<a>标签中的文字
x	链接对象的左边界
y	链接对象的右边界

【实例 5-24】link 对象的使用

程序代码如 ex5_24.html 所示。

ex5_24.html

```
<!DOCTYPE html>
<html>
<head>
    <title>链接对象 link 的使用</title>
</head>
<body>
    <script type="text/javascript">
        function linkGetter() {
            msgWindow = open('','','width=250,height=200');
            msgWindow.document.write("共有" + document.links.length + "个常用网站");
            for(i=0; i < document.links.length; i++) {
                msgWindow.document.write("<li>"+document.links[i]+"</li>");
            }
        }
    </script>
    常用网站：<br>
    <a href="http://www.sohu.com/">搜狐</a>
    <a href="http://www.baidu.com/">百度</a>
    <a href="http://www.sina.com/">新浪</a>
    <a href="http://www.163.com/">网易</a>
    <input type="button" value="网址一览" onclick="linkGetter();">
</body>
</html>
```

本实例利用 document.link 的有关属性，实现了 document 对象上所有链接元素的遍历，再利用前面介绍过的 open()函数打开一个新的窗口来显示所获取的内容。运行并单击“网址一览”按钮之后的运行结果如图 5-13 所示(在 IE11 浏览器中会打开一个新的选项卡)。

图 5-13　link 对象的使用

5.4.9　form 对象

表单中可以包含多种界面元素，能完成和用户交互的功能，主要包括 text 对象等。以下对这些对象进行简要的说明。

1. text 对象

text 对象的属性及其说明如表 5-22 所示。

表 5-22　text 对象的属性及其说明

属 性 名 称	说　　明
defaultValue	该对象的默认值
form	该对象所在的表单
name	该对象的名称属性
type	该对象的类型属性
value	该对象的值属性

text 对象的方法主要有 blur()、focus()、handleEvent(事件)和 select()，其中 select()表示将该对象设置为选取状态。

text 对象支持的事件处理程序包括 onBlur、onChange、onClick、onDbClick、onFocus、onKeyDown、onKeyPress、onKeyUp、onMouseDown、onMouseUp、onMouseOver、onMouseOut、onMouseMove 和 onSelect。

form 对象是 document 对象的子对象。JavaScript 引擎会自动为每一个表单建立一个 form 对象。其中 forms 可以理解为一个数组，而 form 为其中的元素，每个 form 就是一个单独的表单。通常可以采取以下几种方式来使用 form 对象：

- document.forms[索引].属性
- document.forms[索引].方法(参数)
- document.表单名称.属性
- document.表单名称.方法(参数)

form 对象的属性及其说明如表 5-23 所示。

表 5-23　form 对象的属性及其说明

属性名称	说　明
action	表单动作
elements	以索引表示的所有表单元素
encoding	MIME 的类型
length	表单元素的个数
method	方法
name	表单名称
target	目标

form 对象的方法主要有 handleEvent(事件)、reset()及 submit()，它们分别完成使事件处理程序生效、重置和提交的功能。

【实例 5-25】text 对象的用法

程序代码如 ex5_25.html 所示。

ex5_25.html

```
<!DOCTYPE html>
<html>
<head>
    <title> text 对象</title>
    <script type="text/javascript">
        function getFocus(obj) {
            obj.style.color='red';
            obj.style.background='#DBDBDB';
        }
        function getBlur(obj) {
            obj.style.color='black';
            obj.style.background='white';
        }
        function isInt(elm) {
            if (isNaN(elm)) {
                alert("你输入的是" + elm + "\n 不是数字！ ");
                document.form1.pw.value = "";
                return false;
            }
            if (elm.length != 4) {
                alert("请输入四位数数字！ ");
                document.form1.pw.value = "";
                return false;
            }
        }
    </script>
```

```
</head>
<body onLoad=document.form1.name.focus()  >
    <form name="form1" onsubmit="return isInt(this.pw.value)">
        姓名：<input type="text" name="name" onfocus=getFocus(this) onblur="getBlur(this);"><br>
        电话：<input type="text" name="tel" onfocus=getFocus(this) onblur="getBlur(this);"><br>
        请输入四位数数字密码：<BR>
        <input type="password" name="pw" onblur="isInt(this.pw.value);">
        <input type="submit" value="检查">
    </form>
</body>
</html>
```

本实例利用 text 对象的 onfocus 和 onblur 事件捕获文本框获得焦点和失去焦点的事件，再利用文本框颜色的改变，以达到提醒用户的目的。此外，对于密码框，设置了一个检查程序，这样可以对用户输入的信息进行合法性的检验。请读者自行验证运行的效果。

注意：

本实例中使用的密码对象，其使用方法基本上和 Text 对象相同，只是在其中录入字符时显示的为星号或圆点，以达到保密的目的，上面的实例中包含了这种用法。

2. 按钮对象、提交按钮对象和重置按钮对象

这些按钮是在网页中频繁使用的，它们的外形和用法基本相同，只是由于特殊的设置，提交按钮对象和重置按钮对象具有了特殊的功能。表 5-24 中列出了 button 对象的常用属性及其说明。

表 5-24　button 对象的常用属性及其说明

属 性 名 称	说　明
form	该对象所在的表单
name	该对象的名称属性
type	该对象的类型属性
value	该对象的值属性

button 对象的方法主要有 blur()、click()、focus()和 handleEvent(事件)。

button 对象支持的事件处理程序包括 onBlur、onClick、onDbClick、onFocus、onKeyDown、onKeyPress、onKeyUp、onMouseDown、onMouseUp、onMouseOver、onMouseOut 和 onMouseMove。

在 Dreamweaver 中可以方便地在网页中添加和设置按钮，在 JavaScript 中只需要按照对象的一般用法来运用就可以了。

3. radio 对象

radio 对象的主要属性及其说明如表 5-25 所示。

表 5-25　radio 对象的主要属性及其说明

属性名称	说　明
checked	设置该对象为选定状态
defaultChecked	该对象的默认选定状态
form	该对象所在的表单
name	该对象的名称属性
type	该对象的类型属性
value	该对象的值属性

radio 对象的方法主要有 blur()、click()、focus()和 handleEvent(事件)。

radio 对象支持的事件处理程序包括 onBlur、onClick、onDbClick、onFocus、onKeyDown、onKeyPress、onKeyUp、onMouseDown、onMouseUp、onMouseOver、onMouseOut 和 onMouseMove。

【实例 5-26】radio 对象的用法

程序代码如 ex5_26.html 所示。

ex5_26.html

```
<!DOCTYPE html>
<html>
<head>
    <title> radio 对象</title>
    <script type="text/javascript">
        function show() {
            var x = "先生";
            if (document.form1.sex[1].checked)
                x = "小姐";
            alert(document.form1.name.value + x);
        }
    </script>
</head>
<body>
    <form name=form1>
        姓名：<input type="text" name="name"><br>
        你是：<input type="radio" name="sex" checked>帅哥
        <input type="radio" name="sex">美女<br>
        <input type="button" value="请单击" onclick=show()>
    </form>
</body>
</html>
```

本实例利用 radio 对象让用户选择性别。当用户单击“请单击”按钮时调用 show()函数对 radio 对象 sex 的 checked 属性进行判断，根据结果显示出正确的性别。在浏览器中的运行结果如图 5-14 所示。

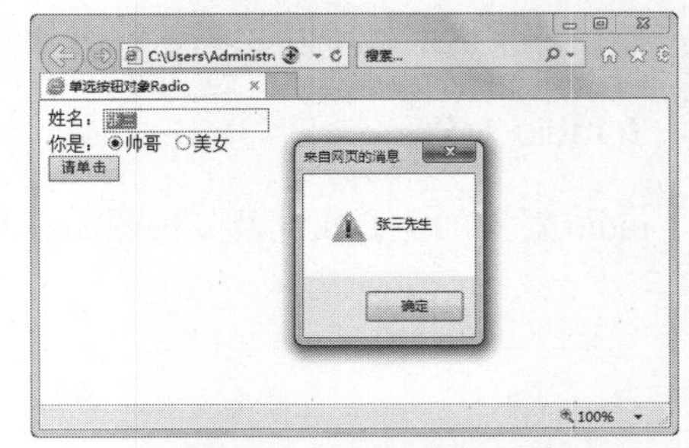

图 5-14　Radio 对象的用法

4. checkbox 对象

checkbox 对象的主要属性及其说明如表 5-26 所示。

表 5-26　checkbox 对象的主要属性及其说明

属 性 名 称	说　明
checked	设置该对象为选定状态
defaultChecked	该对象的默认选定状态
form	该对象所在的表单
name	该对象的名称属性
type	该对象的类型属性
value	该对象的值属性

checkbox 对象的方法主要有 blur()、click()、focus()和 handleEvent(事件)。

checkbox 对象支持的事件处理程序包括 onBlur、onClick、onDbClick、onFocus、onKeyDown、onKeyPress、onKeyUp、onMouseDown、onMouseUp、onMouseOver、onMouseOut 和 onMouseMove。

注意：

其实大部分控件类对象的属性和所支持的方法是类似的，它们的区别主要在于不同控件间特殊的那一部分，在学习时可以着重留意这些不同点。

【实例 5-27】checkbox 对象的用法

程序代码如 ex5_27.html 所示。

ex5_27.html

```
<!DOCTYPE html>
<html>
<head>
    <title>复选框对象 Checkbox</title>
    <script type="text/javascript">
        function count() {
            var checkCount=0;
            var num = document.form1.elements.length;
            for (var i=0; i<num; i++) {
                if (document.form1.elements[i].checked)
                checkCount++;
            }
            alert ("你喜欢 "+ checkCount + "种运动。")
        }
    </script>
</head>
```

```
<body>
    <form name=form1>
        请选择你喜欢的运动：<br>
        <input type="checkbox" name="football">足球</input>
        <input type="checkbox" name="swimming">游泳</input>
        <input type="checkbox" name="tennis">网球</input><br>
        <input type="button" value="提交" onclick="count();"></input>
    </form>
</body>
</html>
```

本实例利用 checkbox 对象让用户选择不同的运动项目，当用户单击“提交”按钮时调用count()函数对 checkbox 中 checked 属性为真的对象个数进行统计，最后将统计的结果显示在浏览器中，运行结果如图 5-15 所示。

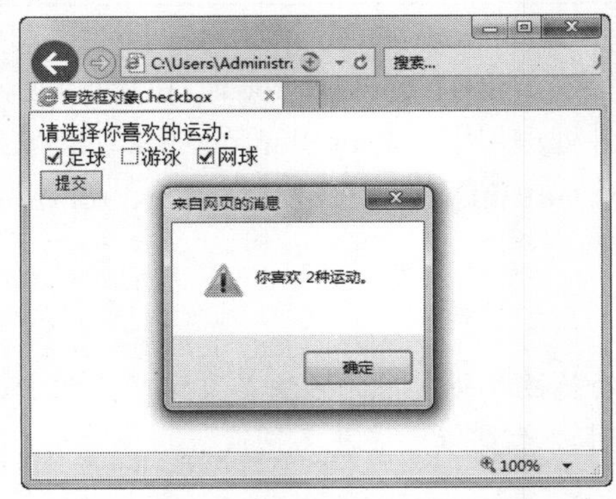

图 5-15　checkbox 对象的用法

5. select 对象和 option 对象

select 对象通常和 option 对象连用，其中 option 对象是 select 的子对象。select 对象常用的属性及其说明如表 5-27 所示。而 option 对象常用的属性及其说明如表 5-28 所示。

表 5-27　select 对象的常用属性及其说明

属 性 名 称	说　明
form	该对象所在的表单
name	该对象的名称属性
length	选项的数目
option	<option>标签
selectedIndex	所选项目的索引值
type	该对象的类型属性

表 5-28　option 对象的常用属性及其说明

属 性 名 称	说　　明
selected	判断该选项是否被选取
defaultSelected	指定该选项为默认选定状态
index	所有选项所构成的数组索引值
length	选项的数目
text	该选项显示的文字
value	所选选项传到服务器上的值

select 对象的方法主要有 blur()、focus()和 handleEvent(事件)。

select 对象支持的事件处理程序包括 onBlur、onClick、onChange、onFocus、onKeyDown、onKeyPress、onKeyUp、onMouseDown、onMouseUp、onMouseOver、onMouseOut 和 onMouseMove。

通常，在 HTML 中它们的用法如下：

```
<option value="值" selected>文字</option>
new Option([文字[,值[,defaultSelected[,selected]]]])
```

【实例 5-28】select 对象和 option 对象示例

程序代码如 ex5_28.html 所示。

ex5_28.html

```
<!DOCTYPE html>
<html>
<head>
    <title> select 对象和 option 对象</title>
    <script type="text/javascript">
        function createOptions() {
            sel1 = document.form1.select1;
            sel2 = document.form1.select2;
            var num = sel1.selectedIndex;
            if (num > 1) {
                var option = new Option(sel1.options[num].text);
                var item = sel2.options.length;
                sel2.options[item] = option;
            }
            sel1.selectedIndex = 10000;
        }
        function delOptions() {
            var num = document.form1.select2.selectedIndex;
            if (num>1)
                document.form1.select2.options[num] = null;
            else
                document.form1.select2.selectedIndex = 10000;
        }
```

```
        </script>
    </head>
    <body>
        <form name=form1>
            <select name="select1" size="10" ondblclick="createOptions()">
                <option>可选择项目</option>
                <option></option>
                <option value="幼儿园">幼儿园</option>
                <option value="小学">小学</option>
                <option value="中学">中学</option>
                <option value="大学本科">大学本科</option>
                <option value="硕士">硕士</option>
                <option value="博士">博士</option>
            </select>
            <input type="button" value="选择" onclick="createOptions()"></input>
            <select name="select2" size="10">
                <option>选择项目</option>
                <option></option>
            </select>
            <input type="button" value="删除" onclick="delOptions()"></input>
        </form>
    </body>
    </html>
```

本实例利用 select 对象和 option 对象让用户在不同的选项中进行多项选择。用户不仅可以将已选中的项目在右侧显示，还可以在右侧删除。此处分别使用了 createOptions()和 delOptions()两个函数来帮助实现控制功能。此外，还使用了动态创建和控制 option 对象的技巧，虽然列表中的第一项(“可选择项目”)和第二项(空行)同样显示在列表中，但选择这两项后单击“选择”按钮后却没有任何效果，读者可以自行测试。最终在浏览器中的运行结果如图 5-16 所示。

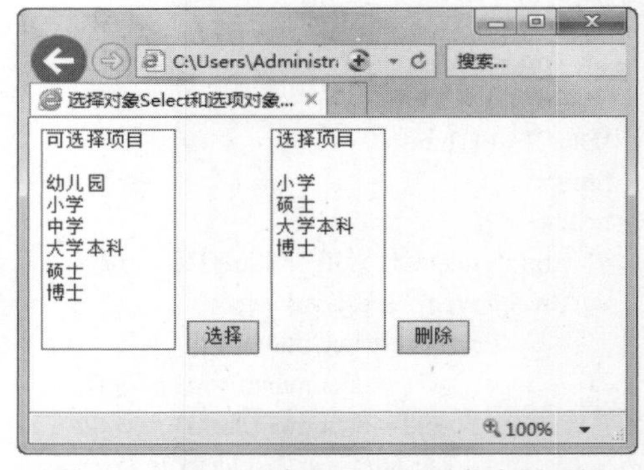

图 5-16 select 对象和 option 对象应用示例

6. textarea 对象

textarea 对象的主要属性及其说明如表 5-29 所示。

表 5-29 textarea 对象的主要属性及其说明

属 性 名 称	说 明
defaultValue	该对象的默认值
form	该对象所在的表单
name	该对象的名称属性

(续表)

属 性 名 称	说　　明
type	该对象的类型属性
value	该对象的值属性

textarea 对象的方法主要有 blur()、click()、focus()和 handleEvent(事件)。

textarea 对象支持的事件处理程序包括 onBlur、onClick、onChange、onSelect、onFocus、onKeyDown、onKeyPress、onKeyUp、onMouseDown、onMouseUp、onMouseOver、onMouseOut 和 onMouseMove。

【实例 5-29】textarea 对象的用法

程序代码如 ex5_29.html 所示。

ex5_29.html

```
<!DOCTYPE html>
<html>
<head>
    <title>文本区域对象 textarea</title>
    <script type="text/javascript">
            function limitLength(obj, length) {
                var desc = obj.value;
                obj.value = substr(obj.value, length);
            }
            function substr(str, length) {
                var l = 0, i = 0;
                while (l < length && i < str.length) {
                    l += 1;
                    if (str.substring(i, i + 1).match(/[\u4e00-\u9fa5]/)) l += 1; //一个中文是相当于 2 个英文
                    i += 1;
                }
                return str.substring(0, i);
            }
    </script>
</head>
<body>
    <form onSubmit="return isTooLong(this.msg.value);">
        <textarea name="blogdesc" cols="15" rows="4" onfocus="this.value='';" onkeyup="limitLength(this,20);"
onclick="limitLength(this,20);">长度&lt;20...</textarea>  <br>
        <input type="submit" value="留言完毕"></input>
    </form>
</body>
</html>
```

本实例利用 textarea 对象的属性 length 来判断其中文字的长度，其中运用了多种技巧。如果超过了 20 个字，则认为用户留言过多，给予截断处理；文本区域框中初始显示为“长度<20...”，单击或输入任何文本后提示内容会消失。请读者运行本实例后自行进行验证，并体会对于

textarea 对象及相关程序的编写技巧。

7. fileupload 对象

fileupload 对象的主要属性及其说明如表 5-30 所示。

表 5-30　fileupload 对象的主要属性及其说明

属 性 名 称	说　明
form	该对象所在的表单
name	该对象的名称属性
type	该对象的类型属性
value	该对象的值属性

fileupload 对象的方法主要有 blur()、click()、focus()和 handleEvent(事件)。

fileupload 对象支持的事件处理程序包括 onBlur、onClick、onSelect、onFocus、onKeyDown、onKeyPress、onKeyUp、onMouseDown、onMouseUp、onMouseOver、onMouseOut 和 onMouseMove。

【实例 5-30】fileupload 对象示例

程序代码如 ex5_30.html 所示。

ex5_30.html

```
<!DOCTYPE html>
<html>
<head>
    <title>文件上传对象 fileupload</title>
</head>
<body>
    <form name="form1">
        请选择文件: <input type="file" name="oneUploadObject"></input>
        <p>获取属性<br></p>
        <input type="button" value="获取名称" onClick="alert('名称为: ' + document.form1.oneUploadObject.
name)"></input>
        <input type="button" value=" 获取值 " onClick="alert('值为: ' + document.form1.oneUploadObject.value)">
</input><br>
    </form>
</body>
</html>
```

本实例利用 fileupload 对象完成文件的上传的前端开发方法，通过 name 属性和 value 属性可获取对象的名称和值，程序运行后读者可单击界面上的按钮进行查看。

5.4.10　cookie 对象

cookie 对象是一种用户数据信息(cookie 数据)，它以文件(cookie 文件)的形式保存在客户端的 cookies 文件夹中。cookie 文件由所访问的 Web 站点建立，可以长久保存客户端与 Web 站点间的会话数据，且该 cookie 数据只允许由被访问的 Web 站点来读取。

通常，cookie 文件内部的格式如下：

```
document.cookie = " 关键字 = 值 [ ; expires = 有效日期 ] [;...]"
```

有效的日期格式为 Wdy,DD-Mon-YY HH:MM:SS GMT，其中的 Wdy / Mon 表示英文星期/月份。还可以包含路径、域和安全属性。每个 Web 站点(domain)可建立 30～50 个 cookie 数据(按照不同的浏览器有不同设置，个别浏览器没有限制)，每个数据最大为 4K 字节，而客户可以通过浏览器等的安全设置禁止 cookie 数据的写入。

【实例 5-31】cookie 对象使用示例

程序代码如 ex5_31.html 所示。

ex5_31.html

```
<!DOCTYPE html>
<html>
<head>
    <title>cookie 对象</title>
<html>
<head>
    <script type="text/javascript">
        var today = new Date();
        var expireDay = new Date();
        var msPerMonth = 24*60*60*1000*31;
        expireDay.setTime( today.getTime() + msPerMonth );
        document.cookie = "name=ZhangSan;expires=" + expireDay.toGMTString();
        document.write("已经将 cookie 写入你的硬盘中了!<br>");
        document.write("内容是：", document.cookie, "<br>");
        document.write("这个 cookie 的有效时间是：");
        document.write(expireDay.toGMTString());
    </script>
</head>
<body>
</body>
</html>
```

本实例利用 cookie 对象，执行写入 cookie 文件的操作，并通过 document.cookie 将刚刚写入的值显示出来，运行后的界面如图 5-17 所示。

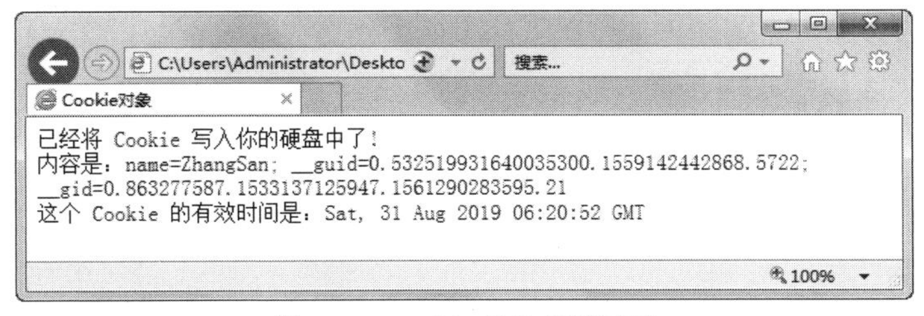

图 5-17　cookie 对象使用示例

5.5 JS 开发框架技术

近几年随着 jQuery、Ext 以及 CSS3 的发展，以 Bootstrap 为代表的前端开发框架如雨后春笋般挤入视野，可谓应接不暇。不论是桌面浏览器端还是移动端都涌现出很多优秀的框架，极大丰富了开发素材，也方便了开发工作。这些框架各有特点，通过对这些框架进行初步的介绍与比较，希望能够为选择框架提供一点帮助，也为后续详细研究这些框架抛砖引玉。

5.5.1 框架技术简介

前端框架一般指用于简化网页设计的框架，前端框架分很多种，这些框架封装了一些功能，比如 HTML 文档操作、漂亮的各种控件。而实际开发过程中，往往会借助于开发框架，这样可以快速创建应用，其中 jQuery 是最流行的 JavaScript 库。据调查，互联网中近一半的网站都使用了 jQuery。使用 jQuery，开发人员的编码工作将大大减少，而大量的 jQuery 插件，也使得开发人员可以轻易实现很多绚丽的效果。但是在 Web 开发中，并不是用到 JavaScript 的地方都适合使用 jQuery。以下对常用的开发框架进行介绍。

1. Bootstrap 框架

Bootstrap(http://www.bootcss.com)是目前桌面端最为流行的开发框架，一经 Twitter 推出，势不可挡。Bootstrap 主要针对桌面端市场，Bootstrap3 提出移动优先，不过目前桌面端依然还是 Bootstrap 的主要目标市场。Bootstrap 主要基于 jQuery 进行 JavaScript 处理，支持 LESS 来实现 CSS 的扩展，是一个 CSS、HTML 和 JS 的集合，使用了最新的浏览器技术，提供了时尚的版式、表单、按钮、表格、网格系统等。BootStrap 的优势主要在于：响应式布局设计使得网站可以兼容不同分辨率的设备，具有友好的学习曲线，提供卓越的兼容性，提供样式向导文档，自定义 JQuery 插件，具有完整的类库，基于 Less 等。

在浏览器兼容性方面，目前 Firefox、Chrome、Opera、Safari、IE 等主流浏览器都提供了支持。但对于 IE 支持略显不足，对 IE 低版本的支持不理想。在 Bootstrap4 中甚至放弃了对 IE8 的支持。由于国内大量浏览器采用了 IE 内核，这使得使用 Bootstrap 时总是有所顾忌。

如果想要在 Bootstrap 框架中使用 Sass，则需要通过 Bootstrap-Sass(https://github.com/thomas-mcdonald/bootstrap-sass)项目增加兼容。Bootstrap 框架在布局、版式、控件、特效方面都非常令人满意，都预置了丰富的效果，极大方便了用户的开发。在风格设置方面，还需要用户在下载时手动设置，可配置粒度非常细，但也比较烦琐，不太直观，需要对 Bootstrap 非常熟悉，这样配置起来才能得心应手。

在框架扩展方面，随着 Bootstrap 的广泛使用，扩展插件和组件也非常丰富，涉及显示组件、兼容性、图表库等各个方面。

2. jQuery 框架

jQuery 是目前用得最多的前端 JavaScript 类库，据统计，jQuery 的占有率已超过 46%，它算是比较轻量级的类库，对 DOM 的操作也比较方便到位，支持的效果和控件也很多。同时，基于 jQuery 有很多扩展项目，包括 jQuery UI(jQuery 支持的一些控件和效果框架)、jQuery Mobile(移动端的 jQuery 框架)、QUnit(JavaScript 的测试框架)、Sizzle(CSS 的选择引擎)。这些补充使得 jQuery 框架更加完整，特别是这些扩展与目前的框架基本都是兼容的，可以交叉使用，使得前端开发更加丰富。

jQuery UI(http://jqueryui.com/)是 jQuery 项目组中对桌面端的扩展，包括了丰富的控件和特效，与 jQuery 无缝兼容。同时，jQuery UI 中预置了多种风格供用户选择，避免了千篇一律。如果对预置的风格不满意，还可以通过 jQuery UI 可视化界面，对 jQuery UI 的显示效果进行配置。

jQuery Mobile(http://jquerymobile.com)是 jQuery 项目对移动端的扩展，目前支持 iOS 和 Android 等主流平台，具体支持情况可以参见 http://jquerymobile.com/gbs/。另外，jQuery Mobile 在布局、控件和特效方面都很慷慨。在风格方面，与 jQuery UI 类似，除了预置的风格效果外，还支持用户可视化配置的效果。特别是 jQuery Mobile 还能与 Codiqa 无缝连接，用户可以直接通过拖曳实现对界面的设计，以及代码的生成。

3. Ext JS

Ext JS 是 Sencha 公司推崇的 JavaScript 类库，相比 jQuery，Ext JS 更重量级，动辄数兆的文件使得 Ext JS 在外网使用时会有所顾虑。另外，在 Ext JS 庞大的文件背后是其强大的功能。与其他框架相比，Ext JS 的控件和功能可以说强大和华丽到了极致。图表、菜单、特效等的控件库非常丰富，同时交互功能也异常强大，单独使用 Ext JS 就可以取代控制层完成与客户的交互。总的来说，强大的功能、丰富的控件库、华丽的效果使得 Ext JS 成为内网开发的利器。

Ext JS 可以用来开发 RIA 也即富客户端的 Ajax 应用，这是一个用 JavaScript 编写的、主要用于创建前端用户界面、与后台技术无关的前端 Ajax 框架。因此，可以把 Ext JS 用在.NET、Java、PHP 等各种开发语言的应用中。Ext JS 最开始基于 YUI 技术，由开发人员 Jack Slocum 开发，通过参考 Java Swing 等机制来组织可视化组件，无论从 UI 界面上 CSS 样式的应用，还是数据解析上的异常处理，其都可算是一款不可多得的 JavaScript 客户端技术的精品。相对来说，Ext JS 要比开发人员直接针对 DOM、W3C 对象模型开发 UI 组件轻松。

Ext JS 的功能丰富，无论是界面之美，还是功能之强，它都高居榜首。其表格控件所提供的编辑功能强大，主要包括单选行、多选行、高亮显示选中的行、拖曳改变列宽度、按列排序、自动生成行号、支持复选框全选、动态选择显示哪些列、支持本地以及远程分页，可以对单元格按照自己的想法进行渲染、添加新行、删除一行或多行、提示多行数据、拖曳改变表格大小、表格之间拖曳一行或多行，甚至可以在树和表格之间进行拖曳。

JQuery、Prototype 和 YUI 都属于非常核心的 JS 库。虽然 YUI 及最近的 JQuery，都为自己构建了一系列的 UI 器件(Widget)，不过却没有一个真正的整合好的和完整的程序开发平台。哪怕是这些底层的核心库已经非常不错了，但当投入真正的开发环境中时，依然需要开发人员做大量的工作去完善很多缺失之处。而 Ext JS 就是要填补这些缺口。主流开源框架中只有 Dojo 像 Ext JS 一样，尝试着提供整合的开发平台。相比 Dojo 这个出色的工具包，我们认为 Ext JS 能提供一个黏合度更高的应用程序框架。Ext JS 的各个组件在设计之时就要求和其他 Ext JS 组件组合在一起工作是无缝的。这种流畅的互通性，离不开一个紧密合作的团队，还必须时刻强调设计和开发这两方面目标上的统一，而这一点是很多开源项目未能做到的。

4. Dojo

目前唯一能与 Ext JS 一较高下的框架就只有 Dojo(http://dojotoolkit.org)了。依靠 IBM 和 VMWare 等的支持，Dojo 非常惹人注目。首先，Dojo 有自己的 DOM 解析器 Nano，它是 DOM 解析和处理的内核。此外，Dojo 的 Web 框架有非常丰富的布局、版式、控件及特效，对多语言和图表的扩展支持都非常好，并支持对地图的操作。此外，Dojo 还有自己的图形化设计和开发工具 Maqetta，可以通过拖曳实现设计目标。Dojo 的风格设置不是在下载时指定的，而是通过引用不同的 CSS 来实现的。

Dojo 虽然比 jQuery 重量级一些，但是比 Ext JS 还是轻量级一些。另外，Dojo 还有自己的 CDN 机制，只要通过配置就可以对 Dojo 文件进行 CDN。由于有 IBM 和 Oracle 等的支持，Dojo 在对 Spring 等现有框架的支持方面也表现非常突出。

Dojo Mobile(http://dojotoolkit.org/features/mobile)是 Dojo 推出的移动端框架，表现也很不俗。在布局、控件、特效方面都下了不少功夫，并支持与运行平台匹配的风格设置。此外，还可以引用不同的 CSS 来实现不同界面的效果。除了可以在移动端的浏览器上使用外，Dojo Mobile 也支持与 PhoneGap 无缝连接，可以通过 Dojo Mobile 开发移动应用，同时也具有不错的响应性。

5. Mootools

Mootools(http://mootools.net)可以说是目前最轻量级的前端框架，内核只有 8K 大小，完整版也不到 100K，远比其他框架要小很多。Mootools 有自己的面向对象设计的内核 Mootools Core。但其框架的功能比其他框架偏弱，仅在控件和特效上提供了少量支持。

6. Prototype JS

Prototype JS(http://prototypejs.org)也是一个简洁的框架，对 DOM 操作有着丰富的功能，对 Ajax 和 JSON 支持得都非常好，在使用上与 jQuery 类似。作为 Rails 默认的 JavaScript 框架，相信对 Prototype JS 开发人员还是有吸引力的。

在扩展方面，Scriptaculous(http://script.aculo.us/)对 Prototype JS 进行了丰富的扩展，主要表现在动画特效、Ajax 控制、DOM 操作、单元测试等方面。

7. YUI

YUI(http://yuilibrary.com)作为开源前端框架的鼻祖，在框架上有自己的特色。包括解析 DOM 的核心框架，并且在特效、动画、图表等方面都有丰富的扩展，并可以通过 YQL 直接访问 Yahoo 的数据，在基本功能方面都有着不错的表现。

与 jQuery 灵活的语法相比，YUI 显得更加中规中矩，在代码组织、结构和模式方面都更加讲究，更体现出严谨性。同时 YUI 也有着丰富的产品线，包括测试框架 YUITest、文档生成框架 YUIDoc、自动构建框架 YUI Build 等，基本能满足项目开发各方面的需求。

8. Foundation

Foundation(http://foundation.zurb.com/)是 ZURB 旗下的主要面向移动端的开发框架，但是也保持对桌面端的兼容。该框架主要采用 jQuery 和 Zepto(语法与 jQuery 类似，但更轻量级)作为

JavaScript 基础，CSS 则基于 Sass 和 Compass，有着很好的扩展性、丰富的布局、版式和多种多样的控件与特效，使用非常方便。Foundation 主要以移动端风格为主，控件的响应式效果也能帮助用户识别不同的浏览器。

ZURB 作为一个完整的项目开发套件，包括很多原型、设计、构建、分析等一系列工具，但有很多服务是要收费的。

9. Kissy

Kissy(http://docs.kissyui.com)是阿里集团自主开发的前端框架，目前在淘宝网、一淘网等阿里系网站上得到了应用。Kissy 通过模仿 jQuery 编写了自己的内核 Kissy Core，可用于对 DOM 解析，Ajax 处理等。它有着丰富的控件，并实现了一些动画效果和特效。当然，在 Kissy 的控件中也可以看到 Bootstrap 等国外框架的影子。此外，Kissy abc 项目工具可以帮助用户实现自动化构建，并有很多扩展组件方便用户使用。

可以说，Kissy 是目前国内开发的最好的前端框架，在实际使用中也经过了检验，但与国外成熟框架相比还是有一定的差距。

Kissy Mobile(http://mobile.kissyui.com)是 Kissy 推出的移动版框架，旨在打通移动浏览器和移动应用，不过目前该项目的内容还较少，控件和特效也较少，不具备响应式界面的效果。

10. QWrap

QWrap(http://www.qwrap.com/)是百度有啊团队推出的 JavaScript 框架，现在被收入 360，被广泛应用于 360 系列产品中。Qwrap 综合了 jQuery、Prototype、YUI 的特点，对 JavaScript 进行了封装。但是，如果要把 Qwrap 算成一个前端开发框架还是有些牵强，因为除了 JavaScript 类库外，Qwrap 仍处于发展阶段。

Tangram(http://tangram.baidu.com)是百度推出的另一个 JavaScript 框架，被广泛应用于其旗下的产品，是与 Qwrap 类似的一个 JavaScript 框架，对 JavaScript 做了一些扩展，但是其作为前端开发框架则略显得单薄。基于此，百度又推出了两个基于 Tangram 的项目——Magic 和 Baidu Template。Magic 在 Tangram 基础上对控件和特效都做了扩展，增加了多个新控件。Baidu Template 则更多是针对移动端的开发，目前对大多数主流移动设备和操作系统都提供支持。

11. 不同前端开发框架的比较

各主要框架在不同方面的差异如表 5-31 所示。

表 5-31　不同前端开发框架的对比

框架名称	主要平台	基础技术	布局	CSS 版式	控件	特效	风格设置
Bootstrap	桌面端	jQuery, LESS	丰富	丰富	丰富	丰富	手动配置
jQuery UI	桌面端	jQuery	—	—	丰富	丰富	预置/可视化配置
jQuery Mobile	移动端	jQuery	丰富	—	丰富	丰富	预置/可视化配置
Ext JS	桌面端	Ext JS, Sass	丰富	—	极丰富	极丰富	预置
Dojo	桌面端	Dojo Nano	丰富	丰富	极丰富	极丰富	CSS 代码

(续表)

框架名称	主要平台	基础技术	布局	CSS 版式	控件	特效	风格设置
Dojo Mobile	移动端	Dojo Nano	丰富	—	丰富	丰富	内置风格，能与移动端匹配
Mootools	桌面端	Mootools Core	—	—	少量	少量	—
Prototype JS	桌面端	Prototype	—	—	少量	丰富	—
YUI	桌面端	YUI	丰富	—	丰富	丰富	
Foundation	移动端	jQuery/Zepto, Sass	丰富	丰富	丰富	丰富	
Kissy	桌面端	Kissy Core	—	—	丰富	少	—
Kissy Mobile	移动端	Kissy	—	—	少	少	—
QWrap	桌面端	QWrap	—	—	—	少	

由此可以看出，对于桌面端目前 Bootstrap 和 jQuery UI 已经可以满足大多数开发需求，在业界已得到广泛认可，有着丰富的组件和扩展，以及相对简洁的语法和操作。如果对前端界面效果有较高要求，希望应用像树状结构这样较为复杂的控件，建议使用 Dojo。对于局域网的前端应用，可以考虑 Ext JS 框架，其效果较为震撼，但同时对网络的要求也偏高。如果对效果的要求更高则建议使用 Flex 或 SilverLight。相反，如果对网络速度敏感，希望找一个小型且功能不错的框架，则可以考虑 Mootools。较为怀旧的开发人员也可以使用 YUI，虽然效果一般，但内容还是颇丰富的。对于 Ruby on Rails 的开发人员，建议可以考虑 Prototype 框架。

对于移动端应用，jQuery Mobile、Foundation 依然是轻量级选择，Dojo Mobile 能提供更加强大的功能。此外，还可以与 PhoneGap 和 Cordova 等框架结合使用，将 Web 开发技术用于移动应用。

5.5.2 jQuery 框架

据统计，全世界大约有 80%~90%的网站直接或间接地使用了 jQuery，鉴于 jQuery 如此流行又好用，建议每一个入门 JavaScript 的前端工程师都对它有所了解。

1. jQuery 的优势

(1) jQuery 实现脚本与页面的分离

在 HTML 代码中，我们还经常看到类似这样的代码：<"form id="myform" onsubmit=return validate();">。即使 validate()函数可以被放置在一个外部文件中，实际上我们依然是把页面与逻辑和事件混杂在一起。jQuery 可以将这两部分分离。借助于 jQuery，页面代码可以写为：<form id="myform">。接下来，一个单独的 JS 文件将包含以下事件提交代码：

```
$("myform").submit(function() {
...your code here
)}
```

这样可以实现灵活性非常强的页面代码。jQuery 让 JavaScript 代码从 HTML 页面代码中分离出来，就像 CSS 能让样式代码与页面代码分开一样。

(2) 最少的代码做最多的事情

最少的代码做最多的事情，这是 jQuery 的口号，而且名副其实。使用它的高级 selector，开发人员只需编写几行代码就能实现令人惊奇的效果，开发人员不必过于担忧浏览器的差异。此外，它还完全支持 Ajax，而且拥有许多提高开发人员编程效率的其他抽象概念。jQuery 把 JavaScript 带到了一个更高的层次。

使用 JavaScript 实现获取元素值的代码为：

```
document.getElementById('elementid').value
```

而实现相同功能的 jQuery 代码则为：

```
$('#elementid').val();
```

以下是另一个简单的示例：

```
$("p.neat").addClass("ohmy").show("slow");
```

通过以上简短的代码，开发人员可以遍历“neat”类中所有的<p>元素，然后向其增加“ohmy”类，同时以动画效果缓缓显示每一个段落。开发人员无须检查客户端浏览器类型，无须编写循环代码，无须编写复杂的动画函数，仅仅通过一行代码就能实现上述效果。

(3) 性能

在所有 JavaScript 框架中，jQuery 的性能表现最优异。尽管不同版本拥有众多新功能，其最精简版本只有 18Kb 大小。jQuery 的每一个版本都有重大的性能提升。如果将其与新一代具有更快 JavaScript 引擎的浏览器(如火狐和谷歌等)配合使用，则在创建富体验 Web 应用时将拥有全新的速度优势。

(4) 它是一个“标准”

之所以使用引号，是因为 jQuery 并非一个官方标准。但谷歌不但自己使用它，还提供给用户使用。另外，戴尔、新闻聚合网站 Digg、WordPress、Mozilla 和许多其他厂商也在使用它。微软甚至将它整合到 Visual Studio 中，如此多的重量级厂商都共同支持该框架。

(5) 插件

基于 jQuery 开发的插件目前已有数千个。开发人员可使用插件来实现表单确认、图表分类、字段提示、动画、进度条等任务。而且，jQuery 正在主动与竞争对手合作，如 Prototype。它们似乎在推进 JavaScript 的整体发展，而不仅仅是在图谋一己之私。

(6) 节省开发人员的学习时间

当然要想真正学习 jQuery，开发人员还是需要投入一点时间的，尤其是如果编写大量代码或自主插件的话，更是如此。但开发人员可以采取“各个击破”的方式，而且 jQuery 提供了大量示例代码，入门是一件非常容易的事情。笔者建议开发人员在自己编写某类代码前，首先查看一下是否有类似插件，然后查看一下实际的插件代码，了解其工作原理。简而言之，学习 jQuery 不需要开发人员投入太多，就能够迅速开始开发工作，然后逐渐提高技巧。

(7) 让 JavaScript 编程变得有趣

使用 jQuery 是一件充满乐趣的事情。它简洁而强大，开发人员能够迅速得到自己想要的结果，同时也解决了许多 JavaScript 问题和难题。通过一些基础性的改进，开发人员可以真正去思考开发下一代 Web 应用，不再因为语言或工具的糟糕而烦恼。

2. jQuery 的缺点

(1) 不能向后兼容

新版本不能兼容早期的版本。比如有些新版本不再支持一些 selector，新版本只是简单地将这些功能做了移除，这可能会影响到开发人员已经编写好的代码或插件。

(2) 插件兼容性

当新版 jQuery 推出后，如果开发人员想升级的话，要看插件是否被支持。通常情况下，新版本中的现有插件可能无法正常使用。开发人员使用的插件越多，这种情况发生的概率也越高。

(3) 插件间的冲突现象

在同一页面上使用多个插件时，很容易碰到冲突现象，尤其是这些插件依赖相同事件或 selector 时最为明显。这虽然不是 jQuery 自身的问题，但却是一个难于调试和解决的问题。

(4) jQuery 的稳定性

此处指的是其版本发布策略。比如 jQuery 1.3 版发布后仅过数天，就发布了一个漏洞修正版 jQuery1.3.1。其中就移除了对某些功能的支持，这可能会影响许多现有代码的正常运行。

(5) 对动画和特效的支持度

在大型框架中，jQuery 核心代码库对动画和特效的支持相对较差，但实际上这不是一个问题。目前在这方面有一个单独的 jQuery UI 项目和众多插件来弥补此点。

对于是否要学习某个 JavaScript 框架，并困惑于选择哪一个框架的开发人员，笔者建议首先选择 jQuery，因为它是最稳妥和最具回报性的选择。

3. 一个简单的 jQuery 动画实例

【实例 5-32】jQuery 动画实例

本实例尝试使用 jQuery 框架实现图片特效，程序代码如 ex5_32.html 所示(本实例所引用的 jquery-3.4.1.min.js 文件，限于篇幅不再列出)。

ex5_32.html

```
<!DOCTYPE html>
<html>
<head>
    <meta charset="gb2312" />
    <script src="js/jquery-3.4.1.min.js"></script>
    <title>jQuery 动画</title>
    <script>
        $(function(){
            $(but1).on("click",function(){
                $("img").hide(500) ;            //消失
            }) ;
            $(but2).on("click",function(){
                $("img").show(5000) ;           //显现
            }) ;
            $(but3).on("click",function(){
                $("img").slideUp(5000) ;        //滑动消失
            }) ;
            $(but4).on("click",function(){
```

```
                $("img").slideDown(5000) ; //滑动显现
            });
            $(but5).on("click",function(){
                $("img").slideToggle(5000) ;//滑动切换(消失后显现，显现后消失)
            });
            $(but6).on("click",function(){
                $("img").fadeOut(5000) ;    //淡出
            });
            $(but7).on("click",function(){
                $("img").fadeIn(5000) ;     //淡入
            });
            $(but8).on("click",function(){
                $("img").fadeTo(500,0.5) ;  //淡化
            });
            $(but9).on("click",function(){
                $("div").animate({left:"800px"},5000) ; //移动(需要调整对象的 style 属性中 position 的值
                                                        //absolute)
            });
        });
    </script>
</head>
<body>
    <input type="button" id="but1" value="消失"/>
    <input type="button" id="but2" value="显现"/>
    <input type="button" id="but3" value="滑动消失"/>
    <input type="button" id="but4" value="滑动显现"/>
    <input type="button" id="but5" value="滑动切换"/>
    <input type="button" id="but6" value="淡出"/>
    <input type="button" id="but7" value="淡入"/>
    <input type="button" id="but8" value="淡化"/>
    <input type="button" id="but9" value="移动"/>
    <div style="position: absolute;"><img src="image.jpg" height="280"></div>
</body>
<html>
```

程序最终运行后的显示效果如图 5-18 所示。单击网页上方的各个按钮，可以出现不同的特效，请读者自行运行并进行验证。

图 5-18　jQuery 动画实例

5.5.3 Flex

Flex 是一个高效、免费的开源框架，可用于构建具有表现力的 Web 应用程序，这些应用程序利用 Adobe Flash Player 和 Adobe AIR 在运行时可以跨浏览器、桌面和操作系统实现一致的部署。使用 Flex 创建的 RIA 可运行于安装了 Adobe Flash Player 软件的浏览器中，或在浏览器外运行于跨操作系统的 Adobe AIR 上，它们可以跨所有主要浏览器，在桌面上实现一致的运行。连接到 Internet 的计算机中超过 98%的都装有 Flash Player，这是一个企业级客户端运行时，它的高级矢量图形能处理要求最高、数据密集型应用程序，同时达到桌面应用程序的执行速度。通过利用 AIR，Flex 应用程序可以访问本地数据和系统资源。

既然运用 Flash 完全可以实现 Flex 的效果，那么 Flex 的存在有何意义？首先，为了迎合更多的开发人员，Flash 最初是为了动画设计者而设计的，其界面与程序开发人员的使用习惯大不相同。因此为了吸引更多的程序员而推出了 Flex，它用非常简单的 MXML 来描述界面，提供 JSP/ASP/PHP 程序员与编辑 HTML 相似的操作界面，且 MXML 更加规范化、标准化。另外，微软推出了新的语言 XAML，这是一种界面描述语言，与之相应的就是 Smart Client 和与 Flex 非常相似的 Silverlight。MXML 和 XAML 也很相似。这是人机交互技术进步的重要体现，即内部逻辑与外部界面交互相分离。当编译 Flash 程序时，Flash 开发环境把所有的可视化元素、时间轴指令和 ActionScript 中的业务逻辑编译为 SWF 文件。同样的，Flex 程序中的 MXML 和 ActionScript 代码首先全部被转换为 ActionScript，然后编译为 SWF 文件，当此 SWF 文件被部署到服务器上时，使用者可以从服务器上获取这个程序。

Flex 的设计目标是让程序员更快、更简单地开发 RIA 应用。尽管用 Flex 开发 RIA 有多种形式，但现在主流的架构是：Flex 作为客户端开发技术，Java、PHP、ASP、Ruby 等技术作为服务器端开发语言。在多层式开发模型中，Flex 应用属于表现层，采用 GUI 界面开发。它具有多种组件，可实现 Web Services、远程对象、拖放、列排序、图表等功能，并且内置了动画效果和其他简单互动界面等。相对于基于 HTML 的应用(如 PHP、ASP、JSP、ColdFusion 及 CFMX 等)在执行每个请求时都需要执行服务器端的交互，Flex 的客户端只需要载入一次，因此其工作流被大大改善。Flex 的语言和文件结构也试图把应用程序的逻辑从设计中分离出来。Flex 服务器也是客户端和 XML Web Services 及远程对象(Coldfusion CFCs 或 Java 类等支持 Action Message Format 的其他对象)之间通信的通路。一般认为与 Flex 平行的是 OpenLaszlo 和 Ajax 技术。

作为新一代的富客户端互联网技术的佼佼者，Flex 这种技术已经被越来越多的公司所采用，被越来越多的用户和程序员所接受。其优势在于：可以让普通程序员制作 Flash、界面表现能力强。构架 RIA 富客户端应用时，能够实现异步调用、界面无刷新、浏览器兼容性等多项功能。支持流媒体，可实现跨平台，对底层的可操作性，如可以调用摄像头实现视频等。具有 Flex 官方样式配置工具，可以在线配置 Flex 应用程序各种控件的外观样式，可以使用任何 Web 编程平台作为后台数据访问层，如.NET、PHP、JSP、Web Service 等。

5.5.4 框架开发实例

以下展示了一个利用多个框架开发的实例，希望读者能借助该实例了解框架技术在实际开发中的基本用法。

【实例 5-33】angular+bootstrap 实现无刷新翻页及查找功能

本实例尝试使用 angular+bootstrap 框架，实现了数据的无刷新翻页及查找功能，程序代码如 ex5_33.html 所示(本实例引用的其他三个文件为 angular.min.js、ui-bootstrap-tpls.min.js 和 bootstrap.css，限于篇幅不再列出)。

ex5_33.html

```
<!DOCTYPE html>
<html lang="gb2312" ng-app="community">
<head>
    <meta charset="gb2312">
    <title>angular+bootstrap 实现无刷新翻页及查找功能</title>
    <script src="ex5_33/js/angular.min.js"></script>
    <script src="ex5_33/js/ui-bootstrap-tpls.min.js"></script>
    <link href="ex5_33/css/bootstrap.css" rel="stylesheet">
</head>
<body ng-controller="community">
    <div class="introduction">
        <div id="page" class="page">
            <form id="searchForm" method="post">
                <fieldset>
                    <input id="s" type="text" placeholder="选择关键词"  ng-model="filter.$"/>
                </fieldset>
            </form>
        </div>
    </div>
    <div class="tabl1">
        <table class="table table-bordered">
            <thead>
                <tr>
                    <th>编号</th>
                    <th>重点产业</th>
                    <th>行政区属</th>
                    <th>社区名称</th>
                    <th>所处地址</th>
                    <th>社区类型</th>
                    <th>建筑类型</th>
                    <th>社区建设年代</th>
                    <th>居民人数(户)</th>
                    <th>房价(元)</th>
                    <th>面积</th>
                </tr>
            </thead>
            <tbody>
                <tr ng-repeat="item in items|filter:filter|paging:page.index:page.size">
                    <td>{{item.id}}</td>
                    <td>{{item.Media}}</td>
                    <td>{{item.communityName}}</td>
                    <td>{{item.ardess}}</td>
```

```
                <td>{{item.MediaNumber}}</td>
                <td>{{item.CommunityType}}</td>
                <td>{{item.Communitylevel}}</td>
                <td>{{item.birthday}}</td>
                <td>{{item.People}}</td>
                <td>{{item.Prices}}</td>
                <td>{{item.mianji}}</td>
            </tr>
        </tbody>
    </table>
    <pagination total-items="items|filter:filter|size" ng-model="page.index" max-size="5"
            items-per-page="page.size"
            class="pagination-sm pull-right" boundary-links="true"></pagination>
    <script>
        var itemsList = angular.module('community',['ui.bootstrap']);
        itemsList.controller('community', function($scope){
            $scope.items=[{
                id:1,
                Media:"制造业",
                communityName:"鼓楼区",
                ardess:"东门一村",
                MediaNumber:"中央路东门一村 79 号",
                CommunityType:"A0001",
                Communitylevel:"住宅",
                birthday:"1997",
                People:"18000",
                Prices:"35273/平方米",
                mianji:"570"
            },
            {
                id:2,
                Media:"旅游业",
                communityName:"白下区",
                ardess:"大明路",
                MediaNumber:"老门东大明路 7 号",
                CommunityType:"A0001",
                Communitylevel:"公寓",
                birthday:"1890",
                People:"1100",
                Prices:"45260/平方米",
                mianji:"320"
            },
            {
                id:3,
                Media:"高新技术",
                communityName:"浦口区",
                ardess:"药谷大道",
                MediaNumber:"南京市浦口区药谷大道 9 号",
                CommunityType:"A0005",
                Communitylevel:"商务楼",
```

```
            birthday:"2016",
            People:"1500",
            Prices:"42000/平方米",
            mianji:"2450"
        },
        {
            id:4,
            Media:"人文产业",
            communityName:"栖霞区",
            ardess:"仙林大道",
            MediaNumber:"南京栖霞区仙林大道 35 号",
            CommunityType:"A0002",
            Communitylevel:"住宅",
            birthday:"2002",
            People:"800",
            Prices:"38000/平方米",
            mianji:"1560"
        },
        {
            id:5,
            Media:"观光业",
            communityName:"下关区",
            ardess:"滨江",
            MediaNumber:"南京下关区滨江大道 97 号",
            CommunityType:"A0001",
            Communitylevel:"商住",
            birthday:"1912",
            People:"700",
            Prices:"35000/平方米",
            mianji:"880"
        },
        {
            id:6,
            Media:"教育业",
            communityName:"玄武区",
            ardess:"公教一村",
            MediaNumber:"南京四牌楼公教一村 69 号",
            CommunityType:"A0003",
            Communitylevel:"办公",
            birthday:"1983",
            People:"910",
            Prices:"41000/平方米",
            mianji:"760"
        }]
        $scope.total=$scope.items.length;
        console.log($scope.total);
        $scope.ini=1;
        $scope.num=1;
        $scope.page = {size: 3, index: 1};
    })
```

```
                itemsList.filter('paging', function() {
                    return function (items, index, pageSize) {
                        if (!items)
                            return [];
                        var offset = (index - 1) * pageSize;
                        return items.slice(offset, offset + pageSize);
                    }
                });
                itemsList.filter('size', function() {
                    return function (items) {
                        if (!items)
                            return 0;
                        return items.length || 0
                    }
                });
            </script>
        </div>
    </body>
    <html>
```

最终运行后的显示效果如图 5-19 所示。对于无刷新分页及能适应浏览器窗口大小变化等特性，请读者自行尝试运行后观察。其中分页的重点是从后台获取数据，只需对 pageSize(每页的显示数目)和 pageIndex(当前页数)进行设置即可，$scope.totle 保存了当前数据项的个数。分页功能通过以下语句来实现：

```
<pagination total-items="items|filter:filter|size" ng-model="page.index" max-size="5"
    items-per-page="page.size" class="pagination-sm pull-right" boundary-links="true"></pagination>
```

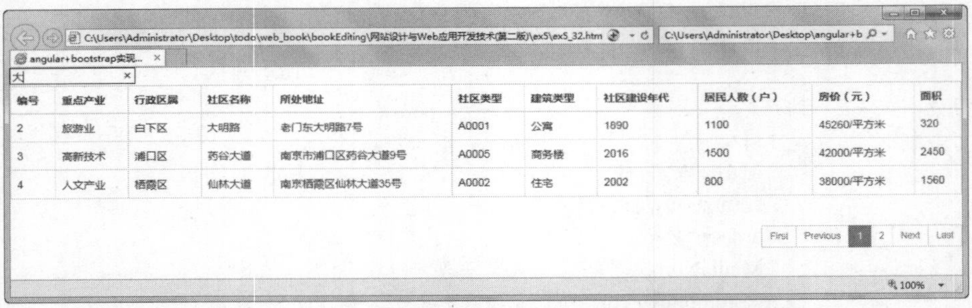

图 5-19　angular+bootstrap 实现无刷新翻页及查找功能

5.6 JavaScript 实例

5.6.1 document.write()的副作用

【实例 5-34】document.write()的副作用

本实例说明了在 JavaScript 中使用 document.write()这个常用函数可能导致的问题，程序代码如 ex5_34.html 所示。

ex5_34.html

```
<!DOCTYPE html>
<html>
<head>
    <title>document.write 的副作用</title>
    <script type="text/javascript">
        function dbclick(){
            //document.write("double click!");      //测试
            alert("Double click!");
            return true;
        }
    </script>
</head>
<body onDblClick="dbclick();">
    测试双击!
</body>
<html>
```

本实例的 dbclick()函数中有一个 document.write()函数，没有使用这个函数时，在主界面有文字的区域任意双击鼠标，均可显示对话框。如果将 dbclick()函数中的 document.write()语句前的注释去掉，则会产生一个写入 document 对象的操作，这会导致原来在 body 中写的代码失效，也就是只有第一次单击有效果。读者可以测试使用 document.write()函数前后的差别，这是使用 document.write()和类似函数可能产生的副作用。

5.6.2　带动画效果的进度条

【实例 5-35】带动画效果的进度条

本实例希望生成一个受程序控制的进度条，在网页交互中，进度条能起到良好的指示效果，程序代码如 ex5_35.html 所示。

ex5_35.html

```
<!DOCTYPE html>
<html>
<head>
    <title>进度条</title>
    <style>
        #myProgress {
            width: 100%;
            background-color: #ddd;
        }
        #myBar {
            width: 1%;
            height: 30px;
            background-color: #4CAF50;
```

```
            }
        </style>
        <script type="text/javascript">
            function move() {
                var elem = document.getElementById("myBar");
                var width = 1;
                var id = setInterval(frame, 10);
                function frame() {
                    if (width >= 100) {
                        clearInterval(id);
                    } else {
                        width++;
                        elem.style.width = width + '%';
                    }
                }
            }
        </script>
    </head>
    <body>
        <h1>带动画效果的进度条</h1>
        <div id="myProgress">
            <div id="myBar"></div>
        </div><br>
        <button onclick="move()">演示</button>
    </body>
    <html>
```

本实例利用自定义函数 move()实现了进度条的变化，用 setInterval()函数控制时间，在 frame()函数中利用 width 变量实现了进度条进度的增加，当进度条成为 100 以后，就调用 clearInterval()函数，终止增加的过程。读者在实际应用时可以根据自己的情况，生成合适的进度数值，已达到和应用良好结合的特点。程序运行时界面的显示效果如图 5-20 所示，请读者自行验证。

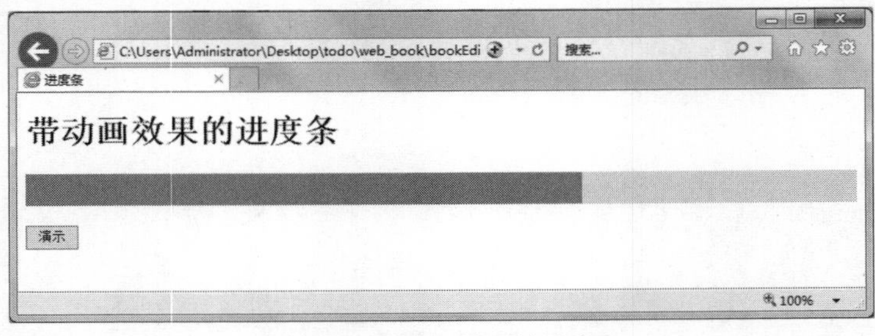

图 5-20　带动画效果的进度条

5.6.3　旋转变幻文字效果

【实例 5-36】在屏幕底部弹出带淡入淡出效果的消息提示

这个实例希望生成一个能在屏幕底部弹出带淡入淡出效果的消息提示，程序代码如 ex5_36.html 所示。

ex5_36.html

```
<!DOCTYPE html>
<html>
<head>
    <title>在屏幕底部弹出带淡入淡出效果的消息提示</title>
    <script type="text/javascript">
        function myFunction() {
            var x = document.getElementById("snackbar")
            x.className = "show";
            setTimeout(function(){x.className=x.className.replace("show","");},5000);
        }
    </script>
    <style>
        #snackbar {
            visibility: hidden;
            min-width: 250px;
            margin-left: -125px;
            background-color: #333;
            color: #fff;
            text-align: center;
            border-radius: 2px;
            padding: 16px;
            position: fixed;
            z-index: 1;
            left: 50%;
            bottom: 30px;
            font-size: 17px;
        }
        #snackbar.show {
            visibility: visible;
            -webkit-animation: fadein 0.5s, fadeout 0.5s 4.5s;
            animation: fadein 0.5s, fadeout 0.5s 4.5s;
        }
        @-webkit-keyframes fadein {
            from {bottom: 0; opacity: 0;}
            to {bottom: 30px; opacity: 1;}
        }
        @keyframes fadein {
            from {bottom: 0; opacity: 0;}
            to {bottom: 30px; opacity: 1;}
        }
        @-webkit-keyframes fadeout {
            from {bottom: 30px; opacity: 1;}
            to {bottom: 0; opacity: 0;}
        }
        @keyframes fadeout {
            from {bottom: 30px; opacity: 1;}
            to {bottom: 0; opacity: 0;}
        }
```

```
    </style>
</head>
<body>
    <h1>在屏幕底部弹出带淡入淡出效果的消息提示</h1>
    <p>点击按钮显示提示信息，5 秒后自动消失</p>
    <button onclick="myFunction()">显示底部弹出消息</button>
    <div id="snackbar">提示信息：欢迎开始神奇的 JS 之旅...</div>
</body>
</html>
```

本实例生成在屏幕底部弹出带淡入淡出效果的消息提示，利用 myFunction()函数实现了文字的显示等效果。值得一提的是，本例中有大量的 CSS 样式进行配合，生成了淡入淡出、显示或隐藏的效果，最终实现了完整的效果，实际运行的结果如图 5-21 所示。

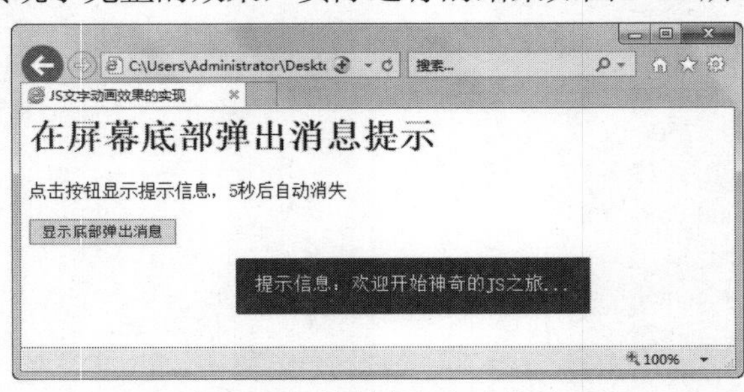

图 5-21　旋转变幻文字效果

5.6.4　指针式时钟的实现

【实例 5-37】指针式时钟的实现

有多种手段可以实现指针式的时钟，本实例利用了 jQuery 技术，简化了实现过程，程序代码如 ex5_37.html 及 clock-canvas.min.js 所示(限于篇幅，jquery-3.4.1.min.js 文件不再列出)。

ex5_37.html

```
<!DOCTYPE html>
<html lang="gb2312">
<head>
    <meta charset="gb2312">
    <title>基于 jQuery-canvas 实现的时钟效果</title>
</head>
<body>
    <div class="box" style="text-align: center;margin:100px auto;">
        <canvas id="clock" width="300" height="300"></canvas>
    </div>
    <script src="js/jquery-3.4.1.min.js"></script>
    <script src="js/clock-canvas.min.js"></script>
    <script>
        $(function() {
            $("#clock").drawClock();
            //不带参数为默认值，需要时可带 6 个参数：时针颜色、分针颜色、秒针颜色、数字所在的
```

```
            //点颜色、非数字所在的点颜色,中心圈颜色
        })
    </script>
</body>
</html>
```

clock-canvas.min.js

```
!(function($, window, document, undefined) {
    var Clock = function(elem, ctx, opts) {
        this.$element = elem, this.context = ctx, this.defaults = {
            hCol: '#000',
            mCol: '#999',
            sCol: 'red',
            isNumCol: '#000',
            noNumCol: '#ccc',
            dCol: '#fff',
        }, this.options = $.extend({}, this.defaults, opts)
    };
    Clock.prototype = {
        drawBackground: function(_ctx, r, rem, isNumCol, noNumCol) {
            _ctx.save();
            _ctx.translate(r, r);
            _ctx.beginPath();
            _ctx.lineWidth = 10 * rem;
            _ctx.arc(0, 0, r - _ctx.lineWidth / 2, 0, 2 * Math.PI, false);
            _ctx.stroke();
            var hourNumbers = [3, 4, 5, 6, 7, 8, 9, 10, 11, 12, 1, 2];
            _ctx.font = 18 * rem + 'px Arial';
            _ctx.textAlign = 'center';
            _ctx.textBaseline = 'middle';
            hourNumbers.forEach(function(number, i) {
                var rad = 2 * Math.PI / 12 * i;
                var x = Math.cos(rad) * (r - 30 * rem);
                var y = Math.sin(rad) * (r - 30 * rem);
                _ctx.fillText(number, x, y)
            });
            for (var i = 0; i < 60; i++) {
                var rad = 2 * Math.PI / 60 * i;
                var x = Math.cos(rad) * (r - 16 * rem);
                var y = Math.sin(rad) * (r - 16 * rem);
                _ctx.beginPath();
                if (i % 5 == 0) {
                    _ctx.fillStyle = isNumCol;
                    _ctx.arc(x, y, 2 * rem, 0, 2 * Math.PI, false)
                } else {
                    _ctx.fillStyle = noNumCol;
                    _ctx.arc(x, y, 2 * rem, 0, 2 * Math.PI, false)
                }
                _ctx.fill()
```

```
        }
    },
    drawHour: function(_ctx, r, rem, hour, minute, hCol) {
        var radH = 2 * Math.PI / 12 * hour;
        var radM = 2 * Math.PI / 12 / 60 * minute;
        _ctx.save();
        _ctx.beginPath();
        _ctx.rotate(radH + radM);
        _ctx.strokeStyle = hCol;
        _ctx.lineWidth = 6 * rem;
        _ctx.lineCap = "round";
        _ctx.moveTo(0, 10 * rem);
        _ctx.lineTo(0, -r / 2);
        _ctx.stroke();
        _ctx.restore()
    },
    drawMinute: function(_ctx, r, rem, minute, mCol) {
        var rad = 2 * Math.PI / 60 * minute;
        _ctx.save();
        _ctx.beginPath();
        _ctx.rotate(rad);
        _ctx.strokeStyle = mCol;
        _ctx.lineWidth = 3 * rem;
        _ctx.lineCap = "round";
        _ctx.moveTo(0, 10 * rem);
        _ctx.lineTo(0, -r + 25 * rem);
        _ctx.stroke();
        _ctx.restore()
    },
    drawSecond: function(_ctx, r, rem, second, sCol) {
        var rad = 2 * Math.PI / 60 * second;
        _ctx.save();
        _ctx.beginPath();
        _ctx.rotate(rad);
        _ctx.fillStyle = sCol;
        _ctx.moveTo(-2 * rem, 20 * rem);
        _ctx.lineTo(2 * rem, 20 * rem);
        _ctx.lineTo(1, -r + 20 * rem);
        _ctx.lineTo(-1, -r + 20 * rem);
        _ctx.fill();
        _ctx.restore()
    },
    drawDot: function(_ctx, r, rem, dCol) {
        _ctx.beginPath();
        _ctx.fillStyle = dCol;
        _ctx.arc(0, 0, 3 * rem, 0, 2 * Math.PI, false);
        _ctx.fill()
    },
    draw: function() {
        var width = this.$element.width(),
```

```
                height = this.$element.height(),
                _ctx = this.context,
                r = width / 2,
                rem = width / 200,
                isNumCol = this.options.isNumCol,
                noNumCol = this.options.noNumCol,
                hCol = this.options.hCol,
                mCol = this.options.mCol,
                sCol = this.options.sCol,
                dCol = this.options.mCol;
            var date = new Date(),
                hour = date.getHours(),
                minute = date.getMinutes(),
                second = date.getSeconds();
            _ctx.clearRect(0, 0, width, height);
            this.drawBackground(_ctx, r, rem, isNumCol, noNumCol);
            this.drawHour(_ctx, r, rem, hour, minute, hCol);
            this.drawMinute(_ctx, r, rem, minute, mCol);
            this.drawSecond(_ctx, r, rem, second, sCol);
            this.drawDot(_ctx, r, rem, dCol);
            _ctx.restore()
        }
    };
    $.fn.drawClock = function(options) {
        var _self = this;
        var ctx = this.get(0).getContext('2d');
        setInterval(function() {
            var clock = new Clock(_self, ctx, options);
            clock.draw()
        }, 1000)
    }
})(jQuery, window, document);
```

本实例能生成一个基于 jQuery 的指针式时钟，利用 canvas 技术从 draw()函数中获取了本地时间并通过调用相关多个函数在浏览器中绘制了指针式表盘和三个指针。drawClock()函数实现了每隔 1 秒调用一次 draw()函数，实现了指针的运动。实际运行的效果如图 5-22 所示。

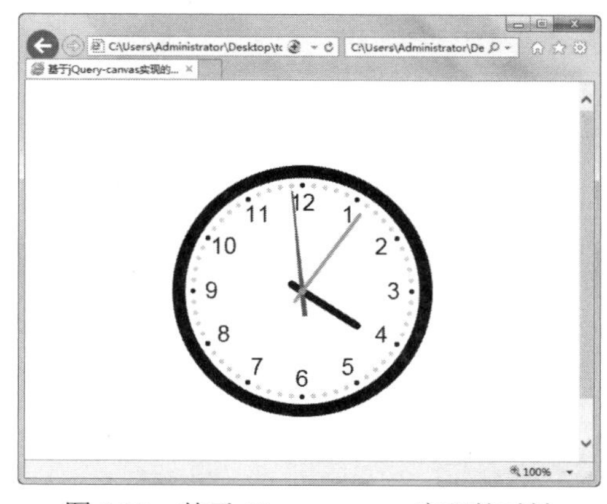

图 5-22　基于 jQuery-canvas 实现的时钟

5.6.5　一个益智小游戏的实现

【实例 5-38】一个益智小游戏——贪吃蛇的实现

游戏的制作不同于一般网页之处在于它需要具有较强的交互性及界面的联动性。本实例利用鼠标单击和界面生成技术实现了一个简单的益智游戏，其程序代码如 ex5_38.html 所示。

ex5_38.html

```
<!DOCTYPE html>
<html lang="gb2312">
<head>
  <meta charset="gb2312">
  <meta name="viewport"
     content="width=device-width, user-scalable=no, initial-scale=1.0, maximum-scale=1.0, minimum-scale=1.0">
  <meta http-equiv="X-UA-Compatible" content="ie=edge">
  <title>Document</title>
  <style type="text/css">
    body {
      margin: 0;
      padding: 0;
    }
    .main {
      width: 800px;
      height: 400px;
      margin: 50px auto;
    }
    .btn {
      width: 100px;
      height: 40px;
    }
    .map {
      position: relative;
      width: 800px;
      height: 400px;
      background: #ccc;
    }
  </style>
</head>
<body>
  <div class="main">
    <button class="btn" id="begin">开始游戏</button>
    <div class="map" id="map"></div>
  </div>
  <script type="text/javascript">
    var map = document.getElementById('map');
    // 使用构造方法创建蛇，
    function Snake()
    {
      // 设置蛇的宽、高、默认爬的方向
      this.width = 10;
      this.height = 10;
      this.direction = 'right';
      // 记住蛇的状态，当吃完食物的时候，就要加一个，初始为 3 个小点为一条蛇，
      this.body = [
        {x:2, y:0},   // 蛇头，第一个点
        {x:1, y:0},   // 蛇脖子，第二个点
```

```
        {x:0, y:0}  // 蛇尾，第三个点
    ];
    this.display = function() {                        // 显示蛇
      for (var i=0; i<this.body.length; i++) {         // 创建蛇
        if (this.body[i].x != null) {  // 当吃到食物时，x==null，不能新建，不然会在 0，0 处新建一个
          var s = document.createElement('div');
          this.body[i].flag = s;                       // 将节点保存到状态中，以便于后面删除
          s.style.width = this.width + 'px';           // 设置宽高
          s.style.height = this.height + 'px';
          s.style.borderRadius = "50%";
          s.style.background = "rgb(" + Math.floor(Math.random()*256) + "," + Math.floor(Math.random()
*256) + "," + Math.floor(Math.random()*256) + ")";
          s.style.position = 'absolute';                    // 设置位置
          s.style.left = this.body[i].x * this.width + 'px';
          s.style.top = this.body[i].y * this.height + 'px';
          map.appendChild(s);
        }
      }
    };
    this.run = function() {        // 让蛇爬起来，蛇头根据方向处理，所以 i 不能等于 0
      for (var i=this.body.length-1; i>0; i--) {       // 后一个元素到前一个元素的位置
        this.body[i].x = this.body[i-1].x;
        this.body[i].y = this.body[i-1].y;
      }
      switch(this.direction)              // 根据方向处理蛇头
      {
        case "left":
          this.body[0].x -= 1;
          break;
        case "right":
          this.body[0].x += 1;
          break;
        case "up":
          this.body[0].y -= 1;
          break;
        case "down":
          this.body[0].y += 1;
          break;
      }
      // 判断是否出界，以蛇头位置进行判断，出界则停止运行并进行提示，
      if(this.body[0].x<0||this.body[0].x>79||this.body[0].y<0||this.body[0].y>39){
        clearInterval(timer);  // 清除定时器，
        alert("撞墙了！");
        for (var i=0; i<this.body.length; i++) {
          if (this.body[i].flag != null) {  // 如果刚吃完就死掉，则删除该节点
            map.removeChild(this.body[i].flag);
          }
        }
        this.body = [  // 回到初始状态，
          {x:2, y:0},
```

```
                {x:1, y:0},
                {x:0, y:0}
            ];
            this.direction = 'right';
            this.display();     // 显示初始状态
            return false;       // 结束
        }
        // 判断蛇头吃到食物，x 与 y 坐标重合，
        if (this.body[0].x == food.x && this.body[0].y == food.y) { // 蛇增加一节
            this.body.push({x:null, y:null, flag: null});              // 清除食物,重新生成食物
            map.removeChild(food.flag);
            food.display();
        }
        for (var i=4; i<this.body.length; i++) {   // 吃到自己，从第五节开始与蛇头判断，前四节不会
            if (this.body[0].x == this.body[i].x && this.body[0].y == this.body[i].y) {
                clearInterval(timer);   // 清除定时器，
                alert("自己吃自己了？");
                for (var i=0; i<this.body.length; i++) {   // 删除旧的
                    if (this.body[i].flag != null) {   // 如果刚吃完就死掉，则删除该节点
                        map.removeChild(this.body[i].flag);
                    }
                }
                this.body = [            // 回到初始状态，
                    {x:2, y:0},
                    {x:1, y:0},
                    {x:0, y:0}
                ];
                this.direction = 'right';
                this.display();     // 显示初始状态
                return false;       // 结束
            }
        }
        for (var i=0; i<this.body.length; i++) {     // 先删掉初始的蛇，再显示新蛇
            if (this.body[i].flag != null) {          // 当吃到食物时，flag 等于 null，且不能删除
                map.removeChild(this.body[i].flag);
            }
        }
        this.display();             // 重新显示蛇
    }
}
function Food()                    // 构造食物
{
    this.width = 10;
    this.height = 10;
    this.display = function() {
        var f = document.createElement('div');
        this.flag = f;
        f.style.width = this.width + 'px';
        f.style.height = this.height + 'px';
        f.style.background = 'red';
```

```
            f.style.borderRadius = '50%';
            f.style.position = 'absolute';
            this.x = Math.floor(Math.random()*80);
            this.y = Math.floor(Math.random()*40);
            f.style.left = this.x * this.width + 'px';
            f.style.top = this.y * this.height + 'px';
            map.appendChild(f);
        }
    }
    var snake = new Snake();
    var food = new Food();
    snake.display();  // 初始化显示
    food.display();
    document.body.onkeydown = function(e) {        // 为 body 添加 4 个键盘按键事件，分别为上、下、左、右
        var ev = e || window.event;
        switch(ev.keyCode)
        {
            case 38:
                if (snake.direction != 'down') {         // 不允许返回，向上的时候不能向下
                    snake.direction = "up";
                }
                break;
            case 40:
                if (snake.direction != "up") {
                    snake.direction = "down";
                }
                break;
            case 37:
                if (snake.direction != "right") {
                    snake.direction = "left";
                }
                break;
            case 39:
                if (snake.direction != "left") {
                    snake.direction = "right";
                }
                break;
        }
    };
    var begin = document.getElementById('begin');
    var timer;
    begin.onclick = function() {
        clearInterval(timer);
        timer = setInterval("snake.run()", 500); // 小技巧，每隔 500 毫秒就执行字符串
    };
  </script>
</body>
</html>
```

本实例在<body>中构造了基本的蛇类 Snake()，利用 Food()构造了食物类，在建立蛇和食物

对象后，通过调用各自的display()函数实现了显示功能，再给<body>添加keydown按键事件后实现了交互功能。这个实例的代码较复杂，它综合利用了各种技术，请读者仔细分析，实际运行的效果如图5-23所示。

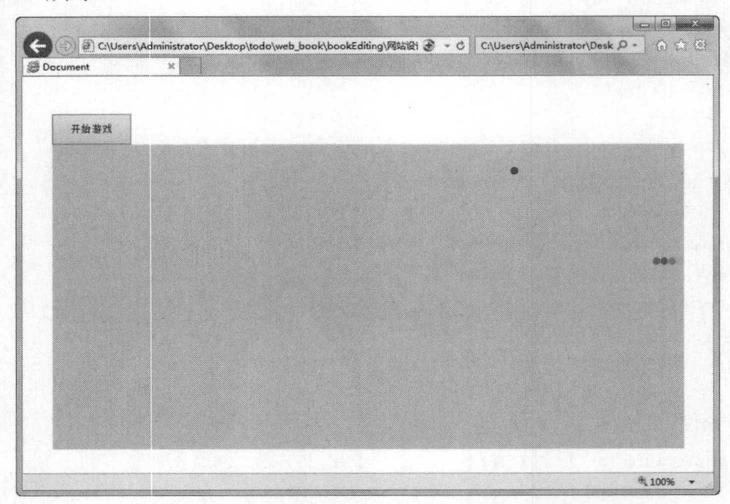

图5-23　一个益智小游戏——贪吃蛇的实现

5.7 Ajax技术

5.7.1 Ajax介绍

Ajax(Asynchronous JavaScript and XML)，即异步JavaScript和XML，是指一种创建交互式网页应用的网页开发技术。它并不是一门新的语言或技术，实际上是几项技术按一定的方式组合在一起共同发挥各自的作用，它包括如下内容。

- 利用XHTML和CSS实现标准化的呈现；
- 借助DOM实现动态显示和交互；
- 使用XML和XSLT进行数据的交换与处理；
- 采用XMLHttpRequest进行异步数据读取；
- 通过JavaScript绑定和处理所有数据。

Ajax的工作原理相当于在用户和服务器之间加了多个中间层，使用户操作与服务器响应异步化。这样可以将以前的一些服务器担负的工作转嫁到客户端，利用客户端闲置的处理能力来处理，减轻服务器和带宽的负担，从而达到节约ISP的空间及带宽租用成本的目的。

类似于DHTML，Ajax不是指一种单一的技术，而是有机地利用了一系列相关的技术。事实上，一些基于Ajax的“派生/合成”式(derivative/composite)的技术正在出现，如AFLAX。

Ajax的应用必须使用支持以上技术的Web浏览器作为运行平台。这些浏览器目前包括Mozilla、Firefox、Internet Explorer、Opera、Konqueror和Safari。此外，随着浏览器的发展，更多的技术还会被添加进Ajax的技术体系之中。例如，目前Firefox浏览器的新版本已经可以直接支持矢量图形格式 SVG。Firefox 已经可以支持 JavaScript 2.0(对应于 ECMAScript 4.0 规范)中的 E4X(JavaScript 的 XML 扩展)。Firefox、Opera 和 Safari 浏览器还可以支持 Canvas(也是 Web Applications1.0 规范的一部分)，网络上已经有人开发出了使用 Canvas 技术制作的 3D 射击游戏的演示版。

该技术在 1998 年前后得到了应用。允许客户端脚本发送 HTTP 请求(XMLHTTP)的第一个组件由 Outlook Web Access 小组编写，该组件原属于 Microsoft Exchange Server，并且迅速成为 Internet Explorer 4.0 的一部分。部分观察家认为，Outlook Web Access 是第一个应用了 Ajax 技术的成功的商业应用程序，并已成为包括 Oddpost 网络邮件产品在内的许多产品的领头羊。

直到 2005 年初，所出现的许多事件才使 Ajax 被大众所接受。Google 在它著名的交互应用程序中使用了异步通信，如 Google 讨论组、Google 地图、Google 搜索建议、Gmail 等。Ajax 这个词由 *Ajax: A New Approach to Web Applications* 一文所创，该文的迅速流传提高了人们使用该项技术的意识。另外，对 Mozilla/Gecko 等所提供的支持使得该技术走向成熟，变得更为易用。

Ajax 技术有两个推动力：Web 标准的成熟和软件交互设计及可用性理论的成熟。在软件的可用性方面，除了一些通用的软件可用性和交互设计理论外，Web 应用的可用性也是国外非常热门的一个研究领域，其主要侧重于研究如何提高 Web 应用的可用性。美国在这个领域有着非常深入的研究，并且对于一些公共机构网站的可用性还有相关的法律条款来约束(Section508，508 条款于 2001 年 6 月 21 日成为美国的法律，直接影响了联邦部门和一些代理机构，还有为他们服务的网页设计者。这条法律也适用于政府投资项目和任何采用了该法律的州)。对于这些网站，如果无法达到条款上的一些可用性要求，网站经营者就属于违法经营。如果是开发公司无法达到这些要求，就别指望从联邦政府手中拿到这些项目。

为了对如何提高 Web 应用的可用性做出指导，W3C 在 20 世纪 90 年代建立了 Web Accessibility Initiative(WAI)，致力于为网站创建者提供实现可访问性(与可用性同义)的方法和策略(http://www.w3.org/WAI/GL/)，Web 可用性方面的经典著作包括《网站重构》。

综上所述，可以认为 Ajax 就是 Web 标准和 Web 应用的可用性理论的集大成者。它极大地改善了 Web 应用的可用性和用户的交互体验，最终得到了用户和市场的广泛认可。所以可以说，Ajax 就是用户和市场必然的选择。

5.7.2 Ajax 应用与传统的 Web 应用的比较

XMLHttpRequest 的出现为 Web 开发提供了一种全新的可能性，甚至完全改变了人们对于 Web 应用由什么来组成的看法。在这个技术出现之前，由于技术上的限制，人们认为 Web 应用就是由一系列连续切换的页面组成的。因此整个 Web 应用被划分成了大量的页面，其中大部分是一些很小的页面。用户大部分的交互都需要切换并刷新整个页面，而在这个过程中(下一个页面完全显示出来之前)，用户只能等待，什么都做不了。然而 XMLHttpRequest 技术的出现使得开发人员可以打破这种笨拙的开发模式，以一种全新的方式来进行 Web 开发，为用户提供更好的交互体验。

对于传统 Web 应用与 Ajax 应用在处理用户交互的方式上不同之处的比较如图 5-24 所示。传统的 Web 应用允许用户填写表单，当提交表单时就向 Web 服务器发送一个请求。服务器接收并处理传来的表单，然后返回一个新的网页。这种做法浪费了许多带宽，因为在前后两个页面中的大部分 HTML 代码往往是相同的。由于每次应用的交互都需要向服务器发送请求，应用的响应时间就依赖于服务器的响应时间。这导致了用户界面的响应比本地应用要慢得多。

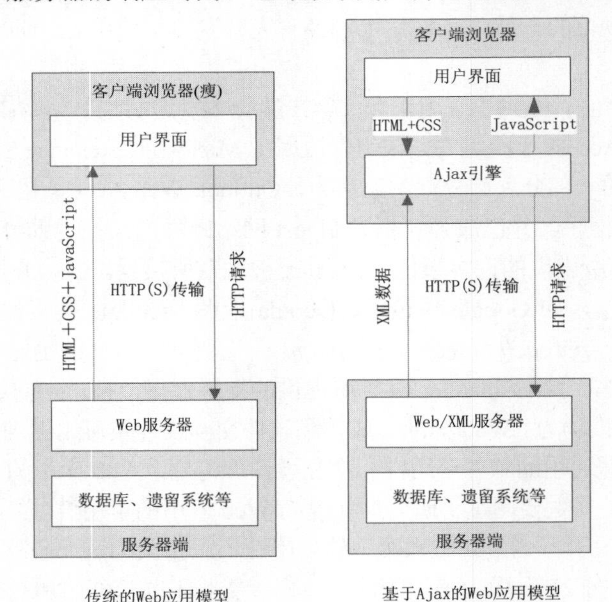

图 5-24　传统 Web 应用与 Ajax 应用——处理用户交互方式的比较

与此不同的是，Ajax 应用可以仅向服务器发送并取回必需的数据，它使用 SOAP 或其他一些基于 XML 的 Web Service 接口，并在客户端采用 JavaScript 处理来自服务器的响应。因为在服务器和浏览器之间交换的数据大量减少，结果就能得到响应更快的应用。同时很多的处理工作可以在发出请求的客户端机器上完成，所以 Web 服务器的处理时间也减少了。因此 Ajax 应用与传统的 Web 应用的区别主要表现在如下 3 个方面：

- 不刷新整个页面，在页面内与服务器通信。
- 使用异步方式与服务器通信，不需要打断用户的操作，具有更加迅速的响应能力。
- 应用仅由少量页面组成。大部分交互在页面内完成，不需要切换整个页面。

比较图 5-25 与图 5-26，可以发现，Ajax 引擎在这里实际上起到了一个中间层的作用。由于很多情况下无须等待服务器端的响应，因此减少了网络传输和服务器端处理的时间，这样就加快了客户端的响应速度。

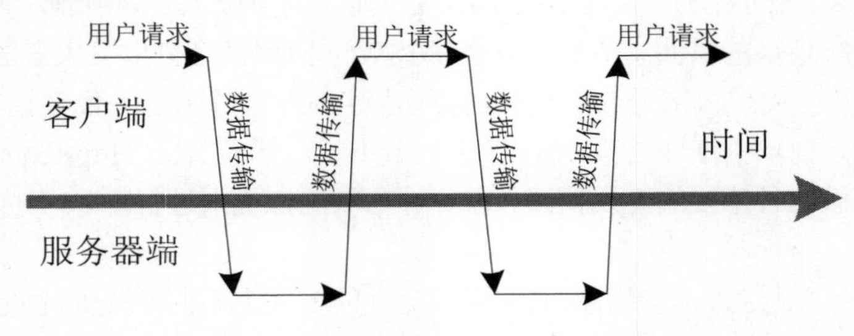

图 5-25　传统 Web 的同步交互模式

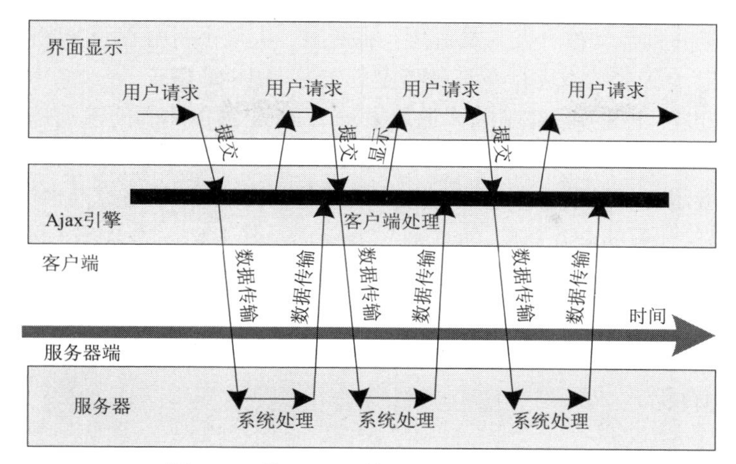

图 5-26 基于 Ajax 的 Web 异步交互模式

通过图 5-25 与图 5-26 的分析和比较可以发现，使用 Ajax 的最大优点就是能在不刷新整个页面的前提下维护数据。这使得 Web 应用可以更为迅捷地响应用户交互，并避免了在网络上传输那些没有改变的信息。

Ajax 不需要任何浏览器插件，但需要用户允许 JavaScript 在浏览器上执行，因此 Ajax 应用必须在众多不同的浏览器和平台上经过严格的测试。随着 Ajax 的成熟，一些简化 Ajax 使用方法的程序库也相继问世。同样，也出现了另一种辅助程序设计的技术，为那些不支持 JavaScript 的用户提供替代功能。

对于应用 Ajax 而言，最主要的问题是：它可能会破坏浏览器后退按钮的正常行为(参见 Jakob Nielsens 的 *1999 Top-10 New Mistakes of Web Design*)。在动态更新页面的情况下，用户无法回到前一个页面状态，因为浏览器仅能记忆历史记录中的静态页面。一个被完整读入的页面与一个已经被动态修改过的页面之间的差别非常微妙。用户通常会希望单击后退按钮能够取消他们的前一次操作，但是在 Ajax 应用中，这将无法实现。开发人员想出了种种办法来解决这个问题，大多数都是在用户单击后退按钮访问历史记录时，通过创建或使用一个隐藏的 IFRAME 来重现页面上的变更。例如，当用户在 Google 地图中单击后退按钮时，它在一个隐藏的 IFRAME 中进行搜索，然后将搜索结果反映到 Ajax 元素上，以便将应用程序的状态恢复到当时的状态。

进行 Ajax 开发时，网络延迟——用户发出请求到服务器发出响应之间的间隔——需要慎重考虑。不给予用户明确的回应，没有恰当的预读数据，或者对 XMLHttpRequest 的不恰当处理，都会使用户感到延迟，这是用户不希望看到的，也是他们无法理解的。对此，通常的解决方案是，使用一个可视化的组件来告诉用户系统正在进行后台操作并且正在读取数据和内容。

由此可见，Ajax 使得 Web 应用更加动态，带来了更高的智能，并且提供了表现能力丰富的 Ajax UI 组件。这样一类新型的 Web 应用叫作 RIA(Rich Internet Application)应用。除了 Ajax，还包括 Flash 等技术。

与 20 世纪 90 年代末的 DHTML 相比，Ajax 更加强调符合真正的 Web 标准的开发方式。Ajax 对于现有基于 Web 标准技术的利用程度比 DHTML 高出了很多。而 DHTML 声名狼藉，最终失败的最大原因就在于其不重视基于真正的 Web 标准来做开发。

DHTML 其实是浏览器大战时代微软和网景为了吸引公众眼球而制造的一个名词，并没有得到 W3C 的认可，并且经常被开发人员滥用，制造出一大堆不符合真正 Web 标准的 JavaScript 脚本和 HTML 标记，常常只能运行在某种特定的浏览器中(如 IE)。

DHTML 总是过于注重各种花哨的视觉效果，而 Ajax 最关注的问题则是真正改善 Web 应用的可用性，这正是 Ajax 技术诞生的使命，甚至也正是 JavaScript 脚本语言诞生的使命。跨浏览器自然是 Web 应用可用性的重要组成部分，只有基于真正的 Web 标准来做开发，才有可能跨浏览器为用户提供一致的交互体验。而跨浏览器仅仅是基于真正的 Web 标准做开发的一个原因。另一个原因是，唯有这样，才能充分地利用 Web 标准发展的成果，并且创建出向后兼容的 Web 应用。向后兼容的意思就是现在构建的 Web 应用，不必再加以修改就能直接运行在以后的新版本上。这样可以降低 Web 应用的维护成本，并且可以真正达到改善可用性、使用户获得更好的交互体验的目标。

5.8 本章小结

本章讲解了网页制作中的一个重要部分——JavaScript 的有关知识，JavaScript 脚本语言是一种功能强大的网页编程语言，它是通过嵌入 HTML 标签中的机制来实现的，主要用于增强网页的功能和表现力。由于是在客户端运行，因此不必像服务器端技术那样等待网络传输，运行速度更快。

通过本章的学习，可以掌握 JavaScript 语言的基本概念和基本语法，了解在网页中插入脚本语言的几种方式；深刻理解有关函数中变量的作用域和各类控制语句的功能；理解和灵活运用 JavaScript 中常用的几个对象的属性和方法，包括 JavaScript 内置对象和文档对象模型；通过了解和运用框架技术可以帮助开发人员提升开发效率。

本章最后的几个实例综合运用了上面各个部分介绍的知识，通过阅读和理解这些实例，可以深化学习，达到灵活运用的目的。此外，了解 Ajax 技术可以在必要时提升用户体验。

5.9 思考和练习

1. JavaScript 的运行机制是怎样的？
2. 本章所介绍的 3 种将 JavaScript 代码引入网页的方式是否存在差异？
3. 如何在 JavaScript 中使输出的 float 类型的数据保留两位小数？
4. 在用户浏览网页时，单击将本网站加入浏览器收藏夹的 JS 代码如何书写？
5. 如何在页面上利用单击某个按钮或超链接来关闭浏览窗口？
6. 利用 Ajax 技术所实现的应用，有什么优点和缺点？

第6章

服务器端开发——动态网页技术基础

动态网页基于前面各章中所介绍的知识，是构建完整、实用网站的基础。与 JavaScript 不同的是，本章所介绍的开发和运行环境都是基于服务器的。本章讲述构建动态网页的各种主要技术，阐明动态网页运行的基本原理，并通过介绍多种开发技术以及相应的应用实例，向读者全方位地介绍动态网页技术。本章所涉及的开发技术包括了历史上和目前应用最广、最为成熟的几种：CGI、ASP、ASP.NET、JSP、PHP、ISAPI/NSAPI、Java Servlet、Java Applet、Python Django 等，并对它们的不同特点进行了比较，便于读者熟悉它们各自的优缺点以便于在实际项目开发时做出正确的选择。通过本章的学习，读者可以对动态网页技术有一个全面的了解；通过对各种流行的动态网页技术进行比较，帮助读者选择适合的开发技术。

本章要点：

- 动态网页的基本特点
- .NET 动态网页的基本开发方法
- Java 技术基础
- Python 网站开发技术
- 不同动态网页开发技术的异同

6.1 动态网页基本原理

这里所说的动态网页并不是指在网页上由于放入了一些诸如 Flash 等的动画，而使网页呈现内容能实时变化的网页。“动态”的“动”指的是“交互性”，通俗而言就是网页能不能根据访问者或访问时间的不同而显示出不同的内容，即本书 1.3.1 节中所介绍的有关“活动页面”的内容。

从网站浏览者的角度来看，无论是动态网页、活动页面还是静态网页，都可以展示基本的文字和图片信息，但从网站开发、管理和维护的角度来看就有很大的差别。动态网页的一般特点简要归纳如下：

- 动态网页以数据库技术为基础，可以大大降低网站维护的工作量；
- 采用动态网页技术的网站可以实现更多与数据库进行交互的功能，如用户注册、用户登录、在线调查、用户管理、订单管理等；
- 动态网页实际上并不是独立存在于服务器上的网页文件，只有当用户请求时服务器才生成并返回一个完整的网页；

- 网页 URL 的后缀不再是.htm、.html、.shtml、.xml 等静态网页的常见后缀，而是以.aspx、.jsp、.php、.perl、.cgi 等形式为后缀，并且在其网址中有一个标志性的符号——"?"。

单纯利用静态 HTML 开发的 Web 站点虽然开发周期短、开发难度低，且可以实现足够精美的页面，但由于难以适应信息频繁更新以及交互的需求，存在先天的不足。比如，静态网页无法根据用户在客户端浏览器中所输入的参数，在服务器对数据查询后再将符合条件的数据集回传给客户端浏览器，而动态网页技术弥补了这一不足。

动态网页可分为客户端动态网页和服务器端动态网页两类，下面简要介绍一下它们各自的工作原理。

1. 客户端动态网页

在客户端模型中，附加到浏览器上的模块(插件)完成创建动态网页的全部工作，通常依靠 JavaScript 或 Ajax 等实现。HTML 代码通常附带有一套指令文件传送到浏览器，此文件在 HTML 页面中引用。还有一种情况就是这些指令与 HTML 代码混合在一起，当遇到用户请求时，浏览器利用这些指令生成纯 HTML。也就是说，用户看到的网页是根据用户的请求动态生成之后返回到浏览器的。

客户端技术在近年来越来越不受欢迎，因为使用该技术需要下载客户端软件，而且当需要下载其他单独的指令文件时所需的时间较长。另外，因为每一种浏览器都以不同的方式解释指令，所以不能保证 Internet Explorer 能正确理解指令，同时其他不同的浏览器如 Chrome、Firefox 或 Opera 也能够理解它们。

客户端技术的另一个缺点是在使用服务器资源的客户端代码时会出现安全性等方面的问题，因为如果代码是在客户端被解释执行的，那么客户端的代码将会完全公开，这也是很多有安全性要求的网站所不希望的。

2. 服务器端动态网页

在服务器端模型中，HTML 源代码与混合在其中的一套指令存储于 Web 服务器中。当用户请求该页面时，这些指令在服务器上被处理，然后再返回浏览器。与客户端模型相比，只有描述最终显示页面的 HTML 代码才被传到客户端浏览器，如果设计得足够通用，则可以保证大多数浏览器都能正确显示该页面。能提供这种方案的服务器端动态网页技术包括：PHP、CGI、ASP、JSP 和 ASP.NET 等。下面介绍它们共同的工作原理：

(1) 当用户请求某个 PHP(CGI、ASP、JSP 或 ASPX 等)页面时，Web 服务器响应 HTTP 请求，调用 PHP(CGI、ASP、JSP 或 ASPX 等)引擎，解释(或编译)并执行被请求的文件。

(2) 若脚本中含有访问数据库的语句，则通过 ODBC(或 ADO、OLE DB、JDBC 等数据库引擎)与后台数据库建立连接，再由数据库访问组件来执行访问数据库的操作。

(3) PHP 等脚本在服务器端解释(某些技术采取在服务器端编译的方式)并执行，根据从数据库所获取的结果集生成符合设计需要的 HTML 网页，最终回送到客户端来响应用户请求。上述所有环节主要由 WWW 服务器负责，仅涉及数据库的部分由数据库服务器负责。

因此，动态网页实际上就是存放在服务器端的程序，由客户端提出执行请求，在服务器端运行，运行的结果通过 HTML 格式传回客户端浏览器。这一点读者可以和客户端脚本 JavaScript

技术加以对比来掌握。

6.2　ASP 及.NET 技术

6.2.1　ASP

ASP(Active Server Page，动态服务器页面)是一套微软开发的服务器端脚本平台，ASP 内含于 IIS 当中。

通过 ASP 可以结合 HTML 网页、ASP 指令和 ActiveX 组件创建动态、交互且高效的 Web 服务器应用程序。同时，它也支持 VBScript 和 JavaScript 等脚本语言，默认为 VBScript。

ASP 采取服务器解析之后再向浏览器返回数据的方式来生成网页，所以有了 ASP 就不必担心客户的浏览器是否能运行程序员所编写的代码。因为所有的程序都将在服务器端执行，包括所有嵌在普通 HTML 中的脚本程序。当程序执行完毕后，服务器仅将执行的结果返回给客户端浏览器，这样也就减轻了客户端浏览器的负担，大大提高了交互的效率。

但是这种方式也导致一个潜在的问题，即运行 ASP 页面比普通的 HTML 页面要慢一些。这是因为普通的 HTML 页面只需要浏览器就能够解析，而 ASP 则必须是服务器将整页的代码都执行完毕之后才能返回数据。也正是采用了这种机制，在客户端看到的只能是经过解析之后的数据，而无法获得源代码，故程序员不必担心自己的代码会被别人剽窃。

1. ASP 的特点

(1) 无须编译：容易产生，无须编译或链接即可执行，集成于 HTML 中。使用常规文本编辑器，如记事本即可编辑。

(2) 与浏览器无关：客户端只要使用常规的浏览器即可浏览，所设计的 ASP 代码在站点服务器端执行。

(3) 面向对象：可通过 ActiveX Server Components(ActiveX 服务器组件)来扩展功能。而 ActiveX 服务器组件可使用 Visual Basic、Java、Visual C++、COBOL 等多种语言来编写。

(4) 与任何 ActiveX Scripting 语言兼容：除了可使用 VBScript 或 JScript 语言来设计外，还可通过 Plug-in 的方式，使用由第三方所提供的其他譬如 REXX、Perl、TCL 等脚本语言。

(5) ASP 脚本服务器解析：可以保护所创建的源程序不外泄。在客户端浏览器一侧只能看到 ASP 脚本执行之后生成的常规 HTML 代码。

2. ASP 的对象

ASP 提供了 5 个可以直接调用的内置“对象”，分别如下。

(1) Request：获取用户信息；

(2) Response：传送信息给用户；

(3) Server：提供访问服务器的方法和属性的功能；

(4) Application：一个应用程序，可以在多个主页之间保留和使用一些共同的信息；

(5) Session：一个用户，可以在多个主页之间保留和使用一些共同的信息，在多个主页之间共享信息。

3. ASP 页面间的参数传递

使用 ASP 开发的应用程序，可以在多个主页之间保留和使用一些共同的信息，ASP 提供了如下两种适用范围。

(1) Application：应用的所有信息，在一个应用程序、多个主页间，实现所有用户共同信息的共享和使用。

(2) Session：会话的所有信息，仅适用于一个用户的会话。

4. ASP 的使用

由 ASP 创建的文件其扩展名为.ASP，一个.ASP 文件是一个文本文件，其中包括 HTML 标签，VBScript 或 JavaScript 语言的程序码，ASP 的语法。

ASP 并不是一个脚本语言，而是提供一个可以集成脚本语言(VBScript 或 JavaScript)到 HTML 主页的环境。HTML 标签使用“<...>”将 HTML 程序码包含起来，以与常规的文本区分开来；而 ASP 则使用“<%...%>”将 ASP 程序码包含起来。

【实例 6-1】计算累加和

程序代码如 ex6_1.asp 所示。

ex6_1.asp

```
<% Option Explicit %>
<!doctype html>
<html>
  <head>
    <title>循环用法示例</title>
  </head>
  <body>
    <%
      Dim Sum,I,N
      Sum=0
      N=100              'N 值可以是其他地方传过来的值，这里进行了简单的赋值
                         '循环，从 1 加到 N
      For I=1 to N
        Sum=Sum+I
      Next
        Response.write "1+2+3+…+" & Cstr(N) & "=" & Cstr(Sum)
    %>
  </body>
</html>
```

该程序运行后，利用循环计算 1 累加到 100 之和，并显示运算后的结果，其运行结果如图 6-1 所示。

图 6-1 计算累加和

注意：

ASP 目前只能运行在微软的 Windows 平台上。在

某些版本的 Windows 系统中，有时 IIS 在 Windows 初始安装时未被选中，且部分系统在 IIS 默认安装后没有配置 ASP 的支持，因此必须保证 IIS 已正确安装和配置后才能正常运行 ASP。

【实例 6-2】通过表单实现交互功能

程序代码如 ex6_2.html 及 ex6_2.asp 所示。

ex6_2.html

```
<!doctype html>
<html>
  <head>
    <title> 表单举例 </title>
  </head>
  <body>
    <form action="ex6_15.asp" method="post" name="form1">
      姓名：<input type="text" name="user_name"><br><br>
      密码：<input type="password" name="password"><br><br>
      性别：<input type="radio" name="sex" value="男">男
            <input type="radio" name="sex" value="女">女<br> <br>
      爱好：<input type="checkbox" name="love" value="音乐">音乐
            <input type="checkbox" name="love" value="计算机">计算机<br> <br>
      职业：<select name="career">
                <option value="教育业">教育业</option>
                <option value="金融业">金融业</option>
                <option value="其他">其他</option>
            </select><br> <br>
      自我介绍：<textarea name="introduction" rows="4" cols="40"></textarea>
      <br> <br>
      <input type="submit" value="   确  定   " size="20">
      <input type="reset"   value="重新填写"   size="20">
    </form>
  </body>
</html>
```

ex6_2.asp

```
<!doctype html>
<html>
  <head>
    <title> 表单举例 </title>
  </head>
  <body>
    <%
      Dim user_name,password,sex,love,career,introduction      '定义变量
      user_name=Request.Form("user_name")
        '前面的 user_name 是一个变量，后面的 user_name 是表单中一个元
        '素的名字，不是一回事
      password=Request.Form("password")
      sex=Request.Form("sex")
      love=Request.Form("love")
```

```
            career=Request.Form("career")
            introduction=Request.Form("introduction")
        %>
        姓名：<%=user_name%><br>
        密码：<%=password%><br>
        性别：<%=sex%><br>
        爱好：<%=love%><br>
        职业：<%=career%><br>
        自我介绍：<%=introduction%>
    </body>
</html>
```

本实例需要先运行ex6_2.html，填写表单信息后单击提交按钮会调用ex6_2.asp来接收数据，最终将接收到的数据显示在浏览器中。本实例主要通过request和response对象来实现表单的交互功能，运行后在浏览器中的显示结果如图6-2所示。

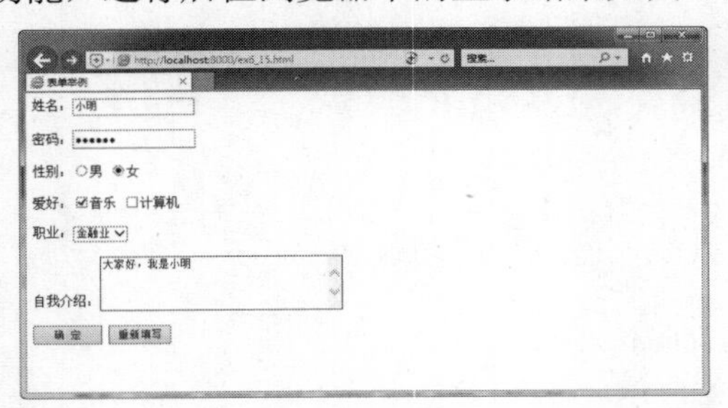

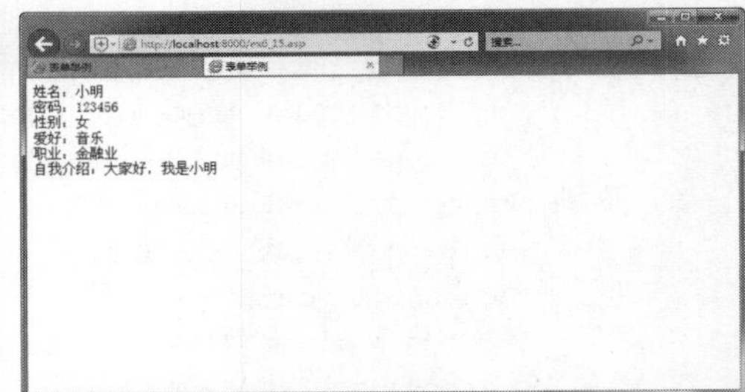

图6-2　通过表单实现交互功能

6.2.2　ASP.NET 简介

ASP.NET又叫ASP+，虽然名称类似于ASP，但它并不仅仅是对ASP的简单升级，而是微软推出的一种脚本语言。ASP.NET是微软.NET体系结构的一部分。

ASP.NET在兼顾ASP优点的基础上，参照Java、VB语言的优势加入了许多新的特性。它能支持多种编程语言，如可以使用脚本语言(VBScript、JScript、PerlScript和Python等)以及编译语言(Visual Basic、C#、C、COBOL、Smalltalk和Lisp等)。

6.2.3　.NET 战略

随着网络经济的到来，微软希望帮助用户能够在任何时候、任何地方、利用任何工具来获得网络上的信息，并享受网络通信所带来的方便和快捷。由此设立的.NET战略就是为了实现上述目标。微软于2000年6月22日公开宣布，公司将着重于网络服务和网络资源共享的开发工作，并将为公众提供更加丰富、有用的网络资源与服务。

所谓.NET战略，是将微软所开发的各种软件与互联网紧密结合起来，目的是简化各种计算设备之间的信息共享与交换，微软也将借此把业务重点转移到互联网上，期望实现从一个软件公司向一个服务公司的转变。在微软当时宣布的基于.NET平台的新产品计划中，包括了新一代的微软Windows操作系统、Windows DNA服务器、Office、MSN互联网网络服务以及Visual Studio开发系统平台等。如此众多的内容，被一个符号化的.NET所代表，因此站在不同角度看，.NET 则必然会呈现不同的面貌。

.NET 是微软平台的实现载体，应用此技术能连接所有的信息、人员、系统和设备，其中不仅包括一些框架性的定义，而且包括支持应用开发过程的软件和工具。

从技术上讲，.NET 是 Microsoft XML Web Services 平台，它允许应用程序通过 Internet 来通信和共享数据，而不管应用程序的运行环境采用的是哪种操作系统、硬件设备或编程语言，这也正是构建下一代 Internet 应用的基础。.NET 的核心就是突破了“软件运行于计算机”的概念，可以说，.NET 时代的软件是“运行于计算机网络”的。

传统的 W32 可执行程序编译后的本机代码叫作 Native Code，在.NET 中可执行程序的代码是以类似于 Java Byte Code 的 IL(Intermediate Language)伪代码形式存在的，在.NET 可执行程序载入后，IL 代码由 CLR (Common Language Runtime)从可执行文件中取出，交由 JIT (Just-In-Time)编译器，根据相应的元数据，实时编译成本机代码后执行。由第一点可以看出，.NET 程序并不是直接被编译成本机 CPU 指令，而是先编译成中间代码，在运行的时候 CLR 会将中间代码转换为本机指令，这样 CLR 就可以根据不同的平台生成不同的 CPU 指令。究其本质，编译的过程就是生成中间代码，执行的时候才有本机指令。

Microsoft .NET 开创了互联网的新局面，基于 HTML 的信息显示将通过 XML 战略得到增强。XML 是由 W3C 组织定义且受到广泛支持的行业标准，HTML 标准也是由该组织发布的。XML 提供了一种从数据的演示视图分离出实际数据的方式，这是新一代互联网的关键，能方便信息的组织、编程和编辑，可以更有效地将数据分布到不同的数字设备，并允许各站点进行合作，提供可以相互作用的 Web 服务。

Microsoft .NET 平台包括用于创建和操作新一代服务的.NET 基础结构和工具；可以启用大量客户机的.NET 用户体验；用于建立新一代高度分布式的数以百万计的.NET 积木式组件服务；可以启用新一代智能互联网设备的.NET 设备软件。

.NET 环境中的好处在于：

(1) 使用统一的 Internet 标准(如 XML)将不同的系统对接。

(2) 这是 Internet 上首个大规模的高度分布式应用服务架构。

(3) 使用了一个名为“联盟”的管理程序，这个程序能全面管理平台中运行的服务程序，并且为它们提供强大的安全保护后台。

.NET 平台包括如下组件：

(1) 用户数据访问技术，其中包括一个新的基于 XML 的、以浏览器为组件的混合信息架构，叫作“通用画板”。

(2) 基于 Windows DNA 的构建和开发工具。

(3) 一系列模块化的服务，其中包括认证、信息传递、存储、搜索和软件递送功能。

(4) 一系列驱动客户设备的软件。

利用.NET 开发的网站，其内部处理过程如图 6-3 所示。

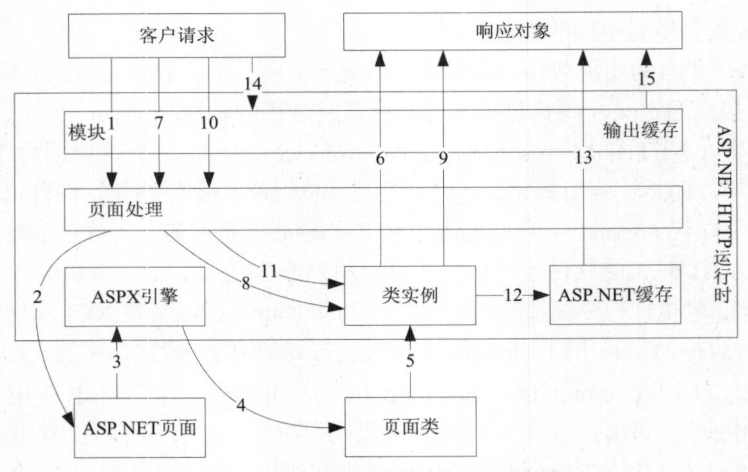

图 6-3　ASP.NET 网站的内部处理过程

此处展示了一个 HTTP 请求有可能经过的四条不同路线。

- 第一次访问这个页面时：请求首先依次经过 HTTP 模块和页面处理，在处理过程中服务器会获取真正要访问的页面，然后通过 ASPX 引擎获得该页面背后的类，并将其实例化为一个临时对象。在此过程中会触发一系列的事件，其中一部分事件需要通过对象的方法进行处理，之后服务器会将这个处理后的页面移交给响应对象，然后由响应对象将这个页面发送到客户端。此过程在图中的标号为 1～6。
- 在会话存续期间，当客户继续向服务器发送请求时，由于与服务器之间的会话已经建立，对应的临时对象在服务器中已经建立，因此不必再经过初始化页面的工作，故这条路线是按照 HTTP 模块、页面处理，然后直接与临时对象进行交互，最后返回用户的。此过程在图中的标号为 7～9。
- 第三条路线是当处理请求时可能需要调用 ASP 缓存，此时临时对象将会直接从 ASP 缓存中提取信息并返回。此过程在图中的标号为 10～13。
- 第四条路线可能是当用户刷新这个页面的时候，服务器发现该请求是之前已经处理过的，并已将处理的结果存储到一个默认的 HTTP 模块所管理的输出缓存中了，这样就可以直接从这个缓存提取信息并返回。此过程在图中的标号为 14 和 15。

6.2.4　ASP.NET 应用的开发实例

.NET 程序的组织方式有两种：一种是 HTML 代码和程序代码混合在一个文件中，类似于早期的 ASP 或 JSP 等；另一种方式是将 HTML 代码和业务逻辑代码分开，这样会使开发人员的思路更清晰，其中 HTML 代码保存在 XXX.aspx 文件中，而 C#代码保存在 XXX.aspx.cs 文件中(其中 XXX 表示某个文件名)，以下分别进行介绍。

1.　一个简单的实例(使用代码混合模式)

【实例 6-3】使用 ASP.NET 表单提交数据并显示结果

本实例接收由表单提交到 Web 服务器的数据，再将所提交的信息显示在结果页面上。读者可利用本实例了解利用.NET 进行网页交互的基本模式。程序代码如 ex6_3.html 及 ex6_3.aspx

所示。

ex6_3. html

```
<! DOCTYPE html>
<html>
    <head>
        <meta http-equiv="Content-Type" content="text/html; charset=utf-8" />
    </head>
    <body>
        <form action="ex6_3.aspx" method="post">
            <p>姓名：<input type="text" size="20" name="Name"></p>
            <p>兴趣：<input type="text" size="20" name="Love"></p>
            <p><input type="submit" value="提 交"> </p>
        </form>
    </body>
</html>
```

ex6_3.aspx

```
<! DOCTYPE html>
<html>
<head>
    <meta http-equiv="Content-Type" content="text/html; charset=utf-8" />
</head>
<body>
    <form id="form1" runat="server">
    <div>
    <%@ Page Language="C#" %>
    <%
        string strUserName = Request["Name"];
        string strUserLove = Request["Love"];
        %>
        姓名：<%=strUserName%><BR>
        爱好：<%=strUserLove%>
    </div>
    </form>
</body>
</html>
```

ASP.NET 支持在.aspx 文件中使用与 HTML 内容混合的<% %>代码块，这些代码块在网页呈现时按由上而下的方式执行。上面实例中的 ex6_3.html 文件是一个静态页面，其中的表单通过 post 方式提交了“Name”及“Love”两个请求字段，而 ex6_3.aspx 则使用请求对象 Request 接收了这两个数据，此处仅进行了显示，后期结合数据库可以实现诸如注册、登录和修改等更多操作。该实例运行后的结果如图 6-4 所示，其中左侧的图是 ex6_3.html 文件运行后填写了基本信息后的界面，单击其中的“提交”按钮后则会显示右侧的结果界面。

注意：

若在表单中输入中文信息，则有可能出现显示为乱码的现象，对此需要在项目根目录中

web.config 文件的<system.web>节点下输入以下内容：<globalization fileEncoding="utf-8" requestEncoding="utf-8" responseEncoding="utf-8"/>，以使网站能正确识别处理过程中出现的中文信息。

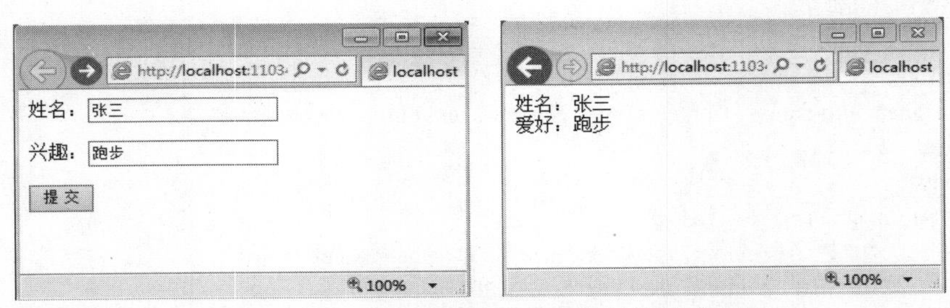

图 6-4　使用 ASP.NET 表单提交数据并显示结果

注意：

在使用 Visual Studio 进行开发时，可以将 C#程序代码写在.aspx 文件中，与 HTML 混合在一起，也可以将程序代码写在单独的同名.cs 文件中。这两种方法都可以，但 Web 开发标准中建议将实现业务逻辑的 C#代码与 HTML 代码分开放在不同的文件中，这样可以提高程序的可读性，将视图与业务分开。

2. 网站注册和注册功能的实现

【实例 6-4】使用数据库显示数据

程序代码如 ex6_4.aspx 所示。

ex6_4.aspx

```
<% @ Page Language="C#" %>
<%@ Import Namespace="System.Data" %>
<%@ Import Namespace="System.Data.OleDb" %>
<script runat="server">
void Page_Load(Object sender, EventArgs e) {
    OleDbConnection Conn=new OleDbConnection();
    Conn.ConnectionString="Provider=Microsoft.Jet.OLEDB.4.0;"+
                          "Data Source="+Server.MapPath("sites.mdb");
    Conn.Open();
    OleDbCommand Comm=new OleDbCommand("select * from link",Conn);
    OleDbDataReader dr=Comm.ExecuteReader();
    dg.DataSource=dr;
    dg.DataBind();
    Conn.Close();
}
</script>
<asp:DataGrid id="dg" runat="server" />
```

在页面上放置一个 DataGrid 控件，系统会自动给出该控件名为 dg。在页面的 Page_Load 过程中首先使用 OleDbConnection 类建立数据库连接对象 Conn，其中的 ConnectionString 属性用于设置连接数据库的相关信息；通过调用其 Open 方法可以打开数据库连接；使用完毕后调用 Close 方法关闭与数据库的连接；应用 OleDbCommand 类建立 Comm 对象来实现对数据库的操作，查询 person 数据库(见配套源代码中的 person.mdb 文件)的 grade 表中的数据，并将所有字段的内容显示在屏幕上；通过调用 Comm 对象的 ExecuteReader 方法创建 OleDbDataReader 类的对象 dr；最后将 dg 和数据绑定，实现数据的显示。该实例运行后的结果如图 6-5 所示。

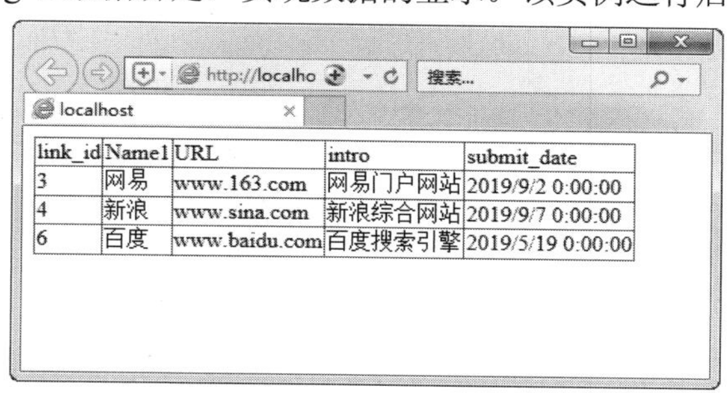

link_id	Name1	URL	intro	submit_date
3	网易	www.163.com	网易门户网站	2019/9/2 0:00:00
4	新浪	www.sina.com	新浪综合网站	2019/9/7 0:00:00
6	百度	www.baidu.com	百度搜索引擎	2019/5/19 0:00:00

图 6-5　使用数据库显示数据

提示：

在 Visual Studio 中，提供了丰富的 DataGrid 配色方案，开发人员在开发程序时只需从已有的方案中选取合适的即可使页面变得更美观。

3. 网站注册和注册功能的实现

【实例 6-5】用户注册功能的实现

程序代码如 ex6_5.aspx.cs 所示(限于篇幅，其他有关文件请参考附带源代码，其中 data 子目录下是 SQL Server 的数据库文件，可通过附加的方式添加)。

ex6_5.aspx.cs

```
using System;
using System.Collections.Generic;
using System.Linq;
using System.Web;
using System.Web.UI;
using System.Web.UI.WebControls;
using System.Text;
using System.Data.SqlClient;
using System.Data;

public partial class Register : System.Web.UI.Page
{
    protected void Page_Load(object sender, EventArgs e)
    {
    }
    protected void btnRegister_Click(object sender, EventArgs e)
```

```
{
    string constr = "server=.;database=user; user Id=sa; password=123";
    SqlConnection con = new SqlConnection(constr);

    StringBuilder strSql = new StringBuilder();
    strSql.Append("insert into users(");
    strSql.Append("user_name,password,sex,age,email,address,createDate)");
    strSql.Append(" values (");
    strSql.Append("@uname,@pwd,@sex,@age,@email,@address,@createDate)");

    SqlParameter[] parameters = {
                new SqlParameter("@uname", SqlDbType.VarChar,20),
                new SqlParameter("@pwd", SqlDbType.VarChar,20),
                new SqlParameter("@sex", SqlDbType.VarChar,2),
                new SqlParameter("@age", SqlDbType.Int),
                new SqlParameter("@email", SqlDbType.VarChar,20),
                new SqlParameter("@address", SqlDbType.NVarChar,50),
                new SqlParameter("@createDate", SqlDbType.DateTime)
                        };
    parameters[0].Value = txtName.Text.Trim();
    parameters[1].Value = txtPwd.Text.Trim();
    parameters[2].Value = rbFemale.Checked ? "男" : "女";
    parameters[3].Value = Convert.ToInt32(txtAge.Text.Trim());
    parameters[4].Value = txtEmail.Text.Trim();
    parameters[5].Value = txtAddress.Text.Trim();
    parameters[6].Value = System.DateTime.Now.ToShortDateString();

    SqlCommand cmd = new SqlCommand(strSql.ToString(), con);
    cmd.Parameters.AddRange(parameters);
    con.Open();
    int n=cmd.ExecuteNonQuery();
    con.Close();
    if (n > 0)
    {
        Literal1.Text = "注册成功";
    }
    else
    {
        Literal1.Text = "注册失败";
    }
}
protected void btnCancel_Click(object sender, EventArgs e)
{
    txtName.Text = "";
    txtPwd.Text = "";
    txtPwd2.Text = "";
    txtAge.Text = "";
    txtEmail.Text = "";
    txtAddress.Text = "";
    txtName.Focus();
```

```
        }
    }
```

事件处理程序为开发人员提供了在 ASP.NET 中构造逻辑的清晰方法，如上面的示例中所定义的 btnRegister_Click 和 btnCancel_Click 事件等，分别说明了“注册”按钮及“取消”按钮被单击后将触发的操作。ex6_5.aspx 是与之相对应的页面文件，其中提供了数据效验等功能，两者共同完成了完整的注册功能。其中“注册”按钮在单击后由 ex6_5.aspx 页面文件中定义的效验功能对输入的信息进行检查，如果不合法则会在界面上进行提示，当全部信息合法后通过 ex6_5.aspx.cs 程序中的 strSql 字符串变量将所有信息整合到完成插入功能的 SQL 语句中。当此 SQL 语句执行完毕后，就可以完成信息的数据库保存功能(constr 变量中保存的是数据库的连接信息，读者可根据自己的 SQL Server 实例进行灵活调整)。该实例运行后的结果如图 6-6 所示，其中页面左下方有注册成功或失败的提示信息。

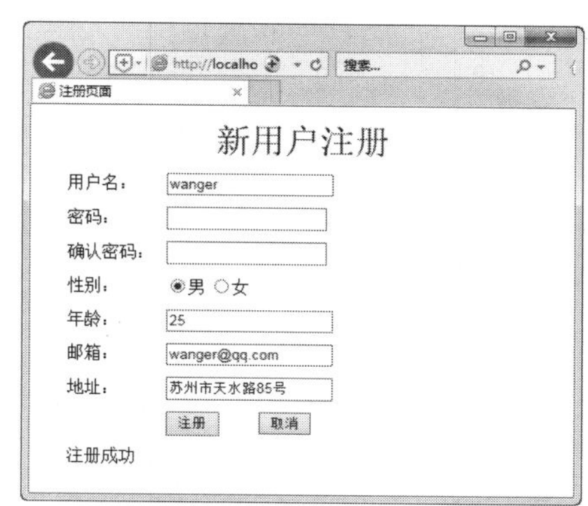

图 6-6　网站注册功能

注意：

按钮的事件响应方法无须手动添加，在设计界面中，双击按钮，Visual Studio 会自动为开发人员添加按钮单击方法。其他界面元素组件也与此类似。

【实例 6-6】用户登录功能的实现

用户完成注册后，相关信息就已成功保存在数据库中了，登录时会完成一致性检验。程序代码如 ex6_6.aspx.cs 及 ex6_6a.aspx.cs 所示。

ex6_6.aspx.cs

```
using System;
using System.Collections.Generic;
using System.Linq;
using System.Web;
using System.Web.UI;
using System.Web.UI.WebControls;
using System.Data.SqlClient;
using System.Data;

public partial class Login : System.Web.UI.Page
{
    protected void Page_Load(object sender, EventArgs e)
    {

    }
    protected void btnLogin_Click(object sender, EventArgs e)
    {
```

```
            string constr = "server=.;database=user; user Id=sa; password=123";
            SqlConnection con = new SqlConnection(constr);

            string sql = "select count(*) from users where user_name=@name and password=@pwd";
            SqlCommand cmd = new SqlCommand(sql, con);
            SqlParameter[] paras ={
                                        new SqlParameter("@name",SqlDbType.VarChar,20),
                                        new SqlParameter("@pwd",SqlDbType.VarChar,20)
                                    };
            paras[0].Value = txtName.Text.Trim();
            paras[1].Value = txtPwd.Text.Trim();
            cmd.Parameters.AddRange(paras);
            con.Open();
            int n = int.Parse(cmd.ExecuteScalar().ToString());
            con.Close();
            if (n > 0)
            {
                Response.Redirect("~/ex6_6a.aspx");
            }
            else
            {
                ClientScript.RegisterStartupScript(this.GetType(), "error", "alert('用户输入的信息有误，请重新输
                入')", true);
            }

        }
        protected void lbtnRegister_Click(object sender, EventArgs e)
        {
            Response.Redirect("~/ex6_5.aspx");
        }
    }
```

ex6_6a.aspx.cs

```
using System;
using System.Collections.Generic;
using System.Linq;
using System.Web;
using System.Web.UI;
using System.Web.UI.WebControls;
using System.Data.SqlClient;

namespace c6
{
    public partial class ex1 : System.Web.UI.Page
    {
        protected void Page_Load(object sender, EventArgs e)
        {
```

```
        }

        protected void Button1_Click(object sender, EventArgs e)
        {
            string constr = "server=.;database=user; user Id=sa; password=123";
            //string constr = "server=(local);database=ShopBookDB; trusted_connection=true";
            SqlConnection con = new SqlConnection(constr);
            SqlCommand cmd = new SqlCommand("select count(*) from users", con);
            con.Open();
            int count = int.Parse(cmd.ExecuteScalar().ToString());
            con.Close();
            Response.Write("会员人数是：" + count);
        }
    }
}
```

ex6_6.aspx.cs 程序通过引入 System.Data.SqlClient 实现了和 SQL Server 数据库的连接，程序中的 constr 设置了连接字符串(读者可根据自己的实际配置进行修改)，连接到数据库后利用 sql 变量中保存的 SQL 语句，实现了检查所输入的用户名和密码是否合法。cmd 是 SqlCommand 类的对象，通过 sql 变量和前面创建的 SqlConnection 类的 con 对象实现 SQL 查询语句的执行，借助 ExecuteScalar()方法得到返回的结果后，决定登录是否成功而呈现不同的结果(读者可以使用当前数据库中的用户数据“zhangsan”“1234”进行登录)。若登录成功则显示当前网站注册的人数(通过调用 ex6_6a.aspx 实现，其中单击 count 按钮后将执行一条统计数据库记录数的 SQL 语句，并将人数显示在界面上)；登录失败则显示登录失败的提示后将要求用户再次进行输入。该实例运行后所显示的登录界面、登录失败及成功界面分别如图 6-7、6-8 及 6-9 所示。

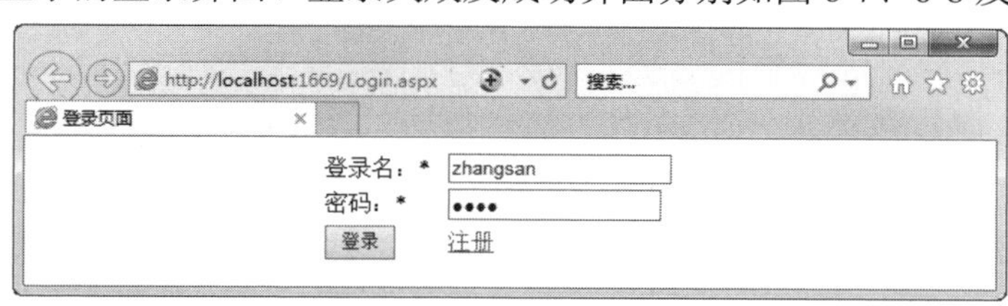

图 6-7　登录界面

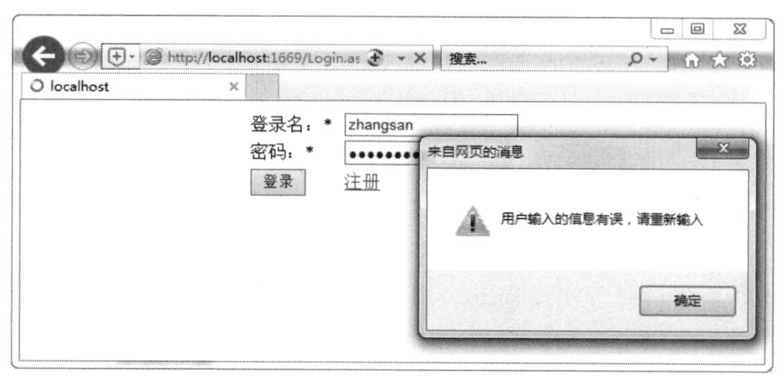

图 6-8　登录失败界面

图 6-9　登录成功界面

6.3 Java 技术

随着 Internet 的发展，大量与之相关的新技术应运而生，其中最为瞩目的就是 Java。Java 不仅仅是一种计算机语言，而且提供了一整套的解决方案。在这套方案中，软件可以按不同的方式发布和运行，也提供了诸如自动下载到客户端并执行的方式。

6.3.1 Java 技术概述

1991 年，当时的 Sun MicroSystem 公司(现被 Oracle 公司收购)的 Jame Gosling、Bill Joe 等人，为在电视、控制烤面包箱等家用消费类电子产品上提供交互操作而开发了一个名为 Oak 的软件，但它在当时并没有引起人们广泛的注意。直到 1994 年下半年，Internet 迅猛发展、全球互联网出现了快速增长后，需求促进了 Java 语言的进步，才使得它逐渐成为 Internet 上最受欢迎的开发与编程语言之一。一些著名的计算机公司纷纷购买了 Java 语言的使用权，如当时的 Microsoft、IBM、Novell、Apple、DEC 和 SGI 等，因此 Java 语言被美国著名杂志 *PC Magazine* 评为当年十大优秀科技产品(计算机类仅此一项入选)，随之大量出现了用 Java 编写的软件产品，普遍受到业界的重视与好评。

Java 是一种广泛使用的网络编程语言。首先，作为一种程序设计语言，它简单、面向对象、不依赖于计算机的结构，具有可移植性、健壮性、安全性，并且提供了并发的机制，具有很高的性能。其次，它最大限度地利用了网络，Java 的小程序(Applet)可在网络上传输而不受 CPU 和环境的限制。另外，Java 还提供了丰富的类库，使程序设计者可以很方便地建立自己的系统。Java 语言具有以下特点：简单性、面向对象、分布式、健壮性、安全性、体系结构中立、可移植性、解释执行、高性能、多线程以及动态性。

1. 简单性

Java 语言是一种面向对象的语言，它通过提供最基本的方法来完成指定的任务，只需理解一些基本的概念，就可以用它编写出适合于各种情况的应用程序。Java 略去了运算符重载、多重继承等模糊的概念，并且通过实现自动垃圾收集大大简化了程序设计者的内存管理工作。另外，Java 也适合于在小型机上运行，它的基本解释器及类的支持只有 40Kb 左右，加上标准类库和线程的支持也只有 215Kb 左右。库和线程的支持也只有 215Kb 左右。

2. 面向对象

Java 语言的设计集中于对象及其接口，它提供了简单的类机制以及动态的接口模型。对象中封装了它的状态变量以及相应的方法，实现了模块化和信息隐藏。而类则提供了一类对象的原型，并且通过继承机制，子类可以使用父类所提供的方法，实现了代码的复用。

3. 分布式

Java 是面向网络的语言。通过它提供的类库可以处理 TCP/IP 协议，用户可以通过 URL 地址在网络上很方便地访问其他对象。

4. 健壮性

Java 在编译和运行程序时，都要对可能出现的问题进行检查，以消除错误的产生。它提供自动垃圾收集机制来进行内存管理，防止程序员在管理内存时容易产生的错误。通过集成的面向对象的异常处理机制，在编译时，Java 会提示可能出现但未被处理的异常，帮助程序员正确地进行选择以防止系统的崩溃。另外，Java 在编译时还可捕获类型声明中的许多常见错误，防止动态运行时出现不匹配的问题。

5. 安全性

用于网络、分布环境下的 Java 必须要防止病毒的入侵。Java 不支持指针，一切对内存的访问都必须通过对象的实例变量来实现，这样就防止了程序员使用“特洛伊”木马等欺骗手段访问对象的私有成员，同时也避免了指针操作中容易产生的错误。

6. 体系结构中立

Java 解释器生成与体系结构无关的字节码指令，只要安装了 Java 运行系统，Java 程序就可在任意的处理器上运行。这些字节码指令对应于 Java 虚拟机中的表示，Java 解释器得到字节码后，会对它进行转换，使之能够在不同的平台上运行。

7. 可移植性

与平台无关的特性使 Java 程序可以方便地被移植到网络上的不同计算机上。同时，Java 的类库中也实现了与不同平台的接口，使这些类库可以移植。另外，Java 编译器是由 Java 语言实现的，Java 运行时系统由标准 C 实现，这使得 Java 系统本身也具有可移植性。

8. 解释执行

Java 解释器直接对 Java 字节码进行解释执行。字节码本身携带了许多编译时的信息，使得连接过程更加简单。

9. 高性能

与其他解释执行的语言如 BASIC、TCL 不同，Java 字节码的设计使之能很容易地通过虚拟机将字节码文件直接转换成对应于特定 CPU 的二进制代码，从而得到较高的性能。

10. 多线程

多线程机制使应用程序能够并行执行，而且同步机制保证了对共享数据的正确操作。通过使用多线程，程序设计者可以分别用不同的线程完成特定的工作，而不需要采用全局的事件循环机制，这样就能够很容易地实现网络上的实时交互操作。

11. 动态性

Java 的设计使它适合于一个不断发展的环境。在类库中可以自由地加入新的方法和实例变量而不会影响用户程序的执行。并且 Java 通过接口来支持多重继承，使之比严格的类继承具有更灵活的方式和扩展性。

6.3.2 Applet 与 Application

在客户端 Java 程序具有两种不同的形态：小程序(Applet)和应用程序(Application)，Applet 是嵌入 Web 文档的程序，而 Application 则是一般的应用程序。因为 Applet 需要首先通过网络将程序下载到本地才能执行，如果程序本身较大则可能造成等待时间较长，因而 Applet 一般来说规模较小，而对于 Application 则无此顾虑。

Applet 与 Application 之间的技术差别来源于其运行环境的差别。Applet 需要来自浏览器的大量信息：浏览器客户机的位置和大小、嵌入主 HTML 文档的参数、初始化过程(init)、启动过程(start)、停止过程(stop)、终止过程(destory)、绘图过程(paint)等。而 Application 则相对要简单得多，它来自外部的唯一输入就是命令行参数。

以下是一个 Java 程序，它既能作为 Applet 又能作为 Application。

【实例 6-7】同时在网页及 Windows 窗体中显示 Hello World

程序代码如 ex6_7.java 及 ex6_7.html 所示。

ex6_7.java

```
import javax.swing.*;
import java.awt.*;
import java.applet.Applet;
import java.awt.event.*;
public class ex6_7 extends Applet{    // 第 5 行
  public static void main(String args[]){
    JFrame frame=new JFrame("Application");
    ex6_5 app = new ex6_5();
    frame.getContentPane().add(app,BorderLayout.CENTER);
    frame.setSize(150,100);
    frame.setVisible(true);
    frame.addWindowListener(new WindowControl(app));
    app.init();
    app.start();
  }
  public void paint(Graphics g){
    g.drawString("Hello,World!",25,25);
    g.drawRect(20,10,80,20);
```

```
    }
    public void destroy(){
       System.exit(0);
    }
}
class WindowControl extends WindowAdapter{
    Applet c;
    public WindowControl(Applet c){
       this.c=c;
    }
    public void WindowControl(WindowEvent e){
       c.destroy();
    }
}
```

ex6_7.html

```
<!doctype html public "-//W3C//DTD HTML 4.0 Transitional//EN">
<html>
   <head><title>ex6_7</title>
   </head>
   <body bgcolor="000000">
      <Applet code = "ex6_7.class" width=300 height=200>
      </Applet>
   </body>
</html>
```

假设文件 ex6_7.java 和 ex6_7.html 存放在 C:\SRC 目录下，则运行该程序的步骤如下：

(1) 首先需要安装合适版本的 JDK，安装及配置方法可参考相关文档的说明。

(2) 在“开始”菜单中单击“运行”或直接按键盘上的“Windows 键+R”组合键打开“运行”对话框，在此对话框中输入 cmd 并按 Enter 键。

(3) 在弹出的 DOS 窗口中，输入命令“cd \SRC”，再按 Enter 键，将当前目录切换为存放源代码的目录，此时可观察到提示符已变为“C:\SRC>”。

(4) 输入命令“javac ex6_7.java”，再按 Enter 键，稍等片刻后又回到命令行方式。如果出现提示信息，则说明编译出现了所提示的问题。如果编译成功，则可用“dir”命令检查是否自动生成了 ex6_7.class 和 Windowcontrol.class 文件。

(5) 输入命令“java ex6_7”，再按 Enter 键，此时会在桌面的左上角出现如图 6-10 所示的窗口，其中显示了“Hello,World!”。

(6) 在“资源管理器”中双击 ex6_7.html 文件，可以看到在浏览器中显示的“Hello,World!”，如图 6-11 所示。

注意：

在网站正式运行时，只需要将扩展名为.html 和.class 的文件发布到服务器即可，而.java 文件没有必要发布上去，以免源代码泄露。

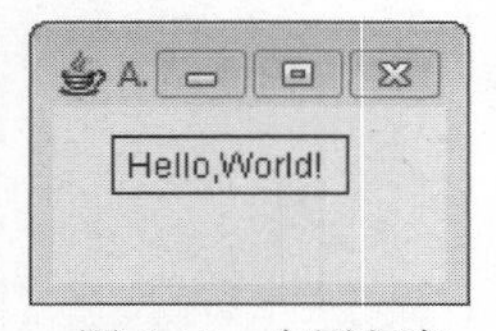

图 6-10　应用程序

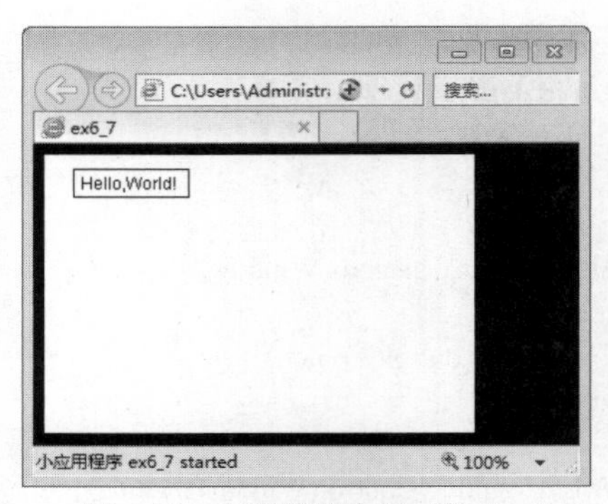

图 6-11　在浏览器中显示的 Applet

本程序的作用是在屏幕上输出：Hello,World!。其特殊之处在于编译后本程序可以同时在网页中和 Windows 窗体中显示。首先，Applet 必须作为 java.applet.Applet 的子类，而 Application 则必须有一个公共的方法 main()。其次，两者的主线程是不同的，Applet 是通过方法 init()对 Applet 进行初始化的，而 Application 则从 main()方法开始运行程序。Applet 由浏览器管理其生命周期，即生成(new)、初始化(init)、运行(start)、停止(stop)和销毁(destroy)等；而 Application 则自行管理其生命周期。一般而言，Java 的 Applet 和 Application 是完全遵照前面的某一种方式进行编写的，但 Java 允许写出既是 Applet 又是 Application 的程序。这样，既可以进一步了解 Java 的内部结构又可以使同一程序运行于不同的运行环境。

在程序代码 ex6_7.java 中，第 5 行的 extends Applet，表示程序继承 java.applet.Applet 类。在类中，重写了父类 Applet 的 paint()方法，其中参数 g 为 Graphics 类，它表明当前画板的上下文。在 paint()方法中，调用 g 的 drawString()方法，在坐标(25,25)处输出字符串，再调用 drawRect()方法画一个矩形。如果作为 Application，则由 main()方法开始，先生成程序本身的实例将程序加入窗口，然后调用 init()方法进行初始化。

注意：

并不是所有的小程序都可以同时也是应用程序的，因为有些小程序中的功能不能用于应用程序，如 Applet.getCodeBase()、Applet.getDocumentBase()等在 Application 中使用时就会抛出异常。反之一些在 Application 中可以使用的功能，由于安全原因，也不能在 Applet 中使用，主要差异是 Applet 需要在网上发布，具有更高的安全性。

近几年来，WebAssembly 等技术发展比较迅速，它能与 JS 协同工作，同样采用了将编译后的代码嵌入浏览器中运行，并且是浏览器厂商四巨头(谷歌、苹果、火狐、微软)合作共谋的产物，在很多方面都超越了 Java Applet，并且大有取代 Java Applet 之势。

6.3.3　Servlet

可以将 Servlet 作为服务器端的 Applet。它从客户端接收请求，执行设定的操作后，最终将结果返回给客户端。使用 Servlet 的基本流程如下：

- 客户端(很可能是 Web 浏览器)通过 HTTP 发出请求。
- Web 服务器接收该请求并将其发给 Servlet。如果这个 Servlet 尚未被加载，Web 服务器将把它加载到 Java 虚拟机并且执行它。

- Servlet 将接收该 HTTP 请求并进行某种处理。
- Servlet 将向 Web 服务器返回应答。
- Web 服务器将从 Servlet 收到的应答发送给客户端。

由于 Servlet 是在服务器上执行的，不存在类似于 Applet 的安全性问题，因此一些很难由 Applet 实现的功能可以利用 Servlet 并通过 CORBA、RMI、Socket 和本地(native)调用等通信的方式来实现。

注意：

Web 浏览器并不直接和 Servlet 通信，Servlet 是由 Web 服务器加载和执行的。这意味着如果 Web 服务器有防火墙保护，那么在其上发布的 Servlet 也将得到防火墙的保护。

由于具有平台无关性，因此 Servlet 可以很好地取代 CGI 脚本。此外，Servlet 还具有如下特点：

1. 持久性

Servlet 只需 Web 服务器加载一次，而且可以在不同请求之间保持服务(如一次数据库连接)。与之相反，CGI 脚本是短暂的、瞬态的。每一次对 CGI 脚本的请求，都会使 Web 服务器加载并执行该脚本。一旦这个 CGI 脚本运行结束，它就会被从内存中清除，然后将结果返回到客户端。CGI 脚本的每一次使用，都会导致程序初始化过程(如连接数据库)的重复执行。

2. 与平台无关

Servlet 是用 Java 编写的，它自然也继承了 Java 的平台无关性。

3. 可扩展性

由于 Servlet 是用 Java 编写的，因此具备了 Java 所能带来的所有优点。Java 是健壮的、面向对象的编程语言，它很容易扩展以适应用户的需求，Servlet 自然也继承了这些特性。

4. 安全性

从外界调用 Servlet 的唯一方法就是通过 Web 服务器。这提供了高水平的安全性保障，尤其是在用户的 Web 服务器有防火墙保护的情况下。

5. 可在异构的客户机上使用

由于 Servlet 是用 Java 编写的，因此可以很方便地在 HTML 中使用，就像使用 Applet 一样。

【实例 6-8】一个简单的 Servlet 实例

程序代码如 ex6_8.java 所示。

ex6_8.java

```
import javax.servlet.*;
import javax.servlet.http.*;
import java.io.*;
```

```
public class ex6_8 extends HttpServlet {
  public void service(HttpServletRequest req,HttpServletResponse res) throws IOException
  {
    res.setContentType("text/html");
    PrintWriter out = res.getWriter();
    out.println("<html><head><title>Hello World!</title></head>");
    out.println("<body>");
    out.println("<h1>Hello World!</h1></body></html>");
  }
}
```

首先在 Tomcat 服务器的 Web 应用主目录(如 C:\Tomcat\webapps\)下创建 servletdemo，并添加一个子目录 WEB-INF，将编译后的 ex6_8.class 文件复制到 WEB-INF 下的 class 子目录下，再编辑 Tomcat 的配置文件 web.xml，以下是该文件中和本程序有关的片段。

web.xml

```
<servlet>
<servlet-name> ex6_8</servlet-name>
<servlet-class>examples.servlets. ex6_8</servlet-class>
</servlet>
<servlet-mapping>
<servlet-name> ex6_8</servlet-name>
<url-pattern>/ex6_8/*</url-pattern>
</servlet-mapping>
```

在浏览器中用 http://localhost:8080/servletdemo/ex6_8 即可完成调用。这个程序使用 service()方法实现对客户端的响应。在这个响应中，首先调用 setContextType("text/html")来设置响应内容的类型。因为要发送文本，所以使用 getWriter()方法获得了 PrintWriter 对象，调用 out.println()方法逐行生成将要发送给客户端的信息，本实例运行后的结果如图 6-12 所示。

图 6-12　简单的 Servlet 实例

Sun 公司首先开发出 Servlet，其功能比较强劲，体系设计也很先进，但是在输出 HTML 语句时还是采用了老的 CGI 方式，是一句一句输出的，所以编写和修改 HTML 非常不方便。这就是为什么作为改进方案的 JSP(Java Server Pages)被推出的原因。

6.3.4　JSP

JSP 提供了一种简单而快速的方法来创建显示动态生成内容的 Web 页面。JSP 技术规范定义了如何在服务器和 JSP 之间进行交互，描述了页面的格式和语法。它使用 XML 标签和 Scriptlets(一种使用 Java 语言编写的脚本代码)封装生成页面内容的逻辑。JSP 将各种格式的标签(HTML 或 XML)直接传递给响应的页面。通过这种传递方式，JSP 实现了页面逻辑与其设计和显示的分离。按照脚本语言是服务于某一个子系统的语言这种论述，JSP 应当被看作是一种脚本语言。但作为一种脚本语言，它又显得过于强大了，在 JSP 中几乎可以使用全部的 Java 类。

JSP 在执行时被编译成 Servlet，并可调用 JavaBean 组件或 Enterprise JavaBean 组件，以便在服务器端处理。因此，JSP 技术在构建可升级的基于 Web 的应用时扮演着重要角色。JSP 与 Java 语言一样，并不局限于任何特定的平台或 Web 服务器。因此，如果 Web 服务器没有提供 ASP 支持，比如使用了 Apache 或 Tomcat 等服务器时，可以考虑使用 JSP。

注意：

请不要将 JSP 与服务器端的 JavaScript 混为一谈。网站服务器会自动将以 JSP 写成的 Java 程序代码段转换成 Java Servlet。而以前必须采用 Perl 程序或调用服务器特定 API(如 ASP 等)才能实现的功能也都可以通过 JSP 来自动处理。

1. JSP 的优点

既然 JSP 在执行时也要被编译成 Servlet，那么在理论上就可以直接编写 Servlet 来创建 Web 应用。然而，JSP 技术通过将页面内容和显示逻辑分开，简化了创建网页的过程。在许多应用程序中，需要将模板内容和动态生成的数据一起发送到客户端。基于这种考虑，使用 JSP 技术要比全部使用 Servlet 方便得多。JSP 技术具有以下主要优点。

(1) 简单实用

JSP 可以实现大部分的 Servlet 功能，并继承了 Servlet 的优点，弥补了 Servlet 的不足。JSP 使 Servlet 的动态数据处理和输出格式两者分开，采用了一种类似于 HTML 的格式，使 Web 应用的维护和修改更加方便。即使不懂 Java 编程的人员也可以通过标准标签实现 JSP 的基本功能。

(2) 移植性和规范性好

JSP 技术和微软公司的 ASP 技术是竞争关系。JSP 使用 Java 语言作为动态内容生成的编程语言，ASP 则主要使用 VBScript 脚本语言。ASP 程序一般运行在微软的 IIS 服务器上，一旦从 Windows 平台转到其他平台，就很难再被使用。Java 语言则具有更强的适用性和移植性，JSP 程序无须改动，就可以在各种平台上运行。

Servlet 和 JSP 是 Java 技术在 Web 层的主要技术。Servlet 是用 Java 语言编写的 Java 类，能动态处理客户请求并构造响应。JSP 则基于文本，也能像 Servlet 一样被执行，更多适用于创建一些静态内容。

2. JSP 开发方式

JSP 既可以用于开发小型的 Web 站点，也可以用于开发大型的、企业级的应用程序，使用 JSP 存在几种不同的开发方式。

(1) 直接使用 JSP

对于最小型的 Web 站点，可以直接使用 JSP 来构建动态网页，这种站点最为简单，所需要的仅仅是简单的留言板、动态日期等基本功能。对于这种开发模式，一般可以将所有的动态处理部分都放置在 JSP 的 Scriptlet 中。

(2) JSP+JavaBean

中型站点面对的是数据库查询、用户管理和小量的业务逻辑。对于这种站点，不能将所有的东西全部交给 JSP 页面来处理，而是在其中加入 JavaBean 技术来帮助中型网站的开发。利用 JavaBean，将很容易完成如数据库连接、用户登录与注销、业务逻辑封装的任务。如将常用的数据库连接写为一个 JavaBean，既方便了使用，又可以使 JSP 文件简单而清晰，通过封装还可以防止一般的开发人员直接获得数据库的控制权。

(3) JSP+JavaBean+Servlet

无论是用 ASP 还是用 PHP 开发动态网站，长期以来都存在一个比较重要的问题，就是网站的逻辑关系和网站的显示页面不容易分开，最终的作品也几乎无法阅读。另外，动态 Web 的开发人员也在抱怨，将网站美工设计的静态页面和动态程序合并的过程是一个异常痛苦的过程。

如何解决这个问题呢？在JSP问世以后，人们认为Servlet已经完全可以被JSP代替，但事实是当Servlet不再担负动态页面生成的任务以后，开始担负起决定整个网站逻辑流程的任务。在逻辑关系异常复杂的网站中，借助于Servlet和JSP良好的交互关系以及JavaBean的协助，完全可以将网站的整个逻辑结构放在Servlet中，而将动态页面的输出放在JSP页面中来完成。在这种开发方式中，一个网站可以由一个或几个核心的Servlet来处理网站的逻辑，通过调用JSP页面来完成客户端(通常是Web浏览器)的请求。在本章后面我们将可以看到，在J2EE模型中，Servlet的这项功能可以被EJB取代。

【实例 6-9】显示不同颜色的文字

程序代码如 ex6_9.jsp 所示。

ex6_9.jsp

```
<! DOCTYPE html>
<html>
  <head>
    <meta http-equiv="Content-Type" content="text/html; charset=utf-8" />
    <title>JSP test page---HelloWorld!</title>
  </head>
  <body>
    <%
      String[] colors={"red","green","blue","black","gray"};
      for (int i = 0 ; i < 5 ; i++)
      {
        out.println("<h1><font color=" + colors[i] + ">Hello World! My first jsp page.</font></h1>");
      }
    %>
  </body>
</html>
```

在这个实例中，首先定义了一个包含 5 个字符串的数组，其中每一个成员都定义了一种颜色。然后在接下来的代码中，使用这 5 种颜色循环输出文字。该实例运行后的结果如图 6-13 所示。

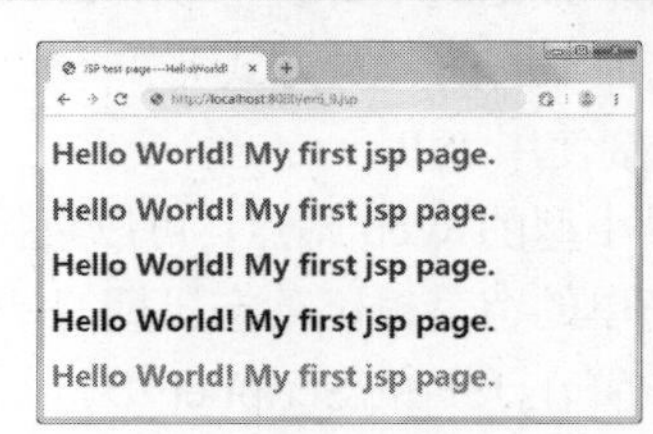

图 6-13　显示不同颜色的文字

6.3.5　J2EE

J2EE(Java 2 Platform，Enterprise Edition)平台建立在 J2SE(Java 2 Platform，Standard Edition)

的基础上，为企业级应用提供了完整、稳定、安全和快速的 Java 平台，它是一个标准而不是一个产品。J2EE 平台提供的 Web 开发技术主要支持两类软件的开发和应用，一类是做高级信息系统框架的 Web 应用服务器(Web Application Server)，另一类是在 Web 应用服务器上运行的 Web 应用(Web Application)。

J2EE 体系结构如图 6-14 所示。一方面，与最终用户进行交互的前端表示组件在逻辑上被划分到了客户层，而提供数据存储与访问功能的组件被划分到了数据层。另一方面，在逻辑上驻留在前端与后端之间的中间层可能由一个表示逻辑层和一个业务层组成。表示逻辑层包括基于 Internet 协议和 Web 协议(HTTP、HTTPS、HTML 和 XML)提供应用功能的组件，业务层由捕获业务逻辑的组件组成。这两个层在逻辑上可划分为完全分离的两层，每一个分离的层都是独立的，从而使 J2EE 支持分布式 4 层(或者 n 层)应用。J2EE 是一种灵活的结构，它不将开发人员锁定到特定数量的层上，并且不详细地规定对于这些逻辑分组的物理分离。在网络计算环境中，一个普通的应用可以在一台计算机上同时运行表示逻辑层和业务层(甚至可以包括数据层)，而高级的应用可以在若干台计算机上从物理上分隔每一层。

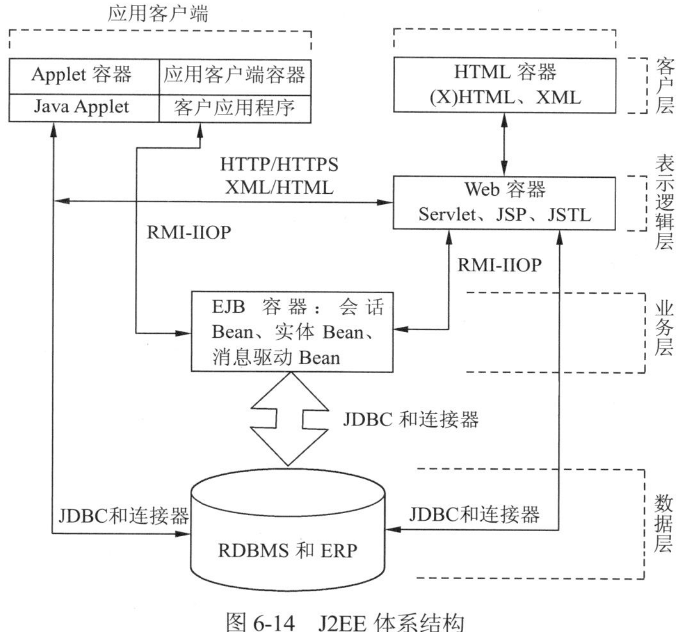

图 6-14　J2EE 体系结构

在 J2EE 的开发中，MVC 是一种非常重要的设计模式，它通常将整个系统分为三个主要部分。

1. 视图

视图就是用户界面部分，在 Web 应用中也就是 HTML、XML、JSP 页面。这个部分主要处理用户看到的东西，动态的 JSP 部分处理用户可以看见的动态网页，而静态的网页则由 HTML、XML 输出。

2. 控制器

控制器负责网站的整个逻辑。它用于管理用户与视图发生的交互。可以将控制器想象成处在视图和数据之间，对视图如何与模型交互进行管理。通过使视图完全独立于控制器和模型，就可以轻松替换前端客户程序，也就是说，网页制作人员将可以独立自由地改变 Web 页面而不必担心影响这个基于 Web 的应用程序的功能。

在 J2EE 中，控制器的功能一般是由 Servlet、JavaBean、EJB(Enterprise JavaBean，即定义了一个用于开发基于组件的企业多重应用程序的标准)中的 SessionBean 来担当的。

3. 模型

模型就是应用业务逻辑部分，这一部分的主角是 EJB，借助于该强大的组件技术和企业级的管理控制，开发人员可以轻松地创建出可重用的业务逻辑模块。

注意：

J2EE 较为复杂，此处仅对它做了非常简要的介绍，如果希望获取更详细的资料，可参考专门介绍 J2EE 方面的书籍。

J2EE 平台不能提供一个令人满意的应用程序编程模型(Application Programming Model)，一些大的应用服务器供应商试图用开发工具来降低 J2EE 开发的复杂性，但是很多 J2EE 开发工具自动产生的代码像这些工具本身一样复杂。因此很多开发人员选择了另外一些开发方式，如 Struts、Hibernate 和 Spring Framework 等，它们都是能有效降低 J2EE 开发难度的开发框架，使用它们可以大大加快开发的速度。

6.4 Python 网站开发技术

Python 下有许多款不同的 Web 框架，Django 是一个开源的 Web 应用框架，由 Python 写成。许多成功的网站和应用都基于 Django，因此它是重量级选手中最具代表性的一位。它遵守 BSD 版权，初次发布于 2005 年 7 月，并于 2008 年 9 月发布了第一个正式版本 1.0。在技术上，它也采用了与 J2EE 相同的 MVC 设计模式。

6.4.1 Python Web 应用开发框架

通过为开发人员提供应用开发框架，可以使开发人员的工作效率大幅度提升。框架可以自动执行通用的解决方案，缩短开发时间，并允许开发人员更多地关注应用逻辑而不是基础元素。

Python Web 框架大致分成三类，分别是全栈框架(Full-Stack Web)、微框架(Non Full-Stack Web)、异步(Asynchronous)框架。在决定使用何种框架时，首先需要考虑项目的规模和复杂程度。如果希望开发的是一个包含功能和需求的大型系统，那么全栈框架可能是正确的选择；如果在更小和更简单的层面，则可以考虑微框架。当然框架也可能阻碍开发，在选择全栈框架时，经常会存在一些限制。

1. Django

Django 是一个开源的 Web 应用框架，由 Python 写成。采用了 MVC 的框架模式，即模型 M、视图 V 和控制器 C。它最初是用于管理劳伦斯出版集团旗下的一些以新闻内容为主的网站的，即 CMS(内容管理系统)软件。并于 2005 年 7 月在 BSD 许可证下发布。这套框架是以比利时的吉普赛爵士吉他手 Django Reinhardt 的名字来命名的。

Django 应该是最著名的 Python 框架，其他如 GAE 甚至 Erlang 框架都受到它的影响。Django 具有大而全的思路，其最出名的是全自动化的管理后台，只需要使用对象关系映射(Object Relational Mapping，ORM)，进行简单的对象定义，它就能自动生成数据库结构以及全功能的管理后台。

Django 的一些示例性功能是它的身份验证、URL 路由、ORM 和数据库模式迁移(Django v.1.7 以上版本支持)等。Django 使用它的 ORM 将对象映射到数据库表。相同的代码适用于不同的数据库，较容易从一个数据库迁移到另一个数据库。Django 使用的主要数据库是 PostgreSQL、MySQL、SQLite 和 Oracle，但第三方驱动程序也允许使用其他数据库。

此外，Django 基于 MVC 的设计十分优秀，具有以下特点：

- 对象关系映射(ORM)：以 Python 类形式定义用户数据模型，ORM 将模型与关系数据库连接起来，可以得到一个非常易用的数据库 API，同时也可以在 Django 中使用原始的 SQL 语句；
- URL 分派：使用正则表达式匹配 URL，可以设计任意的 URL，没有框架的特定限定；
- 模板系统：使用 Django 强大且可扩展的模板语言，可以分开设计、内容和 Python 代码，并且具有可继承性；
- 表单处理：可以方便地生成各种表单模型，实现表单的有效性检验。可以方便地从所定义的模型实例生成相应的表单；
- Cache 系统：可以在内存缓冲或其他框架中实现超级缓冲，实现所需要的粒度大小；
- 会话(session)：用户登录与权限检查，快速开发用户会话功能；
- 国际化：内置国际化系统，方便开发出多种语言的网站；
- 自动化的管理界面：不需要做大量的工作就可以进行人员管理和更新内容，自带类似于内容管理系统的 ADMIN site。

2. Flask

Flask 是一个用 Python 编写的轻量级 Web 应用框架，它受到了 Sinatra Ruby 框架的启发，依赖于 Werkzeug WSGI 工具包和 Jinja2 模板。Flask 背后的主要思想是帮助构建坚实的 Web 应用的基础。Flask 的轻量化和模块化设计使其能够轻松适应开发人员的需求。Flask 也被称为“microframework”，因为它使用了简单的核心，用 extension 增加其他功能。Flask 没有默认使用的数据库、窗体验证工具。它包含许多现成的强大功能：

- 内置开发服务器和快速调试器；
- 集成支持单元测试；
- 安全的 Cookie 支持(客户端会话)；
- 兼容 WSGI 1.0；
- 基于 Unicode；
- 能够插入任何 ORM；
- 与 Google App 引擎兼容。

3. Tornado

Tornado 是一个 Python Web 框架和异步网络库，提供了 Web 服务器。它使用非阻塞网络 I/O 解决并发的问题(意思是说，如果配置正确，它可以处理 10 000 多个并发连接)。这使它成为构建需要高性能和数万并发用户的应用程序的理想工具。最初是在 FriendFeed 公司的网站上使用，被 Facebook 收购了之后便实施了开源。Tornado 的主要特点是：

- 内置的用户认证支持；
- 实时服务；
- 高品质的性能；
- 基于 Python 的网页模板语言；
- 非阻塞 HTTP 客户端；
- 实施第三方认证和授权计划(Google OpenID/OAuth，Facebook 登录，雅虎 BBAuth，FriendFeed OpenID/OAuth)；
- 支持翻译和本土化。

4. Web2py

Web2py 是一个可扩展的开源全栈 Python 框架，轻量级、简单而且功能强大，但不支持 Python 3。Web2py 是一个为 Python 语言提供的全功能 Web 应用框架，旨在敏捷快速地开发 Web 应用，具有快速、安全以及可移植的数据库驱动的应用。其源码很简短，只提供一个框架所必需的东西，不依赖大量的第三方模块，它没有 URL 路由、没有模板也没有数据库的访问。其优点在于它配备了基于 Web 的 IDE，其中包括代码编辑器、调试器和一键式部署等功能。其他有价值的 Web2py 功能包括：

- 没有安装和配置要求；
- 能够在 Windows、Mac、Linux/Unix、Google App Engine、Amazon EC2 以及任何支持 Python 2.5-2.7 或 Java + Python 的虚拟主机上运行；
- 多种协议的可读性；
- 数据安全可防止跨站点脚本攻击、注入漏洞和恶意文件执行等漏洞；
- 成功使用软件工程实践，使代码易于阅读和维护；
- 错误跟踪，彻底的错误记录和日志；
- 支持国际化；
- 向后兼容性确保以用户为导向，而不失去与早期版本的关联。

5. Sanic

Sanic 是一个构建在 uvloop 之上的框架，是专门为通过异步请求处理的快速 HTTP 响应而创建的。它运行于 Python 3.5+上，支持异步请求处理程序，这使它与 Python 3.5 的异步/等待函数兼容，提供非阻塞功能，运行速度较高。在一个进程和 100 个连接的基准测试中，Sanic 每秒能够处理 33 342 个请求。

6. Bottle

Bottle 是一个微框架，是一个简单高效的遵循 WSGI 的微型 Python Web 框架。之所以说是微型，是因为它只有一个文件，除 Python 标准库外，它不依赖于任何第三方模块。使用 Bottle 是原型开发、学习 Web 框架组织以及构建简单个人应用的完美解决方案，使用 Bottle 进行编码可以更接近网站的本身。其默认功能包括路由、模板、实用程序以及 WSGI 标准的基本抽象。

- 路由：支持对函数调用映射的请求，使你可以实现干净和动态的 URL；
- 模板：快速和 Pythonic 开箱即用，全面支持 mako、Jinja2 和猎豹；
- 实用程序：访问表单数据，Cookie、标题和其他与 HTTP 相关的元数据；
- 服务器：支持内置的 HTTP 开发服务器 fapws3、GAE、CherryPy，以及任何其他具有 WSGI 能力的 HTTP 服务器。

7. Pyramid

Pyramid 是一个开源的基于 Python 的 Web 应用框架。其主要目标是尽可能以最小的复杂性进行操作。其最显著的特点是能够同时适用于小型和大型应用程序。Pyramid 的一些出色的功能包括：单文件应用程序、全面支持模板功能和基于规范、灵活的认证和授权、全面的文档支持等。

8. TurboGears

TurboGears 是一个开源的、数据驱动的全栈 Web 应用框架。允许快速开发可扩展的数据驱动的 Web 应用，它配备了用户友好的模板和强大灵活的 ORM.。TurboGears 的一些独特功能包括：

- 多数据库支持；
- MVC 风格的架构；
- 支持 SQLObject 和 SQLAlchemy；
- 和 Genshi 包含在首选的模板语言中；
- 使用 FormEncode 进行验证；
- 作为网络服务器的塔；
- 一个简化前端设计和服务器开发协调的应用程序库模板；
- 面向前端的基于 WSGI 的服务器(Python Web 服务器网关接口，具有良好的可移植性)；
- 支持命令行工具；
- 集成性；
- 所有功能都作为函数装饰器实现。

9. CherryPy

CherryPy 是一个开源、极简主义的 Web 框架。它使构建 Python Web 应用与构建任何其他面向对象的程序无异。事实上，CherryPy 支持的网络应用程序是一个独立的 Python 应用程序，它嵌入了自己的多线程网络服务器。CherryPy 应用程序可在任何支持 Python 的操作系统(Windows、MacOS、Linux 等)上运行。它们可以部署在任何可以运行 Python 应用程序的环境。

CherryPy 应用程序不需要 Apache 等 Web 服务器的支持，但可支持在 Apache、Lighttpd 或 IIS 服务器之上运行 CherryPy 应用程序。

CherryPy 能够处理会话、静态、Cookie、文件上传以及 Web 框架通常可以执行的其他操作，如进行模块化和数据访问等。CherryPy 的更多功能包括：

- 提供兼容 HTTP 1.1 的 WSGI 线程池网络服务器；
- 一次运行多个 HTTP 服务器；
- 强大的配置系统；
- 灵活的插件系统；
- 内置支持：工具缓存、编码、会话、认证、静态内容，也能很好地支持分析、覆盖和测试；
- 能够在 Python 2.7+、Python 3.1+、PyPy、Jython 和 Android 上运行；
- 提供异步框架。

6.4.2 Django 的特点

Django 是用 Python 写的一个自由和开源的 Web 应用框架。Web 框架是一套组件，能帮助开发人员更快、更容易地开发 Web 站点。通常构建一个 Web 站点时，需要一些相似的组件：处理用户认证(注册、登录、退出)的方式、一个管理站点的模板、表单、上传文件的方式等。由于存在框架，利用已有的基本构件就能创建新的站点。

Django 框架的核心包括：一个面向对象的映射器，用作数据模型(以 Python 类的形式定义)和关系型数据库间的媒介；一个基于正则表达式的 URL 分发器；一个视图系统，用于处理请求；以及一个模板系统。核心框架中还包括：

- 轻量级的、独立的 Web 服务器，用于开发和测试；
- 表单序列化及验证系统，用于 HTML 表单和适于数据库存储的数据之间的转换；
- 缓存框架，并有几种缓存方式可供选择；
- 中间件支持，允许对请求处理的各个阶段进行干涉；
- 内置的分发系统允许应用程序中的组件采用预定义的信号进行相互间的通信；
- 序列化系统，能够生成或读取 XML 或 JSON 格式的 Django 模型示例；
- 用于扩展模板引擎能力的系统。

其基本特点如下：

1. 代码模板化

框架一般都有统一的代码风格，同一层的不同类代码，都包含大同小异的模板化结构，方便使用模板工具统一生成，减少大量重复代码的编写。在学习时通常只需要理解某一个具有代表性的类，就等于了解了同一层的其他大部分类的结构和功能，非常容易上手。团队中不同的成员采用类似的调用风格进行编码，在很大程度上提高了代码的可读性，方便维护与管理。

2. 重用

Django 框架一般层次清晰，不同开发人员在进行开发时都会根据具体功能进行分层放置，加上配合相应的开发文档，代码重用率会非常高，想要调用什么功能直接进入对应的位置查找相关函数即可，而不是每个开发人员各自编写一套相同的方法。

3. 高内聚(封装)

框架中的功能会实现高内聚，开发人员将各种需要的功能封装在不同的层中，供他人调用，而他人在调用时不需要清楚这些方法是如何实现的，只需要关注输出的结果是否是自己想要的即可。

4. 规范

开发框架时，必须根据严格的代码开发规范要求，做好命名、注释、架构分层、编码、文档编写等规范要求。因为你开发出来的框架并不一定只有你自己在用，要让他人更加容易理解与掌握，这些内容是非常重要的。

5. 可扩展

开发框架时必须要考虑可扩展性，当业务逻辑更加复杂、数据记录量暴增、并发量增大时，能否通过一些小的调整就能适应？还是需要将整个框架推倒重新开发？当然对于中小型项目框架，不必考虑太多这些内容，当个人能力和经验足够丰富时，自然就会注意到很多开发细节。

6. 可维护

成熟的框架对于二次开发或现有功能的维护来说，在操作上应该都是非常方便的。比如项目要添加、修改或删除一个字段或相关功能，只需要进行简单的操作，十来分钟或不用花太多的时间就可以完成。新增一个数据表和对应的功能也可以快速完成。功能的变动修改不会对系统产生不利的影响。代码不存在硬编码等特性可以保证软件开发的效率和质量。

7. 协作开发

有了开发框架，我们才能组织大大小小的团队更好地进行协作开发，成熟的框架将大大减轻项目开发的难度，加快开发速度，降低开发费用和维护难度。

8. 通用性

某一行业或领域的框架，其功能都是大同小异的，不用做太大的改动就可以应用到类似的项目中。在框架中，我们一般都会实现一些同质化的基本功能，比如权限管理、角色管理、菜单管理、日志管理、异常处理……或该行业中所要使用到的通用功能，使框架能应用到某一行业或领域中，而不是只针对某公司某业务而设定(当然，也肯定存在那些特定功能的应用框架，这只是非常少的特殊情况，不在考虑范围之内)。

6.4.3　Django 实例

1. 环境配置

要使用 Django，首先需要安装 Python。下面以目前最新版的 Python 3.7.4 及 Django 2.2.4

为例进行说明。安装 Python 后，在 Django 2.2.4 解压后的主目录下，在操作系统命令行状态下执行：

```
python setup.py install
```

即可完成 Django 的安装。安装后在 Python 交互模式下分别执行：

```
import django
django.VERSION
```

如果安装正确，则可以看到如下输出信息：(2, 2, 4, 'final', 0)，这表示安装正确。由于 Python 3.7 缺少一个时区转换的模块，因此开始开发前需要对其进行安装，可在操作系统命令行模式下运行如下命令：

```
pip3 install pytz
```

完成 pytz 模块的安装后，即可新建一个网站项目(如 mysite)。首先将目录切换至欲创建网站的目录下，在操作系统命令行模式下运行：

```
django-admin startproject mysite
```

命令运行成功后将在当前目录下自动创建一个名为 mysite 的文件夹，其中包含一个 mysite 文件夹和一个名为 manage.py 的文件，而 mysite 文件夹下又包含有 4 个文件：settings.py、urls.py、wsgi.py 和__init__.py。

由于 Django 服务器可以在准备发布产品之前再进行部署，因而无须进行产品级 Web 服务器(如 Apache)的配置工作，Django 服务器可以监测网站的代码并自动加载网站内容，这样就很容易修改代码而不必重启服务。可以切换到项目主目录(外层的 mysite 目录)下，运行下面的命令：

```
python manage.py runserver
```

Django 开发服务器正常启动后，屏幕显示的反馈信息如图 6-15 所示。

```
Watching for file changes with StatReloader
Performing system checks...

System check identified no issues (0 silenced).

You have 17 unapplied migration(s). Your project may not work properly until you apply the migrations for app(s): admin,
 auth, contenttypes, sessions.
Run 'python manage.py migrate' to apply them.
August 15, 2019 - 11:46:39
Django version 2.2.4, using settings 'mysite.settings'
Starting development server at http://127.0.0.1:8000/
Quit the server with CTRL-BREAK.
```

图 6-15　启动 Django 开发服务器

现在通过任何网页浏览器访问 http://127.0.0.1:8000/，应该可以看到一个 Django 欢迎页面，这表明已成功完成了 Django 的配置。Django 的默认网页界面如图 6-16 所示。

提示：

虽然 Django 自带的这个 Web 开发服务器使用很方便，但切记不要在正式的应用布署环境中使用。由于在同一时间，该服务器只能可靠地处理一次单个请求，并且没有进行任何类型的安全审计，因此这对于实际运行而言是灾难性的。

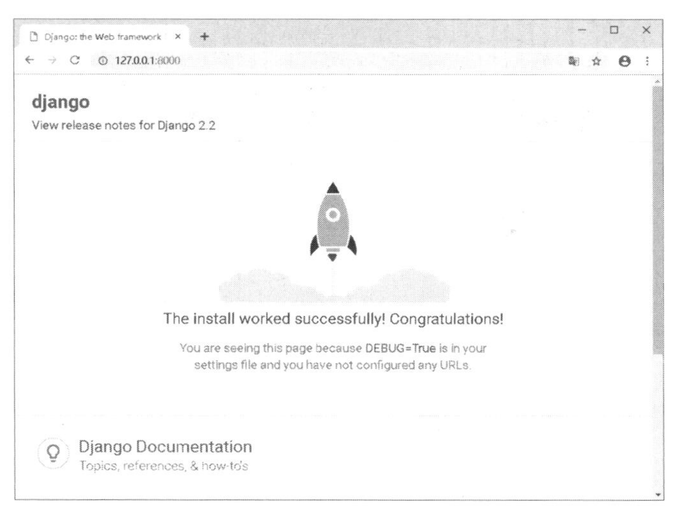

图 6-16　Django 的默认网页

2. 简单实例

【实例 6-10】使用 Django 创建一个简单网页

程序代码如 ex6_10\urls.py 及 ex6_10\ hello.py 所示。

ex6_10\urls.py

```
from django.contrib import admin
from django.urls import path
from ex6_10hello import hello

urlpatterns = [
    path('admin/', admin.site.urls),
    path('hello/', hello),
]
```

ex6_10\hello.py

```
from django.http import HttpResponse
def hello(request):
    return HttpResponse("hello, this is a test page!")
```

程序的运行过程与前一节中介绍的一样，只需在包含“manage.py”的主目录下运行“python manage.py runserver”，再去浏览器中使用所指示的网址打开网页后加上“/hello/”即可(如 http://127.0.0.1:8000/hello/)。在 urls.py 文件中，首先从本项目模块中引入了 hello，在 urlpatterns 元组中加上一行：path('hello/', hello)；这段代码告诉 Django，所有指向 URL：/hello/的请求都应由 hello()这个视图函数来处理。hello.py 文件的内容比较简单，首先从 django.http 引入了 HttpResponse，在声明的视图函数 hello()中，返回了 HttpResponse，由 Django 将其转换为一个适合的网页，最终在浏览器中显示运行的结果，如图 6-17 所示。

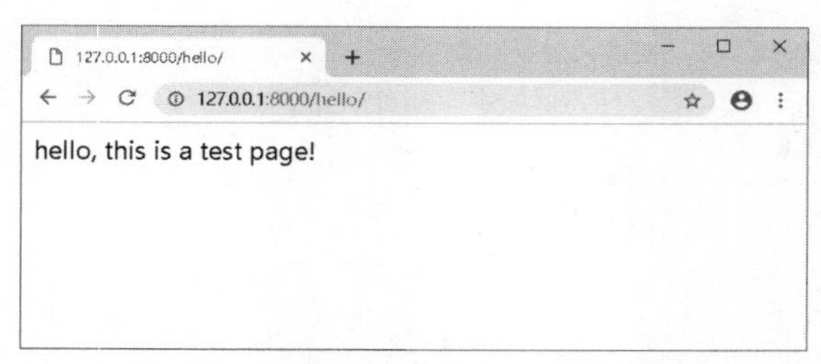

图 6-17　使用 Django 创建一个简单网页

【实例 6-11】使用服务器端资源创建一个动态网页

程序代码如 ex6_11\urls.py 及 ex6_11\ views.py 所示。

ex6_11\urls.py

```
from django.contrib import admin
from django.urls import path
from ex6_11.views import curtime

urlpatterns = [
        path('admin/', admin.site.urls),
        path('curtime/', curtime),
]
```

ex6_11\views.py

```
from django.http import HttpResponse
from django.http import HttpResponse
import time
def curtime(request):
        return HttpResponse("Current time is: "+time.strftime('%Y-%m-%d %H:%M:%S'))
```

程序的运行过程与上例类似，仅有部分文件名有所变化，其中在 views.py 文件中，调用“time.strftime('%Y-%m-%d %H:%M:%S')”来获取服务器的系统时间，运行结果如图 6-18 所示。

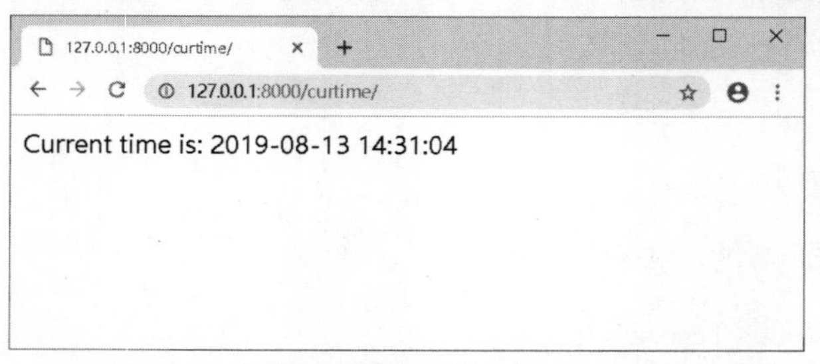

图 6-18　使用服务器端资源创建一个动态网页

6.5 更多的服务器开发技术及其比较

6.5.1 CGI

CGI(Common Gateway Interface，通用网关接口)是一个由 Web 服务器主机提供信息服务的标准接口，通过提供这样一个标准接口，Web 服务器能够执行应用程序并将它们的输出，如文字、图形和声音等传递给一个 Web 浏览器。

一般来说，CGI 标准接口的功能就是在超文本文档与服务器应用程序之间传递信息。如果没有 CGI，Web 服务器只能提供静态文本或者连接到其他服务器。可以毫不夸张地说，有了 CGI，万维网才变得更为实用，界面才变得更为友好，信息服务才变得更为丰富多彩。

CGI 是一个连接外部应用程序到信息服务器(比如 HTTP 或者网络服务器)的标准。一个简单的 HTML 文档无交互后台程序，它是静态的，也就是说它处于一个不可变的状态，即文本文件不可以变化。相反，CGI 程序是可以实时执行的，它可以输出动态的信息。CGI 技术的原理图如图 6-19 所示。

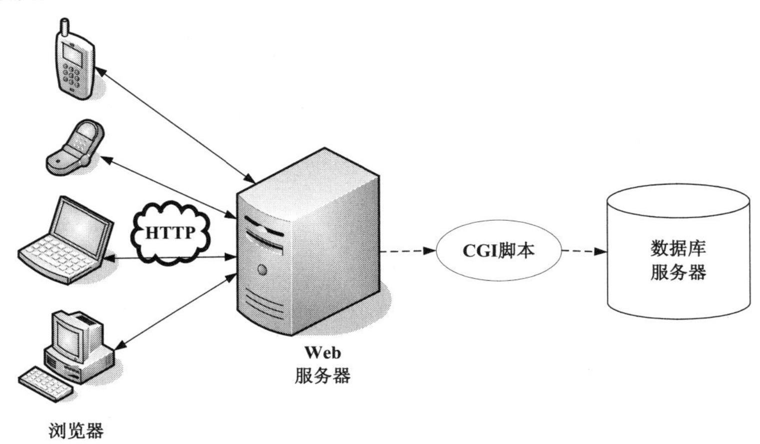

图 6-19　CGI 技术的原理图

CGI 工作的主要流程是：

(1) 首先，用户请求激活 CGI 应用程序。

(2) CGI 应用程序将交互主页中用户输入的信息提取出来。

(3) 将用户输入的信息传给服务器主机应用程序(如数据库查询)。

(4) 将服务器的处理结果通过 HTML 文件返回给用户。

(5) CGI 进程结束。

CGI 程序的工作原理是：客户端的 Web 浏览器浏览到某个主页后，利用一定的方式提交数据，并通过 HTTP 协议向 Web 服务器发出请求，服务器端的 HTTP 守护进程将描述的主页信息通过标准输入 stdin 和环境变量传递给主页指定的 CGI 程序，并启动此应用程序进行处理(包括对数据库的处理)。处理结果通过标准输出 stdout 返回给 HTTP 守护进程，再由 HTTP 守护进程通过 HTTP 协议返回给客户端的浏览器，由浏览器负责解释执行，将最终的结果显示给用户。

由 CGI 的运行原理可知，只要能进行标准输入和标准输出的编程工具都可以用于编写 CGI 程序，因此 CGI 程序几乎可以用任何语言来编写(C/C++、Perl、Java 和 Visual Basic 等)，并且可以在不同平台(Windows/Linux 等)中执行。实际上，从广义上说，PHP、ASP 等也可以是 CGI 脚本语言。

下面是一个简单的 Perl 程序：

```
#! /usr/bin/perl
print "你好！ 欢迎学习 Web 开发基础! \n";
```

这里的第一行代码说明了这是一个 Perl 程序，它也是 Perl 的注释，注释是从#开始至该行结束的所有文字。第二行代码是程序的可执行部分，此处只有一条 print 语句，如果学过 C 或 C++语言，这门语言是很容易掌握的。

CGI 程序一般是可执行程序。编译好的 CGI 程序一般要集中放在一个目录下。具体存放的位置随操作系统的不同而不同(而且可以由用户自己根据实际情况进行配置)，例如 UNIX 系统下的WWW服务器中一般放在cgi-bin子目录下，而在Windows操作系统下以Webstar或Website作为 WWW 服务器，CGI 程序都放在 cgi-win 下。不过，CGI 程序的执行一般有两种调用方式：一是通过 URL 直接调用， 如“http://202.205.240.63/cgi-bin/test.cgi”，在浏览器的 URL 栏里直接输入上述地址就可以调用该程序；另一种方式，也是主要的方式，是通过交互式主页中的 FORM 栏调用，通常都是用户在填完一个输入信息主页后按“确认”按钮启动 CGI 程序。主页的交互一般都是通过这种调用方式来完成的。

6.5.2 ISAPI/NSAPI

CGI 程序每接收到一个来自浏览器的请求就需要在系统中创建一个新的进程，从磁盘上加载可执行映像，并在完成时再将它全部清除。另外，在每一次调用时有些资源(如数据库连接资源)必须重新建立，它们既不能被缓存也不能被重用。这样随着网站访问人数的增加，Web 服务器的性能也必将直线下降，导致服务功能下降或不能提供服务。另外，它的数据库连接功能比较弱，某些情况下甚至还会导致数据库服务系统的存取速度下降。

由于 CGI 存在上述缺点，因此为了改善性能人们开始尝试采用 API 接口调用方式来实现相同的功能。ISAPI/NSAPI(Internet/Netscape Server Application Programming Interface)网关程序的最大优点在于当它在服务器端第一次被执行时即被调入内存，在本次请求结束后也不退出。这样做的好处在于：无论浏览器传送过来多少个请求，在服务器端都由同一个进程进行响应，执行效率高且能保持与数据库之间的高效连接。但是服务器必须同时启动多个线程来处理多台浏览器同时对一个 ISAPI/NSAPI 网关程序的进程所发出的请求，这就加大了开发的难度。

从开发的角度来看，ISAPI/NSAPI 网关程序可以使用各种高级语言进行开发，如 Visual C++、Delphi 等。编译后会得到一个 DLL(Windows 平台)形态的软件。对于程序员来说，直接使用“应用程序编程接口”意味着高度可控，但调试困难则意味着编写不易。

ISAPI 编程与目前流行的其他 Web 开发方式相比，其优势主要表现在性能、安全、功能等方面。有权威机构做过评测，ISAPI 在各项指标上领先于 NSAPI，与纯 Web 开发脚本语言，如 ASP 等相比较，其运行效率更高。

6.5.3 PHP

1. PHP 概述

PHP(Personal Hypertext Preprocessor，超文本预处理器)。1995 年，Rasmus Lerdorf 为了创建

他的在线简历而开发了一个“个人主页工具”(Personal Home Page Tools)，这是一种非常简单的语言。1997 年，Zeev Suraski 和 Andi Gutamns 对其加以完善。其后越来越多的人注意到了这种语言并对其提出了各种建议并做了扩展。在许多人的不断完善下以及这种语言本身的源代码的开放特性，使它逐步演变成一种特点丰富的语言，且现在还在不断成长。

PHP 是完全免费的，用户可以从 PHP 官方站点(http://php.net/)自由下载。它在大多数 UNIX 平台、GUN/Linux 和微软 Windows 平台上均可以运行。关于在 Windows 或 Linux 环境下安装 PHP 的方法可以在相关网站上找到。

2. PHP 的版本及其特色

PHP 的最新版本是 PHP 7，PHP 7 相比于 PHP 5 是一个飞跃。PHP 7 极大地改进了性能，在使用 WordPress 进行的基准测试中，其性能可以达到 PHP 5.6 的 3 倍。

- 执行速度快：PHP 是一种强大的 CGI 脚本语言，其语法是混合了 C、Java、Perl 和 PHP 式的新语法，执行网页的速度比 CGI、Perl 和 ASP 更快，这是 PHP 最为突出的特点。
- 具有很好的开放性和可扩展性：PHP 属于免费软件，其源代码完全公开，任何程序员为 PHP 扩展附加功能都非常容易。
- 数据库支持：PHP 支持多种主流与非主流的数据库，例如，Adabas D、DBA、dBase、dbm、filePro、Informix、InterBase、mSQL、MySQL、Microsoft SQL Server、Solid、Sybase、ODBC、Oracle、PostgreSQL 等。其中，PHP 与 MySQL 是现在绝佳的组合，它们的组合可以跨平台运行。
- 面向对象编程：PHP 提供了类和对象。为了实现面向对象编程，PHP 4 及更高版本提供了新的功能和特性，包括对象重载、引用技术等。
- 版本更新速度快：与数年才更新一次的 ASP 相比，PHP 的更新速度就要快得多，因为 PHP 每几周就更新一次。
- 具有丰富的功能：从对象式的设计、结构化的特性、数据库的处理、网络接口的应用、安全编码机制等，PHP 几乎涵盖了所有网站的一切功能。
- 可伸缩性：传统上网页的交互作用是通过 CGI 来实现的。CGI 程序的伸缩性不是很理想，因为它会为每一个正在运行的 CGI 程序打开一个独立进程。解决方法就是将经常用来编写 CGI 程序的语言的解释器编译到你的 Web 服务器(比如 mod_perl，JSP)中。内嵌的 PHP 具有更高的可伸缩性。
- 功能全面：PHP 包括图形处理、编码与解码、压缩文件处理、XML 解析、支持 HTTP 的身份认证、Cookie、POP3、SNMP 等功能。

3. PHP 开发相关应用系统的整合

- PHP 开发组合通常是：PHP+MySQL+Zend+IIS/Apache。
- MySQL：是一套优秀的开源数据库系统。PHP 支持各种类型的数据库，但由于 PHP 和 MySQL 都归于开源软件，因此两者结合在 Web 开发上表现优异。
- Zend 优化器：可以对 PHP 代码加密，保护 PHP 代码的安全性，更重要的是 Zend 优化器可以极大地提高 PHP 程序的运行效率。经过 Zend 优化器优化后的代码比未加密优化的代码的运行效率高 3~10 倍。

- IIS/Apache Web 服务器：IIS 是 Microsoft 提供的优秀的 Web 服务器。性能稳定安全，功能强大。Apache 是一个优秀的开源 Web 服务器，在 Linux 上的应用较广泛。

4. PHP 应用误区

- 误区 1：PHP 只能在 Linux+Apache 平台上运行。实际上 PHP 可以在各种流行的平台上运行。Windows/Linux 都可以支持，Windows+IIS+PHP 的运行性能表现绝对可以和 Linux+Apache+PHP 相同甚至更高，并且在安全性上更加出色。
- 误区 2：PHP 使用得很少。国外很多网站都是使用 PHP 开发的，这与国内的情况形成鲜明的对比，现在国内 PHP 的应用范围正慢慢扩大。实际上，国内外很多大型的网站都使用 PHP 进行开发，典型的有 Facebook、百度、淘宝、腾讯、新浪等。

5. PHP 的优点

对于开发人员而言，其优点如下：

- 入门快。有其他语言基础的程序员花两周左右的时间就可以入门，一个月左右的时间基本上就可以开发简单的项目了。
- 开发成本低。PHP 最经典的组合就是：Linux + Apache + MySQL + PHP。非常适合开发中小型的 Web 应用，因为上手容易，所以开发的速度比较快。所有的软件都是开源免费的，可以减少投入。此外，一般 PHP 程序员的平均工资要比 C、C++、Java 程序员的平均工资要低一些，特别是对于中小型企业来说可以节约一些成本。
- 采用解释性的脚本语言。代码写完后即可执行，不像 C、C++、Java 等语言需要先编译才能执行，相对来说开发环节会更节省时间。
- 配置及部署相对更为便捷。对比 Java 开发来说，Java 开发的配置就复杂多了，Structs、Spring、Hibernate、Tomcat 等很多地方都需要配置，甚至在程序中每写一个 SQL 语句都需要先在 Hibernate 中配置一下，有时重新部署一个 class 文件或 jar 文件还可能需要重启 Web 服务器(Tomcat、Resin 或其他的 Web 服务器)，才能使新部署的库文件生效。PHP 开发中主要是 PHP 自身的配置文件及 Web 服务器的配置(如 Apache、Nginx 或 Lighttpd 等)，这相对于 Java 来说简单一些，而且新修改了文件以后不需要重新启动 Web 即可立即生效。
- 有大量开源的框架或系统可使用。例如，比较知名的开源框架有 Zend Framework、CakePHP、CodeIgniter、Symfony 等，开源论坛有 Discuz!、PHPwind 等，开源博客有 WordPress 等，开源网店系统有 Ecshop、ShopEx 等，开源的 SNS 系统有 UCHome、ThinkSNS 等。

6.5.4 不同开发技术之间的比较

表 6-1 对 4 种常见的开发方式进行了比较。

表 6-1　不同开发方式的比较

后台界面	CGI	ASP.NET	PHP	JSP/Servlet
操作系统	几乎所有	Windows	几乎所有	几乎所有
服务器	几乎所有	IIS	非常多	非常多
执行效率	慢	极快	很快	极快
稳定性	高	中等	高	非常高
开发时间	长	短	短	中等
修改时间	长	短	短	中等
程序语言	不限，几乎所有	VB、C#等	PHP	仅支持 Java
网页结合	差	优	优	优
学习门槛	高	较低	低	较高
函数支持	不定	多	多	多
系统安全	佳	佳	佳	极佳
使用网站	多	多	超多	目前一般
更新速度	无	快	快	较慢

JSP 同样是实现动态网页的一个利器。由于脚本语言是 Java，所以继承了 Java 诸多的优点。由表 6-1 可知，ASP.NET 和 Java 却是可以相抗衡的。

1. JSP 与 ASP.NET

以下试着从几个不同的方面对这两种技术进行分析和比较。

(1) 面向对象。与 Java 一样，ASP.NET 支持 C#等几种面向对象编程语言。C#将成为微软所推出的与 Java 类似的一种语言，与 Java 相比，它可以和 Windows 环境紧密集成，且它的性能更好。

(2) 数据库连接。ASP 的另一个亮点是它使用了 ADO、ODBC 和 OLE-DB 等事务处理管理器，因此用它开发 Web 数据库应用特别简单。而 ASP.NET 具备了更多的功能，比如 ADO+带来了更强大、更快速的功能。JSP 和 JDBC 目前在易用性和性能上同 ASP/ADO 相比已有些落后，当新版本 ASP/ADO+出现后这种差别可能还会更加明显。

(3) 大型站点应用。ASP.NET 对于企业级的大型站点有更好的支持。事实上，微软在这方面做了巨大的努力。ASP.NET 考虑到了多服务器的场合，只需要增加服务器就可以在一定范围内增加性能，而且整个.NET 框架已经充分地提供了这种方法。ASP.NET 提供了外部会话状态(External Session State)来对大型站点进行支持。此外，由于请求的各组件相互间经过了充分的优化，因此速度较快。

ASP.NET 现在可以在大型项目方面具有与 JSP 几乎相同的能力。此外，ASP.NET 还有价格方面的优势，因为所有的组件将是服务器操作系统的一部分。对于 JSP，则需要购买昂贵的应用服务器群才能达到同样的目的。

(4) ASP.NET 还提供了更多方面的新特性，包括：

- 内置的对象缓存和页面结果缓存；
- 内置的 XML 支持，可用于 XML 数据集的简单处理；

- 服务器控制提供了更充分的交互式控制。

(5) JSP的优势。首先，JSP有一项全新的技术——Servlet(服务器端程序)，这很好地节约了服务器资源。其次，Java良好的跨平台特性是ASP.NET所不具备的。

2. PHP与ASP.NET

提到Web开发，很多技术都涉及预处理，即利用特定的标记将代码嵌入HTML页面中，这些标记告诉预处理器，它们包含代码，需要对它们预先进行处理。与CGI类似，这些代码都是在服务器端运行的。开源的脚本语言PHP和ASP.NET框架中的语言都属于这种类型。实际上，JSP和Perl也是以这种方式运行的。

与ASP.NET相比，PHP 5仍然存在一些缺点，包括缺少异常和基于事件的错误处理。另一个弱点是PHP的函数名是不区分大小写的，虽然这不是一个致命的问题，但这一点可能带来隐藏的错误。另外，PHP不是一种面向对象的语言。

PHP的优势在于它是开源的，可以自行修改。此外，PHP可以与Apache很好地协调工作(可以作为一个模块编译，或直接编译成Apache二进制文件)，而Apache能运行在Windows、Linux、Solaris和其他UNIX平台上。此外，使用拥有Apache的跟踪记录的Web服务器意味着安全性能够保持在最高的优先级上。最后，PHP拥有更短的代码路径，这意味着更少的分析和执行更少的PHP页面服务器端代码，这将带来更高效的内存和使用率以及更快的运行速度。

6.6 本章小结

本章主要介绍了用于Web开发中的各种动态网页技术，包括CGI、ASP、ASP.NET、Java Servlet、Java Applet、JSP、J2EE、PHP、ISAPI/NSAPI、Python Django等。读者可以结合实例，进行横向比较，从而了解各种技术的基本特点、所应用的平台、优势以及可能存在的不足之处等，在进行网站实际开发时结合网站本身和自己对技术的把握程度灵活抉择最佳的技术方案。

6.7 思考和练习

1. 简述动态主页的技术原理。
2. Java Applet与前面介绍的多种动态网页技术最大的不同之处是什么?
3. 如果希望在Linux操作系统下进行网站的开发和运行，目前有哪些动态网页技术可以选择？试分别比较其优缺点。

第 7 章

Web的未来

Negroponte 在其《数字化生存》中曾经有一句著名的论述，“网络上的东西将比人要多”。而 P2P 将使得这些“东西”之间的直接交流成为可能，且网络上的每个设备都是“活跃”的。今天的互联网已经历了翻天覆地的重大改变。最早它只有基于文本的简单浏览器，供学者之间交流研究心得。如今，它已经成为商务、信息、娱乐和生活必不可少的中心。在此过程中，新方法和新技术不断涌现，从早期的图形化浏览器到最近的博客和播客等。现在，互联网已经成为大量应用的首选平台。此时，人们提出了 Web 2.0，它是以 Flickr、Craigslist、Linkedin、Tribes、Ryze、Friendster、Del.icio.us 和 43Things.com 等网站为代表，以 Blog、TAG、SNS、RSS 和 wiki 等应用为核心，依据六度分隔、XML 和 WebAssembly 等新理论和技术实现的互联网的新一代应用模式。

本章旨在让读者了解 Web 技术发展的最新动态，为今后进一步的学习指明方向。目前，除了本书前面章节中重点介绍的几大技术——HTML、CSS、JavaScript 和动态网页外，代表 Web 发展方向的技术包括 XML、WebAssembly、移动开发和混合开发模式等。本章就从这几个方面进行讲解，希望读者能对这类新技术有一定的了解。

本章要点：

- XML 及其相关技术
- WebAssembly 技术
- 移动开发和混合开发模式

7.1 Web 的发展路径

人们在享受技术发展所带来的方便的同时，也越来越依赖于技术的进步，但个体掌握、认识和理解技术进步的能力却各不相同。Web 系统是人类迄今为止最伟大的发明之一，也是计算机影响人类最为深远的技术之一。那么，Web 是如何发展起来的呢？

1. 信息共享

虽然人们为信息共享已经奋斗了很多年，但直到 Web 技术的出现并逐步完善的今天，信息共享也还远未令人满意。但比起之前的其他技术，如 FTP 等，自描述性赋予了 Web 系统强大的生命力，使得 Web 成为信息共享的关键技术之一。

2. 信息共建

Web出现之前信息交换主要是单向的，信息传播的方向是从具有话语权的人单向传播到受众的。受众几乎没有话语权。Web的出现逐渐改变了这种现状，造就了意识表达空前活跃的意识空间。

3. 知识传承

计算机是人类意识的外化，其每一次进步，都必然聚合了更多人的智慧。集聚人类智慧为人类共享是计算机科学技术的内在本质。这里不仅要消灭陷阱病毒，剔除垃圾信息，更要有序化、系统化整个Web世界。当知识的累积达到一定数量时，以全Web资源为基础就自然形成了一座“Web图书馆”，实现人类自身的“知识传承”。此外，搜索引擎的崛起，为海量知识的检索和快速查找提供了帮助。

4. 知识分配

此阶段之前，人类可以随心所欲地获取各种知识，当然这些知识都是前辈们的贡献。与传统的知识分配方式不同，学生可以不用像传统的一位教师对多位学生进行批量、统一的知识传授的方式来获取知识，而是能制定个性化的学习策略，进行自主学习。比如一个10岁的孩子想在20岁的时候成为核物理学家，那么在现在的知识体系下，他会怎样学习知识呢？这个问题就是此阶段的核心——知识分配系统能解决的问题。

5. 语用网

技术的发展虽然令人眼花缭乱，但其背后的本质却十分简单。现有的计算机技术都是符合图灵模型的。简单而言，图灵机就是机械化、程序化或者说算术，以数据和算符(算子)为二元的闭合理论体系。图灵机是研究和定义在数据集上的算子规律或法则的数学科学。在网络世界里，这些封闭系统都要联合起来，成为一个整体，即所谓的整个网络成为一个计算机系统。而这台计算机就不再是图灵机了，而是Petri网了。早在20多年前，Petri就说过，实现Petri网的计算机系统技术称为语用学。由此，语用网才是计算机的技术基础。

6. 云计算和物联网

云计算和物联网在本质上不是单纯的互联网技术或衍生思想。在云计算条件下，以按需、易扩展的方式获取所需要的计算能力或资源，在使用者看来计算能力或资源是可以无限扩展并可以随时获取的。由此形成了虚拟化(Virtualization)、效用计算(Utility Computing)、IaaS(基础设施即服务)、PaaS(平台即服务)、SaaS(软件即服务)等概念。而物联网是与互联网等价的物理媒介，其用户端延伸和扩展到了任何物品与物品之间，进行信息交换和通信，也被称为“物物相连的互联网”。它通过智能感知、识别技术与普适计算广泛应用于网络的融合，构成一个人与物、物与物相连且具备远程管理控制和智能化的网络。物联网与互联网的初步结合，构成了一种全新的模式，惠及所有人。云计算和物联网以及将来更多技术的出现，必将构成改变世界的新物理模式，其中的每个人都有调动自己感官的无限权利，用自己的五官去重新发现世界，最终改变整个世界。

7. 人工智能

“互联网将计算机设备连接到一起，Web(万维网)将信息和用户连接到一起。”目前的人工智能还是一个改造升级互联网的一个工具，自 Web 2.0 产生的大量数据，以及人们对需求的更高要求导致必须通过人工智能的途径来升级和处理。目前互联网还是被屈指可数的大公司把控，而互联网又是一个迭代和更新速度很快的行业，稍有落后就可能被颠覆，所以大公司不可能原地不动的等待，在当前的互联网模式达到顶峰时就要考虑新的模式和形态，所以推崇 AI 也就不奇怪了。

Web 1.0 是一种单向性的网络形态，由服务商整理信息，然后展示给用户，用户是被动的接受者。而 Web 2.0 互联网的信息变成了双向来源，用户也可以提供资源，一个网站同时由服务商和用户共同创建，大量的博客、微博、直播等开始出现，搜索工具开始普及等。2007 年 iPhone 的问世又给 Web 2.0 添了一把火，互联网开始深入影响整个社会，几乎每个人都被接入互联网，每个人都会产生数据。数据多到了不得不通过大数据技术来处理，不得不通过数据挖掘来深入分析数据和每个人的行为习惯。此时 Web 3.0 开始悄悄出现，今日头条的推荐算法、百度的信息流、各种语义识别和图像识别的应用，无非是在向 Web 3.0 靠近。更新之后的 Web 概念，大规模的商业化会带来深刻的颠覆和变革。

将来人工智能可能在以下方向影响 Web 的发展：用自学习算法重新定义 Web 编码、通过使用人工智能虚拟助理来简化 Web 开发、利用网络分析技术实现搜索引擎的智能优化、复杂需求的自动化收集和分析，以及产品测试和质量保证等不同方面。从这个角度来看，人工智能或许是互联网产生迭代的技术因素，是未来 Web 的一个标准项。

7.2 XML 技术

首先 XML 是一种元标记语言，所谓“元标记”就是开发人员可以根据自己的需要定义自己的标签，比如开发人员可以定义标签<book>、<name>等。任何满足 XML 命名规则的名称都可以作为标签，这就为不同的应用程序打开了一扇整合之门。另外，由于不同开发人员对于各自的不同的应用需求可以使用不同结构的 XML 文档，并且可以利用多个不同的 XSLT 从一个已经定义的 XML 文档获取需要的数据，组成不同的显示格式，因此从这个意义上来说，XML 兼具了数据交换和将内容与形式分开的双重作用。

7.2.1 XML 介绍

XML(eXtensible Markup Language)，即可扩展标记语言，在国内很多人将 XML 理解为 HTML 的简单扩展。尽管 XML 同 HTML 的关系非常密切，但这实际上是一种误解。

1. XML、SGML 和 HTML

SGML、HTML 是 XML 的先驱。如前文所述，SGML(Standard Generalized Markup Language)，即通用标记语言标准，它是国际上定义电子文件结构和内容描述的标准，是一种非常复杂的文档结构，主要用于大量高度结构化的数据和其他各种工业领域，有利于分类和索引。同 XML 相比，定义的功能更加强大，但其缺点是不适用于 Web 数据描述，而且 SGML 软件价格非常昂贵。

读者已经比较熟悉 HTML(HyperText Markup Language)，即超文本标记语言，它的优点是比较适合 Web 页面的开发。其缺点是标签种类相对较少，只有固定的标签集如<P>、<TABLE>

等；缺少 SGML 的柔性和适应性；不能支持特定领域的标记语言，如对数学、化学、音乐等领域的表示支持较少。例如，开发人员很难在网页上表示数学公式、化学分子式和乐谱。

而 XML 则从 Web 运用的角度出发，结合了 SGML 和 HTML 的优点并消除了其缺点。XML 仍然被认为是一种 SGML 语言，但它比 SGML 简单，又能实现 SGML 的大部分功能。图 7-1 形象地表示了三者之间的关系，XML 和 HTML 都是 SGML 的子集，但是 XML 和 HTML 有一部分是重合的，这是因为有一部分 HTML 也可以说是 XML，反之亦然。

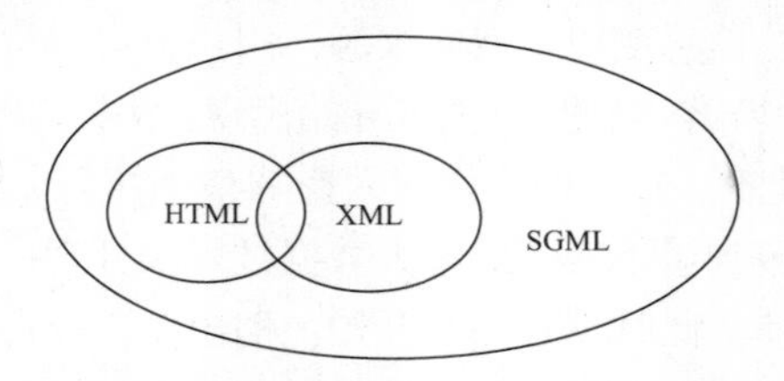

图 7-1　XML、SGML 和 HTML 三者间的关系

早在 1996 年的夏天，Sun Microsystem 公司的 John Bosak 开始开发 W3C SGML 工作组(现在称为 XML 工作组)，旨在创建一种 SGML，使其在 Web 中既能利用 SGML 的长处，又能保持 HTML 的简单性，现在这个目标基本达到了。

2. XML 的发展

在专业领域，出现了不同的 Web 标记语言，比较知名的有 CML——化学标记语言，由 Peter Murray-Rust 开发，同时他还开发了第一个通用的 XML 浏览器 Jumbo。在数学方面，包括 IBM 公司在内都在致力于开发 MathML，在 1997 年 4 月发布了 XLL 的第一个版本。1997 年 8 月，Microsoft 公司和 Inso 公司引入 XSL。1998 年 1 月，Microsoft 公司发布了 MSXSL 程序，它可以利用 XSL 表和 XML 文档创建能被 IE4 识别的 HTML 页面。1998 年 2 月，W3C 发布了 XML 1.0 的正式版本。

近几年来，由于网络应用的飞速发展，XML 的发展非常迅猛，出现了 DOM(Document Object Model)、XSLT(XSL Transformation)等新技术，XML 的应用软件也有了飞速的进步。Microsoft、IBM、Breeze 等公司纷纷推出了自己的解析器或开发平台。在 Microsoft、IBM、HP 等大公司的推动下，目前有两个著名的 XML 研究组织，分别是 biztalk.com 和 oasis.org，由他们向 W3C 提出标准的建议。其中 biztalk 是由 Microsoft 牵头组织的，有趣的是 Microsoft 公司同时参加了 oaisis，用 Microsoft 发言人的话来说，就是“一切视 oasis 的发展而定！”

3. XML 的真实面目

HTML 是一种预定义标签语言，它只识别诸如<HTML>，<P>等已经定义的标签，对于用户自己定义的标签是不能识别的。而 XML 是一种语义/结构化语言，它描述了文档的结构和语义。下面的代码用 HTML 描述了一辆车的信息：

```
<html>
  <Title>关于车</Title>
  <Head>车</Head>
  <body>
    <li>品牌：桑塔纳<ul>
```

```
        <li>制造商：上汽集团
        <li>容量：1.8
        <li>型号：3000<ul>
    </body>
</html>
```

在 XML 中，同样的信息被描述为：

```
<car>
    <brand>桑塔纳</brand>
    <manufactory>上汽集团</manufactory>
    <capacity> 1.8</capacity>
    <model>3000</model>
</car>
```

通过对上面两种方式的对比，可以看出，XML 的文档是具有语义描述能力且结构化的。从低级的角度看，XML 具有一种通用的数据格式。从更高级的层面来看，它是一种自描述语言。

XML 可用于数据交换，这主要是因为 XML 表示的信息是独立于平台的，这里的平台既可以理解为不同的应用程序也可以理解为不同的操作系统。它描述了一种规范，利用它可以完成 Microsoft 的 Word 文档与 Adobe 的 Acrobat PDF 格式文件的相互转换，也可以在异构的数据库之间交换信息。

对于大型复杂的文档，XML 是一种理想语言，它不仅允许指定文档中的词汇，还允许指定元素之间的关系。例如，可以规定一个 author 元素必须有一个 name 子元素，可以规定企业的业务必须包括什么子业务。

7.2.2　XML 的文档格式

1. 元素

XML 文档内容的基本单元为元素，它的语法如下：

```
<标签>文本内容</标签>
```

元素由起始标签、元素内容和结束标签组成。用户把要描述的数据对象放在起始标签和结束标签之间。例如：

```
<姓名>张三</姓名>
```

无论文本内容有多长或者多么复杂，XML 元素中还可以再嵌套其他元素，这样可以使相关信息构成等级的结构。下面的例子中，在<中华人民共和国公民>的元素中包括了所有公民的信息，每位公民都由<身份证号>、<姓名>和<籍贯>三个元素来描述，在这个层次结构中，<中华人民共和国公民>元素中又嵌套了<公民>，而<公民>元素中嵌套了<身份证号>、<姓名>和<籍贯>元素。

【实例 7-1】XML 文档实例

程序代码如 ex7_1.xml 所示。

ex7_1.xml

```
<?xml version="1.0" encoding="UTF-8" standalone="yes"?>
```

```
<list>
    <emp id="2575">
        <name>黄海锋</name>
        <age>36</age>
        <gender>man</gender>
        <salary>14000</salary>
    </emp>
    <emp id="2576">
        <name>黄海川</name>
         <age>49</age>
         <gender>man</gender>
         <salary>18500</salary>
    </emp>
    <emp id="2577">
        <name>黄海兰</name>
        <age>34</age>
        <gender>woman</gender>
        <salary>16000</salary>
    </emp>
    <emp id="2578">
        <name>黄海基</name>
        <age>26</age>
        <gender>man</gender>
        <salary>9200</salary>
    </emp>
</list>
```

直接在浏览器中运行该实例会显示如图 7-2 所示的结果，其中左侧为 Chrome 浏览器中的显示效果，右侧为 IE 浏览器中的显示效果。IE 中显示的文字具有不同的颜色，且有些元素前面带有“-”标记，这意味该元素是可以展开和折叠的，界面上的缩进代表元素的从属关系。两种不同的浏览器在文件头部的处理方面具有较大差异。另外，在元素的缩进和展开方式方面存在着少量差异。

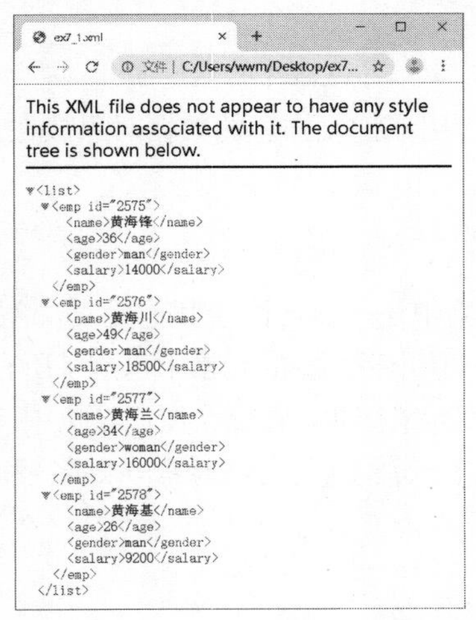

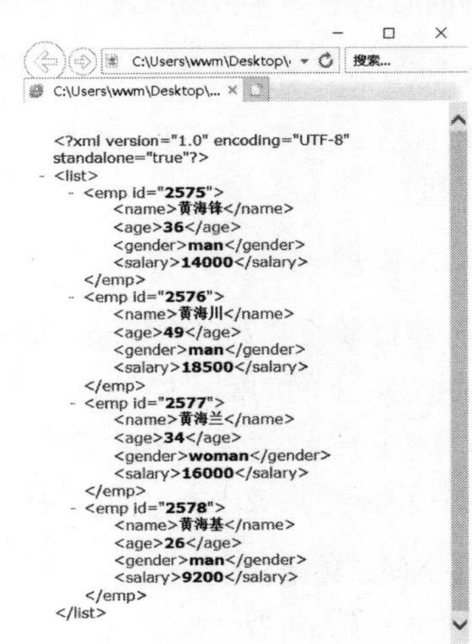

图 7-2　XML 文档在浏览器中的显示

除了元素，XML 文档中能出现的有效对象包括处理指令、注释、根元素、子元素和属性，下面对此进行简单的介绍。

2. 处理指令

处理指令给 XML 解析器提供信息，使其能够正确解释文档内容，它的起始标识是“<?”，结束标识是“?>”。常见的 XML 声明就是一个处理指令，例如：

```
<?xml version="1.0"?>
```

处理指令还有其他的用途，例如，定义文档的编码方式是 UTF-8 还是 Unicode，或是把一个样式表文件应用到 XML 文档上以进行显示。

3. 注释

注释是 XML 文件中用作解释的字符数据，XML 处理器不对它们进行任何处理。注释是用“<!--”和“ -->”引起来的，可以出现在 XML 元素间的任何地方，但是不可以嵌套，例如：

```
<!--这是一个注释-->
```

4. 根元素和子元素

如果一个元素从文件头的序言之后开始一直到文件尾，包含了文件中所有的数据信息，则这个元素被称为根元素。一个 XML 文档中有且仅有一个根元素，其他所有元素都是它的子元素。在【实例 7-1】中，<中华人民共和国公民>就是根元素。

XML 元素是可以嵌套的，被嵌套在内的元素称为子元素。在前面的例子中，<公民>就是<中华人民共和国公民>的子元素。

5. 属性

属性为元素提供进一步的说明信息，它必须出现在起始标签中。属性以名称/值对的形式出现，属性名不能重复，名称与值之间用等号“=”分隔，并用引号把值引起来，例如：

```
<salary currency="US$"> 25000 </salary>
```

此处的属性说明了薪水的货币单位是美元。

6. “格式良好”与“有效”的 XML 文档

一个“格式良好”的 XML 文档除了要满足根元素唯一的特性外，还要包括如下内容。

- 起始标签和结束标签应当匹配：结束标签是必不可少的。
- 大小写应一致：XML 对字母的大小写是敏感的，<name>和<Name>是完全不同的两个标签，所以结束标签在匹配时一定要注意大小写一致。
- 元素应当正确嵌套：子元素应当完全包含在父元素中。
- 属性必须包含在引号中。
- 元素中的属性是不允许重复的。

而一个“有效”的 XML 文档是指一个 XML 文档应当遵守 DTD 文件或是 Schema 的规定，“有效的”XML 文档肯定是“格式良好的”XML 文档。

7.2.3 XML 相关技术介绍

1. DTD

XML 文档可由 DTD 和 XML 文档组成。所谓 DTD(Document Type Definition，文档类型定义)，简单地说就是一组标记符的语法规则，它表明了 XML 文本的组织方式。例如，DTD 可以表示一个<book>必须有一个子标签<author>，可以有或者没有子标签<pages>等。当然一个简单的 XML 文本是可以没有 DTD 的。

2. XML Schema

XML 语言必须有其严格的规范，以适应广泛的应用。XML 文档必须是“格式良好”的，这一点很容易被验证。与此同时，在特定的应用中，数据本身在含义、数据类型、数据关联上的“有效”是较为困难的。

以前，这种限制只有一种定义方式，即上面提到的 DTD 使用了一种特殊的规范来定义在各种文件中使用 XML 标签的规范。但是，有许多常用的限制不能用 DTD 来表述。

此外，尽管 DTD 给标签的使用增加了限制，但是对于 XML 的自动处理却还需要更加严格、更加全面的工具。例如，DTD 不能保证一个标签的某个属性的值必须不为负值，于是出现了 XML Schema。Schema 相对于 DTD 的明显好处是 XML Schema 文档本身也是符合规范的 XML 文档，而不是像 DTD 那样使用特殊格式。这就大大方便了用户和开发人员，因为这样就可以使用相同的工具来处理 XML Schema 和其他 XML 文档，而不必专门为 Schema 使用特殊工具。DTD 对用户来说是额外的，而 Schema 却简单易懂。

最初 XML Schema 由 Microsoft 提出，W3C 的专家们经过充分讨论和论证，在 1999 年 2 月，发布了一个需求定义，说明 Schema 必须符合的要求。同年 5 月，W3C 完成并发布了 Schema 的定义。目前，IE 5 后续版本中的 XML 解析器就能够根据 DTD 或 XML Schema 来解析和验证 XML 文档。

3. CSS、XSL 和 XSLT

通过前面的介绍可知，XML 可以定义信息的内容，却没有说明该信息如何展示，这实际上是 XML 的长处，它把内容和形式进行了分离。因为这个原因，所以内容可以有不同的展示形式，相信随着 XML 应用水平的提升，类似“建议使用 1366×768 分辨率”的话语会逐渐消失。而 XML 内容的展示就是通过 XSL(XML Style Language)或 CSS(Cascading Style Sheets)来实现的。CSS 与 XSL 的区别如表 7-1 所示。

表 7-1 CSS 与 XSL 的区别

比较类型	CSS	XSL
适用在 HTML	可以	不可以
适用在 XHTML	可以	可以
适用在 XML	可以	可以
使用的语法	CSS 样式语法	XML 语法
是否是转换语言	不是	是

【实例 7-2】XML+CSS 文档实例

程序代码如 ex7_2.xml 及 ex7_2.css 所示。

ex7_2.xml

```
<?xml version="1.0" encoding="UTF-8"?>
<?xml-stylesheet type="text/css" href="ex7_2.css"?>
<CATALOG>
    <CD>
        <TITLE>Empire Burlesque</TITLE>
        <ARTIST>Bob Dylan</ARTIST>
        <COUNTRY>USA</COUNTRY>
        <COMPANY>Columbia</COMPANY>
        <PRICE>10.90</PRICE>
        <YEAR>1985</YEAR>
    </CD>
    <CD>
        <TITLE>Hide your heart</TITLE>
        <ARTIST>Bonnie Tyler</ARTIST>
        <COUNTRY>UK</COUNTRY>
        <COMPANY>CBS Records</COMPANY>
        <PRICE>9.90</PRICE>
        <YEAR>1988</YEAR>
    </CD>
</CATALOG>
```

ex7_2.css

```
CATALOG{
    background-color: #ffffff;
    width: 100%;
}
CD{
    display: block;
    margin-bottom: 30pt;
    margin-left: 0;
}
TITLE{
    color: #FF0000;
    font-size: 20pt;
}
ARTIST{
    color: #0000FF;
    font-size: 20pt;
}
COUNTRY,PRICE,YEAR,COMPANY{
    display: block;
    color: #000000;
    margin-left: 20pt;
}
```

本实例中处理指令<?xml-stylesheet type="text/css" href="ex7_2.css"?>将外部定义的CSS引入，其中CSS在第4章已介绍过。当浏览器打开 ex7_2.xml 的同时也打开了ex7_2.css文件，之后将按照所设定的不同样式分别显示XML文件中的数据，最终在浏览器中的显示效果如图7-3所示。

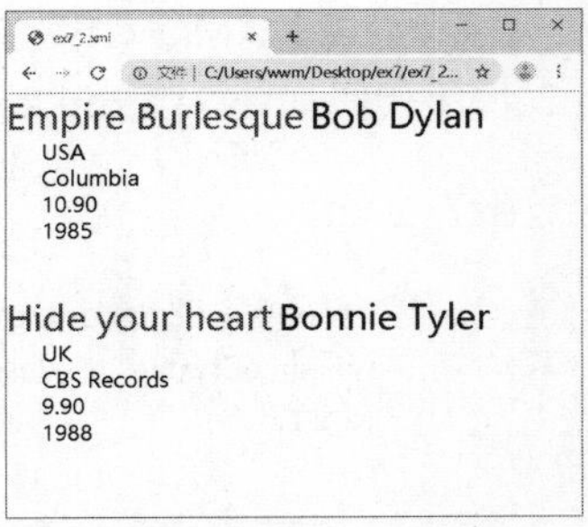

图 7-3　XML+CSS 文档实例

【实例 7-3】XML+XSL 文档实例

程序代码如 ex7_3.xml 及 ex7_3.xsl 所示。

ex7_3.xml

```
<?xml version="1.0" encoding=" GB 2312" ?>
<?xml-stylesheet type="text/xsl" href="ex7_3.xsl"?>
<resume>
    <name>王宝杰</name>
    <sex>男</sex>
    <birthday>1987.5</birthday>
    <skill>Oracle 数据库设计与维护</skill>
</resume>
```

ex7_3.xsl

```
<?xml version="1.0" encoding=" GB 2312"?>
<xsl:stylesheet version="1.0" xmlns:xsl="http://www.w3.org/1999/XSL/Transform">
    <xsl:template match="/">
        <html>
            <head>
                <title>个人简历</title>
            </head>
            <body>
                <xsl:for-each select="resume">
                <p/>
                    <table border="1" cellspacing="0">
                        <caption style="font-size: 150%; font-weight: bold">
                            个人简历
                        </caption>
                        <tr>
                            <th>姓名</th><td><xsl:value-of select="name"/></td>
                            <th>性别</th><td><xsl:value-of select="sex"/></td>
                            <th>生日</th><td><xsl:value-of select="birthday"/></td>
                        </tr>
                        <tr>
                            <th>技能</th><td colspan="5"><xsl:value-of select="skill"/></td>
                        </tr>
                    </table>
                </xsl:for-each>
            </body>
        </html>
    </xsl:template>
</xsl:stylesheet>
```

本实例中处理指令<?xml-stylesheet type="text/xsl" href="ex7_3.xsl"?>将外部定义的 XSL 文件引入。当浏览器打开 ex7_3.xml 的同时也会打开 ex7_3.xsl，按照 XSL 中设定的样式来显示 XML 文件中的数据。由于这里设置了一个表格，因此，最终在浏览器中显示了一个表格，效果如图 7-4 所示。

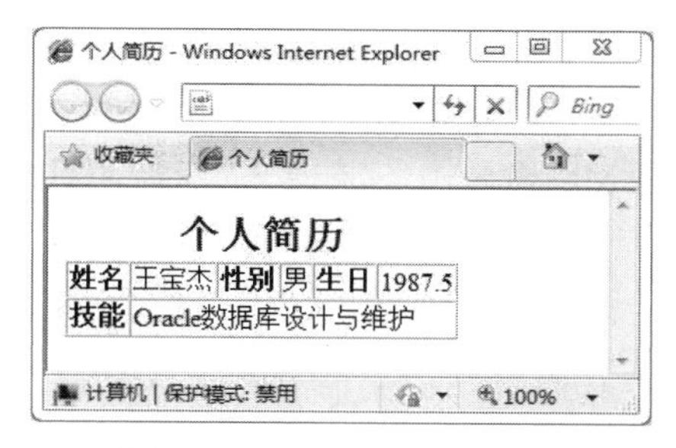

图 7-4　XML+XSL 文档实例

由于 XSL 文档的转换规则较为复杂，因此就不在此详细介绍了，有兴趣的读者可以参考相关书籍或文章来了解。

XSLT 即 XML Stylesheet Language Transformation。XSLT 是一种用来进行 XML 文档间相互转化的语言。简单而言，不同的开发人员对于各自的应用会使用不同的 XML 文档，XSLT 可以从一个已经定义的 XML 文档提取所需的数据，转换为不同的形式，可以是 XML、HTML 和各种不同的脚本。而 XSLT 需要有解析器才能正确显示 XML 文件，而常用的解析器就是微软的 MSXML。

注意：

在微软的 IE5.5 以上版本中内嵌了 MSXML 3 解析器，使用 IE 5.5 以上版本打开某.xml 文件，就可以看到转换后的结果了。但是如果只看到了没有经过转换的 XML 结构树，则就说明浏览器没有安装 MSXML。

删除和恢复 MSXML 的 DOS 命令分别为：

```
resvr32/u msxml3.dll
regsvr32 msxml3.dll
```

4. DOM

DOM(Document Object Model)把 XML 文档的内容映射为一个对象模型，简单而言就是应用程序可以通过 DOM 更方便地访问 XML 文档，W3C 的 DOM Level 1 定义了相关的属性、方法、事件等。

面向对象的思想方法已经非常流行，在编程语言(如 Java、JSP 等)中，广泛使用了面向对象的编程思想。在 XML 中，就是要将网页也作为一个对象来操作和控制，用户可以建立自己的对象和模板。DOM 就是一种详细描述 HTML/XML 文档对象规则的 API。它规定了 HTML/XML 文档对象的命名约定、程序模型、沟通规则等。在 XML 文档中，可以将每一个标识元素看作一个对象——它有自己的名称和属性。XML 创建了标识，而 DOM 的作用就是告诉 JavaScript 如何在浏览器窗口中操作和显示这些标识。

对于 XML 应用开发人员而言，DOM 就是一个对象化的 XML 数据接口，是一个与语言无关、与平台无关的标准接口规范。它定义了 HTML 文档和 XML 文档的逻辑结构，给出了一种访问和处理 HTML 文档和 XML 文档的方法。利用 DOM，程序开发人员可以动态地创建文档，遍历文档结构，添加、修改、删除文档内容，改变文档的显示方式等。可以这样说，文档代表的是数据，而 DOM 则代表了如何去处理这些数据。无论是在浏览器里还是在浏览器外，抑或是在服务器上还是在客户端，只要有用到 XML 的地方，就会碰到对 DOM 的应用。

作为W3C的标准接口规范，目前，DOM由三部分组成，包括核心、HTML和XML。核心部分是结构化文档比较底层对象的集合，这一部分所定义的对象已经完全可以表示任何HTML和XML文档中的数据。HTML接口和XML接口两部分则是专为操作具体的HTML文档和XML文档所提供的高级接口，以便使这两类文件的操作更加方便。

XML DOM包含4个主要对象：XMLDOMDocument、XMLDOMNode、XMLDOMNodeList和XMLDOMNamedNodeMap。

5. Xpointer和Xlinks

类似于HTML中的Hyper Link，Xpointer和Xlinks用于链接其他XML文档及其中的某个部分，其中Xpointer相当于HTML中用于定位HTML文档子内容的锚。不过其链接水平更强大。例如，在某个网上书城上，可以定位到有一个作者叫“吴伟敏”且书中有“XML”的那本书，在HTML中，这是不可能实现的。

当然，XML的发展促使了许多新技术的出现，其他类似的技术还有RDF、Xfrom、RSS等，其中的大部分W3C只是给出了建议，还没有形成正式的标准，有些内容甚至还处于探讨阶段。

6. XML框架

所谓框架即Framework。XML是一个通用的标准。它不属于个人，认证它的也不是一家公司，而是W3C。那么为什么那么多的大公司纷纷趋之如鹜呢？各家公司互相竞争的是它的Framework和Schema。XML Framework是驾驭XML文件的结构，是一种高层次的结构控制。利用XML Framework，可以将业务逻辑(business logic)分离出来，实现数据与计算的分离。

目前著名的框架有Microsoft的Biztalk，以及联合国(UN/CEFACT)和OASIS于1999年底推出的EBXML动议。相信在不久的将来会有许多的框架，其中存在的一个问题就是在W3C关于XML的很多内容还不成熟时，推出框架其实是一种冒险行为。

7.2.4 XML的开发工具

为了帮助读者进一步了解和开发XML，这里对常用的工具进行简要介绍。

- Notepad：最直接、最简单的文本编辑工具，在大多数操作系统中都有。
- Microsoft XML Notepad：微软专门为设计XML文档而提供的编辑软件，可以借助它验证XML文档的有效性。目前最新的版本为2007版。
- Microsoft XML Tree Viewer：利用这个软件可以将XML文档的内容以树形结构的形式显示出来。
- Microsoft XML Validator：该软件可以检查XML文档是否是“格式良好”及其“有效”的，并对错误发出警告。
- Microsoft XSL Debugger：样式单文件的复杂性使开发人员在编写时容易出现错误，这个软件就是帮助用户调试样式单文件的，将复杂枯燥的调试过程用可视化界面显示出来。
- Xray：一种具有实时错误检查的XML编辑器。它根据DTD或者XML Schema，允许用户创建格式良好的 XML 文档或验证文档的有效性，并且支持多文档编辑，是一款免费软件。

- XMLWriter：一款适合于专业 XML 开发人员及初学者的 XML 编辑工具，支持 XML、XSL、DTD/Schema、CSS、HTML 等文本格式的文件编辑和调试。可使用 CSS、XSL 等语言在一个集成的预览窗口中格式化 XML 文件。XML Writer 有一个直观的、个性化的用户界面供使用者编辑，还具有书签功能，可以实现自动查找和替代功能。其他的功能还包括 XML 联机帮助、插件管理、即时色彩编码转换、树形结构查看、批处理及命令行处理、可扩展等。
- XMLSpy(XML 编辑器)：提供 3 种 XML 文档视图，分别是结构显示和编辑视图、源码视图和预览视图。使用它能够设计、编辑和调试含有 XML、XML Schema、XSL/XSLT、SOAP、WSDL 和网络服务技术的企业级应用。其中包含了 XSLT 调试程序、WSDL 编辑、HTML-to-XML 转换、XML 模式驱动的代码生成和 Tamino 集成。它是符合行业标准的 XML 开发环境，专门用于设计、编辑和调试企业级应用，是 J2EE、.NET 和数据库开发人员不可缺少的高性能的开发工具。
- Sonic Stylus Studio：为 XML 开发人员提供了更强大的生产力，如领先的 XSLT 编辑和调试工具、先进的 XQuery 编辑器和调试工具，图像化的 XML Schema 设计工具、独特的 XML-to-XML mapper、所见即所得的 XML-to-HTML 设计工具，以及支持 Sense:X 自动完成功能。Sonic Stylus Studio 进一步支持 XQuery(2003 年的 W3C 规范)、Web Services Call Composer、XSLT 及 XQuery 档案管理，并支持多种 XML Schema 验证引擎。

7.2.5 XML 的使用前景

不管怎样，Web 的应用将随着 XML 的发展而更加精彩。

1. 商务的自动化处理

XML 的自定义标签完全可以描述商务系统中不同种类的单据，例如，信用证、保险单、索赔单以及各种发票等。XML 文档通过 Web 发送时可以被加密，并且很容易附加上数字签名。因此，XML 有希望推动 EDI(Electronic Data Interchange)技术在电子商务领域的大规模应用。有兴趣的读者可以访问网站 http://www.xmledi.org 了解相关内容。

2. 信息发布

信息发布在企业的竞争发展中起着重要作用。服务器只需发出一份 XML 文件，客户就可以根据自己的需求选择和制作不同的应用程序来处理数据。借助于 XSL(eXtensible Stylesheet Language)，将使广泛的、通用的分布式计算成为可能。

3. 智能化的 Web 应用和数据集成

XML 能够更准确地表达信息的真实内容，其严格的语法降低了应用程序的负担，也使智能工具的开发更为便捷。来自不同应用程序的数据也能够转化到 XML 这个统一的框架中，进行交互、转化和进一步的加工。

XML 的优点备受瞩目，它的发展方兴未艾，未来的 Web 将是 XML 的 Web！

7.2.6 JSON

虽然 XML 是进行数据交换的标准方式，但通常它不是最好的方式，JSON(JavaScript Object Natation)为 Web 应用开发人员提供了另一种数据交换格式。尽管 XML 可以将结构和元数据添加到数据上，但是它使用了一种相当烦琐的方式。XML 还有一种相对复杂的语法，因而需要一种分析器对之进行专门分析。在 JavaScript 中，XML 必须被分析成一棵 DOM 树。且一旦构建了这棵 DOM 树，还必须在其中添加导航以便创建相应的 JavaScript 对象或者在其他客户端 Web 应用中使用 XML 数据。同 XML 或 HTML 片段相比，JSON 提供了更好的简单性和灵活性。与 XML 不同的是，JSON 只能用来传输数据，而不能用作文档格式。它是一种轻量级的数据交换格式，非常适合于服务器与 JavaScript 的交互。

尽管 XML 拥有跨平台、跨语言的优势，但只应用于 Web Service，因为在一般的 Web 应用中，开发人员经常为 XML 的解析颇费脑筋，无论是在服务器端生成或处理 XML，还是在客户端用 JavaScript 解析 XML，常常会需要较为复杂的代码，这无形中降低了开发的效率。实际上，对于大多数 Web 应用来说，是不需要复杂的 XML 来传输数据的，XML 的扩展性在这些项目中不完全具有优势，许多 Ajax 应用甚至直接返回 HTML 片段来构建动态的 Web 页面。同返回 XML 并解析它们相比，返回 HTML 片段大大降低了系统的复杂性，但同时也丧失了一部分灵活性。

与 XML 一样，JSON 也是一种基于纯文本的数据格式。由于 JSON 天生是为 JavaScript 准备的，因此 JSON 的数据格式非常简单，可以用 JSON 传输一个简单的 String、Number、Boolean，也可以传输一个数组，或者一个复杂的 Object 对象。

总的来说，JSON 具有轻量级的数据交换格式、读/写更加容易、易于服务器的解析和生成、能够通过 JavaScript 中的 eval()函数解析 JSON。JSON 支持包括 ActionScript、C、C#、ColdFusion、Java、JavaScript、ML、Objective CAML、Perl、PHP、Python、Rebol、Ruby 和 Lua 等多种语言的优点。可以说 XML 比较适合于标记文档，而 JSON 却更适合于进行数据交换处理。

7.3 WebAssembly 技术

WebAssembly 是近年来非常流行并且发展很快的一种 Web 运行机制。其名称中包含了汇编(Assembly)的字眼，具有在 Web 中使用汇编语言之义，也就是通过 Web 执行低级的二进制语法。汇编可能会使很多人感到恐惧，但 WebAssembly 实际上并不直接使用汇编语言，而是提供了一种转换机制(LLVM IR)，将高级语言(如 C、C++和 Rust 等)编译为 WebAssembly，以便在浏览器中运行。其主要的设计目标是解决 JS 语言的执行效率问题，该技术具有快速、内存安全和开放的特点。

7.3.1　WebAssembly 概述

在 20 世纪 90 年代推出的 JavaScript 源于各大巨头的竞争和妥协，几经波折最后形成了唯一一种各大浏览器都能支持的动态语言。但是 JS 的语法具有较为烦琐等特点，因而难以进行大型项目的开发；同时作为一种动态语言不可以避免地存在性能问题。为了解决这些问题，历史上曾经出现过一些很成功的项目，比如微软的 TypeScript 语言、谷歌的 Dart 语言、Mozilla(Firefox)的 asm.js，但它们要么没有真正地解决问题，要么就没有得到一致的支持。鉴于此，W3C 牵头推出了 WebAssembly，它由 W3C WebAssembly 工作组维护，当前主流的浏览器 Chrome、Firefox、Safari、Edge 和 Android 平台的浏览器都支持它。

JS V8 引擎也支持 WebAssembly，因此也可以在 Node.js 中无缝嵌入。设计 WebAssembly 的出发点是解决 JS 的性能等问题，但其并不会取代 JavaScript，相反现在 WebAssemble 的运行是强烈依赖于 JS 的，当然不排除将来浏览器直接提供对它的支持，但目前仍需要借助于 JS 才能运行。两者具有互操作性，不必大幅度改变目前的 Web 工作架构和流程，即可利用 JavaScript 的灵活性和易用性，也能通过 WebAssembly 的强大功能和性能来补充 JS。

在 WebAssembly 尚未问世时，能让代码在浏览器本地执行的技术除了 Asm.js 外，还有谷歌的 Native Client。但随着主流浏览器相继支持 WebAssembly，Google Earth 团队也承诺，要开始从 Native Client 迁移到 WebAssembly。

1. 安全性

WebAssembly 代码运行在 JS 虚拟机的沙盒环境中，具有与 JavaScript 相同的安全策略，浏览器可以确保相同的源和权限策略。

2. 高性能

WebAssembly 是一种编译语言，引入该机制就是为了提高运行的速度和效率，这意味着程序将在执行之前转换为二进制文件。在理论上，它可以达到与 C 语言等本机编译语言同等的性能。与 JavaScript(动态和解释性编程语言)相比，其性能呈几何级的提高。

7.3.2　WebAssembly 的历史

JavaScript (Ecma Script)由 Brendan Eich 用了十天的时间开发出来，他在 1995 年 4 月受聘于网景公司，5 月设计方案定稿，10 月解释器开发成功，12 月向市场推出，此后立刻被广泛接受。

1994 年网景公司发布了 Navigator 浏览器 1.0 版，这是历史上第一个比较成熟的网络浏览器。但纯 HTML 的网页是静态网页，不具备与用户快速交互的功能。也就是说，在用户需要注册或登录时，如果密码那一项没有填，或者两次输入不一致，都必须要将用户的数据传送到服务器，然后由服务器进行处理。这无疑对用户而言在时间上是一种浪费；对服务器和网络流量而言，在资源上也是一种浪费。

在 1995 年 Sun 公司将 Oak 语言改名为 Java，Java 语言的特点是“一次编写，到处运行”，这一特性立即引起了广泛的关注。网景公司当时也希望能用 Java 直接写 Web 页面的程序。但由于 Web 开发的前后端是分开的，写 C++和 Java 代码的开发人员，和写直接嵌套在页面的代码的开发人员是两类不同的人群。

Brendan Eich 在加入网景公司后，虽然希望继续 Scheme 相关的工作，但是接到的任务是负责实现一种“看上去与 Java 足够相似，但是比 Java 简单，非专业的网页制作者也能很快上手”的语言。整体来说，Brendan 的设计思路如下：

- 借鉴 C 语言的基本语法；
- 借鉴 Java 语言的数据类型和内存管理；
- 借鉴 Scheme 语言，将函数提升到首要位置；
- 借鉴 Self 语言，使用基于原型的继承机制。

总而言之，JavaScript 语言实际上是两种语言风格的混合产物，是简化的函数式编程和简化的面向对象编程。

JavaScript 的成功毋庸置疑，这种解释型语言现在已成为互联网上最重要的语言之一，甚至还有人提出使用 JS 来实现 WebOS。

但 JavaScript 是在短时间内完成的一门语言，因此存在很多缺点。而且 1996 年 8 月微软公司强势介入，宣布推出自己的脚本语言 JScript；同年 11 月，网景公司申请 JavaScript 的国际标准；1997 年 6 月，第一个国际标准 ECMA-262 正式颁布。也就是说，在 JavaScript 推出一年半之后，国际标准就问世了。对于国际标准的形成而言，相比之下 C 语言是在问世了将近 20 年后才颁布了国际标准，因而期间有大量的时间可以发现各种设计缺陷并进行修复。而 JavaScript 由于过早地形成了所有人都遵循的标准，以至于在标准形成之后的多年里，人们不得不为改进 JavaScript 做出各种努力。

7.3.3 WebAssembly 的运行原理

总体而言，WebAssembly 定义了一个可移植、体积紧凑、能被快速加载的二进制格式文件为编译目标，而此二进制格式文件将能在各种平台(包括移动设备和物联网设备)上被编译，然后发挥通用的硬件性能以原生应用的速度运行。

WebAssembly 不是直接的机器语言，而是抽象出来的一种虚拟的机器语言。对于不支持 WebAssembly 的浏览器，会有一段 JavaScript 将 WebAssembly 重新翻译为 JavaScript 后再运行，此项技术称为 polyfill，也是 HTML5 刚推出时很常用的一项技术。对于支持 WebAssembly 的浏览器，则直接翻译成原生代码。WebAssembly 到机器语言虽说也需要一个“翻译”过程，但是属于机器语言到机器语言的翻译，所以速度很快，非常接近于机器语言，其运行原理如图 7-5 所示。

WebAssembly 带来的好处：

- 大幅度提高 JavaScript 性能的同时不损失其安全性，Web 应用和原生应用的性能差距变得很小；
- 之前需要插件来提高速度的技术已经没有必要了，网页应用的可移植性变得更好；
- 从理论上讲，可以允许任何语言编译到其指定的 AST 树上，相当于使用其他高级语言编写的代码可以直接在网页上运行。

WebAssembly 通过 *.wasm 文件进行存储，这是一个已编译好的二进制文件，它的体积非常小。在浏览器中，提供了一个全局的 window.WebAssembly 对象，可以用于实例化 WASM 模块。WebAssembly 是一种“虚拟机器语言”，所以它也有对应的“汇编语言”。*.wat 文件是

WebAssembly 模块的文本表示法，采用“S-表达式”进行描述，可以直接通过工具将 *.wat 文件编译为 *.wasm 文件。

从结构上看，WebAssenbly 的执行包括两部分：编译器前端和后端。前端部分实现将高级语言(C、C++和 Rust)编译成 LLVM IR 码。后端负责将 LLVM IR 编译成各架构(X86、AMD64、ARM)对应的机器码。

实际中常用的是 Emscripten，可以将 C 和 C++应用程序移植到 WebAssembly，原生 C/C++代码编译为两个文件：.wasm 文件和.js 文件。其中.wasm 文件包含实际的 WASM 代码，而.js 文件则包含允许 JavaScript 代码运行 WASM 的所有框架。默认情况下，OpenGL、DOM API 等不能直接在 WebAssembly 中访问，但通过 Emscripten 就可以将 OpenGL 调用转换为 WebGL，为 DOM API、其他浏览器和设备 API 提供绑定，提供可在浏览器中使用的文件系统实用程序。而 Rust 代码则无须借助于第三方工具，就可以直接编译为 WebAssembly 目标代码。通过 Emscripten 实现代码移植的过程如图 7-6 所示。

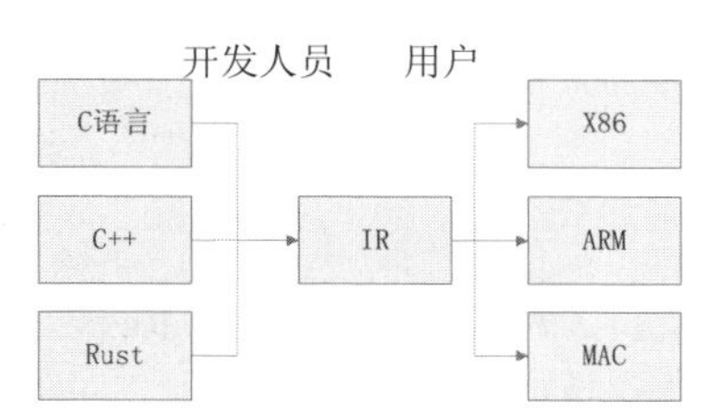

图 7-5　WebAssembly 的运行原理

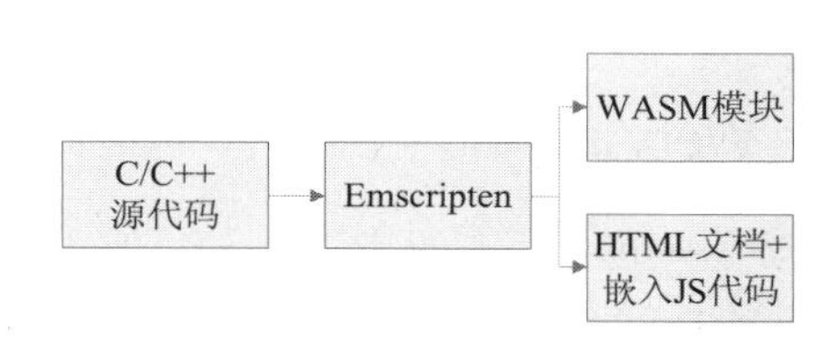

图 7-6　通过 Emscripten 实现代码移植的过程

7.3.4　WebAssembly 的应用

除了浏览器开发人员和游戏开发人员大力支持 WebAssembly 外，许多需要提升性能表现的大型网页应用或线上工具，都可以从 WebAssembly 的超快运行速度中受益。它特别适合那些需要提供较高性能的网站。目前已经有很多网站或产品(如 Figma，一个在线设计应用程序)，可以用于创建图形，只需通过浏览器就可以非常方便快捷地实现在线制图，并且运行速度非常快。

Figma 是基于 React 构建的，其实现的主要功能部分是 WebAssembly 图形编辑器，由 C++应用编写，并转译为 WebAssembly，使用 WebGL 在 Canvas 中呈现。

2017 年 10 月底，谷歌开始支持 Google Earth 运行于 Firefox 浏览器，其中的关键就是使用了 WebAssembly。

知名 CAD 设计软件，AutoCAD 也发布了在 Web 应用中运行的流行设计产品，使用 WebAssembly 呈现其复杂的编辑器，该编辑器也是使用 C++构建的。

WebAssembly 也可以支持游戏，例如 WebAssembly 官方示例——坦克对战游戏，就是通过 WebAssembly 结合 WebGL 技术来实现的。

更有甚者，有人将 Windows 2000 编译为 WebAssembly，通过浏览器可以运行这一久违的操作系统(https://bellard.org/jslinux/vm.html?url=https://bellard.org/jslinux/win2k.cfg&mem=192&graphic=1&w=1024&h=768)，运行后的效果如图 7-7 所示。

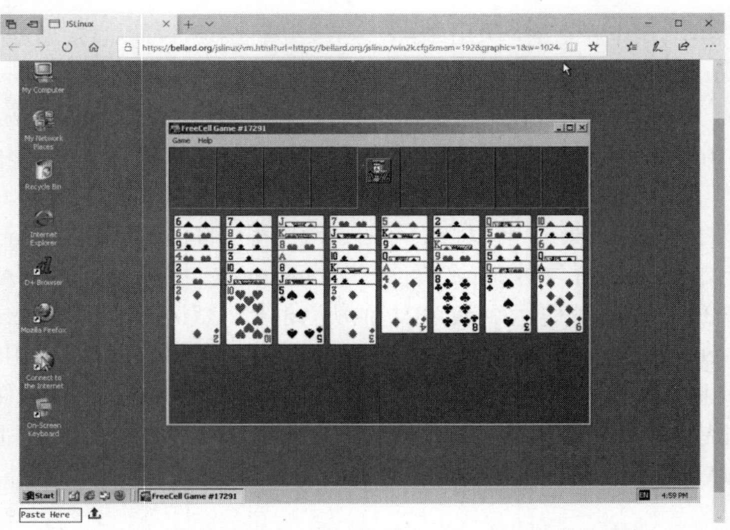

图 7-7　通过 WebAssembly 运行 Windows 2000 操作系统

7.3.5　WebAssembly 的现状和发展趋势

WebAssembly 的目前版本为 1.0。官方宣布当前它仅支持 3 种语言 C、C++和 Rust，预计将来会支持的语言有 Go、Java 和 C#(需要对 GC 垃圾收集的支持)。

目前 Chrome、Edge、Firefox 和 WebKit 这 4 种浏览器的 WebAssembly CG 成员已经达成共识，WebAssembly API 和二进制格式的设计已完成，现在只需在线进行试用验证就可以使用。

使用 WebAssembly 对浏览器 API 进行任何调用时，目前还需要与 JS 进行交互，用 JS 作为入口。未来 WebAssembly 可能被浏览器内置支持，并能够直接调用 DOM、Web Workers 或其他浏览器 API 等。

7.4　移动开发与混合开发模式

7.4.1　移动开发简介

20 世纪 90 年代末，随着移动互联网的发展，国外一些媒体提出了一个“第五次科技革命”的概念。而随着 iPhone 和 Android 等智能手机的日渐流行和 iPad 等平板电脑的出现，移动互联网的潜力和趋势也越发显现，“第五次科技革命”——移动互联网正式走进了开发人员的视线。而针对移动互联网原动力——移动设备的 Web 开发越来越受到关注，国内外很多公司也开始重视面向所有移动设备的 Web 开发。

1. 移动开发面临的挑战

(1) 相对封闭性

研究发现，在移动互联网领域存在着很多由大企业牵头构建的相对封闭生态圈。例如，诺基亚、苹果等终端制造企业构建了包括从终端生产、操作系统提供到最后的应用商店(如诺基亚的 OVI、苹果的 App Store)、内容服务在内的相对封闭生态圈。又例如以手机操作系统为核心，也形成了一系列的封闭生态圈，例如 WM、塞班、Android、Palm 等，各操作系统的通信录、应用等相互之间不兼容，这就构建了一定的壁垒，使得用户稳定在一个圈子当中。

移动互联网的这些封闭生态圈的重要特点是各个生态圈之间的相互实力较为接近，客户群规模也比较接近。而反观传统互联网，则是相对开放的，终端基本基于 X86 架构，操作系统基本是由微软的 Windows 主导，由于底层技术较为统一，因此在业务模式上能形成开放的状态。

移动互联网正因为存在封闭性，所以一系列盈利模式应运而生，如苹果的 App Store 等就是借助于其通过终端和操作系统所圈定的用户而实现盈利的。但对于一些独立的第三方公司而言，一个个实力相近的封闭生态圈是一场灾难，如在应用开发领域，相较于传统互联网，他们需要开发出更多版本的应用程序，甚至有时候，在排他性协议面前，他们需要抉择在哪个生态圈当中发展。

(2) 个人性

根据一项调查的结论显示，92.4%连接到移动互联网的终端(主要是手机)基本上是供一个人使用的。换句话说，即当移动互联网服务提供商发现某一特定的终端连接时(可以通过手机号、IEMI 号等进行判断)，可以直接判断出是谁正在上网，这体现了移动互联网的一种个人性特征。而传统互联网的终端共享性较高，网吧、家庭共享电脑等使运营商无法通过终端直接追溯到是谁在使用、使用者的特征如何。

移动互联网个人性的特征在具体应用过程中，主要体现在业务和服务层面。用户在使用移动互联网服务时，服务器端检测用户的手机号，将此作为用户的账号进行登录，直接进行业务的提供，并且也可以分析用户既往的消费特征、用户的位置信息等，从而向用户提供更为精确的个性化服务。

(3) 终端类型众多

操作系统、终端显示分辨率、键盘类型和处理器速度极其丰富，例如，依据输入方式的维度可分为触屏、普通尺寸和全尺寸键盘；依据历史上曾经出现过的主要手机操作系统可分为：WM、SmartPhone、S60、Palm、BlackBerry、Android、iOS 等；依据屏幕分辨率维度可分为 220×176、320×240、400×240、640×480 等。而传统互联网领域、主流 PC 终端的操作系统基本类似，分辨率基本类似，处理器的效能基本类似，所形成的差异主要在界面以及所蕴含的一些其他功能上，但是基本形态(操作系统、分辨率及处理器速度)则基本相似。

众多的移动终端给移动互联网服务提供商带来了挑战。例如制作一个页面，在传统互联网模式下，一般需要考虑宽屏和普屏两种类型的显示；而在移动互联网下，需要考虑较多类型的分辨率的屏幕适配问题，考虑不同处理器的手机能否实现该页面显示的问题。而对于不同的应用程序开发而言，则更是如此，需要针对各款终端的分辨率、处理器的处理能力、内存等进行相应的调整。

(4) 入口的重要性

可以看到，无论移动终端的输入方式如何(如触屏、普通键盘和全尺寸键盘)，其相比于 PC 终端的大尺寸键盘而言，输入仍然较为烦琐。调查表明，55.1%的传统互联网使用者经常性地在互联网中输入网址，这类用户觉得直接输入一些常用网址比通过收藏夹更为便利；但是同样的调研显示，仅有 13.1%的移动互联网用户经常性地在其手机上输入网址，而更多的用户则是使用自己收藏夹中的网址、使用浏览器中所推荐的网址，或者从一些客户端软件直接进入等。

在这样的情况下，抢占用户入口，使用户通过这些入口能够直接访问移动互联网就显得十分重要了。这些入口包括客户端程序、垂直性网站等。目前，一些客户端已经成为入口的平台。一个例子是某网站停止使用UC作为入口接入后，其访问量当天就下降了64%。由此可见这类平台性客户端的重要性。

(5) 流量限制内容

目前国内手机上网的计费方式以流量计费为主，这就使得用户使用移动互联网的行为同流量相结合。根据一项调研显示，76.1%的手机上网用户对流量是较为关注的，办理了套餐，并且表示不愿意每月所使用的流量超出套餐费，这也就是运营商内部所经常提及的“20日效应”产生的主要原因，即每月20日之后，使用的数据流量迅速下降。同时可以看到，以节约流量为卖点的第三方手机浏览器，同其宣传口号“节约99%的流量”密不可分。

在这样的情况下，丰富的多媒体内容难以展示，流量较小的文字或者图片成为适合展示的元素。同时，基于当前移动终端处理器的进步，可以在一些联网应用中发展强客户端，将大多数处理操作放在本地执行，从而减少流量传输。

(6) 碎片化的应用场景

移动互联网尽管有丰富的应用，但其终端及展示界面的特性，决定了客户应用移动互联网的场景主要是一些碎片化的时间；而整段的时间，往往在应用展示较为丰富的传统互联网上。这就要求移动互联网服务提供商构建能够满足用户在碎片化时间需求的应用，这些需求以及参考应用包括实时性强的需求，如股票；应急性需求，如导航；无聊性需求，如阅读新闻等；无缝性需求，即需要延续在传统互联网上的行为不中断，如移动办公、网络游戏等。

2. 移动开发及其技术

移动Web开发的优点如下：

- 易于开发，新用户易上手，开发周期相对较短。
- 自动更新，服务器端更新后，所有移动设备也一起更新。
- 可充分利用现有的Web内容。

一般来说，对于移动Web可以采取两种方式：专门开发一个独立的移动版本，或者使用Media Type和Media Query控制Web在移动浏览器上的表现。相关的开发技术包括WML、cHTML、XHTML Basic、XHTML MP和HTML5等。

WML是一种基于XML的语言，它是用于WAP网站的标记语言。它将网站分为两部分：普通页面使用(X)HTML，而移动Web页面使用WML。网站开发人员想要制作一个移动Web页面必须学习一种新的语言而不是转换技术，“一站式”的信条也被打破，用户不能访问其喜欢的网站且必须使用这个网站的WAP版本——如果存在的话。

日本的NTT公司创建了一种称为cHTML的语言(compact HTML)，但是它并不能与XHTML和WML兼容。

由于这些与理想中的方案存在差距，因此W3C创建了XHTML Basic 1.0。它是XHTML 1.1的子集。XHTML 1.1将XHTML改善为小型的模块，一个子集就仅可以包含一些必需的或者可以在低端移动设备上控制的基本模块、元素和属性。XHTML Basic为针对移动Web的标记语言提供基础模块。与其基础的XML一样，它也被设计用于扩展。这结合了WAP和NTT合并之后(也就是OMA)的做法，创建了cHTML和WML的继承者XHTML Mobile Profile——它在

XHTML Basic 的基础上添加了一些在它们之前的版本中具有的特性。XHTML Basic 和 XHTML MP 共存的状况看起来有些混乱，但是之后不久 W3C 就发布了 XHTML 1.1 版本，添加了 XHTML MP 中的一些特性。所以现在看来这两个版本几乎一样。

XHTML MP 是对 XHTML Basic 的一个扩展，所以 XHTML MP 有更好的适用性。而 XHTML MP 对于 Basic 最大的优势就是支持外部样式文件——虽然这会导致多一个 HTTP 请求。

对于最新的 HTML5，Mobile Webkit 是目前对标准支持最好的移动浏览器，它支持所有的 XHTML 特性，同时对 HTML5 的支持也非常棒。如果只针对 iPhone 和(或) Android，完全可以使用 HTML5 来编码。事实上作为又一个很强劲的趋势，Google、Apple、Opera 和微软等互联网巨头一直在努力推广和推进 HTML5。

如前所述，XHTML Basic 支持大部分在 XHTML 中定义的基本特性，所以对于大部分前端开发人员来说，开发一个基于 XHTML Basic 1.1 或 XHTML MP 的网站并不困难。但是由于移动设备厂商和设备非常多，所以各个设备在某个细节上可能会有差异。

W3C 存在的最大价值是提供成熟而统一的解决方案，虽然 XHTML MP 成了事实上的标准，但是显然 XHTML Basic 功不可没。如果说两者并存尚容易让人混淆的话，希望在不久的将来，HTML5 能够成为移动互联网中事实上的标准，这无疑将大大减少人们的困惑。由于现实中很难将所有的设备统一，这就造成了在实现方式上必然存在差异。可以预见，XHTML Basic /MP 和 HTML5 将成为两种并行的规范存在，将来也许必须使用 XHTML Basic/MP 为低端设备开发基础页面，使用 HTML5 为 iOS 和 Android 等系统实现富界面。

7.4.2　移动应用开发的三种模式

所有应用形态各异，但究其运行模式而言，可分为三种：原生应用、混合应用和 Web 应用，这三种开发模式的示意图如图 7-8 所示。

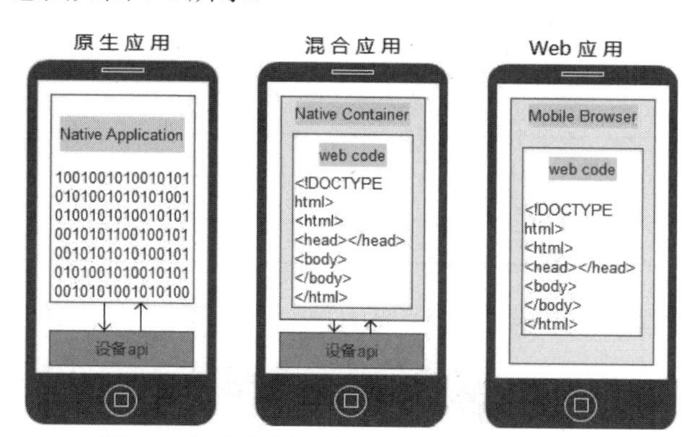

图 7-8　混合应用及其他开发模式比较示意图

1. 原生应用

原生应用是指使用原生编程语言(即在 Android 或 iOS 平台上)开发的应用。在移动平台兴起的初期，这种模式非常流行，开发人员数量众多，技术成熟。其优势在于应用的性能好，适配起来相对容易。虽然学习成本不算高，但门槛相对稍高。由于网上相关资料丰富，因此入门后就会变得轻松。

但原生应用的开发存在以下两个问题：

(1) 无法跨平台：Android 和 iOS 都需要开发各自平台的版本，这样提高了开发的总成本；

(2) 升级麻烦：每次升级都要下载安装包，Android 无须审核，相对方便，而 iOS 系统应用必须要经过 App Store 审核环节。这给 Android 和 iOS 的同步发布造成了困难。

2. 混合应用

从使用角度来看，混合应用与 Web 应用基本相同，但涉及的技术成本、开发成本、学习成本相对较高，它综合了 Web 应用的开发速度和原生应用的高性能体验。学习成本相对高，是因为开发高性能的混合应用有难度，而相关资料较少，对于屏幕适配、提高 UI 响应速度、如何最大化使用原生功能等方面的资料相对欠缺。

3. Web 应用

Web 应用利用手机浏览器进行浏览和使用，开发时采用网站技术。其开发成本大大降低，但页面访问速度慢、操作体验相对差一些。

三种开发模式各自特点的比较如表 7-2 所示。

表 7-2　三种移动应用开发模式特点的比较

比较项	原生应用	混合应用	Web 应用
开发语言	仅原生开发语言	原生/Web 均可	仅 Web 开发语言
开发成本	高	中	低
功能更新方便度	低，需要下载安装	中，部分更新不需要下载	高，无须下载
用户体验	优	中	差
性能	快	较快	慢
Store 或 market 认证	需要	需要	不需要
安装过程	需要	需要	不需要
代码移植性	无	中	高
针对特定设备的特性	高	中	低
跨平台开发成本	高	中	低
安全性	强	中	弱

7.4.3　混合应用开发框架介绍

混合应用由于需要保证运行性能与开发速度，因此在开发时既需要原生应用开发技术，也需要 Web 应用开发技术。

其中原生应用开发技术主要用于提供对操作系统的原生支持，如果希望跨平台，就需要同时掌握 Android 和 iOS 方面开发的知识。除了多线程和文件存储等基础知识，Android 需要熟练掌握 WebView、WebSettings、WebChromeClient、WebClient 这 4 大对象；iOS 则需要非常熟练地掌握 UIWebView 对象等。

Web 开发技术则基本上属于本书所介绍的主要内容，包括 HTML、CSS、JavaScript、服务器端开发技术等。

在此基础上，框架的使用可以大幅度提升开发效率和开发质量。对于混合开发模式而言，常用的框架有以下几种类型。

1. 混合框架

在国外，最大的混合框架是 Cordova(PhoneGap，2011 年广泛流行)，它在 2012 年 12 月开源。在国内，混合框架的出现按时间顺序为：2012 年 AppCan，2013 年 DCloud，2014 年 9 月 APICloud 等。

(1) Cordova

Cordova 是 Apache 软件基金会的一个产品。其前身是 PhoneGap，由 Nitobi 开发，2011 年 10 月，Adobe 收购了 Nitobi，且 PhoneGap 项目也归属 Apache 软件基金会。Apache 于 2012 年 12 月发布了 Cordova，截止到 2019 年，最新版本是 9.X。

该框架的目标用户群体是原生开发人员，其设计初衷是希望用户群体能够通过跨平台开发的方法降低原生开发的成本。为此，开发人员需要安装原生开发环境，配置项目，使用 HTML5、CSS3、JS 和原生 SDK 生成应用。

Cordova 的优势很明显，可以使用的框架、原生接口、支持平台都很多，开发简单。但在开发过程中出现技术问题时，相对较难解决；性能不够好，如触摸时反应不灵敏；此外，其在使用 jQuery Mobile、Sencha Touch 等前端框架时，存在特效启动慢、页面切换慢、数据请求慢的缺点。

(2) AppCan

AppCan 成立于 2010 年，2011 年推出产品并测试，2012 年正式推出品牌，2013 年商业模式成型，2014 年注册的开发人员已达到了 70 万。

AppCan.cn 开发平台是基于 HTML5 技术的跨平台移动应用快速开发一体化的解决方案。开发人员利用 HTML5+CSS3+JavaScript 技术可以快速地开发与本地应用体验相媲美的移动应用。AppCan.cn 平台提供了 UI 快速开发框架、本地调用 API 接口、应用打包系统、IDE 集成开发环境和本地应用调试模拟器，预置了数百套界面模板和数十种应用插件，提供多套应用模板。完善的框架接口，人性化的开发环境，丰富的开发资源，强大的服务支持，使开发人员可以快速迈入移动开发领域。

由于 AppCan 不是开源平台，因此企业版和部分插件是收费的，开发结束后还需要将代码提交给 AppCan 的服务器才能打包，这些问题可能会对其市场的占有率产生直接影响，它虽闭源却没有垄断，所以前景可能不一定很好。

(3) DCloud

DCloud 的大部分产品开源，属于 W3C 会员单位，是 HTML5 中国产业联盟的发起公司之一，在 HTML5 这个行业有一定的地位。旗下有四款产品：HBuilder、5+Runtime、MUI、流应用，它们都是能弥补并扩展 HTML5 特性的产品。该公司的理念就是解决 HTML5 的性能、工具和能力这三方面的问题。MUI 是一款不错的前端框架，性能比 jQuery Mobile、Bootstrap 好很多，主要源于其技术方案的不同：

- 设计思路不同，MUI 坚持用原生 JavaScript 进行开发，不依赖于 jQuery 或者 AngularJS；
- MUI 调用了 5+Runtime 的底层原生来加速，因此比不带原生加速的框架更快。

但 DCloud 属于新平台，发展时间较短，新产品内部存在的 Bug 还需要经过很多的测试和完善。在其官方社区中，不少开发人员也在呼吁 DCloud 应尽快完善文档和框架。

(4) APICloud

APICloud 提供原生应用的功能模块(设备访问、界面布局、开放 SDK 等)，开发人员可以通过 JS 调用这些模块。前端工程师负责页面布局、UI 展现及简单的交互，原生模块负责性能方面和功能实现，两者结合形成一个完整的应用。同时 APICloud 提供了云数据库的功能，前端不必了解 PHP、Node.js 等后端语言，通过 JS 接口或 Restful API 实现数据库的增删改查。

但是 APICloud 的更新速度很快，版本不太稳定，而且它是为不懂应用开发的人士准备的，不太适合科技公司和程序员。

2. UI/JS 框架

(1) jQuery Mobile

jQuery 已驱动着 Internet 上的大量网站，在浏览器中提供动态用户体验，使传统桌面应用程序越来越少见。现在，主流移动平台上的浏览器功能都接近桌面浏览器，因此 jQuery 开发团队引入了 jQuery Mobile。其使命是对不同的查看设备的主流移动浏览器提供一种统一的用户体验，使整个 Internet 上的内容更加丰富。

jQuery Mobile 的目标是在一个统一的 UI 中交付超级 JavaScript 功能，跨越智能手机或平板电脑等不同设备进行协同工作。与 jQuery 一样，jQuery Mobile 是一个在 Internet 上直接托管、免费可用的开源框架。当 jQuery Mobile 致力于统一和优化其代码时，jQuery 核心库受到了极大关注。与 jQuery 核心库一样，在开发计算机上不需要安装任何软件，而只需将各种*.js 文件和*.css 文件直接包含到 Web 页面中即可。

(2) Senche Touch

该框架是世界上第一个基于 HTML5 的移动应用框架，它可以使 Web 应用看起来更像原生应用。

Sencha Touch 可以使 Web 应用看起来像原生应用。通过它能开发出华丽的用户界面组件并具备丰富的数据管理功能，且都基于最新的 HTML5 和 CSS3 标准，全面兼容 Android 和 Apple iOS 设备，其特性如下。

- 基于最新的 Web 标准——HTML5、CSS3、JavaScript：整个库在压缩后大约为 80Kb，通过禁用一些组件还可以使它更小。
- 支持世界上最好的设备：兼容 Android 和 iOS，Android 上的开发人员还可以使用一些专为 Android 定制的主题。
- 增强的触摸事件：在 touchstart、touchend 等标准事件的基础上，增加了一组自定义事件数据集成，如 tap、swipe、pinch、rotate 等。
- 数据集成：提供了强大的数据包，通过 Ajax、JSONp、YQL 等方式绑定到组件模板，写入本地离线存储。

(3) React Native

React Native 是 Facebook 于 2015 年 4 月开源的跨平台移动应用开发框架，是 Facebook 早先开源的 JS 框架。React 是原生移动应用平台的衍生产物，目前支持 iOS 和 Android 两大平台，使用 JavaScript 语言，类似于 HTML 的 JSX，以及 CSS 来开发移动应用。因此熟悉 Web 前端开发的技术人员只需轻松学习就可以进入移动应用开发领域，也能够在 JavaScript 和 React 的基础上获得完全一致的开发体验，构建一流的原生应用。Facebook 已经在多项产品中使用了 React

Native，并且将持续地投入建设 React Native。

(4) GMU

GMU 是百度基于 Zepto 开发的轻量级移动 UI 组件库，它符合 jQuery UI 使用规范，为 WebApp、Pad 端提供简单易用的 UI 组件。为了减少代码量、提高性能、组件再插件化、兼容 iOS/Android，GMU 支持国内主流移动端浏览器，如 Safari、Chrome、UC、QQ 等。GMU 具有简单易用、轻量级、文档丰富、可自定义下载、UI 组件丰富实用和开源免费等特点。

3. UI/JS 库

UI/JS 库非常丰富，包含 jQuery、Zepto、Swiper、iScroll、RequireJS、AngularJS 等(可参看本书第 5 章中的有关介绍)。由于移动端是一个重视性能和用户体验的终端，因此过度使用框架可能会带来一些问题，主要包括：

(1) 需要考虑可扩展性、可维护性和定制成本，这非常重要，或许会因为框架提供的 UI 风格和自己设计的 UI 风格差异较大，导致设计围绕框架转，不一定能完全符合产品的需求；

(2) 既然是框架，强调的是覆盖面广度和功能的全面，那么就会引入很多无用的内容，从而导致产品臃肿，运行效率低下；

(3) 框架本身极有可能存在 bug，或许会对开发人员带来额外的困惑。

总之，如果只追求快速完成、不计性能的开发，则可以使用现成的框架。但如果追求性能和真正符合需求的产品，则建议使用库而不是框架。很多框架的实现思想都很优秀，虽不建议使用，但通过多接触并学习其中的思想，就一定能写出更优秀的代码。

7.5 本章小结

本章首先介绍了 Web 的发展历史，为未来的发展指明了主要的方向，然后介绍了 Web 方面的新技术——XML、WebAssembly、移动开发和混合开发模式等。XML 这种元标记语言可以将数据和显示格式分开，为将来面向语义的 Web 奠定了基础；WebAssembly 旨在运行编译后的程序，通过技术手段希望为网页使用者带来新的或更好的用户体验；移动开发中所存在的不同开发模式则揭示了 Web 开发的多种形态。它们都为 Web 应用带来了很多新的特征，也为 Web 提供了更大的发展和想象空间。

读者可以通过阅读本章了解这些技术的缘起、基本特征和用途，为进一步的深入学习奠定基础。

7.6 思考和练习

1. 请归纳和总结 XML 与 HTML 的差异。HTML 会被 XML 替代吗？
2. 若要像 HTML 一样显示出漂亮且具有交互功能的网页，使用 XML 该如何实现？
3. WebAssembly 技术最适合开发什么样的应用？
4. 客户端开发框架对开发人员意味着什么？
5. 移动开发与传统开发有什么差异？

参考文献

[1] 李林锋．分布式服务框架原理与实践[M]．北京：电子工业出版社，2016．

[2] Peter Morville, Louis Rosenfeld. *Information Architecture for the World Wide Web: Designing Large-Scale Web Sites*, O'Reilly, 2006.

[3] R. Fielding, J. Gettys, J. C. Mogul, H. Frystyk, L. Masinter, P. Leach, T. Berners-lee. *Hypertext Transfer Protocol - HTTP/1.1*, RFC2616, June 1999.

[4] Dave Raggett, et al. *HTML 4.01 Specification*, W3C Recommendation, December 1999

[5] Ethan Marcotte. *Responsive Web Design*, A Book Apart, 2011.

[6] 王继成，武港山．Web 应用开发原理与技术．北京：机械工业出版社，2003．

[7] 周涛明，张荣华，张新兵．大型网站性能优化实战[M]．北京：电子工业出版社，2019．

[8] Aaron Gustafson. *Adaptive Web Design,* East Readers, 2011.

[9] Heydon Pickering. *Apps For All: Coding Accessible Web Applications*, Smashing Magazine GmbH, 2014.

[10] 高金山．UI 设计必修课．北京：电子工业出版社，2017．

[11] John Allsopp. *Developing with Web Standards,* New Riders, 2010.

[12] Molly E. Holzschlag. *Color for Websites*, Rotovision, 2001.

[13] Jeff Sauro, James Lewis. *Quantifying the User Experiences*, Morgan Kaufmann, 2012.

[14] Kelly Goto, Emily Cotler. *Web ReDesign 2.0: Workflow that Works*, New Riders, 2004.

[15] Zoe Mickley Gillenwater 著. CSS3 实用指南[M]. 屈超，周志超译. 北京：人民邮电出版社，2012.

[16] Elisabeth Freeman, Eric Freeman. *Head First HTML with CSS & XHTML*, O'Reilly & Associates, 2005.

[17] 刘玉萍，刘增杰．精通 HTML5 网页设计[M]．北京：清华大学出版社，2013．

[18] Dan Cederholm. *CSS3 For Web Designers,* A Book Apart, 2010.

[19] Shelley Powers. *JavaScript Cookbook*, O'Reilly & Associates, 2010.

[20] Axel Rauschmayer. *Speaking JavaScript, An In-Depth Guide for Programmers*, O'Reilly & Associates, 2014.

[21] Jonathan Hassell. *Including your missing 20% by embedding web and mobile accessibility*, BSI British Standards Institution, 2014.

[22] 李东博．HTML5+CSS 3 从入门到精通[M]．北京：清华大学出版社，2014.
[23] 余乐．网页设计与网站建设从入门到精通[M]．北京：清华大学出版社，2017.
[24] 黄源．XML 基础与案例教程[M]．北京：机械工业出版社，2018.
[25] 李天平．项目中的.NET[M]．北京：电子工业出版社，2012.
[26] Bruce Eckel 著．陈昊鹏译．Java 编程思想[M]．4 版. 北京：机械工业出版社，2007.
[27] Cesar Otero 著．施宏斌译．jQuery 高级编程[M]．北京：清华大学出版社，2013.
[28] Julie Meloni 著．陈宗斌译. HTML、CSS 和 JavaScript 入门经典[M]．2 版.北京：人民邮电出版社，2015.
[29] 张志明，王辉．ASP.NET(C#)网站开发[M]．北京：中国水利水电出版社，2014.
[30] 黄永祥．玩转 Django 2.0[M]．北京：清华大学出版社，2018.
[31] 张耀春．Vue.js 权威指南[M]．北京：电子工业出版社，2016.
[32] 储久良．Web 前端开发技术——HTML5、CSS3、JavaScript[M]．3 版. 北京：清华大学出版社，2018.
[33] 邓春晖，秦映波. Web 前端开发简明教程(HTML+CSS+JavaScript+jQuery) [M]．北京：人民邮电出版社，2017.
[34] Antony Kennedy,A.)著．大胖，王永强译．高流量网站 CSS 开发技术[M]．北京：人民邮电出版社. 2013.

附录

HTML5代码规范

在使用 HTML5 的过程中，使用规范化的代码能够让用户更方便地进行运用与阅读，本附录将说明如何能够使 HTML5 中的代码变得更加规范！

HTML 代码约定

很多 Web 开发人员对 HTML 的代码规范知之甚少。在 2000 年至 2010 年，许多 Web 开发人员从 HTML 转而使用 XHTML。使用 XHTML 后，开发人员逐渐养成了比较好的 HTML 编写规范。而针对 HTML5，应该形成比较好的代码规范，以下提供了一些针对编写规范的建议。

使用正确的文档类型

文档类型的声明位于 HTML 文档的第一行：

```
<!DOCTYPE html>
```

如果希望与其他标签一样使用小写，则可以使用以下代码：

```
<!doctype html>
```

使用小写元素名

HTML5 元素名可以使用大写和小写字母。

推荐使用小写字母：

- 混合了大小写的风格是非常糟糕的。
- 开发人员通常使用小写(类似 XHTML)。
- 小写风格看起来更加清爽。
- 小写字母容易编写。

不推荐：

```
<SECTION>
    <p>这是一个段落。</p>
</SECTION>
```

非常糟糕：

```
<Section>
```

```
    <p>这是一个段落。</p>
</SECTION>
```

推荐：

```
<section>
    <p>这是一个段落。</p>
</section>
```

关闭所有 HTML 元素

在 HTML5 中，不一定要关闭所有元素(例如，<p>元素)，但建议每个元素都要添加关闭标签。

不推荐：

```
<section>
    <p>这是一个段落。
    <p>这是一个段落。
</section>
```

推荐：

```
<section>
    <p>这是一个段落。</p>
    <p>这是一个段落。</p>
</section>
```

关闭空的 HTML 元素

在 HTML5 中，空的 HTML 元素也不一定要关闭：

可以这样写：

```
<meta charset="utf-8">
```

也可以这样写：

```
<meta charset="utf-8" />
```

在 XHTML 和 XML 中，斜线(/)是必需的。

如果期望 XML 软件使用此页面，使用这种风格则非常合适。

使用小写属性名

HTML5 中的属性名允许使用大写和小写字母，推荐使用小写字母。

- 同时使用大写小写是非常糟糕的习惯。
- 开发人员通常使用小写(类似 XHTML)。
- 小写风格看起来更加清爽。
- 小写字母容易编写。

不推荐：

```
<div CLASS="menu">
```

推荐：

```
<div class="menu">
```

属性值

HTML5 中的属性值可以不用引号，但推荐使用引号。

- 如果属性值含有空格需要使用引号。
- 不推荐混合风格，建议统一风格。
- 属性值使用引号易于阅读。

以下实例中的属性值包含空格，没有使用引号，所以不能起作用：

```
<table class=table striped>
```

以下使用了双引号，是正确的：

```
<table class="table striped">
```

图片属性

图片通常使用 alt 属性。在图片不能显示时，它能替代图片显示。

```
<img src="html5.gif" alt="HTML5" style="width:128px;height:128px">
```

定义图片的尺寸为固定大小，在加载时可以预留指定空间，减少闪烁现象。

```
<img src="html5.gif" alt="HTML5" style="width:128px;height:128px">
```

空格和等号

等号前后可以使用空格。

```
<link rel = "stylesheet" href = "styles.css">
```

推荐尽量少用空格。

```
<link rel="stylesheet" href="styles.css">
```

避免一行代码过长

使用 HTML 编辑器，左右滚动代码较不方便。

每行代码尽量少于 80 个字符。

空行和缩进

不要无缘无故添加空行。应为每个逻辑功能块添加空行，这样更易于阅读。缩进使用两个或四个空格，不建议使用 Tab(制表符)。比较短的代码间不要使用不必要的空行和缩进。

以下实例包含了不必要的空行和缩进：

```
<body>

<h1>Web 教程</h1>

<h2>HTML</h2>

    <p>
```

```
		学技术，从 Web 开始。
		学技术，从 Web 开始。
		学技术，从 Web 开始。
		学技术，从 Web 开始。
		</p>

</body>
```

推荐的格式为：

```
<body>

<h1>Web 教程</h1>

<h2>HTML</h2>
<p>学技术，从 Web 开始。
学技术，从 Web 开始。
学技术，从 Web 开始。
学技术，从 Web 开始。</p>

</body>
```

表格实例：

```
<table>
	<tr>
	<th>Name</th>
	<th>Description</th>
	</tr>
	<tr>
	<td>A</td>
	<td>Description of A</td>
	</tr>
	<tr>
	<td>B</td>
	<td>Description of B</td>
	</tr>
</table>
```

列表实例：

```
<ol>
	<li>London</li>
	<li>Paris</li>
	<li>Tokyo</li>
</ol>
```

是否要省略<html>和<body>标签

在标准 HTML5 中，<html>和<body>标签是可以省略的。

以下 HTML5 文档是正确的：

```
<!DOCTYPE html>
```

```
<head>
    <title>页面标题</title>
</head>

<h1>这是一个标题</h1>
<p>这是一个段落。</p>
```

不推荐省略<html>和<body>标签。<html>元素是文档的根元素，用于描述页面的语言。

```
<!DOCTYPE html>
<html lang="zh">
```

声明语言是为了方便屏幕阅读器及搜索引擎。省略<html>或<body>在 DOM 和 XML 软件中会导致软件崩溃。省略<body>在旧版浏览器(IE9)中会发生错误。

是否省略<head>标签

在标准 HTML5 中，<head>标签是可以省略的。默认情况下，浏览器会将<body>之前的内容添加到一个默认的<head>元素上。

实例：

```
<!DOCTYPE html>
<html>
<title>页面标题</title>

<body>
    <h1>这是一个标题</h1>
    <p>这是一个段落。</p>
</body>

</html>
```

现在还不推荐省略<head>标签。

元数据

在 HTML5 中，<title>标签是必需的，标题名描述了页面的主题。

```
<title>Web 教程</title>
```

标题和语言可以让搜索引擎很快了解页面的主题。

```
<!DOCTYPE html>
<html lang="zh">
<head>
    <meta charset="UTF-8">
    <title>Web 教程</title>
</head>
```

HTML 注释

注释可以写在<!--和-->中：

```
<!--这是注释-->
```

比较长的评论可以在<!--和-->中分行写：

```
<!--
    这是一个较长评论。这是一个较长评论。这是一个较长评论。
    这是一个较长评论。这是一个较长评论。这是一个较长评论。
-->
```

长评论的第一个字符缩进两个空格，更易于阅读。

样式表

样式表使用简洁的语法格式(type 属性不是必需的)：

```
<link rel="stylesheet" href="styles.css">
```

短的规则可以写成一行：

```
p.into {font-family: Verdana; font-size: 16em;}
```

长的规则可以写成多行：

```
body {
    background-color: lightgrey;
    font-family: "Arial Black", Helvetica, sans-serif;
    font-size: 16em;
    color: black;
}
```

- 将左花括号与选择器放在同一行。
- 左花括号与选择器间添加一个空格。
- 使用两个空格进行缩进。
- 冒号与属性值之间添加一个空格。
- 逗号和符号之后使用一个空格。
- 每个属性与值结尾都要使用符号。
- 只有属性值包含空格时才使用引号。
- 右花括号放在新的一行。
- 每行最多 80 个字符。

在逗号和分号后添加空格是常用的一个规则。

在 HTML 中载入 JavaScript

应使用简洁的语法来载入外部的脚本文件(type 属性不是必需的)：

```
<script src="myscript.js">
```

使用 JavaScript 访问 HTML 元素

一种糟糕的 HTML 格式可能会导致 JavaScript 执行错误。以下两个 JavaScript 语句会输出不同的结果：

```
var obj =getElementById("Demo")
var obj = getElementById("demo")
```

在 HTML 中，使用 JavaScript 时尽量使用相同的命名规则。

使用小写的文件名

大多 Web 服务器(Apache、Unix)对大小写敏感：london.jpg 不能通过 London.jpg 访问。

其他 Web 服务器(Microsoft、IIS)对大小写不敏感：london.jpg 可以通过 London.jpg 或 london.jpg 访问。

必须保持统一的风格，这里建议统一使用小写的文件名。

文件扩展名

HTML 文件的后缀可以是.html，CSS 文件的后缀是.css，JavaScript 文件的后缀是.js。

.htm 和.html 的区别

扩展名为.htm 和.html 的文件本质上是没有区别的。浏览器和 Web 服务器都会把它们当作 HTML 文件来处理。区别在于.htm 文件应用于早期 DOS 系统。在 Unix 系统中后缀没有特殊限制，一般使用.html。

技术上的区别

如果一个 URL 没有指定文件名(如 http://www.njupt.edul.cn/images/)，服务器会返回默认的文件名。通常，默认文件名为 index.html、index.htm、default.html 和 default.htm。

如果服务器只配置了“index.html”作为默认文件，则必须将文件命名为“index.html”，而不能为“index.htm”。

但通常服务器可以设置多个默认文件，在实际应用中我们应根据需要进行设置。